Inhalt

Teil D: Anhang

Wichtiger Hinweis

Seit 1992 gelten in der Bundesrepublik Deutschland für Funkempfänger neue Bestimmungen. Praktisch gibt es jetzt keine Beschränkungen mehr, welche Frequenzbereiche ein Funkempfänger/Scanner bieten darf, vorausgesetzt, das Gerät bietet mindestens einen Rundfunkbereich und entspricht zudem den technischen Vorschriften. Dies erkennt man am CE-Zeichen für Inverkehrbringung nach europäischer Norm, oder am BZT-Zeichen mit Bundesadler und Konformitätsinhabernummer oder am BMPT-Zeichen mit Amtsblattverfügungsnummer für das Inverkehrbringen nach nationalen Normen und Vorschriften.

Die Freigabe von Funkempfängern, mit denen auch der BOS-Funk abgehört werden kann, ist aber nicht zu verwechseln mit der Erlaubnis, nun damit auch alles empfangen zu dürfen, was rein technisch möglich ist. Allgemein genehmigt ist nur der Empfang von Rundfunksendungen und der Amateurfunkempfang.

Der Empfang anderer Funkdienste ist ausschließlich den dazu besonders befugten Personen gestattet. Wer nicht BOS-Funk-Berechtigter ist und unbeabsichtigt solche Aussendungen empfängt, darf die Informationen über Inhalt und Umstände der Sendung nicht an Dritte weitergeben.

Wer gegen diese Bestimmungen des Fernmeldeanlagengesetzes (FAG) und des Strafgesetzbuches (StGB) verstößt und vorsätzlich ohne Berechtigung den BOS-Funk hört, macht sich strafbar und wird mit Geld- oder Gefängnisstrafe bestraft!

Teil A: Grundlagen

1 Physikalische Grundlagen

1.1 Funktechnik

1.1.1 Definition

»Funk« ist die Bezeichnung für die drahtlose Übermittlung von Informationen mittels Radiowellen. »Drahtlos« ist die Verbindung zwischen Aussender und Empfänger der Übermittlung, wenn gesprochene Nachrichten, Zeichen, Töne oder Bilder ohne Verbindungsleitung und ohne Verwendung einer an einem Leiter entlanggeführter elektrischen Schwingungen stattfindet. Die für die Erzeugung von Radiowellen erforderliche Funkanlage besteht aus einer elektrischen Sende- oder Empfangsanlage und einer Antenne.

1.1.2 Elektromagnetische Wellen

In der Nachrichtentechnik findet man eine Vielzahl von elektromagnetischen Wellen, die in ihrer physikalischen Grundform gleich sind, sich jedoch in ihren Eigenschaften stark voneinander unterscheiden. Der Elektromagnetismus umfaßt alle Erscheinungen, die auf dem Zusammenwirken von elektrischem Strom und Magnetismus beruhen. Jede elektrische Spannung erzeugt ein elektrisches Feld, jeder elektrische Strom erzeugt ein magnetisches Feld.

Eine »elektromagnetische Welle« ist eine Schwingung, die sich ständig wiederholt und damit räumlich ausbreitet. Einen sehr anschaulichen Vergleich dieses Vorgangs bietet ein mit Wasser gefülltes Becken, in dessen Mitte ein Wassertropfen eintaucht. Vom Punkt des Eintauchens breiten sich kreisförmig Wasserwellen aus, die in ihrer Form den elektromagnetischen Wellen gleichen. Von der Ruhelage steigt ihr Verlauf zu einem positiven Höchstwert, fällt dann wieder ab über die Nullinie zu einem negativen Höchstwert und erreicht schließlich wieder die Nullinie. Sie ist dann räumlich eine »Wellenlänge« von ihrem Ausgangspunkt entfernt. Wellenberge und Wellentäler sind jeweils ebenfalls eine Wellenlänge voneinander entfernt.

Übertragen auf die elektromagnetischen Wellen bezeichnet man als »Amplitude« oder Schwingungsweite den Abstand zwischen der Nullinie und dem positiven beziehungsweise negativen Höchstwert, also dem weitesten Abstand von ihr.

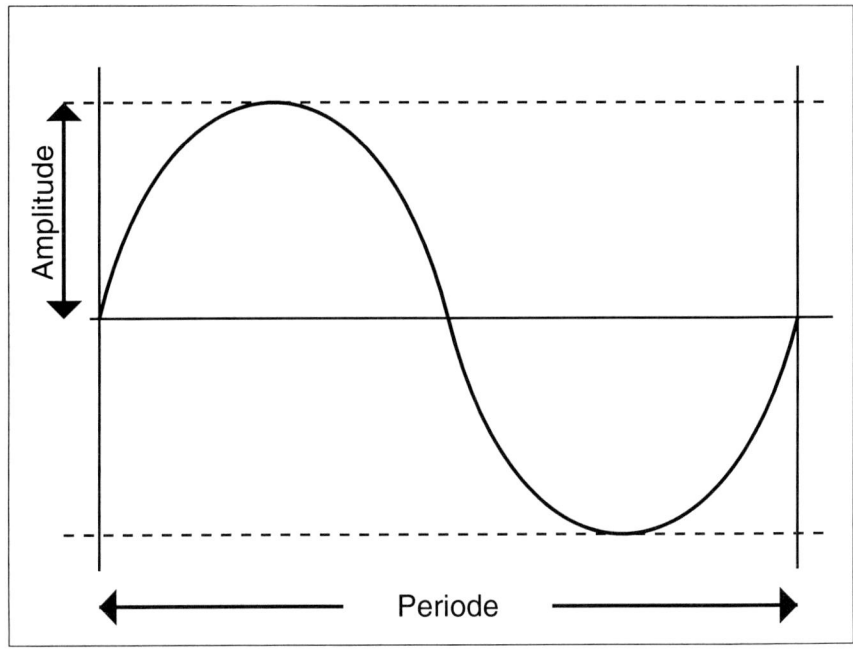

Abb. 1.1 *Sinusförmige Schwingung mit positiver und negativer Halbwelle (Amplitude) während einer Periode.*

Wellenlänge			Frequenz			Bezeichnung	
1 mm	-	1 cm	300 GHz	-	30 GHz	Millimeterwellen	EHF
1 cm	-	10 cm	30 GHz	-	3 GHz	Zentimeterwellen	SHF
10 cm	-	1 m	3 GHz	-	300 MHz	Dezimeterwellen	UHF
1 m	-	10 m	300 MHz	-	30 MHz	Meterwellen	VHF
10 m	-	100 m	30 MHz	-	3 MHz	Dekameterwellen	HF
100 m	-	1 km	3 MHz	-	300 kHz	Hektometerwellen	MF
1 km	-	10 km	300 kHz	-	30 kHz	Kilometerwellen	LF
10 km	-	100 km	30 kHz	-	3 kHz	Myriameterwellen	VLF

Abb. 1.2 *Wellenlängenbereiche im Überblick.*

1.1.3   Frequenz

Die Anzahl der Schwingungen pro Sekunde wird mit »Frequenz« bezeichnet und mit dem Formelzeichen f abgekürzt. Die Einheit für die Frequenz ist »Hertz«, abgekürzt Hz. Für die Frequenz in Hz gilt die Formel: $f = 1/s$
Eine Schwingung, die in einer Sekunde vom Nullpunkt über den positiven Scheitelpunkt der Amplitude zurück über den Nullpunkt zum negativen Scheitel und wieder zurück zum Nullpunkt verläuft, hat die Frequenz 1 Hz. Der elektrische Wechselstrom im Haushaltsnetz ändert 50 mal in der Sekunde seine Richtung. Er hat also eine Frequenz von 50 Hz.
Hochfrequente Schwingungen (HF) mit Frequenzen über 30 kHz können sich durch Wechselwirkung zwischen elektrischem und magnetischem Feld frei im Raum ausbreiten und erzeugen dabei eine Feldstärke E, deren Maßeinheit Mikrovolt pro Meter µV/m ist.
Die Schwingungsspektren, die in einem Übertragungssystem für die Abwicklung bestimmter Kommunikationsformen benötigt werden, nennt man Frequenzband. In der Funktechnik spricht man auch von Frequenzbereichen und Frequenzbändern. Bei der Übertragung der Sprache, wie beim Sprechfunk, wird ein niederfrequentes Frequenzband benötigt, das von 300 Hz bis 3400 Hz reicht.
Für die hochfrequenten Trägerwellen in Funksystemen werden bis zu 50 Milliarden Schwingungen und mehr pro Sekunde benötigt.
Ähnlich wie bei der Maßeinheit Meter und anderen physikalischen Größen gibt es auch bei der Frequenzmessung größere dezimale Vielfache und Einheiten:

− 1000 Hz = 1 kHz (Kilohertz)
− 1000 kHz = 1 MHz (Megahertz)
− 1000 MHz = 1 GHz (Gigahertz)

Beispiel: Eine Schwingung mit der Frequenz von 11 GHz, wie sie im Fernsehsatellitenfunk verwendet wird, bedeutet, daß pro Sekunden 11 000 MHz bzw. 11 000 000 kHz bzw. 11 000 000 000 Hz, also elf Milliarden Schwingungen stattfinden.
Die Wahl der Frequenz für die Übertragung einer drahtlosen Information hängt davon ab, welche Entfernung überbrückt werden soll und welche Bandbreite das Signal mit dem Informationsinhalt hat. Für die Hörfunkversorgung eines größeren Gebietes wählt man zweckmäßigerweise das Mittelwellen-Frequenzband aus. Auf Frequenzen zwischen 518 kHz und 1610 kHz kann mit einem leistungsstarken Sendern (100 kW) am Tag ein Gebiet mit einem Radius von etwa 250 km versorgt werden. Die Wellen breiten sich um den Sender entlang der Erdoberfläche aus. Bei dieser Ausbreitungsform spricht man von Bodenwellen.
Nach dem Sonnenuntergang wird die Ionosphäre, eine Schicht der Erdatmosphäre in einer Höhe zwischen 150 und 400 km über dem Erdboden, besonders leitfähig. Frequenzen des Mittelwellenbereichs werden dann an ihr reflektiert und aus der

Ionosphäre zur Erde zurückgestrahlt. Man spricht dabei von den Raumwellen. Der Radius des Versorgungsgebietes verzehnfacht sich. Deshalb strahlen viele Mittelwellenrundfunksender ihr Programm nachts mit verminderter Leistung aus, um Gleichkanalstörungen zu vermeiden.

Größere Entfernungen, etwa zur Versorgung eines ganzen Staatsgebietes erfordern die Verwendung höherfrequenter Trägerwellen, die zwischen Ionosphäre und Erdoberfläche einmal oder mehrfach zurückreflektiert werden. Die Reichweite der Bodenwellen ist wesentlich geringer als die der Raumwellen. Für Entfernungen bis 2000 km sind tagsüber und nachts Frequenzen im Grenzwellenbereich auf Frequenzen zwischen 1800 kHz und 3000 kHz gut geeignet.

Weltweite Kommunikation ist mit den Kurzwellen möglich, bei denen ausschließlich der Raumwellenanteil für die Verbindung maßgeblich ist. Abhängig von verschiedenen Faktoren wie Tageszeit, Jahreszeit, Standort von Sender und Empfänger, können auf Frequenzen zwischen 3 MHz und 30 000 kHz Funkverbindungen über eine Entfernung von 20 000 km aufgebaut und betrieben werden. Erhöht man die Frequenz der Trägerschwingung weiter auf etwa 50 MHz ändert sich das Reflexionsverhalten an der Ionosphäre. Die Wellen werden nicht mehr zur Erde zurückreflektiert sondern durchdringen die Atmosphäre und gelangen in den Weltraum. Der Raumwellenanteil kann für terrestrische Funkverbindungen nicht mehr genutzt werden. Die Verbindung zwischen Sender und Empfänger erfolgt ausschließlich über die Bodenwelle. Hochfrequenzschwingungen haben ähnlich wie das Licht die Eigenschaft, sich geradlinig auszubreiten. Deshalb spricht man bei Frequenzen von über 50 MHz auch von quasioptischer Ausbreitung. UKW-Sender stehen oft auf Bergen, weil sich die Reichweite der ultrakurzen Wellen damit erheblich vergrößern läßt.

Besonders große Reichweiten, sogenannte »Überreichweiten«, von einigen hundert bis mehreren tausend Kilometern, ergeben sich im UKW-Bereich, wenn Wellen an Grenzflächen von warmen und kalten Luftschichten (Inversionen) in einigen hundert bis zu mehreren tausend Meter Höhe der Erdatmosphäre reflektiert werden. Diese Luftschichten verschiedener Dichte entstehen, wenn statt der gleichmäßigen Temperaturabnahme sich bei zunehmender Höhe eine Zone mit Temperaturanstieg ausbildet. Wegen der Mehrfachvergabe von Frequenzen führen solche Effekte zu Störungen des Funkverkehrs.

1.1.4   Wellenlänge

Die Wellenlänge ist die räumliche Abmessung einer Welle vom Beginn bis zum Ende einer Periode. Als Formelzeichen wird der griechische Buchstabe Lambda λ verwendet. Die Einheit der Wellenlänge ist Meter (m). Für elektromagnetische Wellen gilt, daß sie sich annähernd mit Lichtgeschwindigkeit ausbreiten. Die Lichtgeschwindigkeit c beträgt 300 000 000 m/s. Die mathematische Formel für die Umrechnung von Frequenz in Wellenlänge ist: Wellenlänge = Lichtgeschwindigkeit / Frequenz (λ = c/f). Zwischen Wellenlänge und Frequenz besteht damit eine physikalisch bedingte Abhängigkeit: Je länger die Welle ist, desto niedriger ist ihre Frequenz - je kürzer eine Welle ist, desto höher ist ihre Frequenz. Die Wellenlänge der von einer Antenne ausgehenden Welle ist durch die vom Sender erzeugte Schwingung eindeutig festgelegt.

Zur Berechnung der Wellenlänge setzt man die bekannten Größen in die Formel ein. Beispiel: Gesucht wird die Wellenlänge der Frequenz 75 MHz. Rechnung: 300 000 000 m/s : 75 000 000 Hz = 4 m.

Neben der Unterteilung der technisch nutzbaren Frequenzen in Frequenzbänder gibt es auch eine Unterteilung der Wellenlängen in Wellenbereiche oder Meterbänder.

Beispiel: Frequenzen zwischen 5900 kHz und 6200 kHz haben eine mittlere Wellenlänge von 49 m. Deshalb wird dieser Kurzwellenbereich auch 49 Meterband (49-m-Band) genannt. Dabei handelt es sich um ein für die Versorgung von ganz Europa wichtiges Rundfunkband.

1.2 Funkanlage

1.2.1 Sender

Im Sender der Funkanlage werden hochfrequente elektrische Schwingungen (HF) einer beliebigen Frequenz erzeugt, die als Träger der Nachrichten dienen. Die zu übermittelnden Informationen werden den Trägerwellen als Modulationssignal zugeführt. Das Modulationssignal entsteht beim Sprechfunk bei der Umwandlung von akustischen Schwingungen (Schallwellen) in niederfrequente elektrische Schwingungen (NF). Trägerwelle und aufmodulierte NF-Schwingung werden von der Sendeantenne in den freien Raum als hochfrequente elektromagnetische Schwingungen abgestrahlt.

Die Feldstärke eines Senders am Empfangsort ist abhängig von der Strahlungsleistung Ps in Watt W, von der Sendeantennenhöhe hs in Meter und von der überbrückten Entfernung r in Kilometer.

Die Strahlungsleistung errechnet sich aus der Sendeleistung multipliziert mit der Kabeldämpfung und dem Antennengewinn.

Aus der Feldstärke am Empfangsort gewinnt die Empfangsantenne eine Spannung, die dem Empfänger zugeführt wird. Für den Zusammenhang zwischen Empfangsfeldstärke und Strahlungsleistung bei gleicher Entfernung in Bodennähe gilt, daß die Empfangsfeldstärke direkt mit der Sendeantennenhöhe wächst, d.h. verdoppelt man die Antennenhöhe, so verdoppelt sich auch die Empfangsfeldstärke. Um eine Verdoppelung der Feldstärke durch Erhöhung der Strahlungsleistung zu erhalten, muß die Leistung um das 16fache erhöht werden.

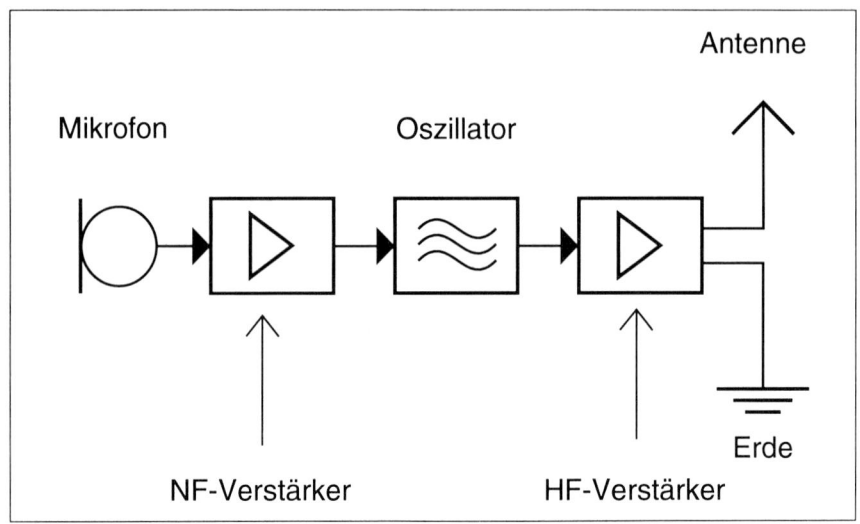

Abb. 1.3 *Blockschaltbild eines Senders: Die im Mikrofon erzeugte Niederfrequenzschwingung wird im NF-Verstärker verstärkt. Im Oszillator entsteht die hochfrequente Trägerwelle. Das aus Niederfrequenz und Hochfrequenz entstandene Mischprodukt wird im HF-Verstärker verstärkt und der Antenne zugeführt. Von dort breiten sich die elektromagnetischen Schwingungen im Raum frei aus.*

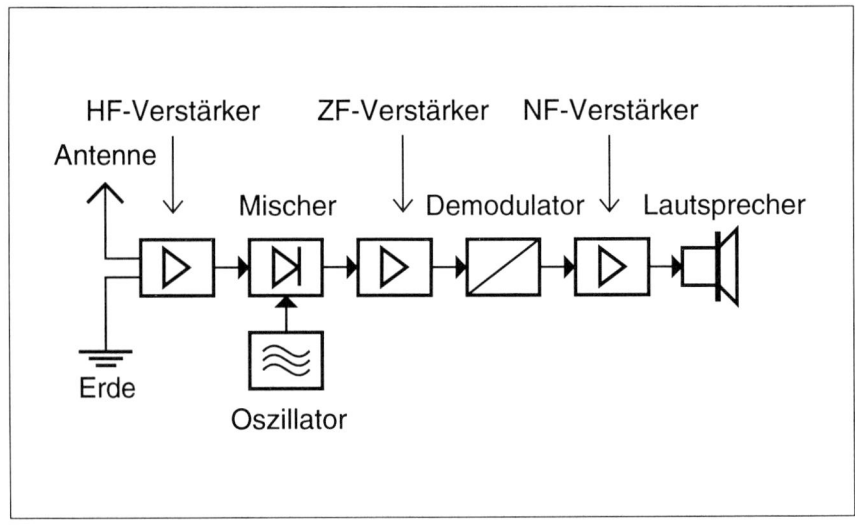

Abb. 1.4 *Blockschaltbild eines Überlagerungsempfängers.*

Bei sehr hohem Antennenstandort, etwa der 10fachen Höhe der umgebenden Bebauung, wächst die Feldstärke nur noch mit der Quadratwurzel der Strahlungsleistung. Der Einfluß der Strahlungsleistung auf die Reichweite ist also entsprechend gering. Halbiert man die Strahlungsleistung bei jeweils gleicher Feldstärke am Empfangsort, sinkt die Reichweite von 12 auf 10 km . Einen wesentlich größeren Einfluß auf die Reichweite hat die Veränderung der Empfängerempfindlichkeit. Bei gleichbleibender Strahlungsleistung und Sendeantennenhöhe verhält sich die Reichweite wie die Wurzel aus der Empfindlichkeit. Vergrößert man die Empfängerempfindlichkeit, vergrößert sich die Reichweite auf das 1,4fache.

Bei gleichbleibender Strahlungsleistung nimmt mit zunehmender Entfernung die Empfangsfeldstärke ab. In doppelter Entfernung sinkt die Empfangsfeldstärke auf 1/4, in dreifacher Entfernung auf 1/9 des Wertes. Am Empfangsort darf eine Mindestfeldstärke nicht unterschritten werden, damit das Verhältnis zwischen dem Störrauschen und dem Nutzsignal nicht zu schlecht wird. Die Nutzfeldstärke soll an der Grenze des Versorgungsbereiches in ländlichen Gebieten mit geringem Störpegel 5 µV/m, in gemischten Stadt/Landgebieten mit Industrieanlagen etwa 10 µV/m, betragen.

1.2.2 Empfänger

Im Empfänger werden die hochfrequenten Trägerwellen, die von der Empfangsantenne aufgenommen werden, verstärkt. Es folgt eine Trennung von HF- und NF-Schwingungen im Demodulator. Nach einer weiteren Verstärkung wird die in der NF-Schwingung enthaltene Information einem Lautsprecher oder Kopfhörer zugeführt und in akustische Schwingungen umgewandelt. Die akustische Schwingung kann dann vom menschlichen Ohr als Information verstanden werden.

1.2.3 Antenne

Eine Antenne kann als ein offener Schwingkreis aufgefaßt werden, der als ein Funktionselement betrachtet werden kann, das beim Senden eine leitungsgebundene Welle im freien Raum und beim Empfangen eine Welle im freien Raum in eine leitungsgebundene umwandelt. Die Eigenschaften einer Antenne können durch die wichtigsten Bestimmungsgrößen wie Antennengewinn und Richtcharakteristik, Eingangsimpedanz, Polarisation und relative Bandbreite, gekennzeichnet werden. Jede Antenne mit reziproken Bauelementen ist grundsätzlich gleicherweise zum Senden und Empfangen geeignet.

Die Antennenanlage einer Funkanlage besteht aus Antennenstrahler, Zuleitung sowie Zubehör wie Weichen, Verteiler, Dämpfungsglieder und Meßanschlüssen. Diese sind zum Senden und Empfangen von Funksignalen vom Geräteeingang und Geräteausgang bis zum Empfangen oder Ausstrahlen des Signals erforderlich.

Die Abmessungen einer Antenne werden von der Betriebsfrequenz bestimmt, die abgestrahlt oder aufgenommen werden soll. Für den Resonanzfall, wenn Anpassung vorliegt und die gesamte Sendeleistung der Antenne zuführt wird, ist die geometrische Länge 1/2, 1/4 oder 5/8 der Wellenlänge. Man bezeichnet solche Antennen auch als λ/2-, λ/4- oder 5/8-λ-Antennen.

Die Antenne ist nicht in Resonanz, wenn ihre geometrische Länge gegenüber der Betriebswellenlänge zu lang oder zu kurz ist. Dann wird ein Teil der zugeführten Sendeleistung von der Antenne wieder zum Sender reflektiert und in Wärme umgewandelt. Dieser Teil der Sendeleistung geht für die Abstrahlung verloren.

Das Verhältnis zwischen hin- und zurücklaufender Sendeleistung wird mit Stehwellenverhältnis (SWR) bezeichnet und kann zur Berechnung der Fehlanpassung gemessen und damit zur optimalen Antennenabstimmung genutzt werden.

In der Praxis wird die Antenne auf die Sendefrequenz abgestimmt. Bei Funkbetrieb auf zwei Frequenzen muß die Antenne eine gewisse Bandbreite aufweisen, um beim Senden im tieferen Frequenzbereich und beim Empfangen im höheren Frequenzbereich oder umgekehrt resonant zu sein. Wird aus betrieblichen Gründen die Sendefrequenz zwischen Ober- und Unterband gewechselt, muß eine breitbandig ausgeführte Antenne verwendet werden, die durch geeignete Bauelemente wie Spulen und Kondensatoren, mindestens zwei Resonanzstellen oder eine geringe Welligkeit über einen breiten Frequenzbereich hat.

Im Funkverkehr mit beweglichen Funkstellen ist durch den Einfluß von Reflexionen die Richtung der Wellenverbindung unbestimmbar. Daher müssen Antennen mit Rundstrahlung bzw. Rundempfang verwendet werden. Das notwendige kreisförmige Antennendiagramm, die Verbindungslinie aller Punkte mit der gleichen Feldstärke bei Sendebetrieb, haben senkrecht angeordnete Antennenstäbe. Man spricht von vertikaler Polarisation. Die Lage der Wellen bezogen auf die Erdoberfläche ist um 90 Grad versetzt.

Zum Vergleich verschiedener Antennen gibt man deren Gewinn an. Der Gewinn kennzeichnet den Verstärkungsgrad eines bestimmten Antennentyps gegenüber einer genormten Meßantenne (Halbwellendipol oder Isotropenstrahler).

Richtantennen bestehen aus mehreren Strahlerelementen und weisen in ihrer Vorzugsrichtung einen Antennengewinn auf. Diese Antennenform, auch bekannt unter dem Namen Yagi-Antenne, wird vorzugsweise bei Verbindungen zwischen ortsfesten Funkstellen oder Funkbrücken eingesetzt.

1.2.4   Modulation

Die zu übertragende Information in Form von Sprache wird beim Sprechfunk durch das Mikrofon in niederfrequente Schwingungen umgewandelt. Dabei entspricht die Amplitude der Lautstärke und die Frequenz der Tonhöhe. Für eine verständliche Sprachwiedergabe reicht die Übertragung des Frequenzspektrums zwischen 300 Hz und 3000 Hz.

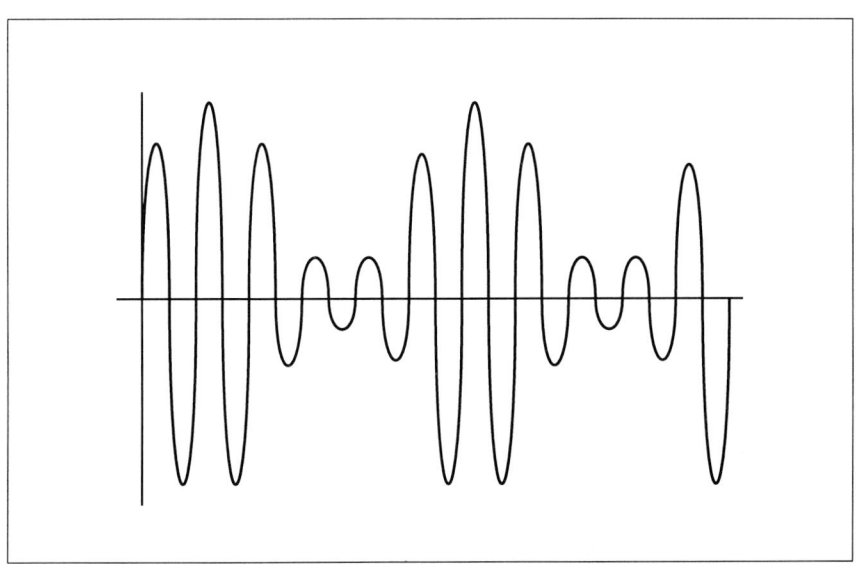

Abb. 1.5 *Amplitudenmodulation: Die Schwingungsweite der Trägerwelle wird durch die Niederfrequenzschwingung in ihrer Höhe verändert.*

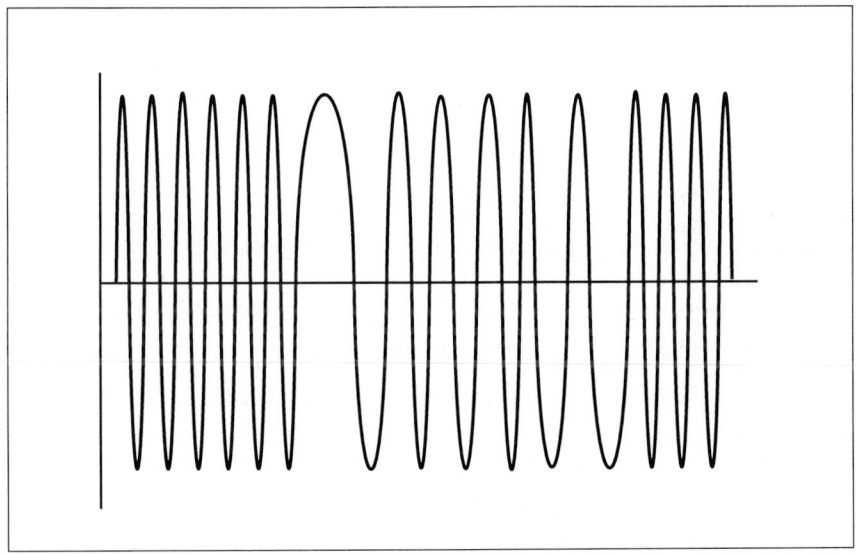

Abb. 1.6 *Frequenzmodulation: Die Frequenz der Trägerwelle wird von der niederfrequenten Modulationsschwingung verändert.*

1.2.5 Amplitudenmodulation

Bei der Amplitudenmodulation (AM) wird die elektromagnetische HF-Schwingung durch Addition der niederfrequenten im Mikrofonverstärker erzeugten Schwingungen und der hochfrequenten im Oszillator des Senders erzeugten Schwingung gebildet. Die Höhe der Trägerwelle schwankt im Takt der niederfrequenten Modulationsschwingung. Amplitudenmodulation findet man im Rundfunkbereich auf Lang-, Mittel- und Kurzwelle sowie im VHF-Flugfunkband. Alle übrigen Funkdienste, die im Bereich über 30 MHz senden, verwenden Frequenzmodulation.

1.2.6 Frequenzmodulation

Bei der Frequenzmodulation wird die Amplitudenschwankung der Niederfrequenz in eine Frequenzänderung der hochfrequenten Schwingung umgewandelt. Die Frequenz der Trägerwelle schwankt im Rhythmus der Sprachschwingungen um ihre Mittelfrequenz. Die Höhe (Amplitude) der frequenzmodulierten HF-Schwingung bleibt konstant. Störungsbedingte Amplitudenschwankungen können deshalb bei der Frequenzmodulation gut kompensiert werden. Die FM-Modulation hat sich deshalb bei höherfrequenten Trägerschwingungen im VHF- und UHF-Bereich durchgesetzt. Die Größe der Frequenzabweichung wird mit »Frequenzhub« bezeichnet. Dieser Hub beträgt beim 20-kHz-Kanalabstand im UKW-Betriebsfunkbereich im Mittel 2,8 kHz. Der Höchstwert wird auf 4 kHz begrenzt, um Verzerrungen zu vermeiden. Die Sendebandbreite der modulierten FM-Trägerwelle wird berechnet aus 2mal höchste Modulationsfrequenz (3000 Hz) plus zweimal höchster Hub (4000 Hz).

1.2.7 Kanal

Ein bestimmter Frequenzbereich in einem Frequenzspektrum, der zur Übertragung einer Information notwendig ist wird mit Kanal bezeichnet. Dabei besteht allerdings kein direkter Bezug zwischen der Frequenz und der Kanalnummer. Die Kanalnummer dient vielmehr der Unterscheidung der einzelnen Betriebsfrequenzen und erleichtert die Einstellung von Sende- oder Empfangsfrequenz in der Funkanlage. Ein Fernsehzuschauer braucht nicht zu wissen, auf welcher Frequenz oder bei welcher Wellenlänge er ein bestimmtes Programm empfangen kann. Ihm reicht die Kanalangabe aus der Fernsehzeitung. Diese Kanalkennziffer kann er direkt über die Bedienungselemente des Geräts eingeben. Die Zuordnung der Kanalnummer zu einer Frequenz ist im Beispiel Fernsehrundfunk genormt, aber nicht auf andere Systeme übertragbar. Die Kanalnummer kann für die Frequenzzuweisung nur dann verwendet werden, wenn das dazugehörende Funksystem bekannt ist.

2 Fernmelderechtliche Grundlagen

2.1 Funkdienst

2.1.1 Definition

Ein Funkdienst dient der Übermittlung, der Aussendung und dem Empfangs von Funkwellen für bestimmte Zwecke des Fernmeldeverkehrs.

Man unterscheidet zwischen öffentlichen und nichtöffentlichen, beweglichen und ortsfesten Funkdiensten. Ferner gibt es Formen, bei denen die Übermittlung der Informationen zwischen ortsfesten und beweglichen Funkstellen und zwischen beweglichen Funkstellen untereinander erfolgt.

2.1.2 Funkanwendungen

In der Bundesrepublik Deutschland werden die Funkanwendungen unterschieden in Funkdienste über Satelliten, Funkdienste ohne Satelliten und andere Funkanwendungen.

Funkanwendungen ohne Satelliten sind Mobilfunk, Festfunk, Rundfunk, Ortungsfunk, Amateurfunk, Normalfrequenz- und Zeitzeichenfunk, Wetterhilfenfunk und Sonderfunk. Funkanwendungen über Satelliten sind Satelliten-Mobilfunk, Satelliten-Rundfunk und Satelliten-Ortungsfunk.

Zu den anderen Funkanwendungen gehören Weltraumforschungsfunk, Weltraumfernwirkfunk, Intersatellitenfunk und Radioastronomiefunk.

Der Mobilfunk ist gegliedert in
— Seefunk,
— Flugfunk und
— mobilen Landfunk.

Der mobile Landfunk ist unterteilt in den öffentlichen mobilen Landfunk und den nichtöffentlichen mobilen Landfunk. Zum öffentlichen mobilen Landfunk gehören Funktelefon, Funkruf und Rheinfunk. Diese Funkdienste haben das Merkmal, daß sie von der Öffentlichkeit, also nicht von einem begrenzten oder geschlossenen Teilnehmerkreis genutzt werden können.

Der nichtöffentliche mobile Landfunk ist gegliedert in Betriebsfunk, nichtöffentlicher mobiler Landfunk der Behörden und Organisationen mit Sicherheitsaufgaben (BOS), nichtöffentlicher mobiler Landfunk der Deutschen Bahn, privater Hilfsfunk, CB-Funk, Binnenwasserstraßenfunk, Grundstückssprechfunk, Personenruffunk, Fernwirkfunk, Modellfernsteuerfunk, Fernsehfunk des nichtöffentlichen mobilen Landfunks und Durchsagefunk.

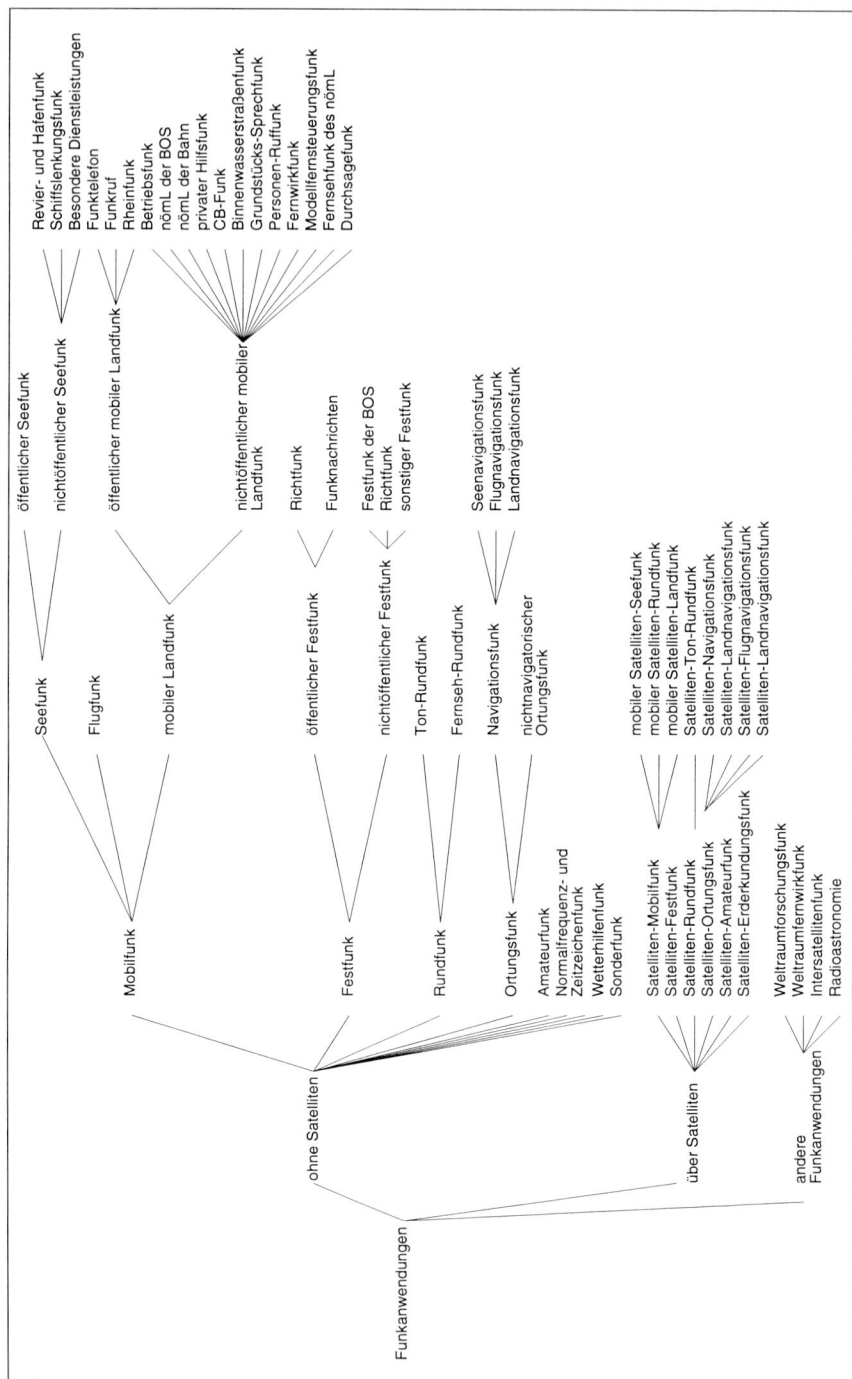

Funkanwendungen

ohne Satelliten

- Mobilfunk
  - Seefunk
    - öffentlicher Seefunk
    - nichtöffentlicher Seefunk
  - Flugfunk
  - mobiler Landfunk
    - öffentlicher mobiler Landfunk
    - nichtöffentlicher mobiler Landfunk
      - Revier- und Hafenfunk
      - Schiffslenkungsfunk
      - Besondere Dienstleistungen
      - Funktelefon
      - Funkruf
      - Rheinfunk
      - Betriebsfunk
      - nömL der BOS
      - nömL der Bahn
      - privater Hilfsfunk
      - CB-Funk
      - Binnenwasserstraßenfunk
      - Grundstücks-Sprechfunk
      - Personen-Ruffunk
      - Fernwirkfunk
      - Modellfernsteuerungsfunk
      - Fernsehfunk des nömL
      - Durchsagefunk
- Festfunk
  - öffentlicher Festfunk
  - nichtöffentlicher Festfunk
    - Richtfunk
    - Funknachrichten
    - Festfunk der BOS
    - Richtfunk
    - sonstiger Festfunk
- Rundfunk
  - Ton-Rundfunk
  - Fernseh-Rundfunk
- Ortungsfunk
  - Navigationsfunk
    - Seenavigationsfunk
    - Flugnavigationsfunk
    - Landnavigationsfunk
  - nichtnavigatorischer Ortungsfunk
- Amateurfunk
- Normalfrequenz- und Zeitzeichenfunk
- Wetterhilfenfunk
- Sonderfunk

über Satelliten

- Satelliten-Mobilfunk
  - mobiler Satelliten-Seefunk
  - mobiler Satelliten-Rundfunk
  - mobiler Satelliten-Landfunk
- Satelliten-Festfunk
- Satelliten-Rundfunk
  - Satelliten-Ton-Rundfunk
- Satelliten-Ortungsfunk
  - Satelliten-Navigationsfunk
  - Satelliten-Flugnavigationsfunk
  - Satelliten-Landnavigationsfunk
- Satelliten-Amateurfunk
- Satelliten-Erderkundungsfunk

andere Funkanwendungen

- Weltraumforschungsfunk
- Weltraumfernwirkfunk
- Intersatellitenfunk
- Radioastronomie

18

2.2 Nichtöffentliche Funkanwendungen

2.2.1 Vorschriften

Für das Erteilen von Genehmigungen zum Errichten und Betreiben von Funkanlagen nichtöffentlicher Funkanwendungen, zu denen der BOS-Funk gehört, gelten die Vorschriften »VornöFa«, herausgegeben vom Bundesministerium für Post- und Telekommunikation in der Fassung von 1991.

Die Vorschriften zum Errichten und Betreiben von Funknetzen oder Funkanlagen des nichtöffentlichen mobilen Landfunks (VornömL) regeln die Antrags-, Genehmigungs- und Betriebsverfahren des nichtöffentlichen mobilen Landfunks (nömL). Außerdem sind in den Vorschriften Begriffsbestimmungen, Frequenzbereiche und Betriebsfrequenzen sowie die technischen und betrieblichen Vorgaben zu den verschiedenen Funkanwendungen des nichtöffentlichen mobilen Landfunks enthalten. Die Vorschriften sind in vier Teile, Abschnitte 1 bis 3 und Anhänge, aufgeteilt. Abschnitt 1 enthält die Allgemeinvorschriften, die übergreifend für den gesamten nichtöffentlichen mobilen Landfunk gelten. In Abschnitt 2 (Einzelvorschriften) sind die spezifischen Bestimmungen mit den Antrags-, Genehmigungs-, und Betriebsverfahren, den zugewiesenen Betriebsfrequenzen und den besonderen technischen und betrieblichen Vorgaben für die jeweiligen Funkanwendungen des nichtöffentlichen mobilen Landfunks festgelegt. Abschnitt 3 enthält die Gebührenvorschriften mit den Genehmigungsgebühren für die verschiedenen Funkanwendungen des nichtöffentlichen mobilen Landfunks.

2.3 Begriffsbestimmungen

2.3.1 Mobiler Landfunk

Der mobile Landfunk ist ein Mobilfunk mit Fernmeldeverkehr zwischen ortsfesten und mobilen Landfunkstellen oder zwischen mobilen Landfunkstellen. Für den mobilen Landfunk sind besondere Frequenzbereiche zugewiesen. Der mobile Landfunk ist in den öffentlichen und nichtöffentlichen mobilen Landfunk unterteilt.

Der nichtöffentlichen mobilen Landfunk (nömL) ist Teil des mobilen Landfunks mit nichtöffentlichem innerbetrieblichem Fernmeldeverkehr eines Genehmigungsinhabers zwischen den ihm genehmigten ortsfesten und mobilen oder mobilen Landfunkstellen des nichtöffentlichen mobilen Landfunks. Der nichtöffentlichen mobilen Landfunk ist in mehrere Funkanwendungen unterteilt, für die jeweils besondere Frequenzen aus den Frequenzbereichen des mobilen Landfunks zugewiesen sind. Begriffsbestimmungen, Genehmigungsregelungen, Betriebsfrequenzen und Betriebsverfahren für die verschiedenen Funkanwendungen des nichtöffentlichen mobilen Landfunks sind in Einzelvorschriften geregelt.

2.3.2 Ortsfeste Landfunkstelle

Eine ortsfeste Landfunkstelle des nichtöffentlichen mobilen Landfunks ist eine ausschließlich für den ortsfesten Betrieb genehmigte Funkstelle, die aus einer Sende- und/oder Empfangsfunkanlage, Antenne, Stromversorgung und ggf. einer Überleiteinrichtung und weiteren Zusatzeinrichtungen besteht und von dem Genehmigungsinhaber auf einer oder mehreren zugeteilten Frequenz(en) für einen nichtöffentlichen innerbetrieblichen Fernmeldeverkehr betrieben wird. Die Sende- und Empfangsfunkanlage kann getrennt voneinander errichtet und betrieben werden.

2.3.3 Mobile Landfunkstelle

Eine mobile Landfunkstelle des nichtöffentlichen mobilen Landfunks ist eine ausschließlich für den mobilen Betrieb, also während der Bewegung oder des Haltens an beliebigen Orten, genehmigte Funkstelle. Sie kann mittels Fahrzeug- oder Handfunkgerät, die aus einer Sende- und/oder Empfangsfunkanlage, Antenne, Stromversorgung und ggf. weiteren Zusatzeinrichtungen besteht und von dem Genehmigungsinhaber auf einer oder mehreren zugeteilten Frequenz(en) für einen nichtöffentlichen innerbetrieblichen Fernmeldeverkehr betrieben wird, errichtet werden.

2.3.4 Funkanlage

Eine Funkanlage des nichtöffentlichen mobilen Landfunks ist ein Sende- und/oder Empfangsfunkgerät, das für Aussendung und/oder Empfang von Sprache, Daten oder Bildern auf Frequenzen des nichtöffentlichen mobilen Landfunks zugelassen und mit einer Zulassungsnummer oder einem Zulassungszeichen mit zusätzlichen Kennbuchstaben gekennzeichnet ist.
Eine Empfangsfunkanlage des nichtöffentlichen mobilen Landfunks ist ein Funkgerät, das ausschließlich zum Empfang von Sprache, Daten oder Bildern auf Frequenzen des nichtöffentlichen mobilen Landfunks zugelassen und gekennzeichnet ist. Eine Empfangsfunkanlage kann als zusätzlicher Empfänger, Anrufmelder oder Meldeempfänger genehmigt werden, soweit dies in den Einzelvorschriften vorgesehen ist. Ein zusätzlicher Empfänger kann als ortsfest betriebene Empfangsfunkanlage zur Verbesserung der Empfangsverhältnisse bei einer ortsfesten Be-

triebsfunkstelle oder ortsfest oder mobil betriebene Empfangsfunkanlage zur Überwachung des Fernmeldeverkehrs eines Funknetzes oder ortsfest betriebene Empfangsfunkanlage zum Empfang von Daten (Fernwirksignalen) genehmigt werden. Ein zusätzlicher Empfänger zur Überwachung des Fernmeldeverkehrs eines Funknetzes darf nicht unmittelbar mit einer privaten Telefonanlage oder einer Nebenstellenanlage verbunden werden.

2.3.5 Anrufmelder und Meldeempfänger

Ein Anrufmelder ist eine tragbare Empfangsfunkanlage des nichtöffentlichen mobilen Landfunks, die eine von einer mobilen Landfunkstelle ausgesendete Anrufbestätigung empfängt, auswertet und akustisch oder optisch anzeigt.
Ein Meldeempfänger ist eine tragbare Empfangsfunkanlage des nichtöffentlichen mobilen Landfunks zur Alarmierung von Personen in Not- oder Störungsfällen, die auch in einem Fahrzeug oder vorübergehend an einer ortsfesten Antenne und Stromversorgung betrieben werden kann. Meldeempfänger dürfen nicht unmittelbar mit einer privaten Drahtfernmelde- oder Nebenstellenanlage verbunden werden.

2.3.6 Abfragestelle

Eine Abfragestelle ist ein Bedienteil einer ortsfesten Landfunkstelle des nichtöffentlichen mobilen Landfunks, das gegebenenfalls abgesetzt über einen Stromweg mit der hochfrequenztechnischen Einrichtung der ortsfesten Landfunkstelle verbunden ist.
Eine Abfragestelle ist Teil der Sprechfunkanlage. Sie ist auch dann Teil der Sprechfunkanlage, wenn sie über einen Stromweg mit der hochfrequenztechnischen Einrichtung der ortsfesten Landfunkstelle verbunden ist. Dies gilt auch für mehrere angeschlossene Abfragestellen, die nur wechselzeitig benutzt werden können. Sie sind keine Betriebsstellen einer privaten Drahtfernmeldeanlage nach den Bestimmungen über private Drahtfernmeldeanlagen, sofern zwischen diesen Abfragestellen keine Kommunikation möglich ist.

2.3.7 Funknetz

Ein Funknetz des nichtöffentlichen mobilen Landfunks besteht aus einer oder mehreren ortsfesten und/oder mobilen Landfunkstellen des nichtöffentlichen mobilen Landfunks. Die technischen und administrativen Daten eines Funknetzes werden in der Genehmigung zum Betreiben eines Funknetzes festgelegt.
Ein Funknetz des nichtöffentlichen mobilen Landfunks darf nur aufgrund einer von

der Deutschen Bundespost Telekom erteilten Genehmigung für innerbetrieblichen, nichtöffentlichen Fernmeldeverkehr auf der oder den für dieses Funknetz zugeteilten Frequenzen betrieben werden.

2.3.8 Genehmigung

Das Errichten und Betreiben einer Funkanlage bedarf gemäß Paragraph 1 und 2 des Gesetzes über Fernmeldeanlagen in der jeweils gültigen Fassung einer Genehmigung durch den Bundesminister für das Post- und Fernmeldewesen oder einer von ihm beauftragten Behörde.

Eine Genehmigung ist ein begünstigender Verwaltungsakt, mit welchem dem Genehmigungsinhaber von der genehmigungserteilenden Behörde die Erlaubnis erteilt wird, eine oder mehrere bestimmte Funkanlagen oder ein Funknetz mit einer festgelegten Anzahl bestimmter Funkanlagen auf einer bestimmten Frequenz oder mehreren bestimmten Frequenzen unter bestimmten Bedingungen und Auflagen zu errichten und zu betreiben.

Genehmigungsinhaber kann derjenige werden, der nach den jeweiligen Einzelvorschriften und Bestimmungen als Bedarfsträger für diese Funkanwendung anerkannt ist und nach den Bestimmungen der Fernmeldeordnung über das Teilnehmerverhältnis Teilnehmer werden kann.

Genehmigungsinhaber können werden:
natürliche Personen sowie juristische Personen des privaten oder öffentlichen Rechts.

Bedarfsträger ist ein in den jeweiligen Einzelvorschriften des nichtöffentlichen mobilen Landfunks festgelegter Kreis von Anwendern, denen nach eine Genehmigung zum Errichten und/oder Betreiben von Funkanlagen oder Funknetzen des nichtöffentlichen mobilen Landfunks erteilt werden kann, wenn der Nachweis zur Zugehörigkeit zu dem jeweiligen Anwenderkreis erbracht wurde.

Ein nichtöffentlicher innerbetrieblicher Fernmeldeverkehr besteht ausschließlich aus Nachrichten eines Genehmigungsinhabers in Form von Sprache, Daten oder Bildern, die mit seinen Aufgaben oder Tätigkeiten als anerkannter Bedarfsträger in engem Zusammenhang stehen und entsprechend dem in der Genehmigung der Deutschen Bundespost Telekom angegeben Verwendungszweck über Funkanlagen des nichtöffentlichen mobilen Landfunks übertragen werden dürfen.

2.3.9 Frequenzzuteilung

Ein Frequenzzuteilungsgebiet ist ein in einem Frequenzverteilungsplan festgelegtes Gebiet (Fläche) - zum Beispiel rautenförmig - mit einer Ordnungszahl, nach welcher Frequenzen in diesem Gebiet zugeteilt werden. Die Zuteilung einer Frequenz erfolgt grundsätzlich erst mit dem Erteilen einer Betriebsgenehmigung.

Ein Frequenzverteilungsplan ist ein geographischer Netzplan, in dem die Frequenzzuteilungsgebiete mit Ordnungszahlen festgelegt sind.

Ein Funkversorgungsbereich ist in der Regel ein kreisförmiges Gebiet um eine ortsfeste Landfunkstelle, das von dieser nach Maßgabe der Planung mit einer festgelegten Mindestnutzfeldstärke bei einer bestimmten Orts- und Zeitwahrscheinlichkeit versorgt wird.

2.3.10 Betriebsarten

Der Simplex-Betrieb ist eine Betriebsart, bei der eine Übertragung abwechselnd in beiden Richtungen einer Funkverbindung möglich ist. Simplex-Betrieb kann auf einer oder zwei Frequenzen durchgeführt werden.
Der Duplex-Betrieb ist eine Betriebsart, bei der eine Übertragung gleichzeitig in beiden Richtungen einer Funkverbindung möglich ist. Duplex-Betrieb erfordert im allgemeinen zwei Frequenzen für eine Funkverbindung.
Der Semi-Duplex-Betrieb ist eine Betriebsart mit Simplex-Betrieb an einem Ende und Duplex-Betrieb am anderen Ende einer Funkverbindung. Semi-Duplex-Betrieb erfordert im allgemeinen zwei Frequenzen für eine Funkverbindung.

2.3.11 Senderausgangsleistung

Die Senderausgangsleistung ist die höchstzulässige Leistung eines Senders. Sie wird als äquivalente Strahlungsleistung oder als Hochfrequenz-Ausgangsleistung angegeben.
Die äquivalente Strahlungsleistung ist die auf einen Halbwellendipol bezogene, in Richtung der maximalen Feldstärke abgestrahlte höchstzulässige Leistung. Sie wird bei unmoduliertem Sender gemessen und bei Geräten angegeben, die mit fest ein- oder angebauten Antennen betrieben werden.
Die Hochfrequenz-Ausgangsleistung ist der höchstzulässige HF-Pegel auf der Betriebsfrequenz, den der Sender an die Antenne abgibt. Sie wird bei Geräten angegeben, die einen definierten koaxialen Antennenanschluß besitzen. Die HF-Ausgangsleistung wird bei unmoduliertem Sender an diesem Antennenanschluß gemessen.

2.3.12 Überleiteinrichtung

Eine Überleiteinrichtung ist eine Einrichtung, über die eine Übertragung von Nachrichten aus einem Funknetz in eine andere Fernmeldeeinrichtung - z.B. eine private Drahtfernmeldeanlage - oder umgekehrt möglich ist.

2.3.13 Sprach- und Datenübertragung

Bei der Sprachübertragung werden Nachrichten ausschließlich in Form von Sprache (Sprechfunk) übertragen.
Bei der Datenübertragung werden Nachrichten ausschließlich in Form von Daten (Datenfunk) übertragen. Datenübertragung im Sinn der Vorschriften schließt die Übertragung von Fernwirksignalen (Fernsteuern, Fernmessen) und Texten mit ein.
Bei der Bildübertragung werden Nachrichten in Form von Bildern (Bildfunk) - z.b. Fernsehbildern - übertragen.

2.3.14 Zulassung

Eine Zulassung ist ein Verwaltungsakt gemäß Paragraph 35 Verwaltungsverfahrensgesetz. Eine Zulassung kann als Einzelzulassung (Einzelgeräte) oder Allgemeinzulassung (Seriengeräte) erteilt werden. Eine Zulassung ist grundsätzlich Voraussetzung für das Erteilen einer Genehmigung zum Errichten und Betreiben von Funkanlagen des nichtöffentlichen mobilen Landfunks.
Mit der Zulassung wird bestätigt, daß eine einzelgeprüfte Funkanlage oder bei einer Serienproduktion jede mit dem geprüften Muster elektrisch und mechanisch übereinstimmende Funkanlage zum Errichten und zum Betreiben geeignet ist. Zugelassene Funkanlagen des nichtöffentlichen mobilen Landfunks müssen vom Hersteller entsprechend den Kennzeichnungsvorschriften gekennzeichnet sein.
Die Zulassung schließt nicht die nach Paragraph 2 FAG erforderliche Genehmigung für das Errichten und Betreiben von Funkanlagen mit ein.
Zulassungsbehörde für Funkanlagen des nichtöffentlichen mobilen Landfunks ist das Bundesamt für Post- und Telekommunikation in Mainz.
Das Zulassungsverfahren von Funkanlagen des nichtöffentlichen mobilen Landfunks ist in der Richtlinie für die Zulassung von Funkanlagen des nichtöffentlichen mobilen Landfunks geregelt.

2.3.15 Genehmigungserteilung

Gemäß Paragraph 1 und 2 des Gesetzes über Fernmeldeanlagen in der jeweils gültigen Fassung ist eine Genehmigung durch den Bundesminister für das Post- und Fernmeldewesen oder eine von ihm beauftragte Behörde Voraussetzung für das Errichten und Betreiben einer Funkanlage. Eine Genehmigung wird schriftlich erteilt. Ein Anspruch auf Erteilung einer Betriebsgenehmigung besteht nicht.
Eine Genehmigung zum Betreiben eines Funknetzes oder einer Funkanlage des nichtöffentlichen mobilen Landfunks kann auf Antrag erteilt werden, wenn dies nach den Einzelvorschriften (Bestimmungen) für den vom Antragsteller angegebenen Verwendungszweck des Funknetzes oder der Funkanlagen des nichtöffent-

lichen mobilen Landfunks vorgesehen ist oder der Antragsteller für die beantragte Funkanwendung als Bedarfsträger anerkannt ist und in den für die Funkanwendung zugewiesenen Frequenzteilbereichen Frequenzen verfügbar sind. Die Genehmigungserteilung setzt voraus, daß eine Zuteilung einer Frequenz im Hinblick auf die rationelle Nutzung der Frequenzen vertretbar ist, die beantragten Werte für die Senderausgangsleistung, die Antennenart und -höhe so gewählt sind, daß die in den Einzelvorschriften festgelegten Funkversorgungsbereiche nicht überschritten werden und ein Bedarf nachgewiesen wird. Die Funkanlagen und zugehörigen Einrichtungen müssen den jeweils gültigen technischen Vorschriften der Deutschen Bundespost Telekom entsprechen, technisch geprüft und für den vorgesehenen Verwendungszweck zugelassen und mit einem Zulassungszeichen gekennzeichnet sind.

Eine Genehmigung wird unter bestimmten Voraussetzungen erteilt und ist mit Bedingungen und Auflagen verbunden; sie wird widerrufen, wenn die Voraussetzungen entfallen sind. Sie kann widerrufen werden, wenn die Bedingungen und Auflagen vom Genehmigungsinhaber nicht eingehalten werden.

2.3.16 Genehmigungsarten

Eine Genehmigung zum Errichten, zum Betreiben oder zum Errichten und Betreiben eines Funknetzes oder einer Funkanlage des nichtöffentlichen mobilen Landfunks kann als personenbezogene »Einzelgenehmigung«, personenbezogene »Sammelgenehmigung« oder nichtpersonenbezogene »Allgemeingenehmigung« erteilt werden und kann befristet und zweckbestimmt sein.

Eine personenbezogene »Einzelgenehmigung« ermächtigt den Genehmigungsinhaber eine oder mehrere bestimmte Funkanlagen oder ein bestimmtes Funknetz, mit einer festgelegten Anzahl ortsfester und/oder mobiler Funkanlagen, für bestimmte Zwecke unter bestimmten Bedingungen und Auflagen zu errichten und/oder zu betreiben.

Eine personenbezogene »Sammelgenehmigung« ermächtigt den Genehmigungsinhaber eine unbestimmte Anzahl bestimmter Funkanlagen auf zugeteilten Frequenzen für genau bestimmte Zwecke unter Bedingungen und Auflagen zu errichten und/oder zu betreiben.

Eine »Allgemeingenehmigung« ermächtigt »Jedermann«, bestimmte Funkanlagen für bestimmte Zwecke unter Bedingungen und Auflagen zu errichten und/oder zu betreiben. Eine personenbezogene Einzelgenehmigung kann auch als Vorführ- oder Versuchsfunkgenehmigung erteilt werden.

Eine Vorführgenehmigung ermächtigt den Inhaber, eine bestimmte Anzahl bestimmter Funkanlagen unter Bedingungen und Auflagen zu Werbe- oder Verkaufszwecken zu errichten und/oder zu betreiben (vorzuführen).

Eine Versuchsfunkgenehmigung ermächtigt den Inhaber, bei der Entwicklung von Funkanlagen diese unter Bedingungen und Auflagen zeitlich befristet zu errichten und zu betreiben oder bestimmte Funkanlagen unter Bedingungen und Auflagen für besondere Zwecke oder zur Erprobung zeitlich befristet zu errichten und zu betreiben.

2.3.17 Genehmigungsverfahren

Für das Erteilen von Einzelgenehmigungen für das Errichten und/oder Betreiben von Funkanlagen oder Funknetzen des nichtöffentlichen mobilen Landfunks ist grundsätzlich das Bundesamt für Post- und Telekommunikation in Mainz mit seinen regionalen Außenstellen zuständig. Eine Einzelgenehmigung wird erteilt, wenn ein rechtsgültig unterschriebener Antrag vorliegt und die sonstigen Voraussetzungen erfüllt sind.

Ein Antrag auf Einzelgenehmigung zum Errichten und/oder Betreiben von Funkanlagen oder Funknetzen des nichtöffentlichen mobilen Landfunks ist mit vorgeschriebenem Antragsformblatt bei der für den Wohnsitz (Sitz) des Antragstellers zuständigen Außenstelle des Bundesamtes für Post- und Telekommunikation (BAPT) einzureichen. Anträge werden im Regelfall federführend bei der Außenstelle des BAPT bearbeitet, in dessen Bezirk die Funkanlage oder das Funknetz errichtet und betrieben werden soll.

Funkanlagen oder Funknetze des nichtöffentlichen mobilen Landfunks dürfen erst dann errichtet und/oder betrieben werden, wenn von der Deutschen Bundespost Telekom eine entsprechende Genehmigung erteilt wurde.

2.3.18 Erlöschen einer Genehmigung

Eine Einzel- oder Sammelgenehmigung erlischt mit Ablauf einer mit der Genehmigung verbundenen Befristung, wenn der Genehmigungsinhaber auf sie verzichtet und der Verzicht wirksam geworden ist oder wenn die Genehmigungsbehörde sie widerruft und der Widerruf bestandskräftig geworden ist.

Nach Erlöschen einer Einzel- oder Sammelgenehmigung sind die Genehmigung und ausgestellte Genehmigungsausweise an die Telekom zurückzugeben.

Eine Allgemeine Genehmigung erlischt, mit Ablauf einer gegebenenfalls mit der Genehmigung verbundenen Befristung, oder wenn die Genehmigungsbehörde sie widerruft.

Auf eine Einzel- oder Sammelgenehmigung zum Errichten und/oder Betreiben einer oder mehrerer Funkanlagen oder eines Funknetzes des nichtöffentlichen mobilen Landfunks kann verzichtet werden. Bei einem Verzicht auf eine Genehmigung muß die Verzichterklärung der zuständigen BAPT-Außenstelle spätestens sechs Werktage vor Ende des Kalendermonats schriftlich zugegangen sein, mit dessen Ablauf die Genehmigung erlöschen soll. Geht die Verzichterklärung verspätet ein, so erlischt die Genehmigung erst mit Ablauf des folgenden Monats.

Eine Genehmigung zum Errichten und/oder Betreiben einer oder mehrerer Funkanlagen des nichtöffentlichen mobilen Landfunks oder eines Funknetzes des nichtöffentlichen mobilen Landfunks kann insgesamt oder teilweise widerrufen werden. Eine Genehmigung wird widerrufen, wenn die Voraussetzungen der Erteilung einer Genehmigung entfallen sind oder die Bedingungen und Auflagen, die mit der Genehmigung verbunden sind, nicht eingehalten werden.

Eine Allgemeingenehmigung kann von der Genehmigungsbehörde auch einem einzelnen Betreiber gegenüber widerrufen werden.

2.3.19 Betriebsverbot

Bei einem Verstoß gegen die Bedingungen und Auflagen einer Genehmigung zum Betreiben eines Funknetzes oder von Funkanlagen des nichtöffentlichen mobilen Landfunks kann die Deutsche Bundespost Telekom durch die örtlich zuständige Außenstelle des Bundesamtes für Post- und Telekommunikation anordnen, das Funknetz oder die Funkanlagen sofort vorübergehend außer Betrieb zu setzen und erst bei Einhaltung der Bedingungen und Auflagen wieder zu betreiben. Bei Anordnung eines vorübergehenden Betriebsverbotes wegen Verstoßes gegen die Bedingungen und Auflagen einer Genehmigung sind die Genehmigungsgebühren weiter zu entrichten.

2.3.20 Gebühren

Für eine Genehmigung zum Errichten und/oder Betreiben von Funkanlagen oder Funknetzen des nichtöffentlichen mobilen Landfunks werden Genehmigungsgebühren nach den jeweiligen Gebührenvorschriften erhoben.

2.3.21 Externe Verbindungen

Die Verbindung einer Funkanlage oder eines Funknetzes des nichtöffentlichen mobilen Landfunks mit einer anderen Fernmeldeeinrichtung (z.B. Nebenstellenanlage) desselben Genehmigungsinhabers ist nur zulässig, wenn die Verbindung nach den jeweiligen Bestimmungen der Einzelvorschriften grundsätzlich zulässig ist und im Einzelfall genehmigt wurde.

2.3.22 Posteigene Übertragungswege

Die Überlassung posteigener Übertragungswege, z.B. zur Verbindung einer abgesetzten Abfragestelle mit dem hochfrequenztechnischen Teil einer ortsfesten Landfunkstelle des nichtöffentlichen mobilen Landfunks oder zur Verbindung eines Funknetzes des nichtöffentlichen mobilen Landfunks mit einer Nebenstellenanlage, unterliegt den Vorschriften der jeweiligen Verordnung einschließlich der zugehörigen Gebührenvorschriften.

2.3.23 Geltungsbereich

Die Vorschriften über das Erteilen von Genehmigungen zum Errichten und/oder Betreiben von Funknetzen oder Funkanlagen des nichtöffentlichen mobilen Landfunks gelten im Geltungsbereich des Fernmeldeanlagengesetzes (FAG).

2.4 Meterwellen-Richtlinie BOS

2.4.1 Neuordnung

Im Bereich des nichtöffentlichen beweglichen Landfunkdienstes der Behörden und Organisationen mit Sicherheitsaufgaben gelten seit 1984 neue Richtlinien, die im Amtsblatt des Bundesministers für das Post- und Fernmeldewesen Nr. 40, Jahrgang 1983 am 17. März 1984 veröffentlicht wurden.

2.4.2 Allgemeines

Durch die Richtlinie sollen den Behörden und Organisationen ausreichende Funkverbindungen im Rahmen ihrer Aufgabenstellung gesichert und gegenseitige Störungen verhindert werden. Die Richtlinie regelt ferner Anmeldung, Antrag auf Genehmigung, Genehmigung, Errichtung, Betrieb und Zusammenarbeit von Sprechfunkanlagen der BOS des nichtöffentlichen beweglichen Landfunkdienstes.

2.4.3 BOS-Definition

Behörden und Organisationen mit Sicherheitsaufgaben (BOS) sind:

– Polizei der Länder:
   Landespolizei mit Schutzpolizei, Autobahnpolizei und Kriminalpolizei (LP)
   Bereitschaftspolizei (BePo)
   Grenzpolizei (GP)
   Polizeiverwaltungsamt (PolVA)

Landesamt für Verfassungsschutz (LfV)
Landeskriminalamt (LKA)

– Polizei- und Katastrophenschutzbehörden, die dem Bundesminister des Innern unmittelbar unterstehen:
Bundesgrenzschutz (BGS)
Bundeskriminalamt (BKA)
Bundesamt für Verfassungsschutz (BfV)
Wasser- und Schiffahrtspolizei (WSP)

– Katastrophenschutzbehörden der:
Länder
Gemeinden und Gemeindeverbände
privaten Organisationen des Katastrophenschutzes
Betreiber von Rettungshubschraubern: Deutsche Rettungsflugwacht (DRF),
Allgemeiner Deutscher Automobil-Club (ADAC) und private Luftrettungsunternehmen

– Bundeszollverwaltung (BZV)

– Feuerwehren
Berufsfeuerwehren (BF)
Werksfeuerwehren (WF)
Freiwillige Feuerwehren (FF)

– Technisches Hilfswerk (THW)

– Hilfsorganisationen
Arbeiter-Samariter-Bund (ASB)
Deutsches Rotes Kreuz (DRK)
Johanniter-Unfall-Hilfe (JUH)
Malteser-Hilfsdienst (MHD)
Deutsche Lebensrettungsgesellschaft (DLRG)
Bergwacht des DRK (BW)

2.4.4 Zuständigkeiten

In den grundsätzlichen Fragen der Frequenz- und Rufnamenregelung vertritt der Bundesminister des Innern im Einvernehmen mit den Bundesländern die Belange der BOS gegenüber dem Bundesminister für das Post-und Fernmeldewesen.
Alle Angelegenheiten der betrieblichen Frequenzregelung für das Bundesgebiet werden durch den Bundesminister des Innern bearbeitet. Er leitet die Frequenz-

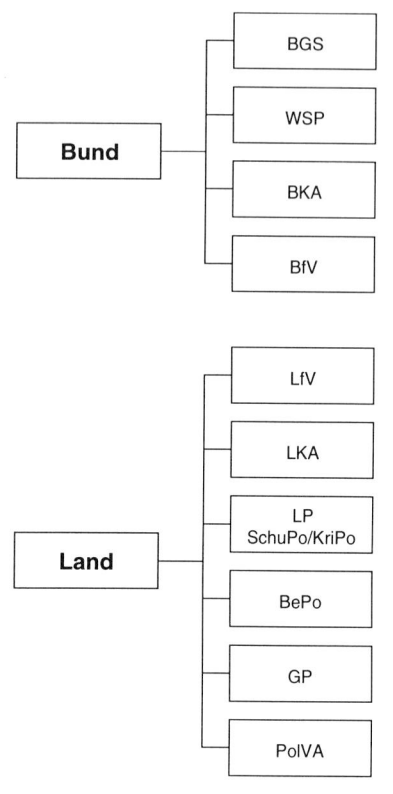

Abb. 2.1 *Polizei des Bundes und der Bundesländer:*
BGS - Bundesgrenzschutz
WSP - Wasser- und Strompolizei
BKA - Bundeskriminalamt
BfV - Bundesamt für Verfassungsschutz (ohne vollzugspolizeiliche Rechte)
LfV - Landesamt für Verfassungsschutz
LKA - Landeskriminalamt
LP - Landespolizei (mit Schutzpolizei, Kriminalpolizei, Verkehrs- und Autobahnpolizei und Wasserschutzpolizei
BePo - Bereitschaftspolizei
GP - Grenzpolizei (in Bayern)
PolVA - Polizeiverwaltungsamt (ohne vollzugspolizeiliche Rechte).

koordinierung mit den Nachbarstaaten ein.

Die betriebliche Frequenzregelung in und zwischen den Bundesländern wird für die BOS durch die Innenminister (Senatoren) der Länder wahrgenommen.

Fernmelderechtliche Bestimmungen sind: Gesetz über Fernmeldeanlagen (FAG); Vollzugsordnung für den Funkdienst (VO Funk); Genehmigung des Bundesministers für das Post- und Fernmeldewesen zur Errichtung und zum Betrieb von Funkanlagen der Polizeibehörden im Bundesgebiet vom 18. Januar 1951; - Genehmigung des Bundesministers für das Post- und Fernmeldewesen zur Errichtung und zum Betrieb von Funkanlagen der Bundesgrenzschutz- und Polizeibehörden vom 20. Oktober 1952; - Genehmigung des Bundesministers für das Post- und Fernmeldewesen zum Errichten und Betreiben von Sprechfunkanlagen des nichtöffentlichen beweglichen Landfunkdienstes für Zwecke des Katastrophenschutzes (Bundesanteil) in der vom 9. Mai 1977 an geltenden Fassung; Sonderregelung des Bundesministers für das Post- und Fernmeldewesen vom 18. November 1963 für Sprechfunkanlagen der Feuerwehren in Katastrophen- und Notzeiten; Bestimmungen des Bundesministers für das Post- und Fernmeldewesen über das Errichten und Betreiben von Funkanlagen des beweglichen Betriebsfunks in der jeweils gültigen

Fassung; Richtlinien für die Koordinierung der Standorte von Funkstellen; Fernmeldeordnung in der jeweils gültigen Fassung; Bestimmungen über private Drahtfernmeldeanlagen in der jeweils gültigen Fassung

2.4.5 Begriffsbestimmungen

Sprechfunkverkehr der BOS beinhaltet die Übertragung von Zeichen, Tönen oder Sprache mit einer niederfrequenten für Telefonzwecke ausreichenden Bandbreite von 3 kHz.

Funkverkehr wird durchgeführt zwischen beweglichen Funkstellen (gegebenenfalls über eine oder mehrere Relaisfunkstellen oder eine ortsfeste Landfunkstelle in Relaisschaltung); einer ortsfesten Landfunkstelle und beweglichen Funkstellen (gegebenenfalls über eine oder mehrere Relaisfunkstellen oder eine andere ortsfeste Landfunkstelle in Relaisschaltung); ortsfester Landfunkstelle oder beweglicher Funkstelle zu Meldeempfängern (gegebenenfalls über eine Relaisfunkstelle oder eine andere ortsfeste Landfunkstelle in Relaisschaltung); ortsfesten Landfunkstellen für nichtpolizeiliche Behörden und Organisationen, dieser ist jedoch nur in Not- und Katastrophenfällen zulässig.

Eine Ortsfeste Landfunkstelle ist eine Funkstelle des beweglichen Landfunkdienstes mit einer oder mehreren ortsfest errichteten Sprechfunkanlagen.

Eine Relaisfunkstelle ist eine Funkstelle des beweglichen Landfunkdienstes mit einer oder mehreren ohne Abfrageeinrichtung errichteten Sprechfunkanlagen, die der Verbindung zwischen ortsfesten Landfunkstellen einerseits und beweglichen Funkstellen oder Meldeempfängern andererseits oder der Verbindung zwischen beweglichen Funkstellen dienen.

Eine Funkzentrale ist eine ortsfeste Landfunkstelle, deren technische Einrichtungen die Verbindung ihrer Funkanlagen untereinander und/oder die Verbindung mit unmittelbar angeschlossenen Betriebsstellen einer privaten Drahtfernmeldeanlage, mit einer privaten Drahtfernmeldeanlage, mit einer Telefonnebenstellenanlage oder mit einem Telefonhauptanschluß ermöglichen.

Eine bewegliche Funkstelle ist eine Funkstelle des beweglichen öffentlichen oder nichtöffentlichen Landfunkdienstes mit einer oder mehreren Sprechfunkanlagen, die dazu bestimmt sind, während der Bewegung oder während des Haltens an beliebigen Orten betrieben zu werden.

Sprechfunkanlage ist eine Sende- und Empfangsfunkanlage einschließlich Antenne, Bedienungsgerät mit Hör- und Sprechmöglichkeit, Stromversorgung und erforderlichen Zusatzeinrichtungen.

Ein Meldeempfänger ist ein tragbarer Empfänger einschließlich Antenne zur Alarmierung des Personals, der vorübergehend auch an einer ortsfesten Antenne betrieben werden kann.

Die wirksame Antennenhöhe kennzeichnet den senkrechten Abstand der Antenne vom mittleren Geländeniveau im Entfernungsbereich von 3 bis 15 km vom Aufstellungsort der Antenne bezogen auf die jeweils betrachtete Ausbreitungsrichtung. Bei stark unterschiedlichem Geländeniveau ergeben sich verschiedene wirksame Antennenhöhen in den einzelnen Ausbreitungsrichtungen.

Der Antennengewinn ist ein Wert, der ausdrückt, um wieviel stärker eine bestimmte Antenne gegenüber einer rundstrahlenden Bezugsantenne in der Hauptstrahlrichtung wirkt.

Der Azimut ist der Winkel zwischen rechtweisend Nord und der betrachteten Richtung in der Horizontalebene.

Die Relaisschaltung ist die durch unmodulierte oder modulierte Ausstrahlung bewirkte Durchschaltung vom Empfängerausgang zum Sendereingang derselben (RS-1-Schaltung) oder einer anderen (RS-2-Schaltung) Sprechfunkanlage. RS 3 gilt für den zeitgestaffelten Eintonruf, RS 4 für das Mehrton-Rufsystem.

Tonruf ist das Aussenden von Tonfrequenzen als Anrufsignal oder zur Steuerung von Funkanlagen.

Der Simplex-Betrieb (Wechselsprechen) ist eine Betriebsart, bei der die Übertragung abwechselnd in beiden Richtungen einer Fernmeldeverbindung ermöglicht wird. Simplex-Betrieb kann mit einer oder zwei Frequenzen durchgeführt werden. Die Geräteeigenschaften sind: An beiden Enden der Fernmeldeverbindung »Wechselsprechen auf einer Frequenz« (gegebenenfalls »Wechselsprechen auf zwei Frequenzen«).

Die Duplex-Betrieb (Gegensprechen) ist eine Betriebsart, bei der die Übertragung gleichzeitig in beiden Richtungen einer Fernmeldeverbindung möglich ist. Duplex-Betrieb erfordert allgemein zwei Frequenzen für eine Funkverbindung. Die Geräteeigenschaften sind: An beiden Enden der Fernmeldeverbindung »Gegensprechen«.

Der Semi-Duplex-Betrieb ist eine Betriebsart mit Simplex-Betrieb an einem Ende und Duplex-Betrieb am anderen Ende einer Fernmeldeverbindung. Semi-Duplex-Betrieb erfordert allgemein zwei Frequenzen für eine Funkverbindung. Die Geräteeigenschaften sind: »Wechselsprechen auf zwei Frequenzen« an einem Ende und »Gegensprechen« am anderen Ende der Fernmeldeverbindung.

Der Kanal ist die Bezeichnung bzw. Kennzeichnung eines Frequenzpaares oder einer Einzelfrequenz.

Der Funkverkehrskreis ist die organisatorische Zusammenfassung der Funkstellen, die in einem bestimmten Gebiet auf einem Kanal als Orts-, Bezirks- oder Landesfunkverkehrskreise betrieben werden können.

Der Funkverkehrsbereich ist die betriebliche Zusammenfassung mehrerer Funkverkehrskreise. Funkverkehrskreise dürfen erst eingerichtet werden, wenn der Bundesminister des Innern hierfür Frequenzen festgelegt hat. Die Richtlinien für die Koordinierung der Standorte von Funkstellen sind zu beachten.

Die Überleiteinrichtung ist eine Einrichtung, welche die Überleitung von Funkgesprächen aus einem Funkverkehrskreis in eine private Drahtfernmeldeanlage oder Telefonnebenstellenanlage und umgekehrt ermöglicht.

2.4.6 Funkbetrieb

Den Funkbetrieb regelt die jeweils gültige Dienstvorschrift für den Funkdienst. Sie berücksichtigt die Bestimmungen des Internationalen Fernmeldevertrages und der Vollzugsordnung für den Funkdienst. Getarnter Funkverkehr wird durch den Bundesminister des Innern bzw. die Innenminister (Senatoren) der Länder geregelt.

2.4.7 Funkbetriebliche Zusammenarbeit

Die funkbetriebliche Zusammenarbeit zwischen Funkverkehrskreisen der BOS ist auf den dringenden dienstlichen Funkverkehr zu beschränken. Gemeinsame Funkverkehrskreise können aus taktischen oder betrieblichen Gründen gebildet werden.

2.4.8 Aufbau und Betrieb von Funkanlagen

Funkanlagen sind mit der geringsten erforderlichen Sendeleistung und Antennenhöhe zu betreiben. Grundsätzlich sind Ortsfunkverkehrskreise zu errichten. Bezirks- und/oder Landesfunkverkehrskreise dürfen nur gebildet werden, wenn sie zur Erfüllung der Aufgaben zwingend erforderlich sind.

2.4.9 Land- und Relaisfunkstellen

Die Funkanlagen von ortsfesten Landfunkstellen und Relaisfunkstellen sind so aufzubauen, daß das zu versorgende Gebiet ausreichend versorgt wird. Die Sendeleistung und die Antennenhöhe sind so zu bemessen, daß am Rande des Funkversorgungsgebietes eine Nutzfeldstärke von 5 μV/m (14 dB über 1 μV/m) nicht überschritten wird. Die Ausgangsleistung des Senders darf 15 W nicht überschreiten. Ausnahmen bedürfen der besonderen Zustimmung. Bei der Planung soll die gerade noch notwendige Antennenhöhe zum Sicherstellen der Nutzreichweite nicht überschritten werden. Wird trotzdem ein benachbarter Funkverkehrskreis beeinflußt, so ist durch geeignete Maßnahmen die abgestrahlte Leistung in dieser Richtung entsprechend zu verringern. Ein angemessener Antennenaufwand ist zumutbar. Der Dauerbetrieb mit durchlaufendem Träger ist unzulässig.

2.4.10 Bewegliche Funkstellen

Funkverkehr von hochgelegenen Geländepunkten ist nur zulässig, wenn die Funkverbindung von tiefer gelegenen Standorten nicht sichergestellt werden kann bzw. der Einsatz einen anderen Standort nicht zuläßt.

2.4.11 Meldeempfänger

Meldeempfänger dürfen die Behörden und Organisationen, mit Ausnahme der Katastrophenschutzbehörden und privater Organisationen des Katastrophenschutzes sowie der Bundeszollverwaltung, errichten und betreiben.

2.4.12 Anwendung von Tonrufen

Jeder unnötige Gebrauch von Tonrufen kann Störungen zur Folge haben, z.B. das Einschalten von Relaisfunkstellen. Die Anwendung von Tonrufen außerhalb des eigenen Funkverkehrskreises setzt die Kenntnis der dort verwendeten Betriebsverfahren voraus. Die Zeiten der durch Tonfrequenzen bewirkten Relaisschaltungen sind so kurz wie möglich zu bemessen.

2.4.13 Überleitung

Ortsfeste Landfunkstellen dürfen als Funkzentralen mit anderen Fernmeldeanlagen nur dann verbunden werden, wenn sie derselben Behörde oder Organisation gehören.

Bewegliche Funkstellen der Polizeibehörden dürfen über eine Funkzentrale der Polizei in das Telefonsondernetz der Polizei verbunden werden, dies gilt auch für bewegliche Funkstellen der anderen BOS mit der Einschränkung, daß die beweglichen Funkstellen nur mit Sprechstellen des Ortsnetzbereiches verbunden werden dürfen, in dem die jeweils benutzte Funkzentrale errichtet ist. Nur in Not- und Katastrophenfällen dürfen Verbindungen auch darüber hinaus hergestellt werden.

Zwischen beweglichen Funkstellen und dem öffentlichen Telefonnetz dürfen Gespräche im Duplex-Betrieb (Gegensprechen) oder im Semi-Duplex-Betrieb (bedingtes Gegensprechen) geführt werden.

Die Verbindung mit dem öffentlichen Telefonnetz wird nur für Überleiteinrichtungen der Funkzentralen mit der Geräteeigenschaft »Gegensprechen« zugelassen. Überleiteinrichtungen der Funkzentralen, die neben Gegensprechen auch Wechselsprechen gestatten, dürfen mit dem öffentlichen Telefonnetz nur dann verbunden werden, wenn beim Wechselsprechen eine Überleitung technisch verhindert ist. Die Berechtigung zur Überleitung von Funkgesprächen in das öffentliche Telefonnetz ist für jede bewegliche Funkstelle zu beantragen.

2.4.14 Verbindungsmöglichkeiten

Für Gespräche zwischen beweglichen Funkstellen und anderen Fernmeldeanlagen sind bei Funkzentralen folgende Verbindungsmöglichkeiten zugelassen:

- mit direkt an die Funkzentrale angeschlossenen Betriebsstellen einer Drahtfernmeldeanlage ohne eigene Vermittlungseinrichtung (genehmigungsfreie oder genehmigungspflichtige Drahtfernmeldeanlage);
- mit einer genehmigungsfreien oder genehmigungspflichtigen Drahtfernmeldeanlage mit eigener Vermittlungseinrichtung;
- im Katastrophen- oder Notfall über besondere verplombte Trennschalter die Aufschaltung von Telefonhauptanschlüssen;
- die unmittelbare Aufschaltung von Telefonhauptanschlüssen;
- über Leitungen für besondere Zwecke mit Telefonnebenstellenanlagen und darüber hinaus im Katastrophen- oder Notfall ausnahmsweise über besonderen verplombten Trennschalter mit den Telefonhauptanschlüssen der Nebenstellenanlage;
- über Leitungen für besondere Zwecke mit Telefonnebenstellenanlagen und darüber hinaus ausnahmsweise mit den Telefonhauptanschlüssen der Nebenstellenanlage.

2.4.15 Funküberwachung

Der Bundesminister des Innern und die Innenminister (Senatoren) der Länder stellen durch Funküberwachung sicher, daß alle für das Errichten und Betreiben von Funkanlagen geltenden Bestimmungen eingehalten werden. Der Betrieb ist auf Einhaltung der Bestimmungen dieser Richtlinie und der Betriebsvorschriften zu überwachen. Die Funküberwachung durch die Deutsche Bundespost Telekom bleibt hierdurch unberührt.

2.4.16 Auflagen

Mit der Verfügung 181/90, veröffentlicht im Amtsblatt Nr. 88 vom 29. November 1990, hat das Bundesministerium für Post- und Telekommunikation besondere Vorschriften zum Errichten und Betreiben von Funknetzen zur Funkversorgung bestimmter Gebiete für den Mobilfunk der Einheiten des Katastrophenschutzes, der Feuerwehren und Hilfsorganisationen erlassen. Besondere Beachtung gilt nachstehenden Auflagen:

- Die Sprechfunkanlage einer beweglichen Funkstelle darf nicht an ortsfesten Antennen betrieben werden. Die Bedienungsgeräte dürfen von dem genehmigten Aufstellungsort (Fahrzeug) nicht entfernt werden. Es ist unzulässig, diese Sprechfunkanlage über Netzanschlußgeräte an Niederspannungsnetzen oder sonstigen stationären Stromversorgungsanlagen zu betreiben.
- Der mit der Genehmigung zugeteilte Rufname ist während des Sendens wiederholt zu übermitteln.

- Die Funkanlage darf nur zur Übermittlung eigener Mitteilungen des Inhabers der Genehmigung und zur Übermittlung von Mitteilungen zwischen den in den Richtlinie genannten Behörden und Organisationen mit Sicherheitsaufgaben benutzt werden. Übermittlungen für andere sind weder entgeltlich noch unentgeltlich zugelassen.
- Die Aufnahme von Übermittlungen, die nicht für die Funkanlage bestimmt sind, ist unzulässig. Unbeabsichtigt aufgefangene Übermittlungen dürfen weder aufgezeichnet noch anderen mitgeteilt werden. Die Tatsache einer solchen Übermittlung darf anderen nicht zur Kenntnis gebracht werden. Jede Verletzung des Fernmeldegeheimnisses wird strafrechtlich verfolgt.
- Der Inhaber der Genehmigung ist für den Mißbrauch der Funkanlage, auch durch Dritte, verantwortlich.
- Der Inhaber der Genehmigung hat das Bedienungspersonal der Funkanlage auf die Verschwiegenheitspflicht hinzuweisen.
- Den Beauftragten der Deutschen Bundespost Telekom ist das Betreten von Grundstücken, Räumen und Fahrzeugen, in denen sich Funkanlagen und ihr Zubehör befinden, zur Prüfung der Anlagen und Einrichtungen zu gestatten. Den Beauftragten sind dabei alle gewünschten Auskünfte über die Funkanlagen und deren Betrieb zu erteilen.
- Verboten ist es, die Funkanlage zum Abhören des nicht öffentlich gesprochenen Wortes eines anderen ohne dessen Einwilligung zu benutzen.

2.4.17 Beseitigung von Störungen

Funkstörungen sind meßtechnisch aufzuklären. Störungen durch fremde, nicht von den BOS betriebene, Funkanlagen sind, wenn sie nicht sofort beseitigt werden können, unverzüglich unter genauer Angabe der Feststellungen der zuständigen Funkkontrollmeßstelle der Deutschen Bundespost Telekom und dem zuständigen Innenminister (Senator) mitzuteilen. Dieser unterrichtet den Bundesminister des Innern. Andere Funkstörungen sind gegebenenfalls mit Angabe der Dauer und der besonderen Merkmale der zuständigen Funkstörungsmeßstelle mitzuteilen.

Bei Beeinträchtigung des Funkverkehrs der BOS innerhalb eines Bundeslandes werden die zu ihrer Beseitigung notwendigen Maßnahmen durch den zuständigen Innenminister (Senator) veranlaßt. Beeinträchtigungen des Funkverkehrs der BOS verschiedener Bundesländer untereinander sind im gegenseitigen Benehmen zu beheben. Im Bedarfsfall ist der Bundesminister des Innern einzuschalten.

2.4.18 Antragsverfahren

Der Anmelder bzw. Antragsteller hat sich zu vergewissern, daß die beabsichtigte Errichtung und Inbetriebnahme von Funkanlagen und deren Verbindung untereinander oder mit anderen Fernmeldeanlagen im Einklang mit dieser Richtlinie stehen.

Funkanlagen der polizeilichen Behörden und Organisationen sind erst in Betrieb zu nehmen, nachdem der Anmeldung vom Innenminister (Senator) des Landes bzw. vom Bundesminister des Innern zugestimmt worden ist.

Funkanlagen der nichtpolizeilichen Behörden und Organisationen dürfen erst in Betrieb genommen werden, nachdem die Deutsche Bundespost Telekom die beantragte Genehmigung erteilt hat. Voraussetzung für die Annahme eines Antrages auf Genehmigung durch die Deutsche Bundespost Telekom ist die Zustimmung des Innenministers (Senators) des Landes bzw. des Bundesministers des Innern. Bei der Anmeldung bzw. beim Antrag auf Genehmigung von Funkanlagen wird unterschieden zwischen: Neuerrichtung von Funkverkehrskreisen; Erweiterung bestehender Funkverkehrskreise durch Relaisfunkstellen oder ortsfeste Landfunkstellen; Erweiterung bestehender Funkverkehrskreise durch bewegliche Funkstellen oder Meldeempfänger.

2.4.19 Anmeldeverfahren

Anmeldungen sind mit vorgeschriebenem Formblatt in fünffacher Ausfertigung dem Innenminister (Senator) des Landes vorzulegen. Im Falle der Zustimmung übersendet der Innenminister (Senator) des Landes vier mit seinem Zustimmungsvermerk versehene Ausfertigungen der Anmeldung dem Bundesminister des Innern. Der Bundesminister des Innern leitet eine gegebenenfalls erforderliche Frequenzkoordinierung ein. Im Falle der Zustimmung und gegebenenfalls nach Frequenzkoordinierung reicht der Bundesminister des Innern drei mit seinem Zustimmungsvermerk versehene Ausfertigungen der Anmeldung dem zuständigen Innenminister (Senator) des Landes zur Weiterleitung an die anmeldende Stelle zurück. Die anmeldende Stelle sendet davon zwei Ausfertigungen unverzüglich an die zuständige Außenstelle des Bundesamtes für Post und Telekommunikation.

2.4.20 Statistik

In einer jährlichen Übersicht, nach dem Stand vom 31. Dezember, sind alle angemeldeten bzw. genehmigten beweglichen Funkanlagen einschließlich Meldeempfängern zu erfassen.

Polizeibehörden senden diese Übersicht in einfacher Ausfertigung zum 1. Februar des folgenden Jahres an den Bundesminister des Innern.

Nichtpolizeiliche Behörden und Organisationen senden diese Übersicht in zweifacher Ausfertigung zum 1. Februar des folgenden Jahres dem Innenminister (Senator) des Landes, der sie zum folgenden 1. März in einfacher Ausfertigung dem Bundesminister des Innern zuleitet.

2.4.21 Genehmigungsgebühren

Für die Polizeibehörden gelten die Bestimmungen der »Sammelgenehmigungen«. Soweit von den Katastrophenschutzbehörden und -organisationen die vom Bundesminister des Innern bereitgestellten Funkanlagen (Bundesanteil) verwendet werden, gelten die Bestimmungen der »Sammelgenehmigung«.

Funkgenehmigungsgebühren werden von den gemeinnützigen Hilfsorganisationen aufgrund der jeweils erteilten Genehmigung nach den hierfür geltenden Bestimmungen und Verfügungen des Bundesministers für das Post- und Fernmeldewesen erhoben.

3 Verwaltungsrechtliche Grundlagen

3.1 Behörden

3.1.1 Begriffsbestimmung

Eine Behörde ist jedes mit Hoheits- oder Entscheidungsgewalt ausgestattete staatliche Organ, also der oder die Bevollmächtigten der gesetzgebenden, vollziehenden oder richterlichen Gewalt. Die Polizeien von Bund und Ländern sind Organisationen der Gefahrenabwehr.

3.1.2 Statistik des Staates

Die Bundesrepublik Deutschland hat eine Gesamtfläche von 356732 Quadratkilometer. Die Bevölkerung betrug 1993 80.980.343 Einwohner. Der Verwaltungsaufbau nach dem föderalen Prinzip besteht aus 16 Bundesländern, 117 kreisfreien Städten, 426 Landkreisen und 16098 Gemeinden.

3.1.3 Behördenorganisation

Nach Artikel 30 Grundgesetz liegen die Ausübung staatlicher Befugnisse und die Erfüllung staatlicher Aufgaben bei den Behörden der Bundesländer. Sofern nicht die Bestimmungen des Artikel 83 Grundgesetz entgegenstehen, führen diese auch Bundesnormen als eigene Angelegenheiten aus. Bei den Verwaltungsangelegenheiten der Länder ist grundsätzlich zu unterscheiden zwischen Landeseigenverwaltung in Bundesangelegenheiten, wobei die Bundesregierung die Rechtsaufsicht über die Landesbehörden ausübt, jedoch keine Weisungsbefugnis hat; Landeseigenverwaltung in ausschließlich Landesangelegenheiten, wobei diese nach Landesgesetzen ausgeführt wird und Landesverwaltung im Auftrag des Bundes, wobei Landesbehörden nach Bundesauftrag handeln und den Weisungen der Bundesministerien unterstehen. Bei allen drei genannten Landesverwaltungsformen steht den Ländern das ausschließliche Recht der Behördenorganisation zu.

3.1.4 Verwaltungsgliederung

Jeder Bundesstaat der Bundesrepublik Deutschland ist innerhalb der vom Grundgesetz bestimmten Grenzen autonom, das heißt er verfügt über eine eigene Re-

Übersicht über die Bundesländer

Land (Hauptstadt)	Fläche	E	RP	S	K	G
Baden-Württemberg (Stuttgart)	35751	10.15	4	9	35	1111
Bayern (München)	70554	11.77	7	25	71	2051
Berlin	889	3.46		1		23
Brandenburg (Potsdam)	29052	2.55	4		14	1793
Bremen	404	0.68		2		2
Hamburg	755	1.68		1		7
Hessen (Wiesbaden)	21114	5.92	3	5	21	426
Mecklenb.-Vorpommern (Schwerin)	23598	1.86		6	12	1123
Niedersachsen (Hannover)	47363	7.58	4	9	38	1030
Nordrhein-Westfalen (Düsseldorf)	34070	17.68	5	23	31	396
Rheinland-Pfalz (Mainz)	19846	3.88	3	12	24	2303
Saarland (Saarbrücken)	2570	1.08			6	52
Sachsen (Dresden)	18337	4.64	3	7	23	1623
Sachsen-Anhalt (Magdeburg)	20443	2.79		3	21	1361
Schleswig-Holstein (Kiel)	15731	2.67		4	11	1131
Thüringen (Erfurt)	16251	2.55		5	17	1694

Erläuterung der Spalten: **Fläche** in Quadratkilometer, **E** = Einwohner in Millionen, **RP** = Anzahl der Regierungsbezirke, **S** = Anzahl der kreisfreien Städte und Stadtkreise, **K** = Anzahl der Landkreise, **G** = Anzahl der Gemeinden bzw. Bezirke bei Stadtstaaten.

gierungsgewalt und eine eigene Verwaltung.

Bei der Verwaltung sind grundsätzlich drei Instanzenebenen zu unterscheiden. Zentralverwaltung mit Landesregierung und einzelnen Ressortministern, in den Stadtstaaten entsprechende Senatsverwaltungen.

Mittelinstanz sind Bezirksregierung und Regierungspräsidien. Unterinstanz sind Landratsamt und Gemeindeverwaltung. Man unterscheidet kreisfreie Gemeinden und Städte, Landkreise, Landratsämter als untere staatliche Verwaltungsbehörden und die kreisangehörigen Gemeinden. Kreisfreie Städte sind Gebietskörperschaften, welche die örtlichen Angelegenheiten in Selbstverwaltung bestellen. Sie erfüllen staatliche Verwaltungsaufgaben in Auftragsverwaltung. Für das Stadtgebiet existiert keine untere Verwaltungsbehörde. Rechtsaufsicht üben die jeweiligen Bezirksregierungen aus. Landkreise sind Kommunalverbände mit Selbstverwaltung. Die Behörden der Landkreise sind die Landratsämter, an der Spitze steht der Landrat oder Oberkreisdirektor, die zum einen staatliche Verwaltungsaufgaben und zum anderen Kommunalaufgaben, das heißt Selbstverwaltungsaufgaben, die über die Verwaltungskapazität der Einzelgemeinden hinausgehen, wahrnehmen.

3.1.5 Innere Sicherheit

Die »Innere Sicherheit« eines Gemeinwesens zu garantieren, gehört zu den vordringlichsten Pflichten des Staates. Der Begriff »Innere Sicherheit« kommt in der Gesetzgebung der Bundesrepublik Deutschland nicht vor und ist somit nicht fest definiert. Der Begriff hat sich vielmehr im allgemeinen Sprachgebrauch gebildet. In der Bevölkerung besteht weitgehend Einigkeit über die Bedeutung der Inneren Sicherheit. Sie umfaßt die öffentliche Sicherheit als ihren Kern, also die Unversehrtheit des Lebens und der Gesundheit, die Garantie der Freiheit und des Eigentums und grundlegende staatliche Einrichtungen. »Innere Sicherheit« bedeutet darüber hinaus den Zustand allgemeinen Rechts- und Verfassungsfriedens.

Der Staat hat dafür zu sorgen, daß seine Sicherheitsorgane diese Aufgaben nach Umfang und Ausstattung hinreichend wahrnehmen können, in Grenzsituationen Verfassung und Gesetze der Bundesrepublik Deutschland aber jederzeit beachten.

3.2   Polizei des Bundes

3.2.1 Bundesgrenzschutz

Das Gesetz über Errichtung von Bundesgrenzschutzbehörden trat im März 1951 gegen die anfänglichen Bedenken der alliierten Besatzungsmächte in Kraft. Noch im Jahre 1950 hatten sich die Alliierten gegen die Gründung einer kasernierten Polizeieinheit unter Bundesaufsicht gewehrt. Die verschärften Spannungen zwischen den Machtblöcken in Ost und West und die zunehmende Einbindung der Bundesrepublik in das westliche Verteidigungsbündnis waren letztlich für die Aufstellung des Bundesgrenzschutzes ausschlaggebend. Bei seiner Gründung war der Bundesgrenzschutz (BGS) der erste uniformierte Polizeiverband in der Bundesrepublik Deutschland nach dem Zweiten Weltkrieg.

Nach den gesetzlichen Bestimmungen ist der Bundesgrenzschutz eine Sonderpolizei des Bundes mit einer Sollstärke von rund 30 000 Männern und Frauen. Trotz der Ausrüstung mit leichten und mittleren Infanteriewaffen ist der Bundesgrenzschutz kein paramilitärischer Verband und hat auch keine entsprechenden Aufgaben. Der rein polizeiliche Charakter, Stellung, Aufgaben und Befugnisse sind im Bundesgrenzschutzgesetz vom 18. August 1972 exakt definiert. Diese Aufgaben wurden mit dem sogenannten Aufgabenübertragungsgesetz vom 23. Januar 1992 ergänzt und im Juni 1994 wesentlich erweitert.

Dienstherr des Bundesgrenzschutzes ist der Bundesminister des Inneren. Der Inspekteur des Bundesgrenzschutzes im Bundesinnenministerium ist in seinem Auftrag für die einheitliche Ausbildung, Ausstattung und Einsatzbereitschaft verantwortlich.

Der BGS wird eingesetzt zum grenzpolizeilichen Schutz des Bundesgebietes, zur Kontrolle des grenzüberschreitenden Verkehrs einschließlich der Grenzfahndung nach gesuchten Personen und Sachen, zur Wahrnehmung der Aufgaben der Bahnpolizei, zum Schutz der Sicherheit des Luftverkehrs, zum Schutz von Bundesorganen, wie zum Beispiel des Bundespräsidialamtes, des Auswärtigen Amtes und verschiedener Bundesministerien, gegen Störungen und Gewalt, zur Wahrnehmung von Aufgaben auf hoher See, zum Schutz deutscher Auslandsvertretungen und von Auslandsstationen der Deutschen Lufthansa, zur Unterstützung des Bundeskriminalamtes, insbesondere im Bereich des Personenschutzes, zur Unterstützung der Hausinspektion des Deutschen Bundestages, im Hubschrauberrettungsdienst, zur Unterstützung der Polizei der Länder auf Anforderung bei Großeinsätzen, bei der Sicherung von Flughäfen und anderen besonders schutzbedürftigen Einrichtungen sowie bei Staatsbesuchen. Neben der polizeilichen Unterstützung wird auch technische Hilfe einschließlich der Bereitstellung von Lufttransportkapazitäten gewährt.

Der Bundesgrenzschutz nimmt die ihm übertragenen Aufgaben verbandsmäßig und im Einzeldienst wahr. Zur Führung des BGS sind fünf Grenzschutzpräsidien (GP) eingerichtet. Das Grenzschutzpräsidium Nord in Bad Bramstedt ist zuständig für Niedersachsen, Schleswig-Holstein, Hamburg, Bremen und Mecklenburg-Vorpommern. Das Grenzschutzpräsidium Ost in Berlin ist zuständig für Berlin, Brandenburg und Sachsen. Das Grenzschutzpräsidium Mitte in Kassel ist zuständig für Hessen, Sachsen-Anhalt und Thüringen. Das Grenzschutzpräsidium Süd in München ist zuständig für Bayern und Baden-Württemberg und das Grenzschutzpräsidium West in Bonn ist für Nordrhein-Westfalen, Rheinland-Pfalz und das Saarland zuständig.

Den Grenzschutzpräsidien unterstehen im Bereich von Aufgaben, die im Verband durchgeführt werden, 18 Einsatzabteilungen, drei kombinierte Einsatz-/Technische Abteilungen, zwei Objektschutzabteilungen, fünf Ausbildungsabteilungen, eine Fernmeldegruppe, eine Technische Hundertschaft, eine Fernmeldeeinsatzhundertschaft, eine Unterstützungseinheit und dazu als nicht selbständige Organisationseinheiten vier Fachschulen der GS-Präsidien, vier Musikkorps und drei sonstige Einheiten.

Weitere selbständige Organisationseinheiten mit Verbandscharakter sind der Bundesgrenzschutz See, die Grenzschutz-Fliegertruppe mit fünf Fliegerstaffeln und die Grenzschutzgruppe 9 (GSG 9). Im Bereich der einzeldienstlichen Aufgaben gliedert sich der Bundesgrenzschutz in 15 Grenzschutzämter und drei Bahnpolizeiämter mit rund 250 nichtselbständigen örtlichen Dienststellen.

Als BGS-Zentralbehörde hat die Grenzschutzdirektion in Koblenz Zuständigkeiten im gesamten Bundesgebiet.

3.2.2 Bundeskriminalamt

Das Bundeskriminalamt (BKA) - eigentlich Bundeskriminalpolizeiamt - mit Sitz in Wiesbaden und Außenstelle in Meckenheim bei Bonn wurde am 15. März 1951 als Bundesbehörde errichtet, die dem Bundesminister des Inneren direkt untersteht. Aufgaben und Tätigkeiten sind im BKA-Gesetz geregelt. Danach soll das Bundeskriminalamt Straftäter bekämpfen, die sich über Ländergrenzen hinweg oder im internationalen Bereich betätigen, als zentrale Nachrichten- und Informationsstelle der Kriminalpolizei fungieren und nationales Zentralbüro der Internationalen Kriminalpolizeilichen Organisation (Interpol) sein. In dieser Funktion ist das BKA die zuständige Stelle für die Abwicklung des Dienstverkehrs mit ausländischen Polizei- und Justizbehörden bei der Bekämpfung internationaler Verbrechen nichtpolitischer Art. Im Gegensatz zum Bundesamt für Verfassungsschutz stehen dem Bundeskriminalamt Befugnisse der Vollzugspolizei, wie das Recht der vorläufigen Festnahme, zu.

Zur Erfüllung seiner Aufgaben verfügt das BKA über einen Jahresetat in Höhe von rund 450 Millionen Mark.

Die erste Aufgabe des BKA scheint zunächst ein Widerspruch zum Grundgesetz zu sein, denn gemäß dem föderalistischen Aufbau der Bundesrepublik ist es Sache der Bundesländer, strafbare Handlungen zu verfolgen. Da sich Kriminelle aber kaum von Landesgrenzen beeindrucken lassen, erhält das BKA durch Bundesgesetz einige besondere Zuständigkeiten. Es kann tätig werden, wenn eine zuständige Landesbehörde darum ersucht, wenn der Bundesminister des Inneren es aus schwerwiegenden Gründen anordnet oder wenn der Generalbundesanwalt darum ersucht oder einen Auftrag dazu erteilt. Außerdem kann das BKA im Einzelfall Beamte entsenden, welche die Polizei der Länder unterstützen.

Zur Bekämpfung der Organisierten Kriminalität und zum Schutz der Verfassungsorgane ist das BKA außerdem zuständig bei der Strafverfolgung von international organisiertem ungesetzlichem Handel mit Betäubungsmitteln, Waffen, Munition und Sprengstoff, international organisierter Herstellung und Verbreitung von Falschgeld, Angriffe gegen das Leben und die Freiheit des Bundespräsidenten, gegen Mitglieder der Bundesregierung, des Bundestages oder des Bundesverfassungsgerichts sowie von Staatsgästen und Angehörigen der diplomatischen Vertretungen, soweit die Täter aus politischen Motiven handeln. Für den Personenschutz wurde bereits 1951 die BKA-Abteilung »Sicherungsgruppe (SG)« eingerichtet.

Seine zweite gesetzliche Aufgabe hat das BKA in seiner Funktion als kriminalpolizeiliche Zentralstelle. Damit wird der elektronische Datenverbund zwischen Bund und Ländern für eine effiziente polizeiliche Tätigkeit hergestellt.

Das elektronische Informationssystem der Polizei »Inpol« ist heute für die Fahndungs- und Ermittlungsarbeit unverzichtbar. Unter Befolgung der datenschutzrechtlichen Bestimmungen stellt das BKA personen- und sachbezogene Daten den berechtigten Dienststellen auf Abfrage zur Verfügung. Inpol-Abfragen können bei fast allen Polizeidienststellen, aber auch an Grenzübergangsstellen oder auf Flughäfen über Datensichtgeräte und Telefonstandleitungen durchgeführt werden. Zum BKA gehört auch eine Identifizierungskommission, deren Aufgabe es ist, bei schweren Unglücksfällen im Ausland mit vielen deutschen Todesopfern, die Toten zu identifizieren. Dieser Kommission gehören etwa 50 der insgesamt 5000 BKA-Bediensteten an.

3.2.3   Bundesamt für Verfassungsschutz

Der Verfassungsschutz betreibt als Inlandsnachrichtendienst Aufklärung mit nachrichtendienstlichen Mitteln zur Verhinderung von verfassungsfeindlichen und sicherheitsgefährdenden Bestrebungen.
Schutzobjekt des Bundesamtes für Verfassungsschutz (BfV) mit Sitz in Köln ist die freiheitliche demokratische Grundordnung und der Bestand und die Sicherheit des Bundes und der Länder. Die Landesämter für Verfassungsschutz (LfV) sind dem Kölner Bundesamt hierarchisch gleichgestellt, das heißt, daß die Landesämter ihre Aufgaben grundsätzlich unabhängig und selbständig für ihren Bereich wahrnehmen. Das BfV hat als Zentralstelle die Aufgabe, Erkenntnisse zusammenzufassen und auszuwerten. Oberster Dienstherr des BfV ist der Bundesminister des Inneren. Kontrollbefugnisse hat die Parlamentarische Kontrollkommission (PKK) und die sogenannte G-10-Kommission des Deutschen Bundestages.
Freiheitliche demokratische Grundordnung ist nicht die Verfassung schlechthin, sonder sind nur bestimmte oberste Werteprinzipien. Die Verfassungschutznovelle von 1990 nennt folgende Grundpfeiler der Demokratie: das Recht des Volkes, die Staatsgewalt in Wahlen und Abstimmungen und durch besondere Organe der Gesetzgebung, der vollziehenden Gewalt und Rechtsprechung auszuüben und die Volksvertretung in allgemeiner, freier, gleicher und geheimer Wahl zu wählen; die Bindung der Gesetzgebung an die verfassungsmäßige Ordnung und die Bindung der vollziehenden Gewalt und Rechtsprechung an Gesetz und Recht; das Recht auf Bildung und Ausübung einer Parlamentarischen Opposition; die Ablösbarkeit der Regierung und ihrer Verantwortlichen gegenüber der Volksvertretung; die Unabhängigkeit der Gerichte; den Ausschluß jeder Gewalt- und Willkürherrschaft und die im Grundgesetz konkretisierten Menschenrechte.
Aufgabe der Verfassungsschutzämter ist, neben der Sammlung und Auswertung von Informationen und der Beobachtung von sicherheitsgefährdenden und extremistischen Bestrebungen gegen die freiheitlich-demokratische Grundordnung und gegen Bestand des Bundes und der Länder, die Spionageabwehr und Geheimschutzmaßnahmen.
Aus verwaltungsjuristischer Sicht zählt das Bundesamt für Verfassungsschutz nicht zu den Vollzugspolizeien des Bundes, da dem BfV keine polizeilichen Befugnisse oder Kontrollbefugnisse zukommen. Das Bundesamt darf auch nicht einer polizeilichen Dienststelle angegliedert werden. An Befugnissen stehen dem BfV zur

Erfüllung der genannten Aufgaben nur nachrichtendienstliche Mittel zu. 80 Prozent der Informationen stammen aus sogenannten »offenen Quellen«. Dazu zählen Medien, Flugblätter, öffentliche Veranstaltungen, öffentlich zugängliche Karteien und Register sowie offene Befragungen von Personen.

Nachrichtendienstliche Mittel wie verdeckte Observation, Einsatz von Vertrauensleuten und Gewährspersonen sowie Bild- und Tonaufzeichnungen kommen gegen konspirative Aktivitäten zum Einsatz.

Die als bedeutsam und glaubhaft bewerteten und deshalb in Akten festgehaltenen Daten müssen wiederauffindbar sein. Zu diesem Zweck wurde das Informationssystem »Nadis« geschaffen. Es ist ein automatisiertes Datenverbundsystem, an dem alle Behörden für Verfassungsschutz des Bundes und der Länder im unmittelbaren Nachrichtenverkehr beteiligt sind.

Das System gibt die Aktenzeichen der vorhandenen Aktenbestände an und enthält zum Zweck der Zuordnung der Akten personenbezogene Grunddaten der betroffenen Personen. Die aus Nadis ersichtlichen Angaben besagen nicht, daß es sich bei der Person um einen linken oder rechten Extremisten, Terroristen oder gegnerischen Agenten handelt. Ein Großteil der gespeicherten Daten bezieht sich auf gefährdete Personen, Zielpersonen gegnerischer Nachrichtendienste sowie Sicherheitsüberprüfungen.

Das BfV soll im Rahmen seiner spezifischen Aufgaben und Befugnisse dazu beitragen, die innere Sicherheit der Bundesrepublik Deutschland zu erhalten. Deshalb muß es die Bundesregierung und andere Stellen in die Lage versetzen, in geeigneten Fällen möglichst frühzeitig die notwendigen Maßnahmen einzuleiten.

3.2.4 Strom- und Schiffahrtspolizei

Die gemäß dem Bundeswasserstraßengesetz zur Abwehr von Gefahren tätige Wasser- und Schiffahrsverwaltungsbehörden des Bundes können strompolizeiliche Verfügungen erlassen. Sie haben die Befugnis zur Beseitigung von Schiffahrtshindernissen.

3.3 Polizei der Länder

3.3.1 Struktur

Die auf Bundesebene zu beobachtende organisatorische Trennung von Polizei und Ordnungs- beziehungsweise Sicherheitsbehörden im Sinne des institutionellen Polizeibegriffs gilt demgegenüber auf Landesebene nur beschränkt.
Die Struktur der Polizei ist in den einzelnen Ländern recht unterschiedlich. Ein-

heitlich ist lediglich die funktionelle Aufgliederung in die verschiedenen Arten sowie die ressortmäßige Zuordnung zum jeweiligen Innenminister des Landes. Ungeachtet der begrifflichen Vielfalt bei der Bezeichnung der Ordnungs- und Sicherheitsbehörden wie etwa»Ordnungsbehörden« in Berlin, Nordrhein-Westfalen und Schleswig-Holstein,»Behörden der allgemeinen Landesverwaltung« in Hessen,»Verwaltungsbehörden« in Niedersachsen oder»Sicherheitsbehörden« in Bayern, lassen sich im Polizei- und Ordnungsrecht auf Landesebene zwei Systeme, das Trennsystem und das Einheits- beziehungsweise Mischsystem erkennen.

Die Polizei- und Ordnungsverwaltung im Mischsystem wird dadurch gekennzeichnet, daß der sogenannte materielle Polizeibegriff beibehalten wurde und die Polizei sich in Funktion und Institution deckt (z.B. in Rheinland-Pfalz, Bremen und Baden-Württemberg). Die Polizei ist Behörde der allgemeinen Landesverwaltung. Für die Bundesländer, in denen das Trennsystem gilt, wird nach zwei Untersystemen differenziert. Berlin, Hamburg und Hessen, in denen trotz organisatorischer und institutioneller Trennung von Vollzugspolizei und Ordnungsbehörden für beide die selben Gesetze gelten, stehen Bayern und Nordrhein-Westfalen gegenüber, in denen das formelle Polizeirecht lediglich für die Polizei im institutionellen Sinn, also für im Vollzugsdienst tätige Beamte, gilt. Hier wirken selbständige, dem Innenminister unterstellte Polizeibehörden.

3.3.2   Landespolizei

Eines der wichtigsten Organe zur Garantie der öffentlichen Sicherheit und Ordnung ist die Polizei. Ihre Aufgabe ist es, im Rahmen der geltenden Gesetze Gefahren von der Allgemeinheit und jedem einzelnen abzuwehren und die öffentliche Sicherheit zu garantieren.

Die Landespolizei als uneingeschränkt selbständige Organisationen entstanden im 1945 auf Weisung der alliierten Besatzungsmächte. Damit sollte verhindert werden, daß in Deutschland wieder eine Polizeiorganisation entsteht, wie die Deutsche Polizei unter dem Reichssicherheitshauptamt. Die nach Kriegsende erlassenen länderspezifischen und unterschiedlichen Verwaltungsvorschriften der Polizei sind mittlerweile bundesweit vereinheitlicht.

3.3.3   Aufgaben und Befugnisse

Die Abwehr von Gefahren ist die vordringlichste und ausschließliche Aufgabe der Polizei. Eine solche Gefahr liegt vor, wenn der Sachverhalt bei ungehindertem Verlauf mit Wahrscheinlichkeit zu einem Schaden führt. Bei Gefahren für die öffentliche Sicherheit ist in erster Linie die uniformierte Schutzpolizei zuständig. Sie handelt nach dem Polizeirecht der Länder. Beim Verdacht einer strafbaren Handlung ist die nichtuniformierte Kriminalpolizei zuständig. Sie ermittelt nach der bundeseinheitlichen Strafprozeßordnung.

Beide Polizeiorganisationen (SchuPo und KriPo) bedienen sich zur Gefahrenabwehr unterschiedlicher Mittel. Ausweiskontrolle, Observation, erkennungsdienstliche Behandlung verdächtiger Personen, Festnahme, Vernehmung, Durchsuchung und Sicherstellung sind Mittel der polizeilichen Arbeit.

Um die öffentliche Sicherheit zu gewährleisten, darf die Polizei unmittelbaren Zwang anwenden. Körperliche Gewalt, Gewalt mit Einsatz von Schlagstöcken, Wasserwerfern, chemischen Mitteln und im äußersten Notfall Schußwaffengebrauch sind derartige Zwangsmaßnahmen, wobei der Grundsatz gilt, daß die Polizei das den Betroffenen und die Allgemeinheit am wenigsten beeinträchtigende Mittel zu wählen hat.

Zu den ursprünglichen Aufgaben der Polizei gehört, entgegen weitverbreiteter Meinung, nicht die Verbrechensbekämpfung und Strafverfolgung. Dabei sind die Kompetenzen von Polizei und Staatsanwaltschaft sehr eng abgegrenzt. Allein die Staatsanwaltschaft führt die Ermittlungen und erhebt gegebenenfalls Anklage. Bei der Aufklärung von Straftaten wird die Staatsanwaltschaft von der Polizei unterstützt.

Da Polizeibeamte in der Regel zeitlich früher an einem Tatort sind, als ein Staatsanwalt, hat die Polizei die Pflicht des ersten Zugriffs. Sie ergreift dann im Auftrag der Staatsanwaltschaft die Maßnahmen, die geeignet sind, die Verdunklung der Straftat zu verhindern.

Einige Polizeibeamte, insbesondere die der Kriminalpolizei, sind nach dem jeweiligen Landesrecht Hilfsbeamte der Staatsanwaltschaft. In dringenden Fällen, wenn Eile zum Handeln geboten ist, stehen ihnen die gleichen Rechte zu wie der Staatsanwaltschaft.

3.3.4   Gliederung der Polizei

Unter Polizei versteht man in der Öffentlichkeit im Allgemeinen nur noch die Vollzugspolizei. Dazu gehören die uniformierte Schutzpolizei einschließlich der Bereitschaftspolizei und die Kriminalpolizei.

Die Verkehrspolizei, die für die Kontrolle und Überwachung des fließenden und ruhenden Verkehrs zuständig ist, ist eine Gliederung der Schutzpolizei.

Die Bereitschaftspolizei der Länder sind Verbände, die in kasernenähnlichen Gemeinschaftsunterkünften untergebracht sind. Diese Verbände sind in Hundertschaften unterteilt und stehen im Bedarfsfall für besondere Einsätze als Reserve und Unterstützung der Schutzpolizei zur Verfügung. In der Bereitschaftspolizei wird der Nachwuchs für den allgemeinen Polizeivollzugsdienst ausgebildet.

Neben der üblichen Gliederung in Bereitschaftspolizeiabteilungen mit Aufklärungszug, Technischer Zug, Fernmeldezug, Schwerer Zug, sind für besondere Aufgaben Sonder-Einsatz-Kommandos (SEK) und Mobile-Einsatz-Kommandos (MEK) aus speziell ausgebildeten Beamten der Bereitschaftspolizei zusammengestellt worden. Einheitliche Vorschriften für die Bereitschaftspolizei, einheitliche Gliederung, Bewaffnung und Ausstattung mit Funkgeräten, Kraftfahrzeugen und sonstiger Ausrüstung ermöglichen eine Zusammenarbeit der Bereitschaftspolizeien verschiedener Länder und - mit Einschränkungen - die Zusammenarbeit mit dem Bundesgrenzschutz.

Im Gegensatz zur uniformierten Schutzpolizei versehen die Beamten der Kriminalpolizei ihren Dienst in Zivil. Nach Weisung durch die Staatsanwaltschaft gehört die Aufklärung von Verbrechen zu ihrer Hauptaufgabe.

Die Kriminalpolizei unterhält Abteilungen und Kommissariate sowie technische Einrichtungen mit entsprechend ausgebildeten Beamten zur Aufklärung aller Formen von Kriminalität. Politisch motivierte Kriminalität ist ein eigenständiger Arbeitsbereich der Staatsschutzabteilung der Kriminalpolizei. Aufklärung und Bekämpfung solcher Verbrechen liegen in der Regel im Zuständigkeitsbereich des Bundeskriminalamtes, das seinerseits örtliche Stellen der Kriminalpolizei zur Mitarbeit heranzieht.

Der Wasserschutzpolizei obliegen die polizeilichen Aufgaben auf den schiffbaren Wasserstraßen und sonstigen schiffbaren Gewässern. Sie kann als Verkehrspolizei auf dem Wasser verstanden werden.

3.3.5 Baden-Württemberg

Baden-Württemberg unterhält das Landeskriminalamt (LKA) als Polizeidienststelle für den Polizeivollzugsdienst, die Bereitschaftspolizeidirektion, die Wasserschutzpolizeidirektion sowie die Landespolizeidirektion. Nachgeordnete Dienststellen der Bereitschaftspolizeidirektion sind die Abteilungen und Hundertschaften. Die Wasserschutzpolizeidirketion ist intern in Abschnitte, Reviere und Posten gegliedert. Die Aufgaben von Schutzpolizei und Kriminalpolizei werden von den fünf Landespolizeidirektionen wahrgenommen, die funktionell in Schutzpolizei und Landeskriminalpolizei gegliedert und über nachgeordnete Dienststellen Polizeipräsidien, Polizeidirektionen, Polizeikommissariate und Polizeiinspektionen verfügen. Als obere Führungsebene dient das Landespolizeipräsidium beim Innenminister.

3.3.6 Bayern

In Bayern unterscheidet das Landespolizeigesetz zwischen der Landespolizei, der Grenzpolizei, der Bereitschaftspolizei und dem Polizeiverwaltungsamt. Die bayerische Landespolizei gliedert sich in Präsidien, Direktionen, Inspektionen und Stationen. Sie nimmt die Funktionen von Schutz-, Kriminal- und Wasserschutzpolizei wahr. Die Grenzpolizei gliedert sich in das Präsidium, Inspektionen und Stationen. Die Aufgaben der Grenzpolizei an der rund 370 km langen Grenze zur Tschechischen Republik wurden 1992 an den Bundesgrenzschutz übertragen. Die Bereitschaftspolizei gliedert sich in Präsidium, Abteilung sowie Aus- und Fortbildungseinrichtungen. Das Bayerische Landeskriminalamt und die Präsidien sind jeweils dem Staatsminister des Innern unmittelbar nachgeordnet.

3.3.7 Berlin

Der Polizeipräsident in Berlin ist die nach außen handelnde Behörde, der alle an die Polizei gerichteten Aufgaben wahrnimmt. Er ist intern gegliedert in den Zentralen Dienst, die Abteilung Ordnungsaufgaben sowie sieben Direktionen mit nachgeordneten Abschnitten und Gliederung in Schutz- und Kriminalpolizei. Die Direktion Verbrechensbekämpfung dient als Landeskriminalamt. Die Wasserschutzpolizei ist ein Abschnitt der Direktion Öffentliche Sicherheit und Verkehr.

3.3.8 Brandenburg

Im Land Brandenburg ist der Polizeipräsident oberste Polizeibehörde in Bezirken mit mehr als 250.000 Einwohner.

3.3.9 Bremen

Landesbehörden des Polizeivollzugsdienstes in Bremen sind das Landeskriminalamt und das Wasserschutzpolizeiamt. Die Bereitschaftspolizei ist eine Einrichtung des Polizeivollzugsdienstes. Wenn nicht an die Landesbehörden übertragen, nehmen die Gemeinden die Aufgaben des Polizeivollzugsdienstes als Ortspolizeibehörde wahr.

3.3.10 Hamburg

An der Spitze der Hamburger Polizei steht der Polizeipräsident als Teil der Behörde des Innern. Dem Polizeipräsidenten unterstehen die Landespolizeiverwaltung und die Landespolizeidirektion. Der Direktion unterstehen fünf für das gesamte Stadtgebiet zuständige Fachdirektionen Führungs- und Lagedienst (FD5), spezieller Kriminaldienst (FD6), Staatsschutz (FD7), Verkehrsverwaltung (FD8), Bereitschaftspolizei (FD9) sowie vier Polizeidirektionen (West, Ost, Mitte, Süd). Den Direktionen sind die Revierwachen, die Wasserschutzpolizei und die Kommissariate der Kriminalpolizei als Polizeivollzugseinheiten nachgeordnet.

3.3.11 Hessen

Dienstzweige der Vollzugspolizei in Hessen sind die Schutzpolizei, die Kriminalpolizei, die Wasserschutzpolizei und die Bereitschaftspolizei. Das Landeskriminalamt, die Direktion der Bereitschaftspolizei und das Wasserschutzpolizeiamt werden als selbständige obere Polizeibehörden geführt. Mittlere Polizeibehörden sind die Regierungspräsidien in Kassel, Gießen und Darmstadt, untere Polizeibehörden die Landratsämter als Behörden der Landesverwaltung und die Polizeipräsidien in den kreisfreien Städten. Diese nehmen die Funktion der Schutz- und Kriminalpolizei wahr. Organisatorisch selbständige Einheiten ohne Behördenstatus sind die Hessische Polizeischule und die Fernmeldeleitstelle in Wiesbaden.

3.3.12 Niedersachsen

Landeskriminalamt, Bezirksregierungen und Polizeidirektionen sind die Polizeibehörden in Niedersachsen. Daneben existieren verschiedene Einrichtungen der Polizei ohne Behördenstatus. Das Landeskriminalamt ist als landesweit zuständige Behörde unmittelbar dem Innenminister von Niedersachsen unterstellt. Schutz- und Kriminalpolizei mit nachgeordneten Abschnitten in den Kreis- und kreisfreien Städten, sind die Bezirksregierungen. In Hannover und Braunschweig sind Polizeidirektionen eingerichtet, deren Leiter der Polizeipräsident ist. Wasserschutz- und Bereitschaftspolizei unterstehen jeweils einer Direktion ohne Behördenstatus. Die Wasserschutzpolizei ist in zwei Inspektionen mit nachgeordneten Revieren gegliedert.

3.3.13 Nordrhein-Westfalen

Polizeibehörden in Nordrhein-Westfalen sind das Landeskriminalamt, die Regierungspräsidenten und die Kreispolizeibehörden. Kreispolizeibehörden sind entweder die Oberkreisdirektoren oder in Polizeibezirken mit mindestens einer kreisfreien Stadt die Polizeipräsidenten. Die Bereitschaftspolizei besteht aus der Direktion und den Abteilungen als Einrichtung ohne Behördenstatus. Wasserschutzpolizeibehörde ist der Präsident der Wasserschutzpolizei in Duisburg.

3.3.14 Rheinland-Pfalz

Die Vollzugspolizei in Rheinland-Pfalz gliedert sich in Schutzpolizei, Kriminalpolizei, Wasserschutzpolizei und Bereitschaftspolizei. Die Schutzpolizei ist als Teil der staatlichen Polizeibehörden bei den Kreisverwaltungen und Bezirksregierungen eingerichtet. Ebenso ist die Kriminalpolizei organisiert, wobei sie auf regionaler Ebene nicht bei den Bezirksregierungen, sondern dem unmittelbar dem Innenminister unterstehenden Wasserschutzpolizeiamt eingerichtet ist. Das Landeskriminalamt untersteht als Einrichtung der Kriminalpolizei dem Innenministerium.

3.3.15 Saarland

Polizeivollzugsbehörden im Saarland sind für die Schutzpolizei das Schutzpolizeiamt mit nachgeordneten Inspektionen, Revieren und Posten sowie für die Kriminalpolizei das Kriminalpolizeiamt, das zugleich Landeskriminalamt ist. Die Kriminalpolizei ist in Inspektionen und Kommissariate gegliedert. Die Bereitschaftspolizei wird als unmittelbar dem Innenminister unterstehende Einrichtung geführt.

3.3.16 Sachsen

In Sachsen ist das Innenministerium Führungsstelle des Polizeivollzugsdienstes. Ihm sind die Landespolizeidirektion und untergeordnete Dienststellen unterstellt.

3.3.17 Sachsen-Anhalt

Die Bezirksregierungen in Sachsen-Anhalt üben die Funktion der Polizeibehörde aus. In Magdeburg und Halle bestehen Polizeidirektionen.

3.3.18 Schleswig-Holstein

Die Vollzugspolizei ist in Schutz-, Kriminal- und Wasserschutzpolizei gegliedert. Polizeibehörden als untere Landesbehörden sind für die Schutzpolizei die vier Direktionen mit nachgeordneten Inspektionen in den Kreisen und kreisfreien Städten, für die Wasserschutzpolizei die Wasserschutzpolizeidirektion und für die Kriminalpolizei die Kriminalpolizeidirektion, denen Kriminalpolizeistellen und Kriminalpolizeiaußenstellen nachgeordnet sind. Bereitschaftspolizeiabteilungen, Verkehrsüberwachungsstaffeln und die Landespolizeischule werden als nachgeordnete Dienststellen ohne Behördenstatus geführt. Das dem Innenminister direkt unterstellte Kriminalpolizeiamt fungiert gleichzeitig als Landeskriminalamt.

3.3.19 Thüringen

In Thüringen ist keine mittlere Verwaltungsebene in Form von Bezirksregierungen vorhanden. Der Polizeipräsident in Erfurt ist oberste Führungsebene der Vollzugspolizei. Nachgeordnet sind die Polizeidirektionen, Polizeiinspektionen, Polizeireviere, Polizeistationen und Polizeiposten.

3.3.20 Landesamt für Verfassungsschutz

Entsprechend der föderativen Struktur der Bundesrepublik nehmen in allen 16 Bundesländern die Landesämter für Verfassungsschutz (LfV) die Aufgaben des Verfassungsschutzes unabhängig und selbständig vom Bundesamt für Verfassungsschutz wahr. Aufgaben und Kompetenzen entsprechen denen des Bundesamtes für Verfassungsschutz. In Schleswig-Holstein, Mecklenburg-Vorpommern, Hamburg, Brandenburg, Nordrhein-Westfalen und Rheinland-Pfalz sind die LfV Abteilungen der jeweiligen Innenministerien, in den übrigen Bundesländern sind die Landesämter selbständige, den Innenministerien nachgeordnete Landesbehörden.

3.4 Feuerwehren

3.4.1 Historische Entwicklung

Zum Schutz der öffentlichen Sicherheit in der Bundesrepublik Deutschland gehört auch die Brandbekämpfung und der Brandschutz. Aus der geschichtlichen Entwicklung ist daher das Feuerlöschwesen zu den polizeilichen Aufgaben gerechnet worden. Die Einrichtung und Ausrüstung der Feuerwehren war Angelegenheit der Gemeinden. Diese konnten jedoch durch Polizeiverfügung zu den erforderlichen Maßnahmen angehalten und durch Polizeiverordnung konnte die Feuerwehrdienstpflicht der Gemeindeeinwohner geregelt werden. Ferner stand dem örtlichen Polizeiverwalter die Leitung des Feuerwehreinsatzes zu. Nur er konnte auch die zur Brandbekämpfung erforderlichen Anordnungen gegenüber Dritten erzwingen. Das führte zu Schwierigkeiten, denen man in der Praxis dadurch begegnete, daß die Leiter der Feuerwehr und deren Vertreter zu Hilfspolizeibeamten bestellt wurden. Auch das Preußische Gesetz über das Feuerlöschwesen von 1933 folgte noch im wesentlichen diesen herkömmlichen Grundsätzen. Demgegenüber regelt das Reichsgesetz über das Feuerlöschwesen aus dem Jahr 1938 unter dem Einfluß der nationalsozialistischen Ideologie der Gleichschaltung organisierter Vereinigungen und Verbände die Organisation der Feuerwehren straff militärisch als Kameradschaft. Aus den Berufsfeuerwehren wurde eine Feuerschutzpolizei, aus den Freiwilligen Feuerwehren wurde eine Hilfspolizeitruppe gebildet.
Zwar blieb die Unterhaltung der Feuerwehren Sache der Gemeinden und die Feuerwehren waren aus juristischer Sicht mithin eine kommunale Vollzugspolizei, ihre Leitung aber erfolgte einheitlich durch das Reich.

3.4.2 Rechtliche Stellung

In Reaktionen auf die übertriebene Zentralisierung durch die Nationalsozialisten wurde nach Ende des Zweiten Weltkrieges der kommunale Charakter der Feuerwehren wieder stärker betont. Seit 1945 wurden in allen Bundesländern neue Feuerwehr- und Feuerlöschgesetze beziehungsweise Brandschutzgesetze erlassen. Nach diesen Gesetzen ist die Einrichtung und der Unterhalt der Feuerwehren, mit Ausnahme von Berlin und Hamburg, eine Aufgabe der Gemeinde. Sie wird von ihnen überwiegend als Selbstverwaltungsaufgabe wahrgenommen. Nur in Baden-Württemberg, Nordrhein-Westfalen und dem Saarland ist sie Pflichtaufgabe nach Weisung, beziehungsweise Auftragsangelegenheit. Gemeinden mit mehr als 100 000 Einwohnern sind verpflichtet, Berufsfeuerwehren einzurichten. Kleinere Gemeinden richten Freiwillige Feuerwehren oder, falls sich nicht genügend Freiwillige für den Feuerwehrdienst finden, Pflichtfeuerwehren ein.

Die Feuerwehren sind aus juristischer Sicht rechtlich unselbständige Dienststellen der Gemeindeverwaltung. In gewissem Umfang sind die Freiwilligen Feuerwehren auch körperschaftsrechtlich organisiert. In Bayern bestehen bei den Gemeinden privatrechtliche Feuerwehrvereine, die der öffentlichen Einrichtung Freiwillige Feuerwehr ihre Angehörigen und Mitglieder als Einsatzmannschaften bereitstellen. Private Unternehmen können, mit Ausnahme von Hessen, zur Aufstellung von Werksfeuerwehren verpflichtet werden. Bestehende betriebliche Feuerwehren können als Werksfeuerwehren anerkannt werden.

Als Ordnungsbehörde wird die Feuerwehr ausdrücklich nur in Berlin bezeichnet. Es entspricht dem polizeilichen Charakter ihrer Aufgabe, daß sie Gefahren nicht nur mit eigenen Mitteln bekämpft, sondern daß das Feuerwehrgesetz ihr vielmehr auch Eingriffsbefugnisse zuerkennt. In den Ländern Berlin, Hamburg und Hessen sind in den Feuerwehrgesetzen die polizeilichen Generalklauseln enthalten. Kraft besonderer Bestimmungen können ferner Personen zur Hilfeleistung herangezogen, sowie Fahrzeuge und andere technische Hilfsmittel und Grundstücke in Anspruch genommen werden.

Die Feuerwehren können als Polizei oder Ordnungsbehörden angesehen werden. Es handelt sich bei ihnen um eine spezielle Vollzugspolizei, deren Tätigkeit durch Sondergesetze, aber in Übereinstimmung mit den allgemeinen Grundsätzen des Polizeirechts, geregelt ist. Das Polizeirecht kann gegebenenfalls auch zur Auslegung der Feuerwehrgesetze herangezogen werden.

3.4.3 Katastrophenschutz

Den Feuerwehren ist in allen Bundesländern neben der Brandbekämpfung auch eine Mitwirkung an der Bekämpfung anderer öffentlicher Gefahren zugewiesen. Dies gilt besonders für solche Gefahren, zu deren Abwendung persönlicher Einsatz und ein besonderer technischer Apparat und entsprechende Ausrüstung erforderlich ist. Das Hessische Brandschutzgesetz unterscheidet klar, einerseits die einzelnen gewährten Hilfeleistungen bei Not- und Unglücksfällen, andererseits den Einsatz der Feuerwehren bei allgemeinen Notständen.

Zur Verbesserung der Situation hatte die Bundesregierung bereits im Jahre 1973 angeregt, in den einzelnen Bundesländern besondere Rettungsdienstgesetze zu erlassen, nach denen das Rettungswesen den Kreisen und kreisfreien Städten als Auftragsangelegenheit zugewiesen werden soll. Diesem Vorschlag sind bis 1992 alle Länder weitgehend gefolgt.

Auch die Katastrophenvorsorge und -abwehr obliegt nach den besonderen Katastrophenschutzgesetzen in der Regel den Kreisverwaltungsbehörden. Zur Katastrophenhilfe sind alle selbständigen Verwaltungsträger verpflichtet. In besonderem Maße sind an Rettungswesen und Katastrophenschutz auch private Organisationen wie das Deutsche Rote Kreuz, der Arbeiter-Samariter-Bund, der Malteser Hilfsdienst und die Johanniter-Unfallhilfe beteiligt. Ferner gehören zum Katastrophenschutz die unselbständige Bundesanstalt Technisches Hilfswerk (THW) sowie freiwillige Hilfsorganisationen und die freie Wohlfahrtspflege.

Das Bundesgesetz über die Erweiterung des Katastrophenschutzes hat diesen Einheiten und Einrichtungen des Katastrophenschutzes darüber hinaus auch die Aufgabe des Zivilschutzes im Verteidigungsfall übertragen. Die Länder, einschließlich der Gemeinden und Gemeindeverbände, werden insoweit im Auftrag des Bundes tätig. Private Einheiten und Einrichtungen des Katastrophenschutzes werden beteiligt, soweit das Bundesamt für zivilen Bevölkerungsschutz ihre Eignung dazu festgestellt hat und die Organisationen ihre Bereitschaft zur Mitwirkung bekundet haben. Die Einzelheiten der Organisation des Katastrophenschutzes regelt eine Allgemeine Verwaltungsvorschrift des Bundesministers des Innern.

Teil B: BOS-Funkverkehr

4 Sprechfunkverkehr

4.1 Allgemeines

4.1.1 Dienstvorschriften

Für den Sprechfunkverkehr des nichtöffentlichen beweglichen Landfunkdienstes der Behörden und Organisationen mit Sicherheitsaufgaben (BOS) gilt bundeseinheitlich die »Dienstvorschrift DV 810«.

Für das Errichten und Betreiben von Sprechfunkverbindungen und Sprechfunkbetriebsstellen gelten insbesondere die »Fernmelderichtlinien für den nichtöffentlichen beweglichen Landfunkdienst der BOS (Meterwellenfunk-Richtlinien BOS)« in der jeweils gültigen Fassung.

4.1.2 Durchführung des Sprechfunkverkehrs

Wegen der gemeinsamen Sicherheitsaufgaben notwendig und durch eine gleichartige Gerätetechnik ermöglicht, ist eine einheitliche Durchführung des Sprechfunkbetriebs aller BOS-Funkteilnehmer, auch über die Grenzen der Verwaltungsbezirke und Bundesländer hinweg, erforderlich.

Grundlage dafür ist die »Dienstvorschrift für die Abwicklung des Sprechfunkverkehrs und die Sprechfunkausbildung im Bereich des nichtöffentlichen beweglichen Landfunkdienstes der Behörden und Organisationen mit Sicherheitsaufgaben (BOS)«.

Darüber hinaus sind die Fernmelderichtlinien mit dem Anhang fernmelderechtlicher Vorschriften, Gesetzen und Verwaltungsvorschriften für die Planung und Durchführung fernmeldeorganisatorischer, -technischer und betrieblicher Maßnahmen und die Fernmeldeausbildung maßgeblich.

Für die Feuerwehren ist die Feuerwehrdienstvorschrift »Sprechfunkdienst« (FwDV 810) anzuwenden. Im Bereich der Polizei und des Katastrophenschutzes ist die umfangreichere Dienstvorschrift »Fernmeldebetriebsdienst« PDV/DV 810 eingeführt. Die Feuerwehrdienstvorschrift ist ein Auszug aus der PVD/DV 810, sie wird auch mit DV 810.3 bzw. KatS-DV 810.3 bezeichnet.

4.1.3   Aufgaben und Gliederung

Der Sprechfunkdienst der BOS hat die Aufgabe, Sprechfunkverbindungen auf den zugewiesenen Kanälen unter Verwendung der zugeteilten Rufnamen herzustellen, zu betreiben und zu unterhalten. Der Funkverkehr wird von Sprechfunkbetriebsstellen durchgeführt. Sprechfunkverbindungen zwischen den Sprechfunkbetriebsstellen sind in Sprechfunknetze zusammengefaßt und können in Funkverkehrsbereiche oder Funkverkehrskreise unterteilt werden.

Funkbetriebsstellen werden als Sprechfunkstellen oder Sprechfunkzentralen eingerichtet und als ortsfeste Sprechfunkbetriebsstelle, bewegliche Sprechfunkbetriebsstelle oder Relaisfunkstelle betrieben.

4.1.4   Betriebsleitung

Die Betriebsleitung wird durch den Bundesminister des Innern und den Innenministern und Innensenatoren der Bundesländer für ihren Bereich ausgeübt.

Der Bundesminister des Innern ist im Einvernehmen mit den Innenministern und Senatoren der Länder insbesondere für die Vertretung der Belange der BOS in grundsätzlichen Fragen der Frequenz- und Rufnamenregelung gegenüber dem Bundesminister für Post- und Telekommunikation, die Bearbeitung der betrieblichen Frequenzregelung für das Bundesgebiet und die Einleitung der Frequenzkoordinierung mit den Nachbarstaaten zuständig.

Die Betriebsleitung ist insbesondere zuständig für die Einhaltung der Bestimmungen der Dienstvorschrift und alle rechtlichen Bestimmungen des Fernmeldewesens.

Durch Erlasse und Zusatzregelungen für ihren Bereich dürfen die Bestimmungen der Dienstvorschrift nicht aufgehoben oder geändert werden.

Die Betriebsleitung ist ferner zuständig für:

− die Einteilung nachgeordneter Betriebsleitungen,
− das Erstellen von Funkplänen,
− die Rufnamenvergabe und Kanalverteilung,
− die Funküberwachung (Funkdisziplin und Vermeidung von Störungen).

In jedem Sprechfunkverkehrsnetz, Sprechfunkverkehrsbereich oder Sprechfunkverkehrskreis ist eine nachgeordnete Betriebsleitung einzusetzen. Ihre Aufgaben können mit der Leitung des Sprechfunkverkehrs beauftragten Sprechfunkbetriebsstellen übertragen werden.

Die Betriebsleitung ist in allen betrieblichen Angelegenheiten weisungsbefugt und verantwortlich für die erste Verbindungsaufnahme, die Wiedereröffnung des Sprechfunkverkehrs nach Unterbrechungen, die Einhaltung der Funkdisziplin und die Beendigung des Funkeinsatzes nach Weisung des taktischen Führers.

4.1.5 Verschwiegenheitspflicht

Die Teilnehmer am Sprechfunkverkehr der BOS unterliegen der Verschwiegenheitspflicht, die sich aus der in Paragraph 11, Absatz 1, Satz 2 und Satz 4 des Strafgesetzbuchs (StGB) ergibt.

Der Personenkreis der für den öffentlichen Dienst besonders Verpflichteten ist nach dem Verpflichtungsgesetz (Artikel 42 Einführungsgesetz zum Strafgesetzbuch - EGStGB) förmlich zu verpflichten. Über die Verpflichtung ist eine Niederschrift anzufertigen.

4.1.6 Zusammenarbeit zwischen BOS-Funkdiensten

Die funkbetriebliche Zusammenarbeit zwischen Sprechfunkverkehrsbereichen und -kreisen der BOS ist auf den dringenden dienstlichen Sprechfunk zu beschränken. Gemeinsame Sprechfunkverkehrskreise sind zu bilden, wenn es aus taktischen, betrieblichen oder technischen Gründen notwendig ist.

4.2 Sprechfunknachrichten

4.2.1 Aufgabeberechtigung

Aufgabeberechtigt für Sprechfunknachrichten sind nur die in den Meterwellenrichtlinien aufgeführten Behörden und Organisationen mit Sicherheitsaufgaben sowie deren Dienststellen, Verbände, Einheiten und Einrichtungen. Für andere Behörden und Organisationen oder Institutionen sind Ausnahmen nur zugelassen, wenn sich die Notwendigkeit aus der Zusammenarbeit mit den BOS ergibt. Als Beispiel seien hier private Krankentransportunternehmen genannt, die im Rahmen des Katastrophenschutzes eine BOS-Funkberechtigung erhalten. Gleiches gilt für Sekundär-Rettungshubschrauber, die von Privatfirmen betrieben werden.

Der Aufgeber der Sprechfunknachricht bestimmt die Art, die Vorrangstufe, den Verschlußsachengrad und die Maßnahmen zur Sicherung der Nachricht. Zweifel vor der Aufgabeberechtigung sind vor Annahme der Nachricht zu klären.

4.2.2 Nachrichtenarten

Sprechfunknachrichten sind Gespräche (G), Durchsagen (D) und Sprüche (S). Weitere Nachrichtenarten im BOS-Bereich sind Fernkopie (K), Notiz (N), Fernschreiben (FS), Funktelegramm (FT) und Telebild (TB).

Das Gespräch ist ein formloser, unmittelbarer Informationsaustausch.

Die Durchsage ist eine formlose Nachricht, deren Inhalt stichwortartig vorgefaßt sein und - wenn erforderlich - von der Gegenstelle niedergeschrieben oder aufgezeichnet werden sollte. Eine Funkalarmierung ist ein Beispiel für eine Durchsage. Beispiel:»Achtung, Achtung, hier Leitstelle A-Stadt mit Funkalarm für Florian A-Stadt 1. Zug. Feuer in der Bahnhofstraße, stellen Sie Einsatzbereitschaft her und melden Sie Sich über Funk. Hier Leitstelle A-Stadt, Ende.«

Der Spruch ist eine formgebundene, schriftlich festgelegte Nachricht und gliedert sich in Kopf, Anschrift, besondere Vermerke, soweit erforderlich, als Teil des Inhalts, Inhalt und Absender. Sprüche sind möglichst auf Nachrichtenvordrucke niederzuschreiben und vom Aufgeber abzuzeichnen. Der Spruch ist die Ausnahme im Sprechfunkverkehr.

Der Spruchkopf enthält in fester Reihenfolge die Vorrangstufe, den Rufnamen der absetzenden Sprechfunkstelle, die Spruchnummer, den Annahmetag und -monat als vierstellige Zahlengruppe sowie die Annahmeuhrzeit als vierstellige Zahlengruppe.

Als Anschrift sind die Bezeichnungen, Kurzbezeichnungen oder Decknamen der Behörden, Dienststellen, Verbände, Einheiten oder Einrichtungen zu verwenden.

Sprüche sind nach der Anschrift als Einzelspruch an einen Empfänger, als Mehrfachspruch an mehrere Empfänger oder als Sammelspruch mit einer für alle gemeinsamen Anschrift an einen festgelegten Empfängerkreis gerichtet.

Bei verschlüsselten Sprüchen sind anstelle der Anschrift Rufname oder Rufzeichen der empfangenden Sprechfunkstelle als Leitvermerk zu setzen.

Nach der Anschrift können besondere Vermerke gesetzt werden, die Teil des Inhalts sind. Als besondere Vermerke sind möglich: Verschlußsachenvermerk, Verschlüsselungsvermerk, Anzahl der Gruppen, Angaben zum Schlüsselverfahren, Steuerungsvermerk, Weiterleitungsvermerk, Abgangszeit beim Aufgeber oder Übung.

4.2.3   Vorrangstufen

Nachrichten werden nach Vorrangstufen eingeteilt als

- Einfachnachricht (eee),
- Sofortnachricht (sss),
- Blitznachricht (bbb) oder
- Staatsnotnachricht (aaa).

Die Vorrangstufenkennworte sind bei Bedarf an die vierte Stelle des Anrufs einzufügen, um ein laufendes Funkgespräch niedrigerer Vorrangstufe zu unterbrechen. Die Einfach-Nachrichten enthalten vom Aufgeber keinen Vermerk. Sie werden in der zeitlichen Reihenfolge ihres Eingangs abgefertigt. Beispiel für eine Einfach-Nachricht: An- und Abmeldung, Eintreffmeldung.

Die Sofortnachrichten sind dringende Nachrichten, die vom Aufgeber mit dem Vermerk »Sofort« gekennzeichnet werden. Sie sind in der Reihenfolge des Eingangs, wegen ihrer Eilbedürftigkeit jedoch vor Einfach-Nachrichten abzufertigen. Bestehender Sprechfunkverkehr wird nicht unterbrochen. Als »Sofort« sind nur solche Nachrichten zu bezeichnen, bei denen eine besondere Eilbedürftigkeit vorliegt und jede Verzögerung nachteilige Folgen mit sich bringen würde.

Beispiel für eine Sofortnachricht: Lagemeldungen von der Einsatzstelle mit Nachforderung von weiteren Kräften.

Die Blitznachrichten sind sehr dringende Nachrichten, die vom Aufgeber mit dem Vermerk »Blitz« gekennzeichnet werden. Sie sind in der Reihenfolge ihres Eingangs vor Sofort- und Einfach-Nachrichten abzufertigen. Bestehender Sprechfunkverkehr niederer Vorrangstufen ist zu unterbrechen. Blitz-Nachrichten dürfen nur zum Schutz menschlichen Lebens, zur Bekämpfung von Kapitalverbrechen, bei Katastrophen oder im dringenden Interesse der öffentlichen Sicherheit und Ordnung aufgegeben werden.

Beispiel für eine Blitznachricht: Nachforderungen von einer Einsatzstelle, auf der Menschenleben in Gefahr sind.

Die Staatsnotnachrichten sind vom Aufgeber mit dem Vermerk »Staatsnot« zu kennzeichnen. Sie sind in der Reihenfolge ihres Eingangs vor allen anderen Nachrichten abzufertigen. Bestehender Sprechfunkverkehr niederer Vorrangstufen ist zu unterbrechen. Staatsnotnachrichten dürfen nur von der Bundesregierung und den Landesregierungen aufgegeben werden.

Im Katastropheneinsatz ist bei der Verwendung der Vorrangstufen ein strenger Maßstab anzulegen, da auch Einfach-Nachrichten zum Schutz menschlichen Lebens und bei Katastrophen befördert werden.

4.3   Sprechfunkverkehr

4.3.1   Verkehrsarten

Verkehrsarten sind von den technischen Möglichkeiten der Geräte und Anlagen abhängige Verfahren des Nachrichtenaustauschs. Der Nachrichtenaustausch beim Funkverkehr wird auf verschiedene Arten und in unterschiedlichen Formen abgewickelt. Die möglichen Verkehrsarten (früher: Betriebsarten) in direktem, unmittelbaren Funkverkehr heißen: Richtungsverkehr, Wechselverkehr, Gegenverkehr und Relaisverkehr. Welche Verkehrsart angewendet wird, wird von den technischen Möglichkeiten der Funkgeräte und Sendeanlagen bestimmt. Die Verkehrsarten können durch entsprechende Schalterstellungen verändert werden oder sind schon bei der Gerätebeschaffung festgelegt worden, wie etwa bei Handsprechfunkgeräten FuG 10 für das 2-m-Band (nur Wechselsprechverkehr durchführbar).

Abb. 4.1 *Schematische Darstellung des Richtungsverkehrs.*

4.3.2 Richtungsverkehr

Beim Richtungsverkehr wird auf der einen Teilnehmerseite entweder nur gesendet oder nur empfangen. Die Funkalarmierung als stiller Alarm für Meldeempfänger oder lauter Alarm zur Steuerung von Sirenen jeweils im Oberband des 4-m-Bereichs ist ein Beispiel für eine Richtungsverkehr-Anwendung.

4.3.3 Wechselverkehr

Beim abwechselnden Senden und Empfangen auf einem Funkkanal, der in beiden Richtungen benutzbar ist, spricht man von Wechselverkehr. Durch ein vereinbartes Kommando »kommen« und Loslassen der Sprechtaste wird die Übertragung beendet. Es wird also wechselweise gesprochen und gehört. Unterbrechen läßt sich der Wechselverkehr nur in den Sendepausen, wenn die Gesprächsrichtung nach dem Kommen-Kommando wechselt. Eine kurze Pause vor dem Senden der Ge-

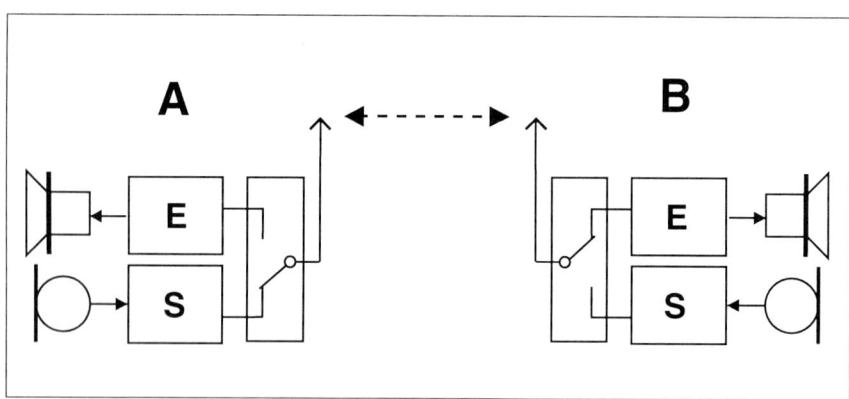

Abb. 4.2 *Schematische Darstellung des Wechselverkehrs. Wenn Station »A« sendet, kann Station »B« nur empfangen.*

genstelle, das sogenannte Zwischenhören, ist unabdingbar, weil Störungen auf dieser Frequenz zum vollständigen Ausfall der Funkverbindung führt. Es ist eine gute Sprechdisziplin erforderlich.

Der Vorteil des Wechselsprechens ist, daß nur eine Frequenz erforderlich ist. Da Sender und Empfänger auf derselben Frequenz arbeiten und wechselweise in Betrieb sind, können Funkgeräte für Wechselverkehr technisch einfacher aufgebaut werden. Da keine Frequenzweiche benötigt wird, werden die Geräte preiswerter angeboten. Beim Einzelfrequenzbetrieb hören alle Funkstellen jedes Gespräch mit. Das Vorhandensein einer gute Sprechdisziplin bei allen Funkteilnehmern ist erforderlich, weil es unmöglich ist, die sprechende Funkstelle zu unterbrechen, da deren Empfänger beim Senden abgeschaltet ist. Ein Störsender auf dieser Frequenz unterbricht beide Übertragungseinrichtungen.

Verkehrskreise in der Verkehrsart Wechselverkehr sind auf Feuerwehrbetriebskanälen im 4-m-Bereich nur in besonderen Fällen im Oberband und niemals im Unterband zulässig.

Auf den vier den Feuerwehren zugewiesenen Kanälen im 2-m-Band wird der Wechselverkehr üblicherweise im Unterband abgewickelt.

Die Bandlage muß bei allen Funkstellen immer gleich sein. Hat das Sprechfunkgerät einen Verkehrsartenschalter, muß dieser auf Stellung »W« stehen. Dieser Schalter wurde früher Betriebsartenschalter genannt. Beim Betätigen der Sendetaste wird der Sender eingeschaltet und zugleich der Empfänger ausgeschaltet. Die Antenne strahlt Funkwellen ab. Durch Loslassen der Sendetaste wird der Sender ausgeschaltet und der Empfänger eingeschaltet.

Der Antennenschalter wird von der Sendetaste gesteuert. Er verbindet beim Sendebetrieb den Sender mit der Antenne. Ist die Sendetaste in Ruhestellung, wirkt die Antenne als Empfangsantenne.

Funkverkehr über eine Relaisfunkstelle ist beim Wechselsprechen nicht möglich.

4.3.4 Gegenverkehr

Beim Gegenverkehr kann mit einem entsprechend ausgestatteten Funkgerät gleichzeitig gesendet und empfangen werden, es kann also gleichzeitig gesprochen und gehört werden. Es kann jederzeit unterbrochen werden. Für beide Gesprächsrichtungen wir ein Frequenzpaar mit zwei verschiedene Frequenzen verwendet, die eine im Oberband (OB) und die andere im Unterband (UB). Der Frequenzabstand zwischen Oberband- und Unterbandfrequenz muß aus technischen Gründen entsprechend groß sein und ist genormt für jedes BOS-Band. Im 8-m-Bereich beträgt der Bandabstand 4,1 MHz, im 4-m-Bereich 9,8 MHz, im 2-m-Bereich 4,6 MHz und im 70-cm-Bereich 5 MHz.

Der Verkehrsartenschalter am Funkgerät, früher wurde er Betriebsartenschalter genannt, muß auf »G/RS 2« bzw. »G« stehen.

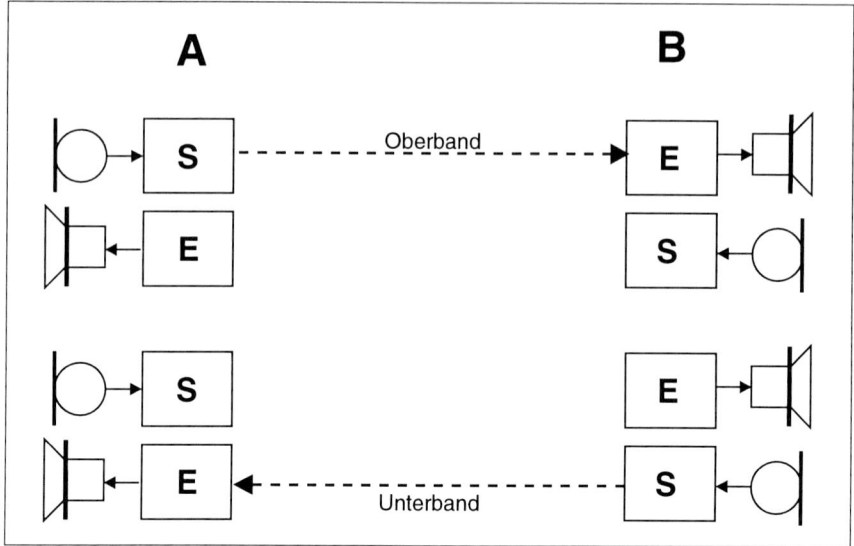

Abb. 4.3 *Schematische Darstellung des »bedingten Gegenverkehrs (bG)«. Der Wechsel der Gesprächsrichtung erfolgt durch Drücken der Sprechtaste am Handapparat.*

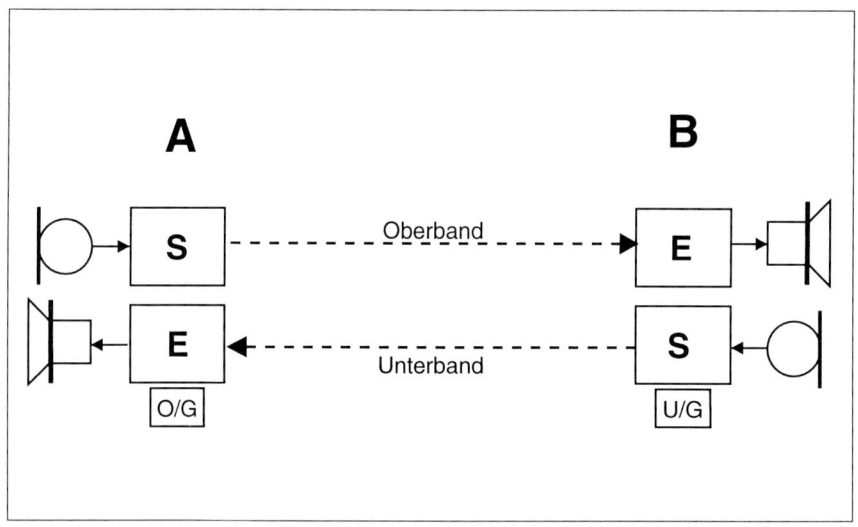

Abb. 4.4 *Schematische Darstellung des Gegenverkehrs. Station »A« und Station »B« können auf zwei Kanälen gleichzeitig senden und empfangen.*

Die Senderbandlage ist am Schalter »O-U« sichtbar, während der Empfänger dann entsprechend dem Bandabstand in das andere Band versetzt geschaltet ist. Direkter Sprechfunkverkehr ist nur zwischen Funkstellen verschiedener Bandlage möglich. »Oberband/Gegenverkehr« ist die typische Bandlage für feste Funkstellen, »Unterband/Gegenverkehr« die typische Fahrzeugbandlage.

Voraussetzung für die Durchführung von Gegenverkehr ist das Vorhandensein einer Antennenweiche am Funkgerät. Damit kann die Antenne des Funkgerätes gleichzeitig mit dem Sender und dem Empfänger verbunden werden und wird als Sende- und Empfangsantenne genutzt.

Der Vorteil des Wechselverkehrs ist, daß zwei unabhängige Gesprächswege bestehen, die einen unkomplizierten und sicheren Sprechbetrieb ermöglichen. Der Nachteil ist, daß immer zwei Frequenzen erforderlich sind. Die Funkgeräte sind wegen der Antennenweiche aufwendiger konstruiert und teurer. Eine Wechselverbindung ist nur zwischen Funkstellen mit verschiedener Bandlage (OB-UB) möglich. Weitere Vorteile des Gegenverkehrs sind die Überleitmöglichkeit in das öffentliche Telefonnetz, da hier ebenfalls Gegensprechen üblich ist, sowie die erhöhte Sicherheit, weil bei Störungen meist nur eine der beiden Betriebsfrequenzen ausfällt. Ein Loslassen der Sendetaste bei Empfang ist nicht erforderlich. Es ist jedoch üblich, damit die Gegenstelle über den beim Senden abgeschalteten Gerätelautsprecher hörbar ist. Außerdem wird bei Handsprechfunkgeräten und Portabelstationen Batteriestrom gespart.

Der bedingte Gegenverkehr ist eine Sonderform des Gegenverkehrs, wenn Funkgeräte ohne Antennenweiche verwendet werden. Sie haben statt einer Weiche nur einen Antennenumschalter, können auf verschiedenen Frequenzen senden und empfangen, aber nicht gleichzeitig.

Beim Funkverkehr über eine kleine Relaisfunkstelle, insbesondere bei RS-1-Schaltung, sind sie nachteilig, weil Mithören zur Kontrolle der Relaisdurchschaltung technisch nicht möglich ist.

Oft hört man statt Wechsel- und Gegensprechen die allgemeineren Ausdrücke Wechsel- und Gegenverkehr. Weil insbesondere in den Funkverkehrskreisen von Polizei und Bundesgrenzschutz auch andere Betriebsarten, etwa Fernschreib-, Tast-, Funkbild- und Datenbetrieb, möglich sind, muß die spezielle Bezeichnung Wechsel- und Gegensprechen um die allgemeinen Ausdrücke Wechsel- und Gegenverkehr ergänzt werden. Dabei handelt es sich um Oberbegriffe, denen der Vorzug zu geben ist.

4.3.5   Relaisverkehr

Beim Relaisverkehr wird über eine zwischengeschaltete Sende- und Empfangseinrichtung, eine sogenannte Relaisfunkstelle zur Vergrößerung der Reichweite, zur Überleitung in einen anderen Sprechfunkverkehrskreis gesendet und empfangen.

4.4   Verkehrsformen

4.4.1   Allgemeines

Die Verkehrsformen bestimmen das Zusammenwirken von Sprechfunkbetriebsstellen. Sie werden nach den Verkehrserfordernissen festgelegt und unterschieden in Linienverkehr, Sternverkehr, Kreisverkehr und Querverkehr.
Üblicherweise finden auf den Feuerwehrbetriebskanälen im 4-m-Bereich die Verkehrsformen Kreis- oder Sternverkehr Anwendung. Sie sind örtlich festgelegt. Die Verkehrsformen Linien- und Querverkehr ergeben sich aus der taktischen Lage des Einsatzgeschehens.

4.4.2   Linienverkehr

Im Linienverkehr sind am Nachrichtenaustausch nur zwei Sprechfunkstellen beteiligt. Die Durchführung erfolgt im Wechsel- oder Gegenverkehr, Relaisbetrieb wäre ein Ausnahmefall bei besonders großen Entfernungen. Typische Anwendungen aus dem Feuerwehrbereich sind Verbindungen zwischen dem Angriffstrupp und dem Gruppenführer oder zwischen dem Wassertrupp an der Wasserentnahmestelle und dem Maschinisten am Löschfahrzeug.

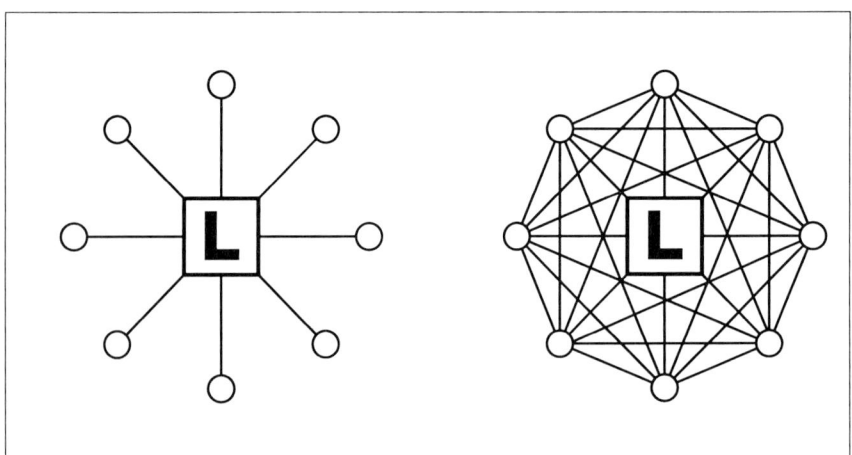

Abb. 4.5 Schematische Darstellung des Sternverkehrs (linkes Bild) und des Kreisverkehrs (rechtes Bild).

4.4.3 Sternverkehr

Beim Sternverkehr tauschen mehrere Funkstellen innerhalb eines Funkverkehrskreises mit einem gemeinsamen Sternkopf Nachrichten aus. Der Sternkopf ist die gemeinsame Gegenstelle mit Leitfunktion, wie etwa die ortsfeste oder mobile Leitstelle. Deshalb nennt man den Sternverkehr auch Leitstellenverkehr. Sternverkehr wird normalerweise im Wechsel- oder Gegenverkehr durchgeführt. Relaisbetrieb ist möglich. Krankentransportfahrzeuge erhalten ihre Einsatzaufträge von der Rettungsleitstelle und geben Meldungen dorthin im Sternverkehr durch.

Der Sender der Leitstelle sollte nur während der eigentlichen Durchsage eingeschaltet werden. Der Betrieb mit durchlaufendem Träger ist unzulässig.

Die Leitstelle alarmiert, erteilt Anordnungen, gibt Mitteilungen weiter und empfängt Lagemeldungen.

4.4.4 Kreisverkehr

Im Kreisverkehr können mehrere Funkstellen eines Funkverkehrskreises gleichberechtigt Nachrichten austauschen. Es ist eine Sprechfunkbetriebsstelle mit Leitfunktion zu beauftragen. Der Kreisverkehr wird als Wechselbetrieb oder im Relaisbetrieb durchgeführt. Beispiele aus dem Feuerwehrbereich sind Verbindungen zwischen Fahrzeugen oder mehreren Handsprechfunkgeräten an der Einsatzstelle.

4.4.5 Querverkehr

Beim Querverkehr findet ein Nachrichtenaustausch zwischen Funkstellen verschiedener Sprechfunkverkehrskreise oder -bereiche statt. Bei Einsätzen in Grenzgebieten zwischen zwei Funkverkehrskreisen, bei denen Feuerwehren und Rettungsdienste aus unterschiedlichen Kreisen beteiligt sind, wird Querverkehr durchgeführt. Er kann vorbereitet, z.B. durch RS-2-Schaltung einer Relaisfunkstelle oder

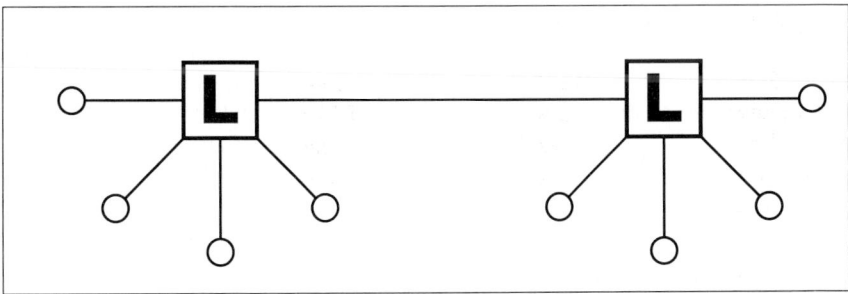

Abb. 4.6 Schematische Darstellung des Querverkehrs.

unvorbereitet durch einfache Kanalumschaltung auf den Polizeibetriebskanal oder den Kanal des Nachbarfunkverkehrskreises durchgeführt werden.

4.5 Verkehrsabwicklung

4.5.1 Allgemeines

Der Sprechfunkverkehr ist so kurz wie möglich, aber so umfassend wie nötig abzuwickeln. Solches Verhalten ist beim Funkverkehr notwendig wegen der Rücksicht auf eine möglicherweise wartende, aber nicht erkennbare andere Funkstelle. Alle folgenden Regeln dienen dem Leitsatz und müssen unbedingt beachtet werden: Strenge Funkdisziplin ist zu halten, alle Regeln sind strikt einzuhalten.

Höflichkeitsformeln wie »Bitte«, »Danke« oder »Guten Tag«, sind überflüssig, weil sie keinen Nachrichteninhalt haben. Sie sind deshalb zu unterlassen.

Es muß deutlich und nicht zu schnell gesprochen werden. Damit wird eine Rückfrage der Gegenstelle und somit eine unnötige Belegung des Sprechfunkkanals vermieden.

Im Funkverkehr soll nicht zu laut gesprochen werden, weil die Lautstärke bei der Gegenstelle elektronisch begrenzt wird und unverständliche Verzerrungen durch Übermodulation entstehen. Auch das macht unnötige Rückfragen erforderlich und blockiert den Betriebskanal.

Abkürzungen sind zu vermeiden, weil möglicherweise die Sicherheit darunter leidet. Aus einem »RTW« kann ein »KTW« werden, wenn schlechte Verständigung gegeben ist, oder die Gegenstelle mit der unbekannten Abkürzung nichts anfangen kann und rückfragen muß.

Zahlen sind unverwechselbar auszusprechen, die Ziffern von 0 bis 9 müssen deutlich betont ausgesprochen werden, statt »zwei« sagt man »zwo« um eine Verwechslung zwischen »zwei« und »drei« zu vermeiden.

Die Zahlen bis 100 und darüber die Hunderter sind zahlenmäßig auszusprechen: 47, 55, 99, 100, 300, sonst ziffernmäßig: 172 als eins-sieben-zwo oder eins-zwo-undsiebzig, also in Zweiergruppen unterteilt.

Personennamen und Amtsbezeichnungen sollten nur in begründeten Fällen genannt werden. Der Grund dieser Regel liegt im polizeilichen Schutzbedürfnis gegen unbefugtes Abhören. Zulässig ist die Nennung der Initialen des Namens, wenn daraus eindeutig Rückschlüsse gezogen werden können, z.B. »Kollege A.D. (oder Anton Dora) über Funk melden...«.

Bei Feuerwehr und Rettungsdienst dient das Weglassen der Kürze.

Eigennamen und schwer verständliche Wörter müssen buchstabiert werden, nachdem sie zuvor als ganzes Wort ausgesprochen werden, um der Gegenstelle einen ungefähren Eindruck zu vermitteln, und dann ohne weitere Aufforderung buch-

A	Anton	O	Otto
Ä	Ärger (A-Umlaut)	Ö	Ökonom (O-Umlaut)
B	Berta	P	Paula
C	Cäsar	Q	Quelle
D	Dora	R	Richard
E	Emil	S	Samuel (Siegfried)
F	Friedrich	Sch	Schule
G	Gustav	T	Theodor
H	Heinrich	U	Ulrich
I	Ida	Ü	Übermut (U-Umlaut)
J	Julius	V	Viktor
K	Kaufmann (Konrad)	W	Wilhelm
L	Ludwig	X	Xathippe
M	Martha	Y	Ypsilon
N	Nordpol	Z	Zeppelin (Zacharias)

Abb. 4.7 Die »Deutsche Buchstabiertafel« wird im Sprechfunkverkehr einge-setzt um auch schwierige Wörter, deren korrekte Schreibweise die Gegenstelle nicht kennt, fehlerfrei zu übermitteln.

stabieren nach der Ankündigung: »Ich buchstabiere...«. Ist der Name nicht aus-sprechbar, etwa bei ausländischen Familiennamen, wird nach der Ankündigung »Ich buchstabiere gleich...« der Ausdruck durchgegeben.
Buchstabiert wird nach den Buchstabierworten des sogenannten Inland-Alphabet, weil der Aufgabenbereich der BOS innerhalb der Bundesrepublik Deutschland liegt und Fernmeldeverkehr mit ausländischen Dienststellen in der Regel nicht durchgeführt wird. Nur im Fernmeldeverkehr mit militärischen Stellen und im Warndienst wird nach dem Internationalen Alphabet (NATO-Alphabet) buchsta-biert.
Funkteilnehmer werden immer mit »Sie« angeredet, denn das unpersönliche »Sie« erinnert immer wieder an die besondere Sprechsituation über Funk und damit an die besonderen, vorstehend genannten und erläuterten Betriebsregeln.
An der Einsatzstelle muß das Fahrzeug des Einsatzleiters ständig besetzt sein. Der Sprechfunker darf das Funkgerät nur im Notfall verlassen und muß dann dafür sor-gen, daß eine andere Funkstelle auf ankommende Anrufe achtet. Die Anrufantwort dieser Funkstelle lautet dann z.B. »Hier Florian 1/47 Florian 1/11 unbesetzt, kom-men.«

4.6 Funkzentralen

4.6.1 Aufgaben

Die Funkzentralen sind feste Landfunkstellen, deren technische Einrichtung die Verbindung ihrer Funkanlagen ermöglicht. Dem Betrieb nach sind die Funkzentralen Leitstellen, die dem ankommenden oder abgehenden Sprechfunkbetrieb dienen. Die Funkzentralen sind ständig betriebsbereit zu halten, sie müssen durchgehend Tag und Nacht und jeden Tag besetzt sein.

Die Funkzentralen üben innerhalb ihres Funkverkehrsbereichs die Funkleitung und Funküberwachung aus. Sie sind berechtigt, funkbetriebliche Weisungen zu geben, denen die Funkteilnehmer Folge zu leisten haben. Sie sind verpflichtet, Verstöße gegen die Betriebsvorschriften festzustellen, grobe Verstöße gegen die Funkdisziplin mittels Tonbandgerät aufzuzeichnen und für Abhilfe zu sorgen. Über wiederholte grobe Verstöße ist dem vorgesetzten Innenministerium auf dem Dienstweg zu berichten.

Die Funkzentralen haben eingehende Notrufe und Hilfeersuchen unverzüglich an die hierfür zuständigen Stellen weiterzuleiten oder von sich aus alle erforderlichen Maßnahmen, wie die Alarmierung der Einsatzkräfte, durchzuführen. Sie sind verpflichtet, über besondere Vorkommnisse, wie schwere oder außergewöhnliche Unfälle, Kapitalverbrechen und insbesondere über Katastrophen oder katastrophenähnliche Zustände den vorgesetzten Dienststellen bei den Regierungspräsidien und Bezirksregierungen sowie dem Landesinnenministerium bzw. dem Innensenator unverzüglich zu berichten (WE-Meldung).

4.6.2 Ausstattung

Funkzentralen sind mit mindesten zwei Vielkanalfunkgeräten für den Betriebs- und den Reservekanal im 4-m-Band und mindestens ein Vielkanalfunkgerät für das 2-m-Band ausgestattet. Außerdem sind in den Funkzentralen die Überleiteinrichtungen für die Funk- oder Vierdraht-Relaiszubringer untergebracht. Alle eingehende Notrufe über die Notruftelefonnummern 110 bzw. 112 und die Anschlüsse an die Mobilfunknetze sind auf Tonband aufzuzeichnen und aufzubewahren.

Zur weiteren Ausstattung gehören standardisierte Funkkommandotische mit mindestens zwei Arbeitsplätzen und integrierten Funk- und Fernmeldebedientasten, Notstromversorgungsaggregate für die Aufrechterhaltung des Funkbetriebs bei Netzausfall, Alarmgebeeinrichtungen für Fünf-Ton-Folgealarmierung und Funkbesprechungseinrichtungen.

Die Verbindung zu anderen BOS-Stellen innerhalb des Funkverkehrskreises sollte über Telefonstandleitungen mit Kurzwahl- oder Ein-Tasten-Funktion zur Verfügung stehen.

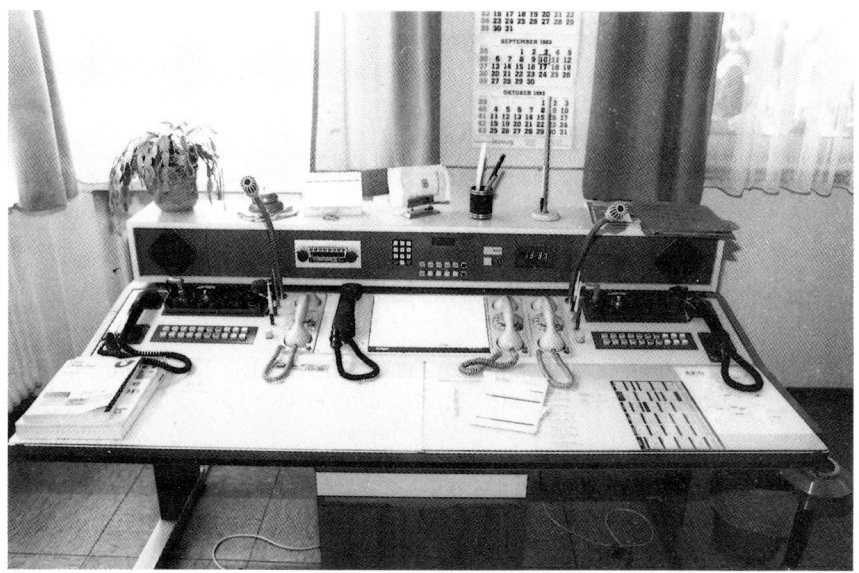

Abb. 4.8 *Funkzentrale einer mittleren Freiwilligen Stützpunktfeuerwehr.*

Die Funkzentralen müssen mit mindestens einem Fernschreibgerät ausgestattet sein. Zunehmend wird von schnelleren Telefaxgeräten Gebrauch gemacht, die im Rahmen der Ersatzbeschaffung die alten Telex-Geräte ablösen.

4.6.3 Personal

Aus der Aufgabenstellung der Funkzentralen ergibt sich, daß diese nicht nur funkbetrieblicher Mittelpunkt sondern gleichzeitig auch regionale Führungs- und Einsatzzentrale sind, die den nachgeordneten ortsfesten Funkstellen, z.B. in einer Feuerwache oder Polizeistation, Weisungen geben können.

Deshalb sind die Funkzentralen mit geschulten taktischen Führern zu besetzen, die den besonderen Anforderungen gerecht werden. Die Funkzentralen von Feuerwehr und Rettungsdienst sollten ausschließlich mit hauptamtlichen Kräften mit praktischer Berufserfahrung auf den Gebieten Feuerwehrwesen, Rettungswesen und Katastrophenschutz besetzt sein. Ehrenamtliche Kräfte können in diesen Bereichen nur dann zur Unterstützung eingesetzt werden, wenn ein verantwortlicher hauptamtlicher Leitstellenmitarbeiter anwesend ist. Ehrenamtliche Kräfte können zum Beispiel den Sprechfunkverkehr und die Disposition des Krankentransportes wahrnehmen, während sich die hauptamtlichen Kräfte um Feuerwehr und qualifizierten Rettungsdienst kümmern.

4.7 Funkrufnamen

4.7.1 Allgemeines

Die Telekom als Trägerin der Funkhoheit in Deutschland verlangt für jede ortsfeste, tragbare oder bewegliche Funkstelle einen eindeutigen und unverwechselbaren Funkrufnamen. Er wird in die Genehmigungsurkunde eingetragen und ist im Sprechfunkverkehr in angemessenen Abständen zu nennen.

Der Rufname bei den nichtpolizeilichen BOS-Diensten besteht aus dem organisationsbezogenen Kennwort, dem Namen des Einsatzbereichs und einer Ziffernfolge, unterteilt in zwei, drei oder vier Teilkennzahlen. Die Kennwörter können je nach Verwendung im 4-m- oder 2-m-Band unterschiedlich sein.

4.7.2 Feuerwehrfunkrufnamen

Um eine reibungslose Zusammenarbeit, insbesondere der beweglichen Funkstellen, im Funksprechverkehr über die Grenzen der Bundesländer hinweg zu ermöglichen, wurde 1979 ein bundeseinheitliches Schema erarbeitet und den Ländern zur Einführung empfohlen. In der Praxis unterscheidet man, insbesondere bei der Zuordnung der zweiten Teilkennzahl, zwischen dem Modell »Nordrhein-Westfalen« und dem Modell »Bayern«.

Der Funkrufname für bewegliche Funkstellen der Feuerwehren setzt sich zusammen aus dem Kennwort »Florian« (Nach dem heiligen Florian, dem Schutzpatron der Feuerwehren), dem Einsatzbereich oder -gebiet (Stadt-, Gemeinde- oder Landkreisname), der 1. und 2. Teilkennzahl und ggf. 3. Teilkennzahl. Die Teilkennzahlen bestimmen den Standort (Feuerwache/Zugnummer/Gerätehaus), die Art des Fahrzeugs oder der Funkanlage und eine fortlaufende Fahrzeugnummer.

In Bundesländern und Städten, in denen der Rettungsdienst von der Feuerwehr durchgeführt wird, werden Notarzt-, Rettungs- und Krankentransportwagen ebenfalls mit »Florian« gerufen. Werksfeuerwehren verwenden nach dem Kennwort »Florian« anstelle des Einsatzbereichsnamens den Namen des Unternehmens. Hat das Unternehmen, das eine Werksfeuerwehr betreibt, mehrere Standorte, wird der Ortsname dem Unternehmensnamen nachgestellt. Beispiel: »Florian Bayer Leverkusen«, »Florian Bayer Uerdingen«.

4.7.3 1. Teilkennzahl

Die erste Teilkennzahl bezeichnet den Standort (Feuerwache, Gerätehaus, Abteilung). Sie ist nur dort notwendig, wo im Einsatzbereich mehr als eine Feuerwache oder Abteilung vorhanden ist. Beispiel: »Florian Hamm 1/24« ist ein auf der Feuerwache 1 stationiertes Tanklöschfahrzeug. Ein TLF der Feuerwache 2 hat den Rufnamen »Florian Hamm 2/24« usw.

4.7.4 2. Teilkennzahl

Die zweite Teilkennzahl aus der Ziffernreihe 01 bis 100 bezeichnet die Art des Fahrzeuges, der Funkanlage oder der Person und somit auch den taktischen Einsatzwert. Noch nicht vergebene Teilkennzahlen werden nach bundesweiter Absprache in der Arbeitsgruppe Fernmeldewesen im Arbeitskreis V festgelegt. Eine Unterteilung der Kennzahlen für Führungskräfte (1 bis 9) und Einsatzleitwagen (11 bis 13) ist deshalb erforderlich, um beim Funkverkehr zwischen Einsatzleiter und seinem Fahrzeug beide unterscheiden zu können.

4.7.5 Besonderheit: Bayern

In Bayern werden im Bereich des Rettungsdienstes Funkrufnamen verwendet, die sich aus dem Namen der Organisation und einer vierstelligen Ziffer zusammensetzen, z.b. »Rotkreuz Bayern 32/14«, wobei die erste Ziffer den Regierungsbezirk, die zweite Ziffer den Rettungsdienstbezirk und die letzten beiden Ziffern eine laufende Numerierung bezeichnen. Die Funkkennziffern der Regierungsbezirke in Bayern lauten:

1 - Oberbayern	5 - Mittelfranken
2 - Niederbayern	6 - Unterfranken
3 - Oberpfalz	7 - Schwaben
4 - Oberfranken	

Die Funkkennziffern der Rettungsdienstbezirke in Bayern sind:

- 11 - Erding, Freising, Ebersberg
- 12 - Fürstenfeldbruck, Dachau, Landsberg, Starnberg
- 13 - Ingolstadt, Eichstätt, Neuburg-Schrobenhausen, Paffenhofen/Ilm
- 14 - München
- 15 - Rosenheim, Miesbach
- 16 - Traunstein, Altötting, Berchtesgadener Land, Mühldorf/Inn
- 17 - Rosenheim, Weilheim-Schongau, Bad Tölz-Wolfratshausen, Garmisch
- 21 - Landshut, Dingolfing, Landau, Kelheim
- 22 - Passau, Freyung-Grafenau, Rottal/Inn
- 23 - Straubing, Bogen, Deggendorf, Regen
- 31 - Amberg, Sulzbach, Schwandorf
- 32 - Regensburg, Cham, Neumarkt/Oberpfalz

- 33 - Weiden, Neustadt an der Waldnaab, Tirschenreuth
- 41 - Bamberg, Forchheim
- 42 - Bayreuth, Kulmbach
- 43 - Coburg, Lichtenfels, Kronach
- 44 - Hof, Wunsiedel
- 51 - Ansbach, Neustadt an der Aisch, Bad Windsheim
- 52 - Nürnberg, Erlangen, Fürth, Erlangen-Höchstadt, Fürth
- 53 - Schwabach, Roth, Weissenburg-Gunzenhausen
- 61 - Aschaffenburg, Miltenberg
- 62 - Schweinfurt, Bad Kissingen, Hassberge, Rhön-Grabfeld
- 63 - Würzburg, Kitzingen, Main-Spessart
- 71 - Augsburg, Aichach-Friedberg, Dillingen/Donau, Donau-Ries
- 72 - Kempten, Kaufbeuren, Lindau, Oberallgäu, Ostallgäu
- 73 - Krumbach, Memmingen, Günzburg, Neu-Ulm, Unterallgäu

4.7.6   3. Teilkennzahl

Die dritte Teilkennzahl ist die laufende Nummer der Fahrzeuge gleicher Bauart.
Sie ist nur dort zu verwenden, wo an einem Standort (Feuerwache, Gerätehaus)
mehr als ein Fahrzeug gleicher Art mit Funkausstattung vorhanden ist. Beispiele
»Florian Hamburg 1/24/1« ist das erste TLF der BF Hamburg, »Florian Hamburg
1/24/2« ist das zweite Tanklöschfahrzeug, das auf der gleichen Wache stationiert
ist. »Florian Siegen 5/83/2« ist der Funkrufname des Rettungswagens Nummer 2
der Rettungswache 5 im Kreis Siegen-Wittgenstein.

4.7.7   Funkrufnamen im 2-m-Bereich

Das Kennzahlenschema für den 2-m-Bereich ist nicht bundeseinheitlich geregelt.
Als praktisch erwiesen hat sich eine Zuordnung zu dem Rufnamen des Fahrzeugs,
auf denen Handsprechfunkgeräte, oft in mehrfacher Ausführung, mitgeführt werden. Beispiele: Fahrzeug »Florian A-Stadt 21/1/1«, Handsprechfunkgeräte: »Florentine A-Stadt 21/1/1«, »Florentine A-Stadt 21/1/2«.

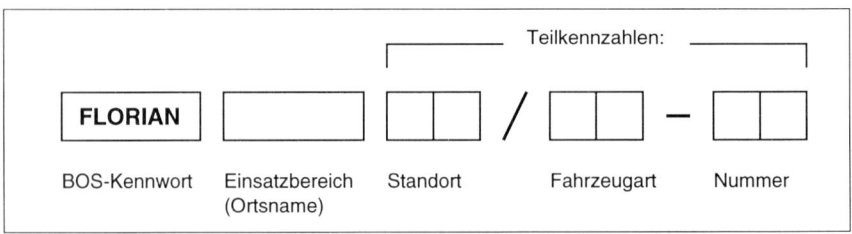

Abb. 4.9 *Schema für die Zusammensetzung des Feuerwehrrufnamens.*

Funkrufkennzahlen für Feuerwehr und Rettungsdienst

»Typ NRW«

Ortsfeste Landfunkstellen
00 Feuerwache/Rettungswache   FW RW

Führungskräfte
01 Leiter der Feuerwehr   KBI SBI KBM SBM
02 stellvertretender Leiter   2. KBI usw.
03 Führungskräfte
04 Führungskräfte
05 Führungskräfte
06 Führungskräfte
07 Führungskräfte
08 Führungskräfte
09 Führungskräfte

Einsatzleit- und Mannschaftstransportfahrzeuge
10 frei (verfügbar durch Innenminister)
11 Einsatzleitwagen   ELW 1
12 Einsatzleitwagen   ELW 2
13 Einsatzleitwagen   ELW 3
14 frei
15 Luftbeobachter   LuB
16 frei (verfügbar durch IM)
17 frei (verfügbar durch IM)
18 frei (verfügbar durch IM)
19 Mannschaftstransportfahrzeug   MTF

Tank- und Pulverlöschfahrzeuge
20 frei (verfügbar durch IM)
21 Tanklöschfahrzeug   TLF 8/18 + TLF16/24
22 frei
23 Tanklöschfahrzeug   TLF 16/25
24 Tanklöschfahrzeug   TLF 24/50 + TLF24/48
25 frei
26 frei
27 Trockentanklöschfahrzeug   TroTLF 16 (TLF-WP)
28 Trockenlöschfahrzeug   TroLF (TLF-P 749/750)
29 Sonstige Trockenlöschfahrzeuge

Hubrettungsfahrzeuge

30	frei (verfügbar durch IM)	
31	Drehleiter	DL/DLK 16-4 + 12-9
32	Drehleiter	DL/DLK 18-12 + DL 22
33	Drehleiter	DL/DLK 23-12 + DLK 23-12
34	Drehleiter	DL (37 m und höher)
35	Gelenkmast	GM
36	Teleskopmast	TM
37	frei	
38	frei	
39	Sonstige Drehleitern	

Löschgruppen- und Tragkraftspritzenfahrzeuge

40	frei (verfügbar durch IM)	
41	Löschgruppenfahrzeug	LF 8
42	Löschgruppenfahrzeug	LF 8/6
43	frei	
44	Löschgruppenfahrzeug	LF 16 + LF 16/12
45	Löschgruppenfahrzeug	LF 16-TS
46	Löschgruppenfahrzeug	LF 24
47	Tragkraftspritzenfahrzeug	TSF
48	Tragkraftspritzenfahrzeug	TSF-W
49	Sonstige Löschgruppenfahrzeuge	

Rüst- und Gerätewagen

50	Voraus-Rüstwagen	VRW
51	Rüstwagen	RW 1
52	Rüstwagen	RW 2
53	Rüstwagen	RW 3
54	Gerätewagen-Gefahrgut	GW-G + GW-G2
55	Gerätewagen-Öl	GW-Öl + GW-G1
56	Gerätewagen-Atemschutz	GW-A
57	Gerätewagen-Strahlenschutz	GW-S
58	Gerätewagen-Wasserrettung	GW-W
59	Sonstige Rüstwagen	

Schlauch- und Wechselbehälterfahrzeuge

60	frei (verfügbar durch IM)	
61	Schlauchwagen	SW 1000
62	Schlauchwagen	SW 2000
63	Schlauchwagen	SW 2000 Tr
64	Schlauchtransportwagen	STW

65	Wechselladerfahrzeug	WLF
66	frei	
67	frei	
68	frei	
69	Sonstige	

Sonstige Feuerwehrfahrzeuge

70	frei (verfügbar durch IM)	
71	Feuerwehrkran	FWK
72	frei	
73	frei	
74	Lastkraftwagen	LKW
75	Gerätewagen Licht	GW-LI
76	Krad	KR
77	Tankwagen/Tankzug	TW
78	Löschboot	LB
79	Mehrzweckboot	MZB

Rettungsdienstfahrzeuge

80	frei (verfügbar durch IM)	
81	Notarztwagen	NAW
82	Notarzteinsatzfahrzeug	NEF
83	Rettungswagen	RTW
84	Rettungshubschrauber	RTH - FMS-Übertragung)
85	Krankentransportwagen	KTW
86	Hilfskrankentransportwagen	HKTW
87	Großraum-Krankentransportwagen	GKTW
88	Rettungsboot	RTB
89	Sonstige	

Zur besonderen Verwendung des Bundes und der Länder

90	frei	
91	Gerätewagen-Gefahrgut	(3,5t) GW-G (nur NRW)
92	Gerätewagen-Meßtechnik	GW-Meß
93	frei	
94	frei	
95	frei	
96	frei	
97	frei	
98	frei	
99	frei	

Funkrufkennzahlen für Feuerwehr und Rettungsdienst

»Typ Bayern«

Ortsfeste Landfunkstellen
00   Feuerwache/Rettungswache   FW RW

Führungskräfte
01   Leiter der Feuerwehr   KBI SBI KBM SBM
02   stellvertretender Leiter   2. KBI usw.
03   Führungskräfte
04   Führungskräfte
05   Führungskräfte
06   Führungskräfte
07   Führungskräfte
08   Führungskräfte
09   Führungskräfte

Einsatzleit- und Mannschaftstransportfahrzeuge
10   Einsatzleitwagen   ELW 1
11   Mehrzweckfahrzeug   MZF
12   Einsatzleitwagen   ELW 2 + FuKW TEL
13   Einsatzleitwagen   ELW 3
14   Mannschaftstransportfahrzeug   MTF
15   Luftbeobachter   LuB
16   Funkkraftwagen   FuKW
17   Fernsprechkraftwagen   FsKW
18   frei (verfügbar durch IM)
19   Örtliche Einsatzleitung   OeEL

Tank- und Pulverlöschfahrzeuge
20   Trockentanklöschfahrzeug   TroTLF 16
21   Tanklöschfahrzeug   TLF16/25
22   Tanklöschfahrzeug   TLF8/18
23   Tanklöschfahrzeug   TLF 24/50
24   FLF
25   Trockentanklöschfahrzeug   TroTLF 500-2000
26   Zumischer-Löschfahrzeug   ZLF
27   Sondermittellöschfahrzeug   SLF
28   frei
29   frei

Hubrettungsfahrzeuge

30	Drehleiter	DL 23-12 + DL 30
31	Drehleiter	DL 18-12
32	Drehleiter	DL 16-4 + DL 12-9
33	Sonderleiter	SL
34	Leiterbühne	LB
35	frei	
36	frei	
37	frei	
38	frei	
39	frei	

Löschgruppen- und Tragkraftspritzenfahrzeuge

40	Löschgruppenfahrzeug	LF 16 + LF 16/12
41	Löschgruppenfahrzeug	LF 16-TS
42	Löschgruppenfahrzeug	LF 8/6
43	Löschgruppenfahrzeug	LF 8/6 ohne THL
44	Tragkraftspritzenfahrzeug	TSF
45	Tragkraftspritzenfahrzeug	TSF-TS
46	Tragkraftspritzenfahrzeug	TSF-W
47	frei	
48	frei	
49	frei	

Gerätewagen

50	Gerätewagen	GW
51	Gerätewagen-Öl	GW-Öl + GW-G1
52	Gerätewagen-Gefahrgut	GW-G + GW-G2
53	Gerätewagen-Strahlenschutz	GW-S
54	Gerätewagen-Atemschutz	GW-A
55	frei	
56	frei	
57	frei	
58	frei	
59	Sonstige Gerätewagen	

Rüstwagen

60	Rüstwagen	RW 3
61	Rüstwagen	RW 2
62	Rüstwagen	RW 1
63	frei	
64	Feuerwehrkranwagen	FKW

65	frei
66	frei
67	frei
68	frei
69	Sonstige Rüstwagen

Rettungsdienstfahrzeuge

70	Notarztwagen	NAW
71	Rettungswagen	RTW
72	Krankentransportwagen	KTW 1 Trage
73	Krankentransportwagen	KTW 2 Tragen
74	Krankentransportwagen	KTW 3-4 Tragen
75	Großraumtransportwagen	GRTW
76	Notarzteinsatzfahrzeug	NEF
77	Arztgruppenwagen	AGW
78	ärztlicher Notdienst	
79	sonstige Sanitätsfahrzeuge	

Versorgungsfahrzeuge

80	Kombiwagen	
81	Lastkraftwagen	
82	Wechselladefahrzeug	WLF
83	Kipper	
84	frei	
85	frei	
86	Verpflegungsfahrzeug	
87	Schlauchwagen	SW 1000
88	Schlauchwagen	SW 2000
89	sonstige Versorgungsfahrzeuge	

Sonderfahrzeuge

90	Kraftrad
91	Wasserrettungswagen
92	Tierrettungswagen
93	Beleuchtungsfahrzeug
94	frei
95	frei
96	ABC-Meßfahrzeug
97	Dekontaminierungsfahrzeug
98	sonstige Sonderfahrzeuge
99	Boote

4.8 Funkkanäle

4.8.1 Frequenzbereiche

Für die Behörden und Organisationen mit Sicherheitsaufgaben stehen drei Frequenzbereiche im Meterwellenbereich (VHF/UKW-Frequenzband) und ein Frequenzbereich im Dezimeterwellenbereich (UHF-Frequenzband) zur Verfügung. Die Bereiche sind nach den mittleren Wellenlängen der Frequenzen benannt und heißen 8-, 4-, 2- und 0,7-m-Band, jeweils bestehend aus Unter- und Oberband. Das 0,7-m-Band wird auch 70-cm-Band genannt. Durch das Bundesinnenministerium werden die Kanäle zugewiesen. Dabei ist ein Kanal die aus zwei oder drei Ziffern bestehende Kennzeichnung eines Frequenzpaares oder in Ausnahmefällen auch einer Einzelfrequenz.

Die Zuteilung an die verschiedenen Bedarfsträger erfolgt landesintern durch das zuständige Landesinnenministerium.

4.8.2 8-m-Band

Das wenig genutzte 8-m-Band besteht aus 73 Kanälen die mit den Kanalnummern 801 bis 873 gekennzeichnet sind. Das Unterband des 8-m-Bereichs erstreckt sich über den Frequenzbereich von 34,360 MHz bis 35,800 MHz. Das Oberband beginnt bei der Frequenz 38,460 MHz und endet bei 39,900 MHz. Der Abstand zwischen den einzelnen Kanälen beträgt 20 kHz. Der Bandabstand zwischen Unter- und Oberband ist 4,1 MHz. Im 8-m-Band stehen für den BOS-Funkverkehr 49 Gegensprechkanäle (Duplexkanäle) und 24 Wechselsprechkanäle (Simplexkanäle) zur Verfügung. Wegen der Nutzung bestimmter Frequenzen für andere Funkanwendungen sind die Kanäle 821 bis 830 und 833 bis 843 nur im Oberband nutzbar. Die Kanäle 871 bis 873 stehen nur im Unterband zur Verfügung.

Der Nachteil des 8-m-Bandes und einer der Hauptgründe für die geringe Nutzung dieses Bereichs ist die Größe der Antennen. Eine Halbwellenantenne, wie sie von Mobilstationen verwendet wird, ist 4 m lang, eine 5/8-Lambda-Antenne sogar 5 m.

Außerdem weist der Frequenzbereich zwischen 34 und 40 MHz ähnliche Ausbreitungserscheinungen wie der Kurzwellenbereich (3 bis 30 MHz) auf. Bei entsprechenden Ausbreitungsbedingungen, die von der Atmosphäre und der Sonnenfleckenzahl abhängt, könnten BOS-Funkstellen im 8-m-Band im Umkreis von mehreren tausend Kilometern gehört werden. In der Praxis können vor allem in den Sommermonaten mit 8-m-BOS-Funkgeräten Feuerwehr, Rettungsdienst- und Polizeifunkstationen aus den USA und anderen Ländern wie zum Beispiel aus dem Nahen Osten in Deutschland empfangen werden. Dort ist die Nutzung des 8-m-Bandes für diese Dienste weit verbreitet.

4.8.3 4-m-Band

Das 4-m-Band besteht aus 164 Kanälen die mit den Kanalnummern 347 bis 510 gekennzeichnet sind. Das Unterband des 4-m-Bereichs erstreckt sich über den Frequenzbereich von 74,215 MHz bis 77,475 MHz. Das Oberband beginnt bei der Frequenz 84,015 MHz und endet bei 87,275 MHz. Der Abstand zwischen den einzelnen Kanälen beträgt 20 kHz. Der Bandabstand zwischen Unter- und Oberband ist 9,8 MHz. Im 4-m-Band stehen für den BOS-Funkverkehr 142 Gegensprechkanäle (Duplexkanäle) und 22 Wechselsprechkanäle (Simplexkanäle) zur Verfügung. Wegen der Nutzung bestimmter Frequenzen für andere Funkanwendungen sind die Kanäle 376 bis 396 nur im Oberband nutzbar. Der Grund dafür ist, daß auf der Frequenz 75,0 MHz Flugnavigationsfunkanlagen senden.
Der Kanal 510 stehen nur im Unterband zur Verfügung, weil oberhalb der Oberbandfrequenz des Kanals 510 der europäische Funkrufdienst »Eurosignal« ausgestrahlt wird. Die Kanäle 511 bis 519 stehen wegen des Funkrufdienste für BOS-Anwendungen nicht mehr zur Verfügung. In älteren Geräten der Baureihe FuG 7 sind diese Kanäle noch schaltbar, sie dürfen jedoch nicht benutzt werden.

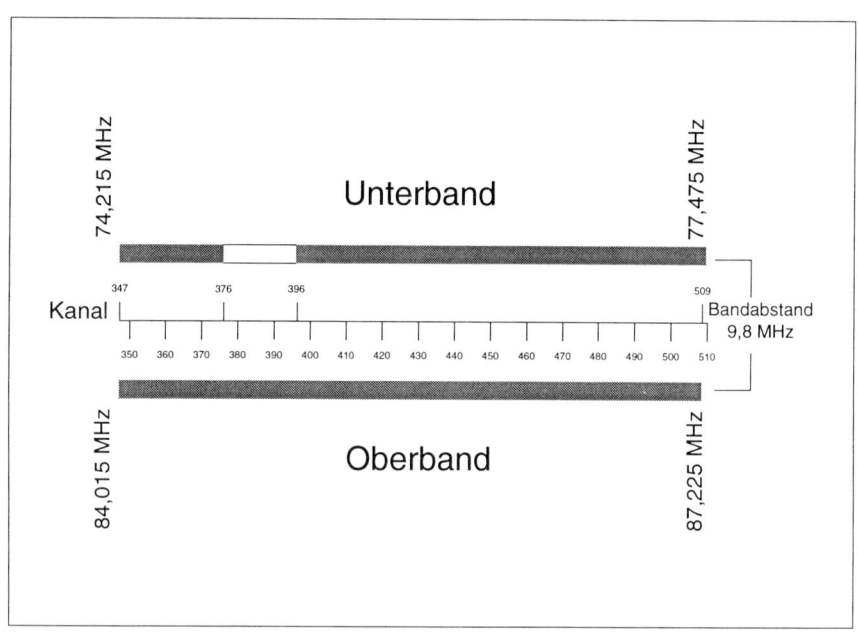

Abb. 4.10 Schematische Darstellung der Kanal- und Frequenzverteilung im 4-m-BOS-Band. Die weiße Stelle im oberen Balken kennzeichnet die gesperrten Kanäle, weil in diesem Bereich Flugnavigationsanlagen betrieben werden.

4.8.4 2-m-Band

Das 2-m-Band wird überwiegend für Kurzstreckenverbindungen und Relaiszubringerdienste genutzt. Es ist in zwei Bandabschnitte aufgeteilt. Im Jahre 1978 erfolgte die Zuweisung weiterer 25 Kanäle im neuen 2-m-Bereich. Sie werden für Datenübertragung, Funksysteme mit automatischer Kanalwahl (AKW) und für Sonderaufgaben und Festverbindungen genutzt. Der neue 2-m-Bereich wird mit den Kanalnummern 101 bis 125 bezeichnet. Das Unterband erstreckt sich von 165,210 bis 165,690 MHz, das Oberband von 169,810 bis 170,290 MHz.

Das 2-m-Band für direkten Sprechfunkverkehr ist mit den Kanalnummern 201 bis 292 bezeichnet. In praktischen Betrieb wird die Ziffer 2 häufig weggelassen, sodaß man von den 2-m-Kanälen 01 bis 92 spricht. Alle 92 Kanäle stehen als Duplexkanäle zur Verfügung. Das Unterband erstreckt sich von 167,560 bis 169,380 MHz, das Oberband von 172,160 bis 173,980 MHz. Der Abstand zwischen den einzelnen Kanälen beträgt 20 kHz. Der Bandabstand zwischen Unter- und Oberband ist 4,6 MHz. Die Kanäle 293 bis 299 stehen wegen der Nachbarschaft der Oberbandfrequenzen zum VHF-Fernsehbereich (TV-Kanal 5) für BOS-Dienste nicht mehr zur Verfügung. Sie sind in älteren Geräten der Baureihe FuG 9 noch schaltbar, dürfen jedoch nicht benutzt werden.

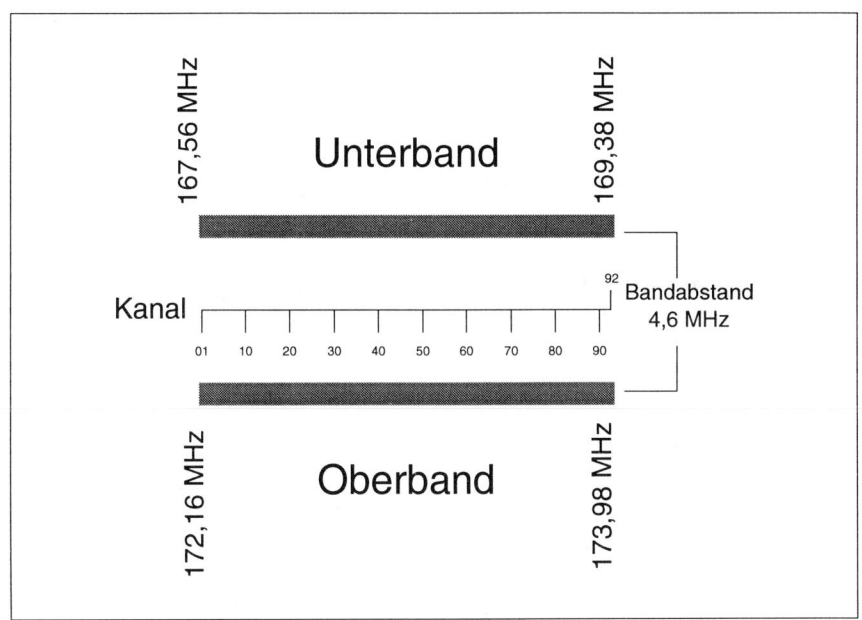

Abb. 4.11 *Schematische Darstellung der Frequenzen und Kanäle im 2-m-Band.*

4.8.5 0,7-m-Band

Das 0,7-m-Band bzw. 70-cm-Band ist seit 1990 mit 110 Kanälen verfügbar. Dieses neue BOS-Frequenzband im UHF-Bereich wird ausschließlich für Festverbindungen (Punkt-zu-Punkt-Verkehr, Funkbrücken) zu Relaisfunkstellen des Gleichwellenfunksystems verwendet.

In diesem Frequenzbereich findet kein direkter Funkverkehr zwischen ortsfesten und beweglichen BOS-Funkstellen statt. Wegen der Frequenzknappheit im 2-m-Band sollen nach und nach alle Funkzubringer aus diesem VHF-Band in den 70-cm-Bereich (UHF) verlegt werden.

Das 70-cm-Band hat die Kanalnummern 690 bis 799. Das Unterband umfaßt den Frequenzbereich von 443,6000 bis 444,9625 MHz, das Oberband reicht von 448,6000 bis 449,9625 MHz. Der Kanalabstand beträgt 12,5 kHz. Der Unterband-/Oberbandabstand ist 5 MHz.

Der Vorteil des 70-cm-Bandes ist, daß mit wirksamen Richtantennen (Yagi-Antennen) kleiner baulicher Abmessungen kleine bis mittlere Entfernungen von 15 bis 30 km mit geringer Sendeleistung von 5 bis 15 W sicher überbrückt werden können.

4.8.6   Kanalverteilung

Den Feuerwehren sind im gesamten Bundesgebiet die Kanäle 462 bis 471 im 4-m-Bereich zugeteilt. In Ausnahmefällen, zum Beispiel in dichtbesiedelten Bundesländern, haben die Feuerwehren auch weitere Kanäle im 4-m-Bereich erhalten.

Im 2-m-Bereich sind den Feuerwehren bundeseinheitlich die vier Kanäle 50, 53, 55 und 56 zugeteilt. Sie sollten mit ihren Funkgeräten auch den bundesweiten Not-Kanal 31 für die unmittelbare Zusammenarbeit bei den BOS-Diensten in besonderen Einsatzfällen schalten können.

Für den Katastrophenschutz und Rettungsdienst sind bundesweit die vier 2-m-Kanäle 25, 27, 34 und 39 reserviert.

4.8.7   Funkstörungen

Die Meterwellenfunk-Richtlinie regelt die Maßnahmen zur Beseitigung von Störungen und Beeinträchtigungen nach dem Grundsatz, daß Funkstörungen meßtechnisch aufzuklären sind. Störungen von nicht von den BOS betriebenen Funkanlagen sind der zuständigen Funkkontrollmeßstelle der Telekom zu melden.

Bei Beeinträchtigungen des Funkverkehrs innerhalb eines Bundeslandes werden die notwendigen Maßnahmen durch das zuständige Innenministerium veranlaßt.

4.8.8   Funküberwachung

Die Meterwellenfunk-Richtlinie fordert, daß der Bundesminister des Inneren und die Innenministerien der Länder durch Funküberwachung sicherstellen, daß alle für das Errichten und Betreiben von Funkanlagen geltenden Bestimmungen eingehalten werden. Der Betrieb ist auf Einhaltung der Bestimmungen der Meterwellenfunk-Richtlinie und der Betriebsvorschriften (PDV/DV 810) zu überwachen. In jedem Funkverkehrskreis ist die Betriebsleitung insbesondere zuständig für die Einhaltung der Bestimmungen der PDV/DV 810 sowie für die Überwachung des Funkbetriebs. In diesem Sinne tätig sind die Leitstellen der Feuerwehr und des Rettungsdienstes und die Funkzentralen der übergeordneten Polizeibehörden.

4.9   Gesprächsdurchführung

4.9.1   Allgemeines

Sprech- oder Durchgabefehler sind sofort mit der Ankündigung »Ich berichtige« klarzustellen, dann ist mit dem letzten richtig gesprochenen Satz oder Wort zu beginnen. Bei Unklarheit fordert die aufnehmende Funkstelle ohne weitere Begründung zur Wiederholung auf: »Wiederholen Sie, kommen«.
Die sendende Funkstelle beginnt die Wiederholung mit den Worten »Ich wiederhole«, damit die aufnehmende Funkstelle die Wiederholung als solche erkennt.
Jede Frage ist mit dem Wort »Frage« zu beginnen. Damit wird sie hervorgehoben und deutlich gemacht, wenn der Fragesatz auf ein einziges Wort zusammengeschrumpft ist. Beispiel: »Frage Standort, kommen.« oder »Frage Besatzungsstärke, kommen.«

4.9.2   Gesprächseröffnung

Zur Gesprächseröffnung gehören Anruf und Anrufantwort. Das Funkgespräch wird durch den Anruf eröffnet. Er besteht aus dem Rufnamen der Gegenstelle, dem Wort »von« dem eigenen Rufnamen ggf. der Ankündigung der Nachricht oder besondere Vermerke und der Aufforderung zum Antworten »kommen«.
Beispiel: »Florian A-Stadt von Florian A-Stadt 1/11, kommen.«
Der Anruf ist sofort durch die Anrufantwort zu bestätigen. Diese besteht aus dem Wort »hier«, dem eigenen Rufnamen und der Aufforderung zum Antworten »kommen«. Beispiel: »Hier Florian A-Stadt, kommen.«
Damit ist die Gesprächseröffnung beendet. Danach beginnt die Durchgabe der Nachrichten. Jede Nachricht ist durch das Kommando »kommen« abzuschließen.

Würde die Nachricht als Satzbestandteil mit dem Wort »kommen« enden, so ist dieses Wort wegzulassen. Zwischen dem letzten Wort der Nachricht und dem Kommando »kommen« ist eine deutliche Sprechpause einzufügen.

Beispiel: »Ein zweiter Rettungswagen zur Einsatzstelle, kommen«

Kann die angerufene Funkstelle das Funkgespräch nicht sofort aufnehmen, so muß sie nach der Anrufantwort statt »kommen« das Kommando »warten« verwenden. Das gilt jedoch nur für einen kurzen Zeitraum.

Beispiel: »Hier Florian A-Stadt, warten.«

Ist man nicht in der Lage, die Nachricht aufzunehmen oder zu beantworten, z.B. wegen schlechter Verständigung oder situationsbedingt an der Einsatzstelle oder weil erst nachgefragt werden muß, so beantwortet man den Anruf mit »Ich rufe wieder, Ende.«

Bei sicheren Funkverbindungen und eingespieltem Funkverkehr kann man die Verkehrsabwicklung verkürzen. Dem Anruf folgt unmittelbar die kurze Nachricht, während die aufnehmende Funkstelle Anrufantwort und Empfangsbestätigung zusammenfaßt. Beispiel: »Leitstelle A-Stadt von Rotkreuz A-Stadt 92/83, Einsatzstelle eingetroffen, kommen.« und als Antwort »Hier Leitstelle A-Stadt, verstanden, Ende.«

Der erweiterte Anruf ist anzuwenden, wenn die Funkverbindung schlecht ist oder keine Antwort kommt. Dann wird der Rufname der gerufenen Funkstelle bis zu dreimal genannt.

Mit dem Sammelruf kann man auch mehrere Funkstellen gleichzeitig anrufen, wenn es sich um eine Durchsage handelt. Dann beginnt der Anruf mit dem eigenen Rufnamen und es folgt der Hinweis auf die gerufenen Funkstellen, eventuell auch darauf, ob auf die Durchsage Empfangsbestätigung gegeben werden soll oder nicht.

Nur bei unsicherer Funkverbindung oder wichtigen Durchsagen wird jede Funkstelle einzeln zur Empfangsbestätigung aufgefordert.

Sonderformen der Gesprächseröffnung ergeben sich beim Einsatz technischer Anrufverfahren.

Bei großen Sprechfunkzentralen, z.B. bei der Polizei, die auf vielen Kanälen anrufbereit sind, schaltet sich der jeweilige Empfangslautsprecher nur durch Tonrufauswertung oder FMS-Steuerung ein oder es ertönt ein Anrufsignal.

Der Anruf wird in diesen Funkverkehrskreisen durch die Aussendung des vereinbarten Tonrufs oder Drücken der entsprechenden Statustaste am FMS-Gerät ersetzt, die Zentrale meldet sich mit der Anrufantwort, z.B. »Hier Edwin kommen«. Dazwischen können, betrieblich bedingt, einige Sekunden vergehen. Es ist technisch ohne Auswirkung und daher unsinnig, mehrmals Tonruf zu geben.

Bei der Anwendung des Funkmeldesystems erscheint in der Leitstelle bereits der Rufname der rufenden Funkstelle und eine der festgelegten Standardinformationen (Status), bevor die rufende Funkstelle überhaupt gesprochen hat.

Auch die Quittung über den richtigen Empfang bei der Leitstelle in Rückrichtung zum Fahrzeug ist ohne zu Sprechen möglich. Trotzdem wird man bei nicht hoch belasteten Funkverkehrskreisen zusätzlich die gesprochene Gesprächseröffnung anfügen, obwohl es nicht erforderlich wäre.

4.9.3 Gesprächsende

Die gesprächsleitende Funkstelle beendet das Funkgespräch mit dem Wort »Ende« ohne weitere Zusätze. Gesprächsleitend ist eine Funkstelle, wenn sie Fragen stellt oder Nachrichten mitteilt, meistens also die Funkstelle, die das Gespräch aufgenommen hat.
Eine erneute Nennung des eigenen Rufnamens am Gesprächsende ist nicht erforderlich, es sei den, das Gespräch wird mit einer weiteren Funkstelle fortgeführt. Beispiel »Ende mit Leitstelle A-Stadt, Rotkreuz A-Stadt 92/82 von Rotkreuz A-Stadt 92/83, kommen.«

4.9.4 Durchsagen

Beim blinden Befördern ist der erweiterte Anruf anzuwenden und die Nachricht zweimal durchzugeben. Nach Empfang einer Durchsage bestätigt die aufnehmende Funkstelle mit »Verstanden.«

4.9.5 Sprüche

Sprüche sind mit dem Wort »Spruchanfang« einzuleiten und die Durchgabe mit den Worten »Spruchende, kommen.« abzuschließen.

4.9.6 Überleitung

Funkgespräche sind nur in besonders dringenden Fällen ins Telefonnetz überzuleiten. Dabei ist besonders der fernsprechseitige Gesprächspartner auf Sprechdisziplin und Abhörmöglichkeit sowie auf Wechselverkehr hinzuweisen. Die wirkliche Notwendigkeit, Funk-Draht-Gespräche zu führen, kommt bei den Feuerwehren selten vor.
Überleiteinrichtungen (UeLE), auch Funkgabeln genannt verbinden zweiadrige Telefonleitungen mit Sender und Empfänger von Funkanlagen. Man findet sie in Leitstellen und Einsatzleitwagen (ELW 2 und 3) sowie bei der Ausstattung von Katastrophenschutzeinheiten.
Ist eine Überleiteinrichtung in einer Leitstelle dauernd betriebsbereit, kann jedes in diesem Funkverkehrskreis angemeldete Funkgerät handvermittelte Funk-Draht-Gespräche führen. Damit gelten sie im Sinne der Fernmeldeordnung als An-

schlußorgane einer Nebenstellenanlage und sind zusätzlich gebührenpflichtig. Funk-Draht-Gespräche sind nicht unproblematisch. Der fernsprechseitige Teilnehmer vergißt im laufenden Gespräch in der gewohnten Umgebung leicht die Besonderheit, daß er über Funk spricht und von einem unbestimmbar größeren Zuhörerkreis, Befugten und Unbefugten, abgehört werden kann. Während der Dauer des Gesprächs wird der gesamte anderweitige Funkverkehr unterbrochen. Die Vermittlung muß mithören, um bei Aufforderung oder im Notfall die Verbindung zu trennen. Für notwendige Verbindungen von der Einsatzstelle in das öffentliche Telefonnetz ist es besser, Funktelefone des öffentlichen mobilen Landfunkdienstes des C- oder D-Netzes (für Einsatzleitwagen) oder Anlagen des Internationalen Rheinfunks (bei Feuerlöschbooten) bereitzuhalten. Dann kann auf Überleiteinrichtungen verzichtet werden.

4.9.7 Funktionsüberprüfung

In Funkverkehrskreisen, in denen nicht alle Funkstellen regelmäßig am Funkverkehr teilnehmen, z.B. bei der Feuerwehr, kann es zweckmäßig sein, zu festgelegten Zeiten alle Funkstellen zu besetzen und eine Funktionsüberprüfung vorzunehmen. Dabei kann z.B. die Leitstelle zu einer Verständigungsprobe auffordern. Die Funktionsprüfungen werden bei Berufsfeuerwehren täglich, bei Freiwilligen Feuerwehren wöchentlich nach einem festgelegten Ablaufschema durchgeführt.

4.9.8 Funkalarmierung

Die Funkalarmierung ist ein Verfahren zur Alarmierung von Führungs- und Einsatzkräften als stiller Alarm oder zur Steuerung von Sirenen als lauter Alarm über Sprechfunkverbindungen im Richtungsverkehr. Beim stillen Alarm werden die ausgesendeten Signale durch Meldeempfänger optisch, akustisch und mechanisch angezeigt. Beim lauten Alarm werden die ausgesendeten Signale durch ortsfeste Empfangsfunkanlagen ausgewertet und in Steuersignale zur Auslösung von Sirenen umgesetzt. Besonders alarmauslösende Funkstellen ohne die Technik des vorrangigen Zugriffs auf den Oberbandsender müssen sich durch organisatorische Maßnahmen die notwendige Funkstille schaffen. Das kann mit der Durchsage »Hier Leitstelle A-Stadt mit Funkalarmierung.« erfolgen. Nach Zwischenhören wird der Folgeruf ausgelöst.

4.9.9 Kanalwechsel

In besonderen Fällen, etwa um einen Funkkreis an der Einsatzstelle mit vielen Einsatzkräften mit Handsprechfunkgeräten aufzuteilen, kann Kanalwechsel angeord-

net werden. Der Wechsel wird von der leitenden Funkstelle in Form eines Sammelrufs angekündigt. Beispiel:»Hier Florian A-Stadt 11 an alle Zugführer, ab sofort Wechsel auf Kanal 53, Unterband, Gegensprechen.«
Nach erfolgter Kanalumschaltung müssen alle beteiligten Funkstellen aus Sicherheitsgründen angesprochen werden. Die Funkstelle, die den Kanalwechsel angeordnet hat, muß den verlassenen Kanal solange abhören, bis sich alle anderen Funkstellen auf dem neuen Kanal gemeldet haben. Aus diesem Grund ist ein zweites Sprechfunkgerät erforderlich. Bekommt eine Funkstelle nach dem Kanalwechsel innerhalb von drei Minuten keine Verbindung, so schaltet sie auf den zuerst benutzten Kanal zurück und versucht, auf dem ursprünglichen Kanal wieder Verbindung mit der leitenden Funkstelle aufzunehmen.

4.9.10 Übungsfunkverkehr

Übungsnachrichten sind mit dem besonderen Vermerk »Übung« zu kennzeichnen. Bei Übungen, an denen mehrere Fahrzeuge über einen längeren Zeitraum beteiligt sind, wird zur Entlastung des Einsatzkanals ein dem Funkverkehrskreis oder Funkverkehrsbereich zugewiesener Reservekanal für die Abwicklung des Übungsfunkverkehrs freigeschaltet. Wird der Übungsfunkverkehr auf dem Einsatzkanal des Funkverkehrskreises und nicht auf einem speziellen Übungsfunkkanal durchgeführt, muß in regelmäßigen Abständen, spätestens alle zehn Minuten, darauf hingewiesen werden, daß Übungsfunkverkehr durchgeführt wird. Beispiel:»Florian A-Stadt 02 von Florian A-Stadt 47, Übung, kommen.« oder »Hier Heros A-Stadt 15, auf diesem Kanal findet eine Übung statt, Ende.«
Tatsachenmeldungen, etwa wenn während der Übung tatsächlich ein realer Einsatz erforderlich wird, werden durch das Stichwort »Tatsache« gekennzeichnet. Für die Dauer dieses Funkgesprächs wird die Übung unterbrochen und erst nach erneuter Ankündigung wieder fortgesetzt. Beispiel:»Leitstelle A-Stadt von Florian A-Stadt 22, Tatsache, kommen.« - »Hier Leitstelle A-Stadt, kommen.« - »Übermitteln Sie an Polizei: Lichtzeichenanalage Kreuzung Bahnhofstraße und Schulstraße ausgefallen, kommen.« - »Hier Leitstelle A-Stadt, verstanden, kommen.« - »Wir setzten Übung fort, Ende.«

4.10   Meldungsarten

4.10.1 Normierung

Die verschiedenen Funkmeldungsarten sind in der Norm DIN 14011, Teil 8, festgelegt. Danach gibt es folgende Arten von Meldungen:

4.10.2 Anmeldung

Jede Funkstelle hat sich beim Eintreten in den eigenen Funkverkehrskreis, also unmittelbar nach dem Einschalten des Funkgerätes, bei der zuständigen Leitstelle anzumelden und beim Verlassen vor Abschalten oder Kanalumschaltung abzumelden. Beim Eintreten in einen anderen Funkverkehrskreis ist bei der Anmeldung der Grund für den Aufenthalt im fremden Funkverkehrskreis anzugeben. Auch das Verlassen ist wieder zu melden. Beispiel: »Gerhard von Falke 52/12, kommen.« - »Hier Gerhard, kommen.« - »Falke 52/12 befindet sich mit Schutzperson Kennwort Herkules auf der Autobahn A 7 in Richtung Hannover in ihrem Zuständigkeitsbereich, kommen.« (»Gerhard« ist der Rufname der Polizeifunkzentrale in Göttingen, »Falke 52/12« ist ein Fahrzeug der Abteilung Personenschutz der Polizei in Kassel und »Herkules« ist der Tarnname des Hessischen Ministerpräsidenten Hans Eichel).

4.10.3 Notrufmeldung

Eine Notrufmeldung ist eine Meldung über einen Brand, einen Unfall, eine größere Schadenslage oder ein ähnliches Ereignis, welche die unverzügliche Alarmierung von bestimmten Einsatzkräften zur Folge hat.

4.10.4 Eintreffmeldung

Die Eintreffmeldung ist die erste Meldung der alarmierten Kräfte an der Einsatzstelle und informiert die Leitstelle über ihr Eintreffen am Ort des Geschehens. Beispiel: »Hier Florian A-Stadt 22, Einsatzstelle an, kommen.«

4.10.5 Lagemeldung

Die Lagemeldung ist eine der wichtigsten Meldung der eingesetzten Kräfte an die Leitstelle. Sie informiert über die tatsächliche Art und den Umfang des Ereignisses aus fachlicher Sicht sowie über zuerst getroffene Maßnahmen und weiteres Vorgehen.
Beispiel: »Hier Florian A-Stadt 22 mit Lagemeldung: Wohnhausbrand in der Bahnhofstraße, Drehleiter im Einsatz, vermutlich noch Personen im Gebäude, fünf Atemschutzgeräteträger im Haus, zwei B-Rohre, zwei C-Rohre im Einsatz, kommen.« oder »Hier Rotkreuz A-Stadt 92/83 mit Lagemeldung: Verkehrsunfall mit zwei beteiligten Fahrzeugen, eine Person leicht verletzt, kommen.«

4.10.6 Nachforderung

Die Nachforderung ist eine Meldung, mit der weitere Einheiten oder Einsatzkräfte zu einer Einsatzstelle beordert werden.
Beispiel:»Hier Florian A-Stadt 22, Lagerhalle brennt in voller Ausdehnung, alarmieren Sie 2. Zug, kommen« oder »Hier Rotkreuz A-Stadt 92/83, eine Person im Fahrzeug eingeklemmt, alarmieren Sie Feuerwehr mit Rettungsschere für technische Unfallhilfe, kommen.«

4.10.7 Bereitmeldung

Die Bereitmeldung informiert die Leitstelle darüber, daß die eingesetzten Kräfte an der Einsatzstelle nicht mehr benötigt werden und für die Übernahme eines eventuellen neuen Einsatzes bereit sind.
Beispiel:»Hier Florian A-Stadt 22, eingeklemmte Person aus Fahrzeug befreit und an Rettungsdienst übergeben, wieder einsatzbereit, kommen.« oder »Hier Rotkreuz A-Stadt 92/83, kein Einsatz erforderlich, wieder einsatzbereit, kommen.«

4.10.8 Zurückmeldung

Die Zurückmeldung ist eine Meldung von Einsatzkräften über die Rückkehr zu ihrem Standort und schließt den Einsatz ab.
Beispiel:»Hier Florian A-Stadt 22, zurück in der Feuerwache, wieder einsatzbereit über Melder, schalten Funk ab, kommen.« oder »Hier Rotkreuz A-Stadt 92/83, Rettungswache an, Funk aus, kommen.«

4.10.9 Schlußmeldung

Das Einsatzende an der Einsatzstelle wird der Leitstelle in Form einer Schlußmeldung übermittelt. Beispiel:»Hier Rotkreuz A-Stadt 92/83, Patient verweigert Mitnahme, wir rücken ein zur Wache, kommen.« oder »Hier Florian A-Stadt 22, Feuer aus, wir rücken ein, kommen.« Die Art der Meldung, die an die Leitstelle, eine Feuer- oder Rettungswache oder an den Einsatzleiter übermittelt wird, ergibt sich aus dem jeweiligen Einsatzgeschehen.

4.10.10 Abmeldung

Die Abmeldung ist die Meldung, die der Leitstelle das Ausrücken der alarmierten Kräfte von ihrem Stützpunkt oder der Wache mitteilt.

Beispiel: »Hier Florian A-Stadt 22, verlassen Feuerwache zum Einsatz Wohnhausbrand in der Bahnhofstraße, Besatzungsstärke eins plus sieben, kommen.«

4.11 Sicherung des Sprechfunkverkehrs

4.11.1 Sicherungsbedürfnis

In zunehmendem Maße gewinnt der Daten- und Abhörschutz im BOS-Bereich an Bedeutung. Im »Consumer-Electronic-Bereich« werden preisgünstige Breitbandempfänger, sogenannte »Scanner«, angeboten, deren Besitz und Anwendung nach der neueren Rechtsprechung und der Änderung des Fernmeldegesetzes von 1992 nicht mehr strafbar ist.

Diese Geräte empfangen HF-Signale mit AM- oder FM-Modulation über einen weiten VHF-Bereich, der erheblich über die Grenzen des UKW-Hörfunkbandes hinausgeht. Somit kann bei geringstem technischen Aufwand der gesamte Polizei-, Feuerwehr- und Rettungsdienstfunk im 4- und im 2-m-Band von Unbefugten abgehört werden.

4.11.2 Betriebliche Maßnahmen

Nachrichten, deren Inhalt Unbefugten nicht bekannt werden soll, sind zu verschleiern, zu tarnen oder zu verschlüsseln. Nachrichten mit Verschlußsacheninhalt (VS-Nachrichten) sind nach der VS-Anweisung und den Richtlinien mit Ausführungsbestimmungen für Sicherheitsmaßnahmen bei der Verschlüsselung von Nachrichten auf Fernmeldewegen zu behandeln.

Die Sicherung des Sprechfunkverkehrs kann auch durch den Einsatz technischer Mittel auf dem Übertragungsweg erfolgen. Das einfachste technische Mittel ist die Verschleierung der Sprache durch Sprachverschleierungsgeräte. Dabei wird das 3 kHz breite Niederfrequenzsignal in mehrere kleinere Frequenzbänder aufgeteilt. Es folgt ein elektronisches Vertauschen oder Invertieren der Niederfrequenzen, die dem Sender zugeführt werden. In weiten Teilen Niedersachsens nutzt die Polizei diese Technik bereits, um das unbefugte Abhören den Sprechfunkverkehrs zu verhindern. Allerdings bietet die Sprachverschleierung keinen hundertprozentigen Abhörschutz. Im Consumer-Bereich werden Abhörempfänger in der 1000-Mark-Preisklasse angeboten, die mit einem speziellen Chip versehen sind, der die Sprachverschleierung aufhebt. Ebenso sind in Elektronikgeschäften separate Dekodiergeräte erhältlich, die ursprünglich für das illegale Abhören des sprachverschleiert ausgestrahlten C-Netz-Mobilfunks hergestellt werden. Mit diesen etwa 100 Mark teuren Zusatzgeräten ist das Abhören des sprachverschleierten Sprechfunks der Polizei, wie er etwa in Teilen Niedersachsens durchgeführt wird, möglich. Ein Verbot des Verkaufs dieser Zusatzgeräte ist nicht möglich, da es sich nicht um Geräte handelt, die unter die Bestimmungen des Fernmeldeanlagengesetzes fallen.

Zur Sicherung gegen unbefugte Teilnahme am Sprechfunkverkehr werden in der Regel Kennworte angewandt. Sie sind festgelegte Worte zum Nachweis der Teilnahmeberechtigung und werden beispielsweise eingesetzt, um eine ausgelöste Ringfahndung aufzuheben.

Ein fast absoluter Abhörschutz kann erst dann gewährleistet werden, wenn alle BOS-Dienste ihren Sprechfunk von analoger auf digitale Modulation umstellen, wie dies beim D-Netz-Funktelefon bereits erfolgreich durchgeführt wird. Auf Grund der großen Anzahl von vorhandenen BOS-Funkgeräten und Funkverkehrskreisen würde die flächendeckende Einführung der Digitaltechnik Kosten in Höhe von mehreren hundert Millionen Mark verursachen. Deshalb werden in den nächsten Jahren zunächst BOS-Dienste mit besonderem Sicherheitsbedürfnis (Bundeskriminalamt, Sondereinsatzkommandos, Mobile Einsatzkommandos und Anti-Terror-Einheiten) mit der abhörsicheren Digitaltechnik ausgestattet.

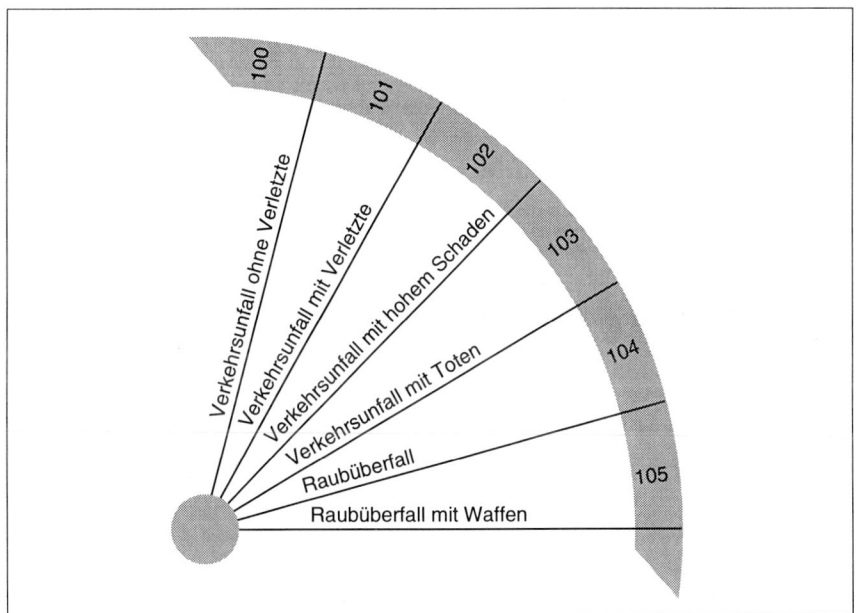

Abb. 4.12 *Schema eines Tarnschiebers. Bestimmte häufig wiederkehrende Ausdrücke werden als dreistellige Ziffer übermittelt.*

4.11.3 Taktische Maßnahmen

Taktische Maßnahmen zur Sicherung des Sprechfunkverkehrs sind Funkstille, Einschränkung des Funkverkehrs, Benutzung anderer Fernmeldemittel und die Verwendung von Meldemitteln.

Diese Maßnahmen werden vom taktischen Führer im Einvernehmen mit der Betriebsleitung angeordnet und aufgehoben.

Bei besonderen Anlässen wie Prominentenbegleitungen, Geldtransporten, Staatsbesuchen, Fahndungen und sonstigen polizeilichen Aktionen werden Tarnschieber zur Verschleierung des taktischen Funkverkehrs eingesetzt. Bestimmte häufig verwendete taktische Nachrichten werden als dreistellige Zahl übermittelt. Nur die Gegenstelle, die auf ihrem Tarnschieber den entsprechenden Kode eingestellt hat, kann die richtige Bedeutung der Ziffernfolge erkennen.

Aus taktischen und betrieblichen Gründen ist Unbefugten der Zutritt zu Sprechfunkzentralen zu untersagen. Fernmeldeunterlagen sind unter Verschluß zu halten.

5 Funknetze

5.1 Relaisbetrieb

5.1.1 Funkrelais

Relaisfunkstellen sind feste Landfunkstellen, die zur Erreichung größerer Reichweiten auf hohen Geländepunkten errichtet werden und im Unterband aufgenommene Sendungen mit Rundstrahlcharakteristik oder mit Richtwirkung der Antenne in bestimmte Gebiete im Oberband wieder abstrahlen. Sie ermöglichen den BOS-Diensten Sprechfunkverbindungen zwischen den festen Landfunkstellen und den beweglichen Funkstellen. Außerdem dienen sie der Alarmierung der Einsatzkräfte über Meldeempfänger und Sirenen.

Jede Relaisfunkstelle besteht aus mindestens zwei Vielkanalsprechfunkgeräten (Betriebs- und Reserveanlage) zur Versorgung des Funkverkehrskreises und einer 2-m-Funkanlage oder Vierdrahtleitung der Deutschen Bundespost Telekom als Zubringer (Funkbrücke) zu der Funkzentrale sowie aus den hierfür erforderlichen Antennenanlagen.

Beim Ausfall der Betriebsfunkanlage kann die Reserveanlage der Relaisfunkstelle von der Funkzentrale mittels Fernbefehl oder Tonrufkommando eingeschaltet werden. In einem Katastrophenfall oder aus sonstigen taktischen Gründen kann die Reserveanlage jeder Relaisfunkstelle manuell oder ferngesteuert zur Bildung eines zweiten Funkverkehrskreises auf den hierfür vorgesehenen Zweitkanal umgeschaltet werden.

Relaisfunkstellen werden für folgende Aufgaben eingesetzt: Unterteilung einer Funkstrecke, die wegen ihrer Länge oder geographischen Lage nicht unmittelbar überbrückt werden kann (durch kleine oder große Relaisfunkstellen); Verbindung zwischen Ober- und Unterband beim Funkverkehr zwischen Funkstellen gleicher Senderlage, zum Beispiel Fahrzeugstationen (durch kleine Relaisfunkstelle); Verbindung zwischen Funkverkehrskreisen, die auf verschiedenen Kanälen arbeiten (durch große Relaisfunkstelle).

Die Betriebsmerkmale der verschiedenen Relaisschaltungen (RS) sind bisher entsprechend der Reihenfolge ihrer Entwicklung von RS 1 und RS 4 durchnumeriert worden.

Relaisbetrieb wird entsprechend der taktischen Nutzung der Frequenzbereiche bei Feuerwehren und Rettungsdiensten nur im 4-m-Bereich durchgeführt. Für die Polizei gibt es insbesondere in Großstädten, in denen die einzelnen Reviere, Polizeistationen, Wachen und Posten direkt und ohne Umweg über die zentrale Einsatzfunkleitstelle mit ihren Einsatzkräften kommunizieren wollen, auch im 2-m-Bereich Relaisfunkstellen.

5.1.2 Relaisschaltungen

»RS« bedeutet »Relaisschaltung« und gibt an, wie Sender und Empfänger der Relaisfunkstelle miteinander verbunden sind und wie der Sender eingeschaltet wird. Die Relaisschaltungen RS 1, RS 3 und RS 4 können durch »kleine Relaisfunkstellen« gebildet werden. Kleine Relaisfunkstellen werden so bezeichnet, weil der technische Aufwand kleiner ist, es ist nur ein Funkgerät erforderlich.

Beim Funkverkehr über eine kleine Relaisstelle hört der Funkteilnehmer die eigene Sprache im Handapparat (Rückhören). Das ist ein Zeichen dafür, daß die eigene Funkstelle einwandfrei arbeitet und in Reichweite der Relaisfunkstelle liegt.

Der Empfänger der Relaisfunkstelle kann aber jeweils nur die Aussendung einer der Funkstellen im Relaisbetrieb ungestört aufnehmen und dem Sender im Oberband zuführen. An dieser Stelle verlaufen beide Gesprächsrichtungen gemeinsam, so daß eine Verkehrsabwicklung in Wechselsprechdisziplin erforderlich ist.

Erst nach dem Kommando »kommen« kann die Gesprächsrichtung gewechselt werden. Relaisbetrieb darf nicht als Verstärkerbetrieb bezeichnet werden, weil die Stärke der empfangenen Funkwellen keinen Einfluß auf die Sendeleistung hat. Es handelt sich vielmehr um einen Umsetzer von Nachrichten vom Unterband ins Oberband.

5.1.3 Relaisschaltung RS 1

Bei der Relaisschaltung RS 1, die neue Bezeichnung für diese Schaltungsart lautet »RS 1 Th«, wird der Sender der Relaisfunkstelle mit der vollen Leistung eingeschaltet, wenn beim Empfänger Trägerwellen gleich welcher Stärke einfallen. Nach Ausbleiben der Trägerwelle schaltet der Sender sofort ab. Empfangs- und

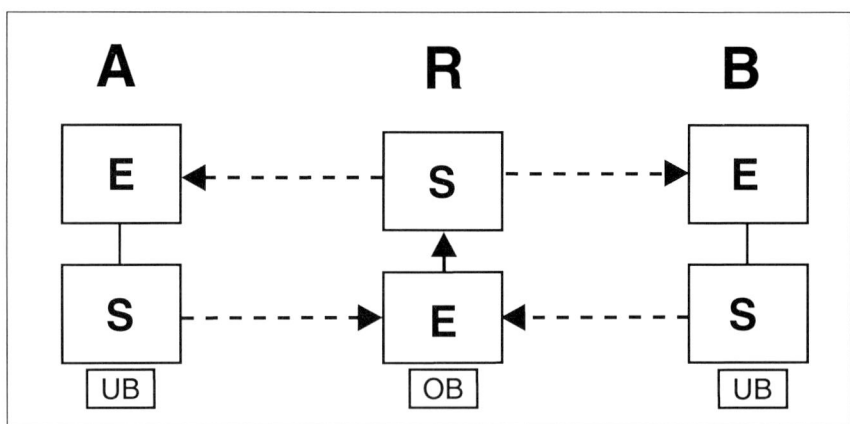

Abb. 5.1 Schematische Darstellung einer RS 1-Relaisfunkstelle.

Sendefrequenz sind immer um den Bandabstand versetzt, d.h. wenn der Empfänger im Unterband Trägerwellen aufnimmt, strahlt der Sender im Oberband (Trägertastung).

Weil diese Relaisschaltung weniger leistungsfähig ist und Nachteile hat, ist sie als ständige Einrichtung im Feuerwehrbereich selten anzutreffen. Ihr einziger Vorteil liegt darin, daß sie im Katastrophenfall schnell provisorisch, z.B. in einem Fahrzeug, geschaltet werden kann.

Der Aufbau der Relaisfunkstelle in Relaisschaltung RS 1 ist mit einem Funkgerät FuG 7b oder FuG 8b/8b-1 mit einem Relaisstellenzusatz RSZ 1 möglich. Folgende Einstellungen sind vorzunehmen: 1. der Betriebskanal, 2. die Bandlage »Oberband«, 3. den Verkehrsartenschalter am FuG 7 auf RS 1, am FuG 8 auf G am Zusatzgerät auf Stellung »Ein«, 4. den Rauschsperrenschalter auf »R«, also eingeschaltet. Die Rauschsperre dient bei RS-1-Schaltung als Sendertastung, daher strahlt bei Stellung »Aus« der Sender dauern.

Der Betrieb von Relaisfunkstellen in RS-1-Schaltung ohne Senderabfallverzögerung ist mit betrieblichen Nachteilen verbunden. Wird die Mindestfeldstärke für Trägerempfang (z.B. vom fahrenden Wagen) bei der Relaisfunkstelle kurzzeitig auch nur gering unterschritten, fällt der Sender ab und unterbricht die Verbindung vollständig. Außerdem kommt es zu unkontrollierbaren Beeinträchtigungen der Gleichkanalbenutzer, denn auch die Fahrzeuge der anderen Funkverkehrskreise tasten bei Überreichweiten ungewollt und unvermeidbar die hochgelegene Relaisfunkstelle.

Wird die Durchschaltung von Empfänger auf den Sender bei der ortsfesten Funkstelle auf besondere Anforderung einer Fahrzeugstation durch das Betriebspersonal für die Dauer eines Funkgesprächs manuell vorgenommen, so spricht man von WzW-(Wagen-zu-Wagen)-Verkehr. Bei Funkbedienplätzen wird diese Taste auch mit »K« (Konferenz) bezeichnet. Der Sender der Feststation strahlt dann während der Dauer der Durchschaltung ständig. Solche Einrichtungen finden kaum noch Verwendung.

Bei Funkgesprächen über eine kleine Relaisfunkstelle hört man sich in einer gegensprechfähigen Funkstelle nach erfolgter Durchschaltung in seinem Handapparat (wie beim Telefon) selbst sprechen. Durch dieses Rückhören ist eine Kontrolle möglich.

5.1.4 Relaisschaltung RS 2

Die Relaisschaltung RS 2 erfordert die Ausführung einer »großen Relaisfunkstelle«. Große Relaisfunkstellen werden so bezeichnet, weil zwei Funkanlagen am Relaisstandort notwendig sind.

Die RS-2-Schaltung dient hauptsächlich zur Verbindung von zwei verschiedenen Sprechfunkverkehrskreisen oder zur Vergrößerung der Reichweite in uneingeschränkt gegensprechfähiger Verbindung. Sie ist nur bei großen Sprechfunkzen-

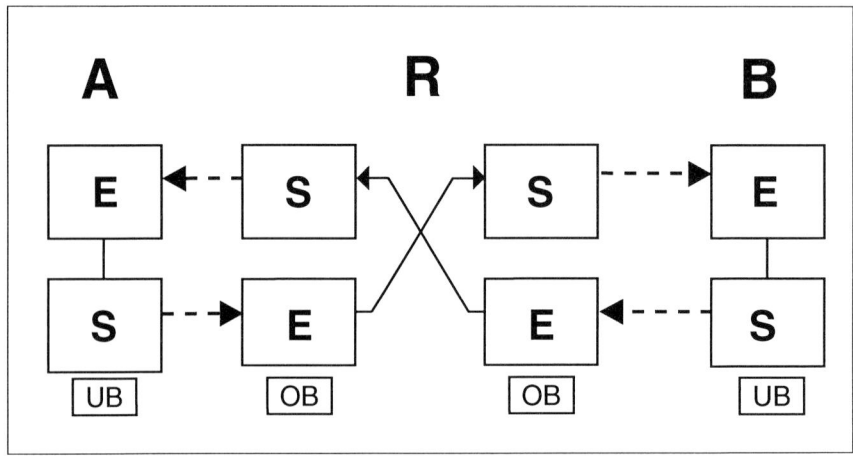

Abb. 5.2 *Schematische Darstellung einer RS 2-Relaisfunkstelle.*

tralen oder besonderen Fernmeldefahrzeugen mit entsprechender Ausstattung möglich. Es werden zwei verschiedene Kanäle verwendet. Beide Gesprächsrichtungen sind geräte- und frequenzmäßig voneinander unabhängig. Eine Verbindung zwischen Ober- und Unterband des gleichen Kanals, wie bei kleinen Relaisfunkstellen, besteht nicht. Daher hört man sich auch im eigenen Handapparat nicht selbst sprechen.

Die Sender der Funkanlage bei der Relaisfunkstelle sollten im gleichen Band, vorzugsweise im Oberband liegen, um die gegenseitige Beeinflussung durch die Trägerwellen gering zu halten. Die Durchschaltung erfolgt kreuzweise vom Empfängerausgang 1 zum Sendereingang 2 und vom Empfängerausgang 2 zum Sendereingang 1. Der Sender wird jeweils durch Trägersteuerung des verbundenen Empfängers eingeschaltet, vergleichbar mit der RS-1-Schaltung. Bei der Feuerwehr sind RS-2-Schaltungen normalerweise nicht üblich.

5.1.5 Relaisschaltung RS 3

Die Relaisschaltung RS 3 (neuere Bezeichnung: RS 1 Ez) wird auch kleine Relaisfunkstelle mit Tonruftastung genannt. Für die Relaisschaltung RS 3 ist ein Relaisstellenzusatzgerät erforderlich. Es enthält einen Zeitschalter und einen Tonrufauswerter. Hierbei wird das Einschalten des Senders der Relaisfunkstelle durch Aussendung des tieferen Tons von Ruf I oder des höheren Tons von Ruf II bewirkt, weil am Empfängerausgang ein Tonrufauswerter (TRA) angeschlossen ist. Ein Zeitschalter (ZS) bestimmt die Dauer der Durchschalte- und Sendezeit, er ist auf etwa 30 bis 60 Sekunden Verzögerung eingestellt. Nachteilig ist, daß dieses Abschalten unabhängig von der wirklichen Dauer des Funkgesprächs erfolgt. Für längere Funkgespräche muß der jeweilige Tonruf nach Senderabfall neu ausgesendet werden. Das Ende der Durchschaltung ist daran zu erkennen, daß man sich in seinem Handapparat plötzlich nicht mehr selbst hört. Bei der neuen Gerätegeneration FuG 8b erlischt dann auch die rote Trägeranzeigelampe. Die Relaisschaltung RS 3 entspricht nicht mehr dem Stand der Technik und führte zur Entwicklung der Relaisschaltung RS 4.

5.1.6 Relaisschaltung RS 4

Die Relaisschaltung RS 4, die neue RS-4-Bezeichnung ist »RS 1 Enz«, bei Hochtastung durch Sprache »RS 1 Snz«, ist eine kleine Relaisfunkstelle mit Tonruftastung und Sprachauswertung. Sie hat folgende Merkmale: Das Einschalten des Senders erfolgt durch einen Tonruf (Ruf I oder II) oder durch eine Tonruf-Zeit-Kombination. Dabei gilt für die Tonrufdauer: Kurz ist kleiner als zwei Sekunden, lang ist größer als zwei Sekunden.

Damit ergeben sich vier Unterscheidungsmöglichkeiten zur Einschaltung von Relaisfunkstellen auf dem gleichen Betriebskanal: Ruf I - kurz, Ruf I - lang, Ruf II - kurz, Ruf II - lang. In Sonderfällen ist auch eine direkte Einschaltung durch Sprachauswertung als fünfte Möglichkeit denkbar. Der Sender bleibt nach erfolgter Einschaltung, auch Hochtastung genannt, durch Auswertung der Sprache eingeschaltet. Deshalb ist zusätzlich im Relaisstellenzusatzgerät ein Sprachauswerter (SprA) notwendig.

Nach dem Ausbleiben der Modulation hält der Zeitschalter den Sender etwa sieben bis zehn Sekunden eingeschaltet, um Gesprächspausen beim Wechsel der Gesprächsrichtung und kurzzeitige Unterbrechungen zu überbrücken.

Ein weiterer Zeitschalter im Relaisstellenzusatzgerät begrenzt die Dauer der ununterbrochenen Sendezeit auf drei Minuten, um ein Dauersenden durch Auswerten von Geräuschen auf der Empfängerfrequenz zu verhindern. Die RS-4-Schaltung ist die derzeit modernste Relaisschaltung. Es ist eine Gesprächsabwicklung ebenfalls in Wechselsprechdisziplin notwendig. Um bei Störgeräuschen auf dem Funkkanal ein Dauersenden der Relaisfunkstelle zu verhindern, wird oft durch eine Zeitbegrenzung, spätestens nach zwei oder drei Minuten, der Sender abgeschaltet.

Die Steuerung von Relaisfunkstellen auf dem gleichen Kanal bzw. bei Gleichkanalbenutzern mit relativ geringem räumlichen Abstand mit Tonrufen ist hilfreich. Das gilt besonders, wenn die Relaisfunkstellen an hochgelegenen Standorten errichtet sind und eine entsprechende Empfangsreichweite haben. Ortsfeste Funkanlagen mit Unterbandaussendung mit unnötiger Sendeleistung stören hier besonders.

Steigt jedoch die Anzahl der Funkgespräche pro Zeiteinheit oder wird das Funkmeldesystem FMS eingeführt, ist die vorangehende Tonrufaussendung störend. Es bleibt dann nur die Umstellung von Gleichkanalfunk auf Gleichwellenfunk mit mehreren Relaisfunkstellen an niedrigeren Standorten.

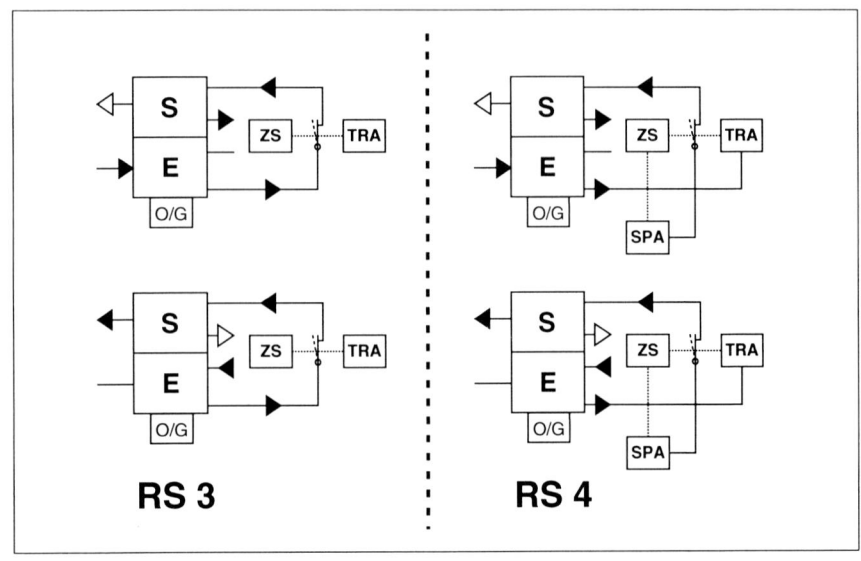

Abb. 5.3 *Schematische Darstellung von RS 3- und RS 4-Relaisschaltungen.*
ZS = Zeitschalter, TRA = Tonrufauswerter, SPA = Sprachauswerter.

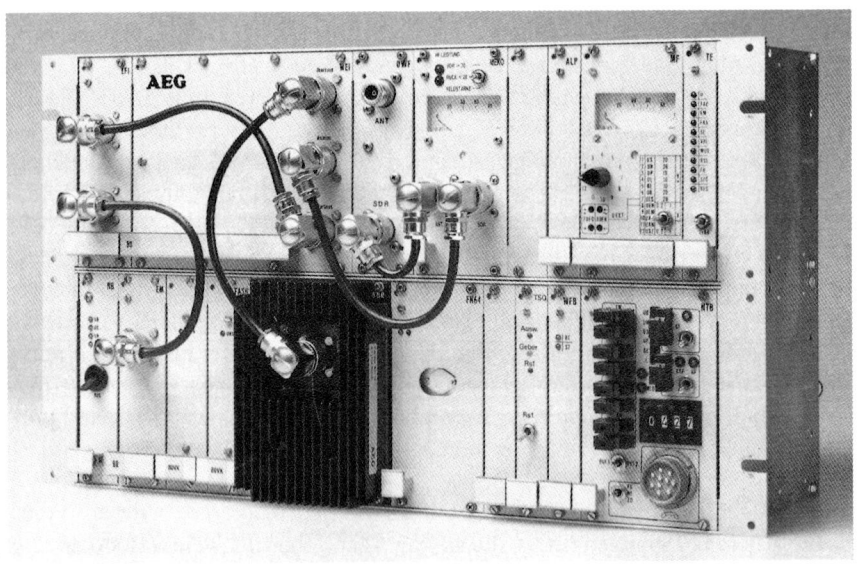

Abb. 5.4 *Ortsfeste 4-m-Relaisfunkstelle.*

5.2 Gleichwellen- und Gleichkanalfunk

5.2.1 Einleitung

Der Sprechfunk ist als ortsunabhängiges Kommunikationsmittel für viele Anwender in den vergangenen Jahrzehnten zu einem unentbehrlichen technischen Hilfsmittel geworden. Behörden und Organisationen mit Sicherheitsaufgaben wie z.b. Polizei, Bundesgrenzschutz, Zollbehörden, Feuerwehr und Rettungsdienste, benötigen Sprechfunk zur Erfüllung ihrer Aufgaben ebenso dringend wie Eisenbahn, Energieversorgungsunternehmen und viele andere.

Mit der zunehmenden Bedeutung dieser technischen Einrichtung wurden jedoch von ihren Anwendern bestimmte charakteristische, physikalische Eigenschaften immer mehr als Mangel empfunden. Gemeint sind hier die oft nur lückenhaft möglichen Sprechverbindungen in betrieblich wichtigen Gebieten, denen häufig störende, unerwünschte Funkverbindungen zu fremden Diensten durch Überreichweiten gegenüberstehen. Die Ursache dafür ist in der Eigenschaft der verwendeten Funkwellen begründet, die sich ähnlich wie Licht ausbreiten. Jedes Gebäude und jeder Baum wirkt als Abschattung und je größer die Abstände zwischen Sender und Empfänger werden, um so mehr wirken sich diese Abschattungen als Funkunterbrechungen aus.

In früheren Jahren wurden daher möglichst hohe und freie Standorte für die Antennen der ortsfesten Funkstellen und große Sendeleistungen bevorzugt. Diesem Vorgehen gebot nicht nur die Deutsche Bundespost Telekom bald Einhalt, denn die damit produzierten Überreichweiten führten zu immer häufigeren Störungen weit entfernter Dienste und schränkten so die wirtschaftliche Wiederverwendung der Frequenzen in angemessenen Abständen immer mehr ein.

Um auch mit geringen Antennenhöhen und Senderleistungen weitgehend lückenlos alle Funkverbindungen sicherzustellen, müssen in großflächigen oder topographisch ungünstigen Betriebsgebieten mehrere räumlich verteilte Funkstellen parallel betrieben werden. Als zeitgemäße Lösungen bieten sich hierzu zwei Verfahren an, Gleichwellenfunk und Gleichkanalfunk.

Gleichwellenfunk bedeutet gleichzeitiges Aussenden einer Information über mehrere Sender auf gleicher bzw. fast gleicher Frequenz und innerhalb des gleichen Funkversorgungsgebietes.

Gleichkanalfunk, auch Senderdiversity genannt, bedeutet dagegen nicht gleichzeitiges, sondern zeitlich nacheinander vorgenommenes Aussenden einer Information über mehrere Sender auf gleichem Kanal und innerhalb des gleichen Funkversorgungsgebietes.

Während Gleichkanalfunk technisch einfach durchführbar ist, kann Gleichwellenfunk nur mit erhöhtem Aufwand realisiert werden. Gleichwellenfunknetze so einzumessen, daß sie ohne Störungen arbeiten, setzt ein hohes Maß an zusätzlicher Erfahrung bei den Geräteherstellern voraus.

Der Gleichwellenfunk ist heute wohl das am besten geeignete Mittel zur Ausführung großflächiger Funknetze bei ökonomischer Verwendung von Frequenzen. Er ermöglicht außerdem eine hohe Teilnehmererreichbarkeit und optimale Übertragungsqualität auch unter extrem erschwerten Ausbreitungsverhältnissen, wie sie z.b. bei weitverzweigten Tunnelanlagen oder bei der Innenversorgung weiträumiger Betonbauten gegeben sind.

5.2.2 Grundlagen

Die Einsatzorte der BOS sind nicht auf öffentliche Straßen und freie Plätze beschränkt; vielmehr haben Polizei, Feuerwehren und auch Rettungsdienste mehr denn je auch in Großbauwerken, Untergrundanlagen und in unzugänglichem Gelände ihre Präventiv- und Exekutivaufgaben zu erfüllen. Entsprechendes technisches Rüstzeug unterstützt sie bei oftmals nur mit hohem persönlichen Einsatz durchführbaren Rettungs- oder auch Fahndungsaktionen.

Das Sprechfunkgerät ist eines der wichtigsten dieser technischen Hilfsmittel. Es ermöglicht die mitunter nicht nur einsatznotwendige, sondern sogar lebensnotwendige Kommunikation mit der Dienststelle oder mit anderen im Einsatz stehenden Sicherheitsorganen.

Das Sprechfunkgerät hat eine Sendeleistung, die, hauptsächlich wegen der erwünschten leichten Stromquellen, auf wenige Watt begrenzt ist. Die Empfängerempfindlichkeit ist im allgemeinen dicht an der Grenze des technisch Möglichen.

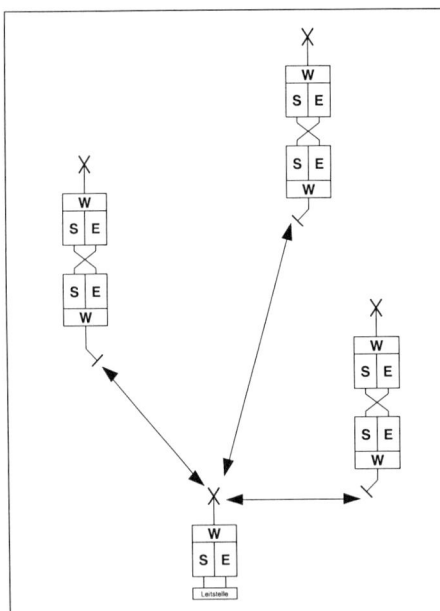

Abb. 5.5 *Schematische Darstellung eines Gleichwellenfunknetzes mit drei Relaisfunkstellen. Die Signalübertragung vom Hauptsender (Leitstellensender) zu den Relais erfolgt in diesem Beispiel über eine Funkbrücke. Ebenso wäre eine Signalzuführung über eine Vierdrahtleitung der Telekom möglich.*

Wenn ein tragbares Sprechfunkgerät eine Sendeleistung von 1 W abstrahlt, so braucht der Empfänger eines anderen Sprechfunkgeräts davon nur 0,025 Billionstel W aufzunehmen, um das, was dort vom Mikrofon aufgenommen wird, deutlich wiedergeben zu können. Theoretisch könnte man mit einem solchen Gerät über eine Entfernung von 2000 km sprechen, wenn der Funkweg frei von jeglicher Abschattung wäre. Tatsächlich hat man aber im Gelände mitunter nur einige hundert Meter weit eine gute Verbindung, und in Gebäuden kann hinter Betonwänden schon in 20 m Entfernung der Funkkontakt abreißen.

Aus dieser Erfahrung hat man gelernt, daß eine Festfunkstelle (gewöhnlich die Leitstelle oder eine Relaisstelle), wenn ihre Antenne sehr hoch und exponiert aufgebaut ist, verhältnismäßig gute Reichweiten auch in Stadt und Waldgebieten ermöglicht. Dieser exponierte Aufstellungsort der Festfunkstelle ist aber stets der Grund für große Überreichweiten, wodurch eine Weiterverwendung der Frequenz des Funkkanals erst in sehr großer Entfernung wieder möglich wird. Außerdem werden, trotz hoher Antenne der Festfunkstelle, Tunnelbauwerke und manchmal auch tiefe Straßenschluchten oder Waldwege nicht voll ausgeleuchtet.

Eine zeitgemäße Lösung all dieser Probleme bietet, in uneingeschränkter Weise, der Gleichwellenfunk. Er ermöglicht den Betrieb von mehreren Sendern auf dem gleichen Funkkanal, ohne gegenseitige Störung. Damit wird eine vollständige Ausleuchtung eines Stadtgebiets oder einer funktopographisch schwierigen Landschaft mit Sendern geringer Leistung und mit niedrigen Antennenhöhen möglich. Nahezu alle Anforderungen hinsichtlich einer lückenlosen Funkversorgung von Stadt- und Landgebieten sind so zu erfüllen. Es können sowohl Gebäudekomplexe wie auch Untergrundbauwerke, Straßeneinschnitte und Waldschneisen gleichermaßen gut ausgeleuchtet werden.

Ein Mehraufwand entsteht allerdings beim Gleichwellenfunk durch die technische Notwendigkeit, die örtlich verteilten Sender exakt phasengleich mit Modulation zu versorgen und die Empfangssignale in die Zentrale zurückzuleiten.

Dafür hat beispielsweise AEG Mobile Communication drei bewährte Verfahren entwickelt, von denen jedes im entsprechenden Anwendungsbereich als optimale Lösung gelten kann.

Es ist einmal das Verfahren mit Vierdrahtleitungen für die Versorgung der Sender mit laufzeitausgeglichener Modulation und für die Rückleitung der Empfangssignale in eine zentrale Empfängerauswahl. Diese Empfängerauswahl schaltet stets das Empfangssignal mit dem besten Rauschabstand ohne zeitliche Verluste auf den zentralen Bedienplatz. Ein solches Funknetz, jedoch mit Modulationszubringer über Funk, wurde beispielsweise für das landesweite Funknetz der Rettungsleitstelle Saarland (»Leitstelle Winterberg«) verwirklicht.

Ein weiteres, völlig neues Verfahren ist besonders auf die Anforderungen bei den Sicherheitsbehörden abgestimmt. Es ermöglicht bei Verwendung nur eines Zubringerfrequenzpaares nicht nur die gleichzeitige Aussendung über alle Relaisstellensender, sondern sichert auch den gleichzeitigen Empfang über beliebige Relaisstellenempfänger. Verzögerungen durch Auswahlschaltbefehle treten nicht auf.

5.2.3 Funkbetriebsablauf mit Zubringersendern

Ruft die Zentrale ein Fahrzeug, werden von dem Zubringersender der Zentralstation alle Zubringerempfänger der Relaisstellen gleichzeitig angesprochen. Das Empfangssignal wird in den der Zentrale näher liegenden Relaisstellen der Länge des längsten Funkwegs entsprechend verzögert (LNB), so daß damit alle 4-m-Sender der Relaisstellen das Modulationssignal zeitgleich aussenden. Dadurch kann jedes Fahrzeug, das sich an einem beliebigen Ort innerhalb des gesamten Versorgungsbereichs befindet, sicher erreicht werden.

Selbstverständlich ist es zweckmäßig, die einzelnen Relaisstellen im Versorgungsbereich so zu verteilen, daß z.b. topographisch ungünstig strukturierte Landschaftsgebiete oder eng bebaute Städte gut versorgt werden.

In der Funkrichtung vom Fahrzeug zur Zentrale ist es beim AEG-System belanglos, ob eine Aussendung in einer oder in mehreren Relaisstellen empfangen wird. Relaisstellen sind so eingerichtet, daß das Empfangssignal (vom Fahrzeug) in seiner Stärke und in seiner Qualität bewertet wird. Ein gutes Empfangssignal wird dann über den Zubringersender mit großer Leistung, ein weniger gutes Empfangssignal mit geringerer Leistung an die zentrale Empfangsstelle weitergesendet. Da diese Zubringersender auch im Gleichwellenverfahren arbeiten, werden die Empfangsverhältnisse von den Relaisstellen gewissermaßen in die Zentrale übertragen. Dort wird durch den FM-Unterdrückungseffekt der beste Empfangspfad völlig störungsfrei dem Empfangsplatz angeboten. Auch wenn zwei Empfangspfade gleich gut sind, wird das Empfangsergebnis in der Zentrale nicht beeinträchtigt, weil auch die Laufzeitunterschiede der Zubringer in der Rückrichtung bereits in den Relaisstellen (LNB) ausgeglichen werden.

Der Stellbereich für die Leistungen der Zubringersender ist in den Relaisstellen so ausgelegt, daß auch ein sehr schwacher Träger auf der 4-m-Empfangsseite noch ohne nennenswerte Rauschzunahme auf der Zubringerstrecke übertragen wird.

Die Relaisstellen sind Doppelstationen der Baumuster »Teleregent II« nach der BOS-Richtlinie »Relaisfunkstellen Teil C«. Das für die hohe Frequenzkonstanz notwendige Frequenznormal (FN) ist für die beiden Gleichwellensender in einer Doppelanlage nur einmal erforderlich, da die PLL-Schaltung der Vielkanalfrequenzaufbereitung für alle Kanäle und alle Frequenzbereiche stets von der gleichen Normalfrequenz stabilisiert werden.

5.2.4 Gleichwellenfunkanlage

Mit dem Gleichwellenfunk ist es möglich, lückenlose Funkversorgung für große Verkehrskreise frequenzökonomisch zu realisieren. Gleichzeitig erhöht sich der Bedienungskomfort. Eine Gleichwellenfunkanlage von Ascom besteht im wesentlichen aus zwei bis sieben Gleichwellenumsetzern, einer Zentralstation und einer übergeordneten Einsprechmöglichkeit (z.B. Leitstelle). Bei der Steuerung über ei-

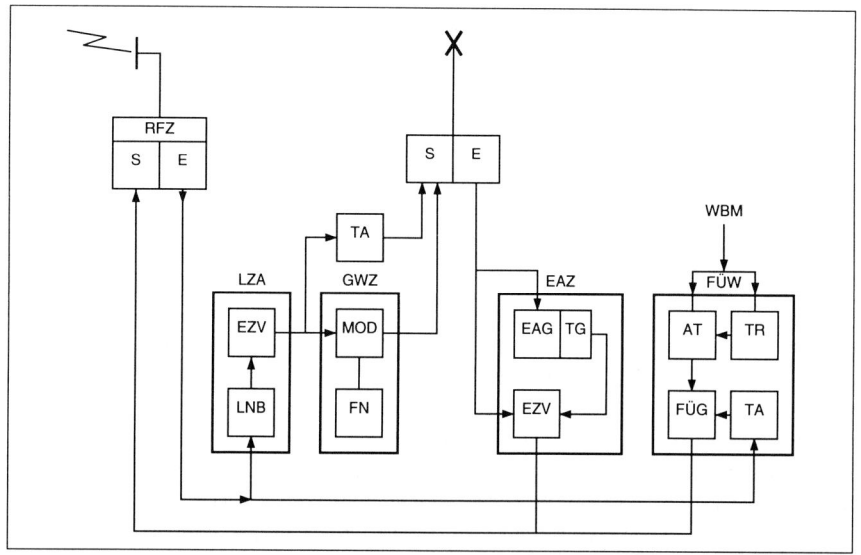

Abb. 5.6 *Blockschaltbild einer ortsfesten Funkstelle für quasisynchronen Gleichwellenfunk von AEG. Die einzelnen Baugruppen der Zusatzausrüstung sind:*

EAZ = Empfängerauswahlzusatz, EAG = Empfängerauswahlgeber, EZV = Entzerrerverstärker, TG = Tongenerator
FÜW = Funkstellenüberwachung, FÜG = Funkstellenüberwachungsgeber, TA = Tonauswerter, AT = Anzeigetableau, TR = Trennrelais, WBM = Warn- und Betriebsmeldungen
GWZ = Gleichwellenzusatz, FN = Frequenznormal (hochstabilisiert), MOD = Phasenmodulator
LZA = Laufzeitausgleich, LNB = Leitungsnachbildung
RFZ = Richtfunkzubringer, S/E = Sende- und Empfangsgerät

nen Funkzubringer gehören zu jedem Umsetzer eine separate Sende- und Empfangsanlage. Vorzugsweise werden bei Funkzubringern Richtantennen eingesetzt. Die Steuerung der Umsetzer und der Zentrale ist eine Mikroprozessorsteuerung. Die Modulationseigenschaften aller Sender sind aufeinander genau abgestimmt. Alle Sender werden von einer Zentralstelle über eine gemeinsame Funkbrücke moduliert. Damit werden die Störungen beim gleichzeitigen Empfang von mehreren Gleichwellensender auf ein Minimum beschränkt. In der Gegenrichtung empfangen mehrere Empfänger gleichzeitig und melden laufend die jeweilige Empfangsqualität zur Zentralstelle. Die Zentralstelle vergleicht die Qualität und bestimmt den Empfänger mit dem besten Signal. Über einen Steuerbefehl wird der beste Empfänger zur Zentralstelle durchgeschaltet. Ändert sich während des Gesprächs das Qualitätsverhältnis, wird ohne Unterbrechung laufend umgeschaltet. Die Übertragung der Empfangssignale und der Qualitätsinformation aller Empfänger sowie die Modulation der Gleichwellensender und der Auswahlbefehle geschieht im Zeitschlitzverfahren auf einem Duplexkanal. Dabei wird die Niederfrequenz durch zeitliche Kompression so gekürzt, daß Lücken für eine Datenübertragung entstehen. Am Ende der Strecke werden die Daten ausgefiltert und die Niederfrequenz durch Expansion lückenlos zusammengeführt. Die Empfangsqualität wird in zwei Bit kodiert und nacheinander von den einzelnen Gleichwellenumsetzern in je einem Datenzeitschlitz gesendet. Hinzu kommt ein drittes Bit, das als Meldebit fungiert. Es zeigt an, daß eine Störmeldung oder ein Notruf vorliegt. Ist das Meldebit eines Umsetzers über längere Zeit gesetzt, wird dieser mit einem Kurztelegramm dazu aufgefordert der Zentralstelle die Ursache des Meldebits mitzuteilen.

In Richtung zu den Gleichwellenumsetzern werden in jedem Zeitschlitz drei Bit mit der Auswahlinformation für die Empfänger übertragen. Jeder NF-Intervall wird um etwa 17 Prozent komprimiert. In den so gewonnenen Datenzeitschlitzen werden alle Sender der Funkbrücke nacheinander eingeschaltet und die Information digital übertragen.

Alle Gleichwellensender werden mit einem Kurztelegramm ein- und ausgeschaltet. Dieses Kurztelegramm dient gleichzeitig zur Synchronisation und zur Übermittlung anderer Meldungen, zur Überwachung und Fernmessung.

Zwischen Umsetzer und Zentrale werden alle 100 ms Datentelegramme ausgetauscht. Die Steuerung überprüft hierbei den Informationsgehalt des Umsetzertelegramms. Leitungssteuerung/Umsetzer und Leitungssteuerung/Zentrale arbeiten intelligent zusammen, indem sie alle Telegramme auf Plausibilität überprüfen. Empfängt die Leitungssteuerung einen Umsetzerstatus wie z.B. Einbruch, Diebstahl, Netzausfall, Senderstörung, usw. wird dies über LED's an der Frontplatte zur Anzeige gebracht. Gleichzeitig wird über den Datenbus der Umsetzerstatus von der Steuerung eingelesen. Dort werden die ausgelesenen Umsetzerdaten in eine andere Telegrammform konvertiert und als Drahtsteuertelegramm zum Funktisch gesendet, ausgewertet und an einem Monitor zur Anzeige gebracht.

Vom Funktisch können Befehlstelegramme unter Angabe der Umsetzeradresse und des Befehls zur Steuerung übermittelt. Die Steuerung schreibt nun den Befehl in die entsprechend adressierte Leitungssteuerungszentrale ein. Von dort wird das Befehlstelegramm zum Leitungssteuerungsumsetzer übermittelt, dort ausgewertet und die entsprechende Funktion geschaltet.

5.2.5 Diversity-Betrieb

Wird durch ein Mobilgerät bei einem oder mehreren Umsetzern die Rauschsperre aktiviert, so werden die entsprechenden Rauschsperrenstufen von der Leitungssteuerung Umsetzer zur Leitungssteuerung übermittelt. Dort werden die

Rauschsperrenstufen an den Frontplatten zur Anzeige gebracht und gleichzeitig von der Steuerung über den Datenbus eingelesen. Die Leitungssteuerung rechnet nun Diversity und wählt aus den Umsetzern den mit der besten Rauschsperrenstufe aus. Die entsprechende Empfängerlautstärke wird auf die Empfängerringleitung durchgeschaltet, in der AF-Umschaltung eine Schleife gebildet und als Sendermodulation wieder ausgesendet. Gleichzeitig wird an alle Umsetzer ein »Sender Ein«-Telegramm gesendet. Der ausgewählte Umsetzer wird dabei in einen langsamen Geberrythmus versetzt. Es wird nur noch alle 5 s ein Telegramm ausgetauscht.

Abb. 5.7 *Gleichwellenfunkanlage GWF 637 für 4 m, 2 m und 70 cm von Ascom. Im Bild oben der Sender GWF 637-Z, darunter von links nach rechts Empfänger, Oszillator, Kanalsteuerung und Bedienfeld und darunter die Kontroll- und Steuereinheit. Nicht im Bild das Netzteil mit Batteriepufferung.*

Die anderen Umsetzer melden nach wie vor alle 100 ms ihren Status zur Zentrale. Verbessert sich die Rauschsperrenqualität gegenüber einem vorher ausgewählten Umsetzer, so wird Diversity gerechnet und der nun ausgewählte Umsetzer auf die Ringleitung/Zentrale geschaltet. Der ausgewählte Umsetzer wird in den langsamen Geberrythmus und der vorher ausgewählte in den schnellen Geberrythmus versetzt. Wird ein Rauschsperrenkriterium aller Umsetzer gleich »Null« erkannt, so wird an alle Umsetzer ein »Sender Aus«-Telegramm übermittelt und die Anlage geht wieder in Ruhelage.

Der Status jedes Umsetzers wird mit einem Steuerungstelegramm zum Funktisch übermittelt. Dort werden an einem Monitor der Umsetzerstatus, der ausgewählte Umsetzer und die Rauschsperrenstufen aller Umsetzer zur Anzeige gebracht.

5.2.6 Datenübertragung

In modernen Funksprechsystemen werden neben dem Sprechverkehr zunehmend auch Daten übertragen, z.b. mittels der Einrichtungen des Funkmeldesystems (FMS). Für die Datenübertragung ist es notwendig, daß auf dem Funkweg keine unzulässige Zeichenverfälschung entsteht. Besonders die Gruppenlaufzeiten sind verhältnismäßig eng toleriert. Diese Forderung ist im Gleichwellennetz leicht zu erfüllen, weil vom Prinzip her bereits enge Toleranzen gefordert werden. Eine wichtige Bedingung in diesem Zusammenhang ist allerdings die Einhaltung eines auf etwa 30 km begrenzten Abstandes der Gleichwellenstationen zueinander. Bei größeren Abständen können wegen unvermeidbarer Umweglängen durch die Eigentümlichkeiten der Funkausbreitung Laufzeitunterschiede zustande kommen, die im System technisch nicht ausgleichbar sind.

Bei Datenübertragungen, besonders bei Sprech- und Datenparallelbetrieb, ist es erwünscht, mit kurzen Datenvorlaufzeiten auch für die Empfangswegauswahl auszukommen. Auch diese Forderung wird von dem AEG-Gleichwellenverfahren uneingeschränkt erfüllt.

Da die Signale aller Stationszubringer stets gleichzeitig am Empfänger der Zentralstation anstehen, ist für die Aufschaltung der einzelnen Relaisstellen kein zeitlicher Vorlauf erforderlich. Nur dieses Verfahren ermöglicht daher, daß der beim Gleichwellenfunk in Vorwärtsrichtung genützte Diversitygewinn (Senderdiversity) auch in der Rückwärtsrichtung (Empfängerdiversity) voll zur Wirkung kommt. Durch diesen Diversitygewinn wird beispielsweise eine 90prozentige Ortswahrscheinlichkeit eines Funkempfangs über eine Einzelstation zu einer etwa 99prozentigen Ortswahrscheinlichkeit verbessert. Der Vorteil dieses Diversitygewinns wirkt sich auf die Anrufwahrscheinlichkeit und die Fehlersicherheit bei Datenübertragung gleichermaßen günstig aus.

Das beschriebene Diversityverfahren für Empfangsverbesserung darf allerdings nicht mit dem sogenannten Stationsdiversityverfahren verwechselt werden, welches nur eine gezielte Stationsauswahl, aber keinen Diversitygewinn ermöglicht.

Teil C: Gerätekunde

6 Sprechfunkgeräte

6.1 BOS-Funkgeräte

6.1.1 Allgemeines

Voraussetzung für die störungsfreie Abwicklung des Funkverkehrs der Behörden und Organisationen mit Sicherheitsaufgaben sowohl innerhalb eines Funkverkehrskreises als auch landes- und bundesweit bei überregionalen Einsätzen und sogenannten Großlagen, bei denen mehreren Funkverkehrskreisen zusammengeschaltet werden, ist eine einheitliche Ausstattung und gleiche Leistungsmerkmale

Abb. 6.1 BOS-Funkgeräte für ortsfesten und mobilen Funkbetrieb, einsetzbar in Kraftfahrzeugen, Motorräder und Hubschraubern. Im Bild die Modellpalette von Ascom, die auf der CeBIT '94 in Hannover vorgestellt wurde.

aller im BOS-Funk eingesetzten Geräte. Deshalb wurden besondere Spezifikationen festgelegt, die in den »Technischen Richtlinien der Behörden und Organisationen mit Sicherheitsaufgaben (TR BOS)« für jedes Funkgerätemodell verbindlich vorgeschrieben sind.

6.1.2 TR-BOS

Die »Technischen Richtlinien«, frühere »Technische Lieferbedingungen«, »Pflichtenheft für BOS-Funkgeräte« und »BOS-Funk-Baurichtlinien«, werden gemeinsam von der Technischen Kommission (TK) der Polizei im Arbeitskreis II und der Arbeitsgruppe Fernmeldewesen (AgFM) im Arbeitskreis V der Innenministerkonferenz der Länder erarbeitet. Sie beinhalten die technischen Mindestanforderungen, Art, Anzahl und Anordnung der Bedienungselemente.

Die technische Überprüfung erfolgt durch die Beschaffungsstelle beim Bundesminister des Innern, der Zentralen Prüfstelle für Funkgeräte bei der Landesfeuerwehrschule Bruchsal oder einer Prüfstelle der Landesfeuerwehrbehörden. Erst wenn neuentwickelte Geräte geprüft sind und den Richtlinien entsprechen, werden sie für den BOS-Funkeinsatz zugelassen und erhalten eine »FuG«-Gerätebezeichnung. Seit 1. Juli 1976 dürfen bei den BOS-Diensten nur noch solche Funkgeräte eingesetzt werden, die den Richtlinien entsprechen. Die neue TR-BOS »Vielkanal-Sprechfunkgerät FuG 8 a/b/c« vereinigt die bisher getrennten TR-BOS »FuG 8a« und »FuG 8b« mit den inzwischen ergangenen Änderungsnachträgen.

Ebenso wie für Funksprechgeräte bestehen Technische Richtlinien für Zusatzgeräte (Datenfunkanlagen, Funkmeldesysteme, Funkalarmgeräte), Antennen und Relaisfunkstellen.

6.1.3 Zulassungszeichen

Zusätzlich zur Überprüfung der TR-BOS-Spezifikationen muß jedes Funkgerätemodell eine Musterzulassung durch die Deutsche Bundespost (heute durch das

ab 1. 4. 86   ab 1. 4. 91   ab 10.3. 92

Abb. 6.2 Die verschiedenen Zulassungszeichen für Funkanlagen.

Bundesamtes für Zulassungen in der Telekommunikation) erlangen. Diese amtliche Zulassung besteht aus einer Urkunde mit Zulassungsnummer und einem Prüfprotokoll für das zur Prüfung vom Hersteller vorgelegten Mustergerät und einem Geräteaufkleber oder -schild. Dieses Zulassungszeichen muß von außen sichtbar an jedem BOS-Funkgerät angebracht sein.

Aussehen und Bezeichnung dieser postalischen Zulassung haben sich in den vergangenen Jahren mehrfach geändert. Ältere Geräte sind mit einem angenieteten Metallschild oder Aufkleber mit Bundesadler, den Buchstaben »FTZ« und einer Zulassungsnummer versehen. Diese Geräte erhielten ihre Musterzulassung vom Fernmeldetechnischen Zentralamt der Deutschen Bundespost (FTZ) in Darmstadt. Am 1. April 1986 wurde die FTZ-Nummer durch eine Z-Nummer ersetzt. Dieses Zulassungszeichen war mit einem stilisierten Posthorn als Signum versehen. Das Zentralamt für Zulassungen im Fernmeldewesen (ZZF) in Saarbrücken wurde am 1. April 1991 von der Deutschen Bundespost als Trägerin der Fernmeldehoheit in Deutschland mit der Überprüfung und Zulassung von Funkanlagen beauftragt. Daraufhin wurde die Z-Nummer durch die neugeschaffene ZZF-Nummer abgelöst. Auf der Prüfplakette ist als Signum der Bundesadler abgebildet.

Am 10. März 1992 wurde erneut eine Änderung mit der Einführung der BZT-Nummer durchgeführt. Diese Plakette ist ebenfalls mit dem Bundesadler versehen und wird vom Bundesamt für Zulassungen in der Telekommunikation (BZT) in Mainz vergeben. Die Zertifizierung der Geräte wird vom BZT-Referat 13 (Funkreferat) in eigenen Labors vorgenommen. Dabei werden die verschiedensten übertragungs- und hochfrequenztechnischen Parameter sowie das EMV-Verhalten gemessen und anschließend in einem Prüfbericht dokumentiert. Vom BZT geprüfte Geräte garantieren eine Mindestübertragungsgüte zwischen Sender und Empfänger. Sie erzeugen keine Störungen in anderen Funkanlagen und werden in der Regel von anderen ordnungsgemäß arbeitenden Funkanlagen nicht gestört.

6.1.4   FuG-Bezeichnung

Die Abkürzung »FuG« steht für »Funkgerät«, sie wurde bereits im Zweiten Weltkrieg für die Kennzeichnung von Funkgeräte der Teilstreitkräfte der deutschen Wehrmacht verwendet. Die einzelnen FuG im BOS-Funkdienst unterscheiden sich durch Aussehen, Frequenzbereich (4-m-Band oder 2-m-Band), Anzahl der Betriebskanäle, Möglichkeiten der Verkehrsartenschaltung und Sendeleistung.

Hinter der Abkürzung FuG wird als Spezifizierung für den Gerätetyp eine ein- oder zweistellige Ziffer sowie bei Sondermodellen und Sonderausführungen ein Kleinbuchstabe »a«, »b« oder »c« verwendet, die unabhängig vom Hersteller des Geräts Auskunft über die Geräteart und ihre Verwendungsmöglichkeit als Feststation, Mobilgerät oder Handsprechfunkgerät sowie den Frequenzbereich gibt.

Im 80-MHz-Bereich (4-m-Band) werden FuG mit den Kennziffern »7«, »8« und »13« eingesetzt. Funkgeräte mit den Bezeichnungen »9«, »10« und »11« sind für den Funkbetrieb im 160-MHz-Bereich (2-m-Band) bestimmt. Für das BOS-Frequenzband im UHF-Bereich (70-cm-Band) werden keine FuG angeboten. In diesem Bereich bei 450 MHz findet kein direkter Funkverkehr zwischen den Funkstellen statt. Das UHF-Band wird für Richtfunkübertragungen zwischen den einzelnen Sendestandortes eines BOS-Funknetzes genutzt.

Die heute eingesetzten BOS-Funkgeräte haben auf Grund ihrer robusten Konstruktion und einfachen Instandhaltung eine sehr hohe Lebensdauer. Da die Anschaffungskosten je nach Gerätetyp und Ausstattung zwischen 2000 und 10 000 Mark liegen, werden die Geräte so lange in Betrieb gehalten, bis sie wegen nicht behebbarer Mängel ausgemustert werden. Aus diesem Grund findet man bei BOS-Funkdiensten heute noch die erste Generation von Funkgeräten im Einsatz. Besonders bei weniger gut ausgestatteten BOS, wie etwa Freiwilligen Feuerwehren im ländlichen Raum, trifft man auf Funkgeräte, die 30 Jahre und älter sind.

Bei der Neuanschaffung von Dienstfahrzeugen von Polizei, Berufsfeuerwehren und Rettungsdiensten ist man aus ökonomischen Gründen bestrebt, jeweils die neuste Generation von Funkgeräten in das Neufahrzeug einzubauen.

6.1.5 Wenigkanalgeräte

Wenigkanalgeräte sind mit einem bis zehn Kanälen ausgestattet, deren Sende- und Empfangsfrequenzen durch einen oder zwei Steckquarze für jeden Kanal erzeugt werden. Die Umschaltung erfolgt durch einen Stufenschalter. Handsprechfunkgeräte für Feuerwehren, Katastrophenschutz und Rettungsdienst sind überwiegend Wenigkanalgeräte, da diesen BOS-Diensten nur acht der insgesamt 92 Kanäle im 2-m-Band zur Verfügung stehen. Vorteil dieser Geräte ist, daß sie klein, leicht und preiswert in der Anschaffung sind, weil sie technisch weniger aufwendig aufgebaut sind. So fehlt bei Geräten, mit denen nur Simplexverkehr betrieben wird, eine Antennenweiche und ein Bandlagenschalter.

Bei älteren Modellen ist auf die maximale Schaltbandbreite bei der Bequarzung zu achten. Sie liegt zwischen 0,7 und 1 MHz. Der Unterschied zwischen dem niedrigsten und dem höchsten Betriebskanal beträgt nur 35 bis 50 Kanäle. Für die Kanäle außerhalb dieses Bereichs ist mit geringerer Sendeleistung zu rechnen.

Bei einer typischen Bequarzung eines Handsprechfunkgeräts der Feuerwehr mit den üblichen Kanälen 25, 27, 31, 34, 39, 50, 51, 53, 55 und 56 treten diese Probleme nicht auf, da die Schaltbandbreite zwischen Kanal 25 und Kanal 56 nur 0,64 MHz beträgt.

6.1.6 Vielkanalgeräte

Bei der Konstruktion von BOS-Vielkanalgeräten hat man optimale Möglichkeiten angestrebt. Zunächst sollten alle Kanäle eines Bereiches schaltbar sein. Die Um-

FuG-Übersicht					
FuG	Band	Kanäle	Verkehrsart	Watt	Zweck
7 a	4 m	120/120	W/G/Rs 1	3/10	mobil/fest
7 b	4 m	120/120	W/G/V/Rs 1	3/10	mobil/fest
8 a-1	4 m	143/163	W/bG	10	mobil/fest
8 b	4 m	111	W/G	10	mobil/fest
8 b-1	4 m	143/163	W/G	10	mobil/fest
8 b-2	4 m	143/163	W/G	3/12	ortsfest
8 c	4 m	143/163	W/G/Rs 1	3/10	mobil/fest
9	2 m	100	W/G/V/Rs 1	2/6	mobil/fest
9 b	2 m	92/92	W/G	6	mobil/fest
9 c	2 m	92/92	W/G/V/Rs 1	2,5/6	mobil/fest
10	2 m	10	W	1/2,5	portabel
10 a	2 m	92/92	W/bG	1	portabel
10 b	2 m	92/92	W/bG	1/6	portabel
11 a	2 m	2	W	1	portabel
11 b	2 m	10	W	1	portabel
13	4 m	10	W	1	portabel
13 a	4 m	143/163	W/bG	1	portabel
13 b	4 m	143/163	W/bG	1/6	portabel
Teledux-9	4 m	143/163	W/G	1/6/10	mobil/fest
Teledux-9	2 m	92/92	W/G	1/6	mobil/fest

schaltung der Verkehrsarten Gegenverkehr und Wechselverkehr und die Möglichkeit, das Funkgerät als kleine Relaisfunkstelle einzusetzen, gehören ebenso dazu wie Erweiterung durch Anschluß von diversen Sondereinrichtungen wie Lautsprecherverstärker, Sprachverschleierungszusatz und Funkmeldesystemgeber.

Der innere Aufbau eines Vielkanalfunkgeräts ist komplizierter, als der eines Wenigkanalfunkgeräts. Der eingestellte Kanal wird ebenso wie die Senderbandlage durch ein Sichtfenster der Frontplatte angezeigt. Bei neueren Modellen erfolgt die Darstellung von Kanal, Bandlage und Verkehrsart auf einer beleuchteten Digitalanzeige.

Wegen der Vielzahl der schaltbaren Kanäle ist die Bestückung mit Schwingquarzen für die Sende- und Empfangsfrequenzen wenig geeignet. Deshalb wurden andere Wege der Frequenzaufbereitung realisiert. Wird das Vielkanalgerät für Gegensprechen eingesetzt, ist das Vorhandensein einer Antennenweiche erforderlich. Diese Weiche ermöglicht es, daß die Antenne gleichzeitig als Sende- und Empfangsantenne eingesetzt werden kann.

6.1.7   Hersteller

Im BOS-Funkdienst werden überwiegend Geräte aus deutscher Fertigung verwendet. Bei der Ausstattung von Behördenfahrzeugen mit Funkanlagen müssen diese Beschaffungsaufträge öffentlich ausgeschrieben werden. Da Geräte aus ausländischer Fertigung bisher der Technischen Kommission zur Überprüfung nicht vorgelegt wurden und Behörden angehalten sind, Geräte aus deutscher Produktion zu beschaffen, ist der Gerätemarkt fest in deutscher Hand. Diese Situation wird sich ändern. Im Rahmen der Vereinbarungen zur Europäischen Union wird die Bindung der Behörden an Produkte »Made in Germany« aufgehoben und bei Ausschreibungen öffentlicher Aufträge auch diejenigen Hersteller berücksichtigt werden, die ihre Geräte in einem Land der Europäischen Union fertigen.

BOS-Funkgeräte werden bzw. wurden von den Firmen Standard Elektrik Lorenz (SEL), Telefunken (später AEG-Telefunken), Bosch, AEG und Pfitzner gefertigt. Die Produktion von FuG-Geräten bei SEL wurde inzwischen eingestellt. Unter dem Produktnamen »Teletron« fertigte die Frankfurter Elektronikfirma Heinrich Pfitzner neben Betriebsfunk- auch BOS-Funkgeräte. Die Firma gehört heute zum Schweizer Ascom-Konzern. Die größte Verbreitung im BOS-Bereich haben Geräte von Ascom Radiocom GmbH mit Sitz in Frankfurt/Main, AEG Mobile Kommunikation GmbH mit Sitz in Ulm, Robert Bosch Telecom GmbH aus Hildesheim und Motorola Deutschland GmbH in Wiesbaden.

7 FuG-Übersicht

7.1 FuG 7 bis FuG 13

7.1.1 Allgemeines

Das Modell FuG 7b ist ein klassisches Standardgerät, das sowohl bei Polizei, Feuerwehren, Rettungsdiensten, Katastrophenschutz, Bundesgrenzschutz und Bundeszollverwaltung seit mehr als drei Jahrzehnten zum Einsatz kommt. Hersteller dieses nicht mehr gebauten, aber immer noch weit verbreiteten Modells waren die Firmen Standard Elektrik Lorenz (SEL) und Telefunken. Das Gerät läßt sich im 4-m-Bereich für Wechsel- und Gegensprechen und in Relaisschaltung RS 1 auf 120 Kanälen betreiben. Die Sendeleistung ist umschaltbar zwischen 3 und 10 W. Vereinzelt wird das Gerät heute noch auf Funkflohmärkten für Bastler angeboten. Nachfolgemodelle des FuG 7 werden als Gebrauchtgeräte nach der Ausmusterung durch die Behörden und Organisationen nicht mehr an Privatpersonen abgegeben, sondern zerstört oder für den Aufbau von Funkverkehrskreisen in den fünf neuen Bundesländern verwendet. Mit der Zerstörung soll verhindert werden, daß Kriminelle und Terroristen den Polizeifunk während der Ausführung einer Straftat abhören oder stören.

Als Nachfolgemuster für das FuG 7b stellen die Firmen Bosch, Telefunken und Pfitzner/Ascom das Modell FuG 8 als universelles Fahrzeug- und Feststationsgerät her. Es wird in den Modellvarianten 8a-1, 8b, 8b-1, 8b-2 und 8c angeboten und ist sehr weit verbreitet. Bei allen Baumustern steht eine Ausgangsleistung von 10 W in den Betriebsarten Wechselsprechen und Gegensprechen zur Verfügung. Mit Ausnahme des FuG 8b mit 111 Betriebskanälen können alle anderen Varianten auf allen 164 BOS-Kanälen im 4-m-Band eingesetzt werden. Insbesondere das FuG 8b-1 gilt heute als das Standardgerät bei allen BOS-Funkbetreibern. Die ersten Versionen dieses Modells werden nach und nach von den Beschaffungsstellen der Behörden gegen modernere Geräte gleicher oder ähnlicher Bauart ausgetauscht.

In Leitstellen von Polizei und Feuerwehren trifft man häufig die modifizierte Version FuG 8b-2 an. Im Unterschied zum 8b-1 verfügt es über Anschlüsse für die Fernbedienung des Sende-/Empfangsteils, eine schaltbare Senderausgangsleistung und eine Fernbedienung für Tonruf I und II. Der Anschluß von FMS-Zusatzgeräten an das FuG 8 ist möglich und eine eingebaute Sprachverschleierung als Zubehör lieferbar.

Das Modell FuG 9 wurde in den Varianten a, b und c hergestellt. Dabei handelt es sich um ein Fahrzeuggerät für das 2-m-BOS-Band, das in Aufbau und Bedienung mit dem FuG 7b identisch ist. Das FuG-7b-Zwillingsgerät wird nicht mehr hergestellt. Die Gerätebezeichnung FuG 9 wird heute für das Schwestergerät des

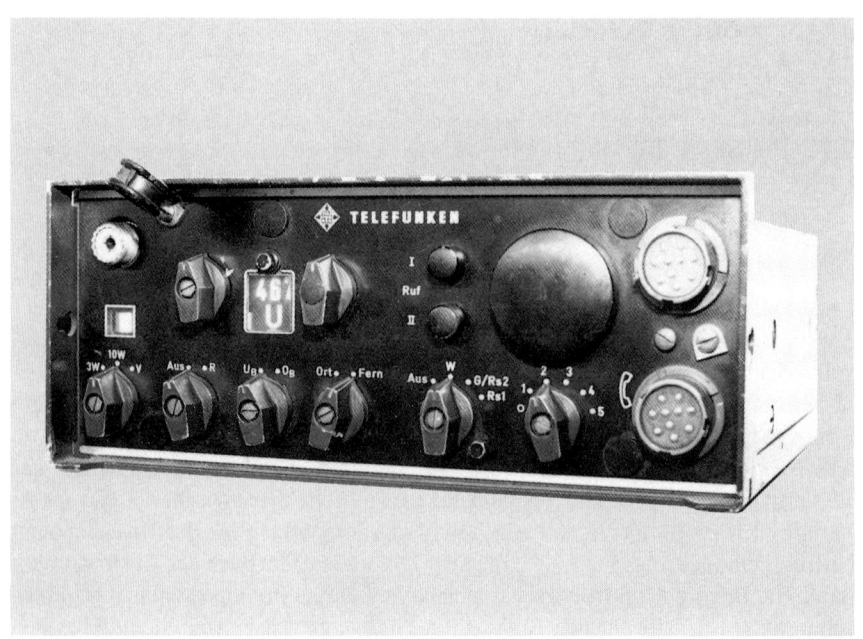

Abb. 7.1 *Ein Klassiker unter den BOS-FuG: das FuG 7b von Telefunken.*

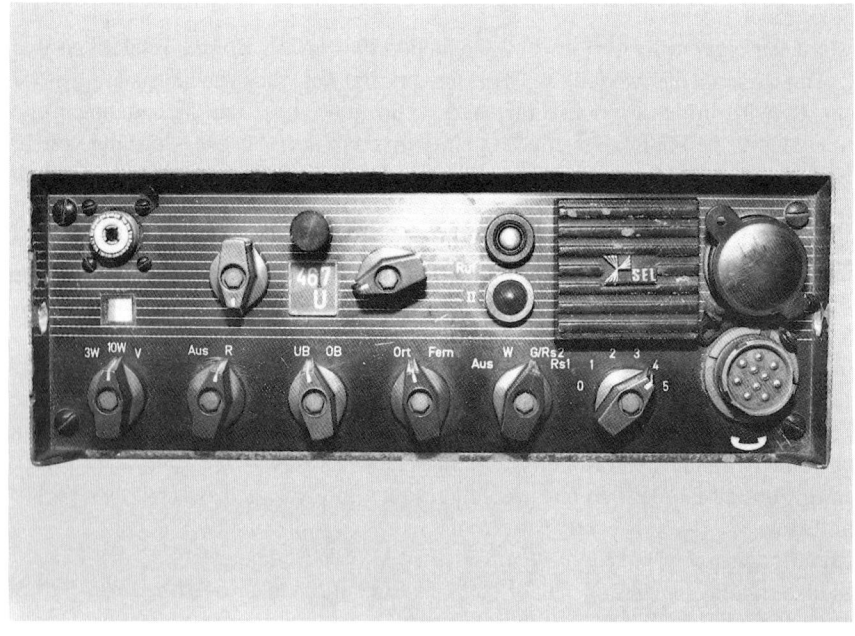

Abb. 7.2 *FuG 7b von SEL.*

FuG 8 verwendet. Das Modell FuG 9a verfügt über 100 Kanäle, auf denen mit umschaltbaren Sendeleistungen von 2,5 und 6 W gearbeitet werden kann. Mit 92 Betriebskanälen sind die Typen 9b und 9c ausgestattet. Die Reduzierung der Kanalzahl beruht auf einer Verkleinerung des für den BOS-Funk zugewiesen 2-m-Bereichs.

Als robustes und vielseitig verwendbares Handsprechfunkgerät für das 2-m-Band gilt das FuG 10. Als Wenigkanalgerät verfügt es über 10 Betriebskanäle und bietet 1 W Sendeleistung.

Im gesamten 2-m-Band ist das Modell FuG 10a mit 92 Betriebskanälen im Wechselsprechverkehr einsetzbar. Die Ausgangsleistung des Senders beträgt 1 W. Bis zu 6 W liefert das FuG 10b. Auf den 92 Betriebskanälen kann die Leistung auf 1 W reduziert werden. Als Gebrauchtgerät ist diese Modell vor allem bei Funkamateuren beliebt, weil es für den Betrieb auf dem 2-m-Amateurfunkband umgebaut werden kann.

Die FuG 10-Modelle werden für den BOS-Betrieb in den Gehäusefarben orange für Feuerwehr, Katastrophenschutz und Rettungsdienst und grün für Polizei, BGS und Zoll angeboten. In der Betriebsfunkversion ist das Gerät blau.

Speziell für den Einsatz bei der Kriminalpolizei, den Mobilen Einsatzkommandos (MEK) und den Sondereinsatzkommandos (SEK) wird das FuG 11a für den Betrieb auf zwei Kanälen im 2-m-Band hergestellt. Der Sender leistet 1 W.

Das FuG 13 ist ein Handsprechfunkgerät mit 1 W für das 4-m-Band, das äußerlich vom FuG 10 kaum zu unterscheiden ist. Lediglich an der längeren Antenne ist das mit 10 Kanälen ausgestattete FuG 13 vom 2-m-Gerät zu unterscheiden.

Mit 164 Kanälen ist das Modell FuG 13a als Handsprechfunkgerät im gesamten 4-m-Band mit 1 W Leistung einsetzbar. Auch dieses Gerät ist im Aussehen identisch mit dem FuG 10, der Unterschied besteht in den zusätzlichen Kanalwahlschaltern auf der Vorderseite des Gehäuses.

Mit bis zu 6 W Sendeleistung wird das 4-m-Handsprechfunkgerät als FuG 13b angeboten. Während beim FuG 13 nur Wechselsprechverkehr möglich ist, erlauben die Modelle 13a und 13b auch bedingtes Gegensprechen. Auch das FuG 13 wird von verschiedenen Herstellern angeboten. Dabei unterscheiden sich die Geräte äußerlich von Hersteller zu Hersteller hauptsächlich in der Anordnung der Bedienelemente.

Unter dem Namen Teledux-9-BOS wird von AEG eine neuere Generation von Vielkanal-Fahrzeugsprechfunkgeräten für BOS-Nutzer angeboten. Dieses Gerät präsentiert sich in einem neuen Design mit Digitalanzeige und Tastenfeld. Das Gerät arbeitet im Ober- und Unterband in den Betriebsarten Wechselverkehr und Gegenverkehr. Vom Standardgerät mit Ruf I und Ruf II und wahlweise integriertem FMS für die digitalen Kurzmitteilungen bis zur Doppelanlage für das 2-m- und das 4-m-Band über ein Bedienteil und integrierter Sprachverschleierung können alle Funktionen in Kombination und ohne externe Zusatzgeräte realisiert werden.

In der 4-m-Version läßt sich die Sendeleistung auf 1, 3, 6 oder 10 W schalten. Im 2-m-Band stehen 1, 3 oder 6 W Leistung zur Auswahl. Bei der Verwendung des

Bedienhandapparats mit eingebautem Display lassen sich alle Gerätefunktionen fernsteuern.

Über einen Zusatzadapter ist der Anschluß eines Telefaxgerätes möglich. Außerdem kann das Teledux 9-BOS mit Zusatzteilen in ein tragbares Funkgerät umgebaut werden. Das Portabelmodell wurde aus der Mobilfunkbaureihe von AEG abgeleitet und ist äußerlich von einem Mobiltelefon nicht zu unterscheiden.

Eine weitere Besonderheit ist, daß das Teledux 9-BOS bis Mitte 1994 keine FuG-Kennzeichnung hatte. Der Grund dafür lag in den veralteten TR-BOS-Richtlinien »FuG 8b«. Das Gerät wurde deshalb über einen Zeitraum von zwei Jahren mit einer vorläufigen Zulassung der zuständigen Gremien für den BOS-Funkdienst zugelassen, da das Teledux 9-BOS alle BZT-Forderungen erfüllt in anderen Frequenzbereichen eine Zulassung als Betriebsfunkgerät hat.

Auf der Elektronik- und Computermesse »CeBIT« wurde im Frühjahr 1994 gegenüber Behördenvertretern mitgeteilt, daß das Gerät Teledux-9-BOS künftig als Modell mit der offiziellen BOS-Bezeichnung »FuG 8b« angeboten wird, da die Technischen Richtlinien für BOS-Funkgeräte zwischenzeitlich geändert wurde.

7.2   FuG 7

7.2.1   Allgemeines

Als universell einsetzbares »Arbeitspferd« des BOS-Funks gilt das UKW-Funkgerät FuG 7b. Auch mehr als 20 Jahre nach seiner Indienststellung wird das Sprechfunkgerät für den 4-m-Bereich heute noch von vielen BOS-Funkteilnehmern eingesetzt. Es zeichnet sich durch eine sehr robuste Bauweise aus und ist einfach zu reparieren. Kürzungen bei den Mitteln für den Brandschutz, insbesondere durch den Wegfall der Brandschutzversicherungssteuer im Jahre 1993, werden viele kleine Feuerwehren dazu zwingen, das FuG 7b bis über das Jahr 2000 hinaus im Dienst zu behalten. Defekte Geräte werden wegen fehlender finanzielle Mittel nicht durch Neuanschaffungen ersetzt werden können, sondern in der Funkwerkstatt wieder betriebsbereit gemacht.

Im Jahre 1973 begannen die Firmen Standard Elektrik Lorenz (SEL) und Telefunken mit der Produktion des FuG 7b. Das Gerät wurde in der ursprünglichen Version mit 240 Kanälen, 120 im Unterband und 120 im Oberband, mit einem Schaltbereich von Kanal 400 bis Kanal 519 angeboten.

Äußerlich unterscheiden sich die Modelle von Telefunken (heute: AEG-Telefunken) und SEL durch die Abdeckung des Gehäuselautsprechers an der Bedienseite des Gehäuses. Während das Telefunken-Gerät eine kreisrunde Kunststoffabdeckung vor dem eingebauten Lautsprecher verwendet, findet man beim SEL-Typ eine quadratische Abdeckung mit Ziergitterstruktur.

7.2.2 Ausstattung

Der Unterschied zwischen beiden Geräten besteht in technischen Merkmalen, die nicht von den Technischen Richtlinien für BOS-Geräte festgelegt sind. Beim SEL-Gerät wird die Versorgungsspannung über eine 30polige Steckerleiste am Gehäuseboden zugeführt. Das Gerät arbeitet bei Verwendung eines Wandlers mit Betriebsspannungen von 6, 12 oder 24 V. Statt des Wandlers kann ein einfaches Regelteil für den ausschließlichen Betrieb über eine 12-V-Fahrzeugbatterie verwendet werden. Für Portabelbetrieb läßt sich an der Gehäuseunterseite eine Batteriewanne ansetzen. Der Batterieeinsatz kann mit zehn Monozellen oder wiederaufladbaren RS4-Akkus bestückt werden. Wird das FuG 7b als tragbares Gerät eingesetzt, wird die Senderausgangsleistung zur Schonung der Batterien automatisch auf 3 W begrenzt.

Das Telefunken-Modell kann mit einem entsprechenden Wandler mit Spannungen zwischen 5,5 und 31 V betrieben werden. Portabelbetrieb mit Batterien oder Akkus ist mit entsprechendem Zubehör ebenfalls möglich.

7.2.3 Bedienungselemente

Die Anordnung der Bedienungselemente auf der Vorderseite des Gehäuses ist bei beiden Geräten gleich. Unterschiede gibt es bei den Drucktasten für Tonruf I und II. Insgesamt vermittelt das SEL-Gerät einen etwas moderneren optischen Eindruck, als das Gegenstück von Telefunken, nicht zuletzt durch die weißen Zierlinien auf der oberen Hälfte der Frontplatte.

Alle Anschlüsse und Bedienungselemente befinden sich mit Ausnahme der 30poligen Buchsenleiste auf der Vorderseite des Gehäuses.

Ganz rechts liegen zwei runde, 10polige Buchsen. Die untere Buchse, beim SEL-Gerät mit J21 bezeichnet, ist mit einem Telefonhörersymbol beschriftet und dient als Anschluß für den Handapparat. Die Sendertastung über den Handapparat erfolgt mit einer Gleichspannung von 13,5 V. Die mit den Buchstaben A bis L bezeichneten Anschlüsse sind Ein- und Ausgänge für Tastrelais (C), Empfängerausgang für Handapparat (D, E), Modulationseingang des Senders vom dynamischen Handapparatmikrofon (E, F), Bandumschaltung (K) und Batteriespannung für Fernbedienung (L). An diese Buchse können die Verbindungskabel der Zubehörteile Besprechungsstelle BST7, Relaisstellenzusatz und Gabelteil Ga 7b/9 angeschlossen werden.

Die darüber angeordnete 10polige Buchse J22 dient als Verbindung zu einer als Zubehör angebotenen Fernbedienung.

Beim Anschluß einer Fernbedienung, wenn das Gerät in einer Funkzentrale oder Leitstelle stationär verwendet wird, können die Gerätefunktionen Ein/Aus, Sendertastung, Tonruf und Rauschsperre von dem abgesetzten Bedienteil aus geschaltet werden.

Links oben befindet sich auf der Frontplatte die HF-Buchse zum Aufstecken einer Stabantenne oder zum Anschluß eines 60-Ohm-Antennenkabels. Rechts daneben sind die beiden Kanalschalter und dazwischen das Sichtfenster für die Kanalanzeige angebracht. Mit dem linken Kanalschalter werden die Hunderter- und Zehnerstellen von 40 bis 51, mit dem rechten Schalter die Einerstellen von 0 bis 9 eingestellt. Im Kanalfenster erscheint die Kanalnummer dreistellig. Die Ziffern sind in weiß auf schwarzem Hintergrund auf zwei im Gehäuseinneren befindlichen runden Scheiben aufgedruckt. Unterhalb der Kanalanzeige wird die Bandlage, U für Unterband, O für Oberband, angezeigt. Beim Betrieb des FuG 7b aus einer Fremdspannungsquelle ist die Kanal- und Bandlageanzeige beleuchtet. Rechts ne-

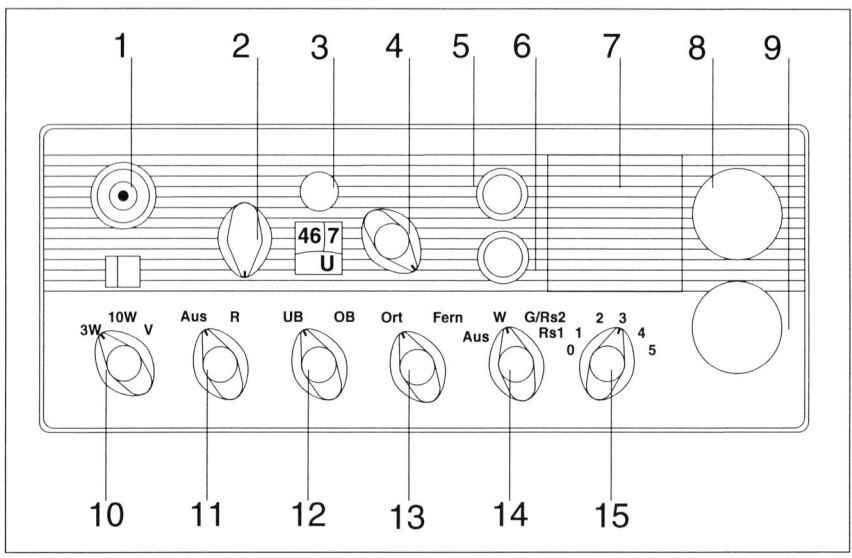

Abb. 7.3 *Bedienungselemente des FuG 7b (Modell SEL)*

1	Antennenbuchse		lautsprecher
2	Kanalschalter Hunderter- und Zehnerstelle	11	Bandlagenschalter
			UB = Unterband
3	Beleuchtung Kanalanzeige		OB = Oberband
4	Kanalschalter Einerstelle	12	Rauschsperrenschalter
5	Tonruftaste I	13	Fernbedienungsschalter
6	Tonruftaste II	14	Verkehrsartenschalter
7	Anruflautsprecher		W = Wechselsprechen
8	Anschlußbuchse J 21		G = Gegensprechen
9	Anschlußbuchse J 22		Rs1/Rs2 = Relaisschaltung
10	Sendeleistung/Kommando-	15	Lautstärkeregler

ben den Kanalschaltern befinden sich zwei übereinander angeordnete Drucktasten für die Aussendung des Tonrufs. Ruf I sendet einen 1750-Hz-Ton, Ruf II einen 2135-Hz-Ton zum Auftasten einer Relaisfunkstelle aus. Der Gehäuselautsprecher liegt zwischen den Tonruftasten und der Buchse für Zubehörteile. Durch ein Relais wird der Lautsprecher beim Betätigen der Sendetaste abgeschaltet, jedoch nicht bei Betätigung der Tonruftasten. Zur Anzeige des Ladezustandes der Eigenbatterie dient ein Drehspul-Anzeigeinstrument unterhalb der HF-Buchse.

Im unteren Teil der Frontplatte sind sechs Drehschalter angebracht. Von links nach rechts gesehen dienen diese Schalter für folgende Funktionen: Sendeleistung, umschaltbar auf 3 W und 10 W, in Stellung »V« ist ein anschließbarer Kommandolautsprecher über den Handapparat besprechbar; Rauschsperre, zum Ausschalten in Stellung »Aus« für einen Empfang an der Grenze der Reichweite und bei Prüfung der Empfindlichkeit, in Stellung »R« ist die Rauschsperre aktiviert. In der Relaisbetriebsart »RS 1« ist die elektronische Tastung des Senders in Stellung »R« unterbrochen, d.h. der Sender arbeitet nur bei Empfang eines Trägersignals; Bandlage, zum Umschalten des Senders auf das Unter- oder Oberband. Der Empfänger arbeitet nur bei Wechselsprechen im gleichen, bei allen übrigen Betriebsarten im entgegengesetzten Band wie der Sender; Bedienart, zum Ein- und Ausschalten des Geräts durch den Gerätedrehschalter (Ort) oder über eine Fernbedienung (Fern); Betriebsart, wobei die Schalterstellungen »Aus«, »W«, »G/RS 2« und »RS 1« zur Verfügung stehen. Wird auf die Betriebsart RS 1 umgeschaltet, muß der Knopf nach oben gezogen werden. Dieser Schalter ist gleichzeitig der Ein- und Ausschalter des Geräts und dient außerdem zur Wahl der Betriebsart Wechselsprechen (W), Gegensprechen oder Relaisbetrieb (G/RS 2) und Einsatz des Geräts als Relaisfunkstelle (RS 1), wobei das Empfangssignal um 9,8 MHz versetzt im entgegengesetzten Band wieder ausgestrahlt wird.

Der Lautstärkeregler ist schaltbar in sechs Stufen von 0 bis 5, in Schalterstellung 0 ist der Gehäuselautsprecher abgeschaltet.

7.2.4 Frequenzaufbereitung

Die Frequenzaufbereitung im FuG 7b liefert die Überlagerungsfrequenzen für Sender und Empfänger. Der Vielkanaloszillator arbeitet nach dem Analyseprinzip mit Abmischung und digitaler Teilung. Sowohl die Mischfrequenz als auch die Vergleichsfrequenzen werden vom Bezugsoszillator abgeleitet, so daß die Oszillatorausgangsfrequenz die Relativgenauigkeit der Quarzfrequenz hat.

Über eine breitbandige Verstärkerentkopplungskette gelangt das Signal des freischwingenden Unterband- (64,575 bis 66,995 MHz) oder Oberbandoszillators (95,775 bis 98,155 MHz) zu einer harmonischen Mischerstufe. Dabei mischt sich die 4. bzw. 6. Oberwelle der Bezugsquarzfrequenz von 15,6 MHz mit der Unterband- bzw. Oberbandoszillatorfrequenz auf eine Zwischenfrequenz von 2,175 MHz bis 4,555 MHz. Diese ZF wird auf CMOS-Pegel verstärkt, mit einer Teilerkette auf eine Vergleichsfrequenz von 5 kHz geteilt und einem digitalen Frequenz/Phasendiskriminator zugeführt. Die Teilerkette besteht aus einem Ausblendteiler, einem 2:1-Festteiler und einem einstellbaren Teiler. Durch feste Teilung wird von der Ausblendschaltung ein Puls der Eingangsfrequenz während der Zeit einer Ausgangsperiode ausgeblendet. Mit dem vorgegebenen Kanalkode läßt sich das Teilungsverhältnis des einstellbaren Teilers ändern, so daß man das Gesamtteilungsverhältnis von 435 bis 911 in Viererschritten ändern kann.

Vom Bezugsquarzoszillator wird über eine Teilerkette mit einem festen Teilungsverhältnis von 3120:1 eine Frequenz von 5 kHz abgeleitet. Diese Frequenz dient als Bezugsfrequenz für den Frequenz/Phasendiskriminator. Bei Frequenzabweichung entstehen am Ausgang Pulse, deren Breite ein Maß für die Abweichung ist. Über einen Integrator wird das Signal in eine Nachstimmspannung umgesetzt, die proportional zur Pulsbreite steht. Diese Spannung wird den Kapazitätsdioden der Reaktanzstufe des freischwingenden Oszillators zugeführt, bis Phasengleichheit zwischen Vergleichsphase und Bezugsphase am Diskriminator erreicht ist.

7.2.5 Senderendstufe

Die vom Sendervorverstärker kommende HF-Leistung von 20 mW wird in der Senderendstufe so verstärkt, daß die mit dem Leistungsschalter gewählte Ausgangsleistung von 3 W oder 10 W an der HF-Buchse zur Verfügung steht. Die Endstufe ist als Breitbandverstärker ausgelegt.

Erreicht wird diese Breitbandigkeit dadurch, daß man zur Transformation des Ausgangswiderstandes eines Transistors auf den Eingangswiderstand des folgenden bzw. auf die HF-Buchse nur Leitungsübertrager mit einem Übersetzungsverhältnis von 1:1 verwendet. Der Ausgangswiderstand wird im Verhältnis 1:9 aufwärts transformiert, die Ausgangswiderstände von Vortreiber und Treiber werden im Verhältnis von je 16:1 abwärts transformiert. Zur Beseitigung von Oberwellen dient ein Oberwellenfilter.

7.2.6 Empfänger

Zu den Baugruppen im Empfangsweg des FuG 7b gehören die HF-Eingangsteile für Unterband und Oberband. Jedes Eingangsteil verfügt über ein Eingangsfilter, einen Transistor als Verstärker, ein Ausgangsbandfilter und ein Relais mit Umschaltkontakt. Der Transistor erhält als Schutz vor zu hohen HF-Spannungen eine von einer Diode begrenzte Eingangsspannung. Die Relais sind mit den Ober- und Unterbandanschlüssen der Weiche verbunden und stellen im Ruhezustand über die Umschaltkontakte die HF-Verbindung zum Bandausgang des Senders her. Beim

Einschalten des Geräts wird nur eines der beiden Eingangsteile und dessen Relais eingeschaltet. Welches der beiden Relais anzieht, richtet sich nach der eingestellten Betriebsart und Bandlage. Bei Gegensprechen/UB arbeitet der Sender im Unterband, der Empfänger im Oberband, wodurch nur das OB-Eingangsteil an Spannung gelegt wird.

Als Mischstufe dient ein Ringmodulator, dem die Oszillatorfrequenz direkt von der Frequenzaufbereitung und die jeweilige HF-Eingangsfrequenz über Schaltdioden zugeführt wird.

Die auf die 1. Zwischenfrequenz von 10,7 MHz heruntergemischte Frequenz gelangt über ein Anpaßglied an den ersten Verstärker. Der Ausgang des Verstärkers ist mit einem Übertrager an den Quarzfiltereingang angepaßt. Der Ausgang des Quarzfilters ist über einen abgestimmten Übertrager an den Eingang des zweiten 10,7-MHz-Verstärkers angeschlossen.

Die Ausgangsspannung wird über eine Auskoppelstufe verstärkt und aus dem Gerät herausgeführt. Außerdem gelangt die 10,7-MHz-Spannung über einen Übertrager an die zweite Mischstufe. Hier wird wieder ein Differenzverstärker verwendet, wobei der stromsteuernde Transistor als Oszillator in Dreipunktschaltung arbeitet. Die 1. ZF wird mit Hilfe einer 10,23-MHz-Quarzfrequenz in die 2. ZF von 470 kHz umgesetzt. Das Signal gelangt an einen dreistufigen, gleichspannungsgekoppelten Verstärker und wird anschließend symmetriert. Die 2. ZF wird über einen Entkopplungstransistor dem Diskriminator zugeführt. Wenn die 2. ZF infolge Frequenzmodulation um die Mittenfrequenz von 470 kHz pendelt, entsteht für die 2. ZF eine Amplitudenmodulation. Über einen Spitzengleichrichter stellen die positiven Halbwellen dieser Spannung das NF-Signal dar.

7.2.7 Weiche

Die Frequenzweiche des FuG 7b ermöglicht für die Betriebsart Gegensprechen den gleichzeitigen Betrieb von Sender und Empfänger an einer gemeinsamen Antenne. Diese Weiche besteht aus einem Hochpaß für das Oberband, einem Tiefpaß für das Unterband und einem aufgespulten Viertelwellenkabel. Das Kabel ist über das Oberwellenfilter mit der Antennenbuchse verbunden, wobei der Kabelinnenleiter an den Hochpaß und der Außenleiter an den Tiefpaß angeschlossen ist. Hoch- und Tiefpaß enthalten Serienresonanzkreise, die für das erwünschte Frequenzband einen Kurzschluß nach Masse bilden. Für das Oberband ist der Kabelmantel durch den Serienresonanzkreis mit Masse verbunden, wodurch sich die HF-Energie des Oberbandes über den Kabelinnenleiter fortpflanzt.

Für das Unterband ist die Kabelseele über den zweiten Resonanzkreis mit Masse verbunden, wodurch das Kabel als Transformator wirkt. Die HF-Energie des Unterbandes wird bei Empfang vom Innen- auf den Außenleiter und beim Senden vom Außen- auf den Innenleiter übertragen.

Technische Daten FuG 7b

Allgemeine Daten:

Verkehrsarten:	Wechselsprechen und bedingtes Gegensprechen
Frequenzbereich:	UB: 75,275 MHz bis 77,655 MHz
	OB: 85,075 MHz bis 87,455 MHz
Kanalzahl:	240 (120 im Unterband, 120 im Oberband)
Kanalabstand:	20 kHz
Kanäle:	400...519
Frequenzabstand:	9,8 MHz bei G- und BG-Betrieb
NF-Bereich:	300 Hz bis 3000 Hz
Betriebsspannung:	13,5 V
Stromaufnahme:	0,37 A (Empfang), 1,6 A (Senden 3 W),
	2,65 A (Senden 10 W)
Betriebsbereich:	-30 C bis + 60 C

Sender:

Sendeleistung:	3 W/10 W an 60 Ω (Antennenbuchse Typ UHF, asymmetrisch)
Störmodulationsabstand:	> 40 dB bei 2,8 kHz Hub und 1 kHz Modulationsfrequenz
Klirrfaktor:	< 4 %
Frequenzhub:	± 4 kHz
Ruftöne:	Ruf I 1750 Hz - Ruf II 2135 Hz

Empfänger:

Empfindlichkeit:	0,7 µV für 20 dB (S+N)/N
Frequenzgang:	300 Hz bis 3000 Hz, +1,5 dB bis -3 dB
1. und 2. ZF:	10,7 MHz und 470 kHz
Störabstand:	> 40 dB
NF-Ausgänge:	1 W an 600 Ω
Rauschsperre:	abschaltbar, einstellbar zwischen 10 und 20 dB (S+N)/N Geräuschabstand

7.3 FuG 8

7.3.1 Allgemeines

Das Funkgerät FuG 8 ist das heutige Standardgerät der am BOS-Funk beteiligten Behörden und Organisationen. Ursprünglich als kompaktes Ergänzungsgerät zum FuG 7b für Feuerwehr, Rettungsdienst und Katastrophenschutz im Jahre 1975 vorgestellt, wird das FuG 8 heute als Ersatzgerät für das FuG 7b beschafft. Nachdem die Beschaffungsstellen der Polizeibehörden sich für das FuG 8 als FM-Gerät mit abnehmbarem Bedienteil für mobilen und ortsfesten Betrieb entschieden haben, wurde die Produktion des FuG 7b eingestellt.

Als Universal-Fahrzeugsprechfunkgerät für den 4-m-Bereich wurde das FuG 8 in seiner ursprünglichen Versionen von AEG-Telefunken, Bosch, SEL und unter dem Produktnamen »Teletron« von der Firma Heinrich Pfitzner hergestellt. Die Fertigung des Modells FuG 8b-1 von SEL wurde inzwischen eingestellt. Die SEL-Entwicklung wird heute von Bosch produziert und vertrieben. Seit Anfang der 90er Jahre bieten nur noch AEG, Bosch und Ascom Geräte der Baureihe FuG 8 in verschiedenen Versionen und Ausstattungen an.

Die Geräte von Teletron/Ascom, Bosch und AEG sind nach dem gleichen Grundprinzip aufgebaut, weisen jedoch unter Beachtung der technischen Vorschriften für den BOS-Funk konstruktive Unterschiede auf. Gemeinsam ist allen drei Geräte das Design der Frontplatte und die Anordnung der Bedienungselemente, so wie diese von der TR-BOS gefordert werden. Die Kanal-, Verkehrsarten- und Bandeinstellungstasten befinden sich auf der rechten Hälfte, in der Mitte sind Lautstärkeregler, Tonruftasten und Kontrolleuchten angebracht und links befindet sich der nach vorne abstrahlende Gehäuselautsprecher.

7.3.2 Ausstattung

Alle FuG-8-Modelle verwenden sogenannte Kodierschalter für Kanal-, Verkehrsart- und Bandeinstellung. Ober- und unterhalb der mechanischen oder digitalen Ziffern- und Zeichenanzeige befinden sich Drucktastenreihen. Bei älteren Geräten sind diese Drucktasten rein mechanisch, neuere Versionen besitzen elektronische Drucktasten, die im sogenannten Nachtdesign von innen blendfrei beleuchtet sind. Bei Betätigen der oberen Taste wird die Ziffer im Kanalanzeigefenster um eine Stelle erhöht, mit dem unteren Schalter wird sie um eine Stelle verringert. Da bei den Verkehrsarten nur Gegensprechen (G) und Wechselsprechen (W) und bei den Bandlagen nur Unterband (U) und Oberband (O) zur Auswahl stehen, ist es unwesentlich, ob zum Wechseln der angezeigten Einstellung die untere oder obere Taste gedrückt wird, da beide Tasten die gleiche Umschaltfunktion erfüllen. Beim AEG-Gerät wird die dreistellige Kanalanzeige und die jeweils einstelligen

Anzeigen für Verkehrsart und Bandlage sowie die dazugehörenden Druckschalter von einer Abdeckklappe mit durchsichtigem Plexiglasfenster vor versehentlicher Verstellung geschützt. Das Bosch-Gerät bietet runde schwarze Drucktasten an. Da die Bedienelemente ungeschützt aus dem Gehäuse hervorragen, bedient man sich bei diesem Modell eines Überhangs der Gehäuseoberseite und der Seitenteile, um einer Fehlbedienung vorzubeugen. Das Teletron/Ascom-Gerät bietet das mit Abstand geschmackvollste Aussehen der Bedieneinheit. Die weißen Kunststofftasten sind fast doppelt so groß, wie die schwarzen Tasten des AEG-Modells.

Der weiteren technischen Betrachtung des FuG 8 dient das Teletron/Ascom-Modell, das auch für andere Frequenzbereiche und Funkdienste unter der Typenbezeichnung T 724 angeboten wird.

Das Sprechfunkgerät T 724 (FuG 8) dient dem mobilen und ortsfesten Einsatz im 4-m-Band. Es ist von der Zentralprüfstelle für BOS-Funkgeräte unter den Seriennummern FuG 8b-01/76 und FuG 8b-1/79 für den BOS-Funkdienst zugelassen. Das Gerät ist in vier Ausführungen lieferbar. Dabei gelten für den BOS-Einsatz die Typenbezeichnungen FuG 8a-1 für die vereinfachte Geräteausführung T 724 a mit den Betriebsarten Wechselsprechen und Gegensprechen und bedingtes Gegensprechen; FuG 8b und FuG 8b-1 für die Standardgeräte T 724 b und T 724 b-1 mit den Betriebsarten Wechselsprechen und Gegensprechen, jeweils mit Bandwechsel. Die Antennenweiche ist eingebaut. Neu auf dem Markt ist das FuG 8b-1 mit integriertem Funkmeldesystem (FMS). Dieses Gerät kombiniert die Funktionen eines FuG 8b-1 und eines separat lieferbaren FMS-Bedienteils FMS-12 ME in einem Bediengerät.

Die Anzahl der genehmigten schaltbaren Kanäle beträgt bei beiden Geräten im Unterband 143 (74,215 bis 77,475 MHz), im Oberband 163 (84,015 bis 87,255 MHz,

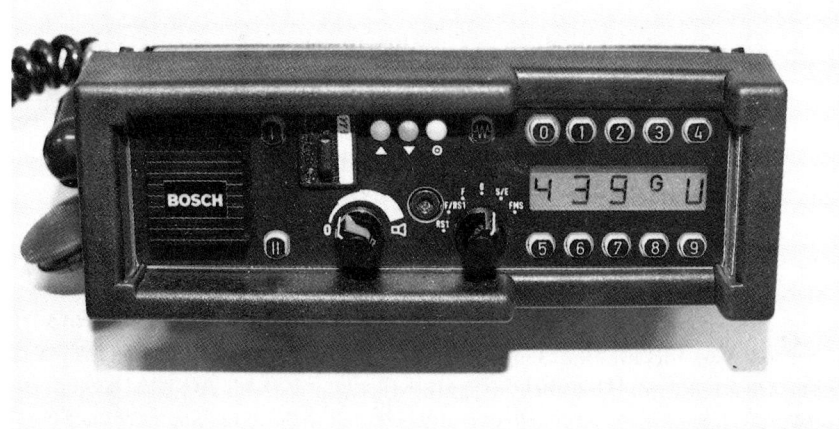

Abb. 7.4 *Neuste Version des FuG 8b mit Digitalanzeige und FMS.*

Kanal 347 bis 510); mit einem Kanalabstand von 20 kHz. Durch einfaches Auswechseln eines PROM's kann die Anzahl der schaltbaren Kanäle kundenspezifisch erhöht oder reduziert werden. Die Frequenz wird mit einem Synthesizer erzeugt. Der gewünschte Kanal wird über drei beleuchtete Kodierschalter eingestellt und angezeigt. Die Kanaleinstellung bleibt entsprechend einer TR-BOS-Richtlinie auch bei abgetrennter Stromversorgung erhalten.

Serienmäßig ist das Gerät mit einem Rufgeber für die beiden Ruftöne 1750 Hz und 2135 Hz ausgerüstet. Die Erweiterung auf zukünftige Rufsysteme wurde bei der Entwicklung berücksichtigt. Eine automatische Sendezeitbegrenzung auf zwei Minuten ist eingebaut. Gegen Diebstahl ist das Gerät durch eine elektronische Schutzschaltung gesichert. Als Sprecheinrichtung kann der bereits bei anderen Vielkanalgeräten eingesetzte Handapparat verwendet werden.

7.3.3 Aufbau

Das Gesamtgerät besteht aus den drei mechanischen Einheiten Bedienteil, Sende-Empfangsteil (S/E) und Steckhalterung. Das Bedienteil ist vom S/E-Gerät abnehmbar. Es ist zur Verringerung der Verletzungsgefahr mit einer Gummikante umgeben. Bei abgesetztem Betrieb wird vorzugsweise die Montage auf dem Autoradioausschnitt empfohlen.

Das S/E-Gerät enthält den Sender, den Empfänger und die Antennenweiche. Die einzelnen Baugruppen sind servicefreundlich steckbar und bei Defekten in einer Baugruppe schnell durch Ersatzgruppen austauschbar. Die Antennenweiche läßt sich aus dem Gerät herausschwenken. Für alle wichtigen Meßpunkte ist eine zentrale Prüfbuchse eingebaut. Die Steckhalterung erlaubt ein schnelles Wechseln der Geräte und ist so beschaltet, daß mit einfachen Verbindungen sowohl ein RS-1-Betrieb, als auch eine Reduzierung der Sendeleistung möglich ist.

Am asymmetrischen Senderausgang mit 50 Ohm Impedanz steht eine Ausgangsleistung von 12 W zur Verfügung. Die Leistung kann auf 1 W reduziert werden. Bei maximaler Sendeleistung beträgt die Stromaufnahme rund 3 A, im Empfangsbetrieb etwa 1 A.

Das Gehäuse ist 172 mm breit, 256 mm tief, 66 mm hoch. In der Kompaktausführung wiegt das Teletron/Ascom-Gerät einschließlich Halterung 3,4 kg.

Zum serienmäßigen Lieferumfang des Geräts gehören das Sprechfunkgerät, Handapparat mit Auflage, Fahrzeuglautsprecher (2,5 W), Steckhalterung für 12-V-Betrieb, Einbausatz und Fahrzeugantenne mit Anpassung für Unter- und Oberband. Als Sonderzubehör werden angeboten: Folgerufkennungsgeber, Fernbedienkabel (1,5 bis 10 m), diverse Montagesätze, Tragetasche mit Batteriegehäuse, Tischuntersatz für stationären Einsatz des Geräts, Spannungsreduzierung von 24 V auf 12 V und Spannungswandler von 24 V auf 12 V.

Das Gehäuse ist spritzwassergeschützt in Ganzmetallbauweise ausgeführt. Das Gerät besteht aus Geräteblock und aufsteckbarem Bedienteil, das bis maximal 10 m vom Geräteblock entfernt montiert werden kann und damit flexibel in seinen Einbaumöglichkeiten ist. Am Geräteblock befinden sich die Anschlüsse für Stromversorgung, Bedienteil und Antenne, am Bedienteil alle Bedien- und Anzeigeelemente und eine Buchse für den Anschluß der Besprechungseinrichtung. Die Anschlüsse und Anschlußbedingungen für Antenne und Besprechung sind die gleichen wie beim Vielkanalgerät FuG 7b. Im Bedienteil ist ein Lautsprecher eingebaut.

Für den abgesetzten Betrieb des Bedienteils sind steck- und arretierbare Zwischenkabel in den Längen 1,5 m, 5 m und 10 m vorgesehen. Die Abmessungen des Bedienteils sind so klein gehalten, daß die Querschnittmaße für Tonrundfunkgeräte Form A (Autoradios), eingehalten werden.

7.3.4   Bedienungselemente

Die Frontplatte enthält sämtliche Bedienungs- und Anzeigeelemente. Die 25polige Anschlußbuchse des Geräts und die Antennenbuchse befinden sich auf der Rückseite des Gehäuses am S/E-Teil. Das Gerät wird durch Drücken der »Ein-/Austaste« rechts neben dem Lautstärkeregler eingeschaltet. Als Kontrolle dient eine gelbe Leuchtdiode als Einschaltanzeige. Mit dem dreistelligen Kanalwahlschalter wird der gewünschte Betriebskanal eingestellt. Bei gesperrten Kanälen ertönt ein Alarmton. In diesem Fall sind Sender und Empfänger in ihrer Funktion blockiert. Mit den rechts neben den Kodierschaltern für den Betriebskanal liegenden Schaltern wird die entsprechende Verkehrsart und das entsprechende Band eingestellt.

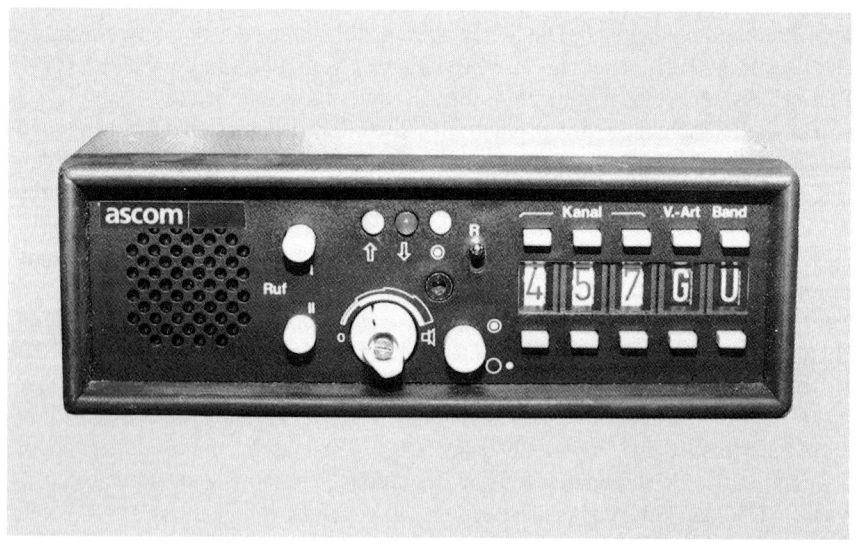

Abb. 7.5 *FuG 8b von Ascom mit mechanisch-digitaler Kanalanzeige.*

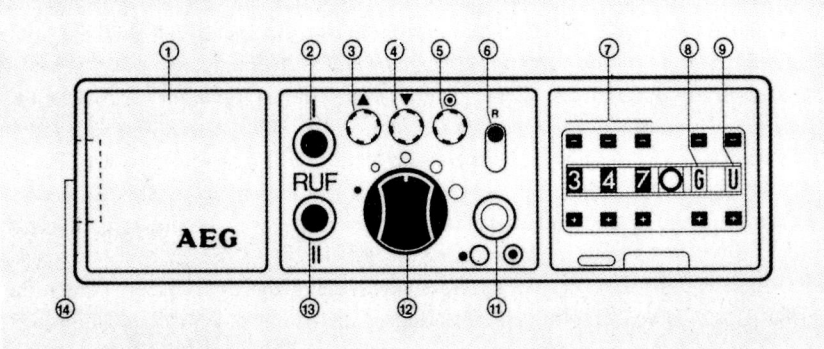

Abb. 7.6 *Bedienungselemente des FuG 8b von AEG:*

1	Lautsprecher	7	Kanalschalter und Anzeige
2	Ruftaste I	8	Verkehrsartenschalter
3	Sendeanzeige (grün)	9	Bandlagenschalter
4	Empfangsanzeige (rot)	11	Ein/Aus-Schalter
5	Einschaltanzeige (gelb)	12	Lautstärkeschalter
6	Rauschsperrenschalter	13	Ruftaste II

Die Lautstärke des empfangenen Signals wird mit einem zentralen Drehschalter geregelt. In der linken Raststellung des Drehschalters ist nur der Hörer des Handapparats eingeschaltet, um das Mithören des Funkverkehrs durch Unbefugte zu verhindern. Durch Drücken auf den Drehschalter und Drehen im Uhrzeigersinn wird der Innenlautsprecher und ein eventuell angeschlossener separater Außenlautsprecher dazugeschaltet. Dabei ist die Wiedergabelautstärke des Gehäuselautsprechers in zwei, die des Außenlautsprechers in vier Stufen regelbar.

In der Betriebsart »W« für Wechselsprechen werden während des Sendens der Hörer des Handapparats und der Lautsprecher, in der Betriebsart »G« für Gegensprechen der Lautsprecher abgeschaltet. Ein einfallender Träger wird durch die Empfangsanzeige über eine rote Leuchtdiode angezeigt. Bei einem schwachen Signal kann die Rauschsperre mit einem Kippschalter überbrückt werden.

Beim Betätigen der Sendetaste am Handapparat wird der Sender eingeschaltet. Als optische Kontrolle dient eine grüne Leuchtdiode.

7.3.5 Empfänger

Der Empfänger des FuG 8 ist als Doppelbandempfänger für UB und OB aufgebaut. Er ist als Einfachsuper ausgelegt, um bestmögliche Nebenempfangssicherheit zu gewährleisten. Die 1. ZF beträgt 10,7 MHz, die 2. ZF 470 kHz.

Das über die Antennenweiche (FuG 8b-1) bzw. den Tiefpaß (FuG 8a-1) kommende Empfangssignal wird in der Bandartenumschaltung zum jeweiligen HF-Verstärker durchgeschaltet. Die Anschaltung des verstärkten HF-Signals auf die Mischstufe erfolgt über PIN-Dioden. Bei Unterbandempfang liefert der Synthesizer ein Oszillatorsignal unterhalb, bei Oberbandempfang oberhalb der Empfangsfrequenz. Die Selektion der 1. ZF geschieht in einem Quarzfilter. Im nachfolgenden ZF-Verstärker wird das Signal verstärkt, begrenzt und demoduliert. Ein zweites Quarzfilter dient zur Einengung der Rauschbandbreite. Der nachgeschaltete aktive Bandpaß begrenzt das Signal auf einen Bereich von 300 Hz bis 3000 Hz.

Eine Rauschsperre unterdrückt bei fehlendem Eingangssignal oder Träger das Leerlaufrauschen des Empfängers. Die Rauschsperre ist bei kritischen Empfangssituationen mit einem Kippschalter (SEL-Gerät) oder einem Schiebeschalter (Teletron-Gerät) auf der Vorderseite des Bedienteils auf die mit dem Buchstaben »R« gekennzeichnete Position abschaltbar. Nach der Rauschsperre und einer darauffolgenden Begrenzerstufe wird das NF-Signal auf den Hörer des Handapparats und über den Lautstärkeregler auf die Verstärker für Gehäuse- und externen Lautsprecher geschaltet.

7.3.6 Sender

Das Mikrofonsignal gelangt über einen Vorverstärker auf einen Regelverstärker wobei auch die Ruftöne aus dem Tongenerator eingespeist werden können. Das NF-Signal wird über einen Tiefpaß geführt und moduliert einen 20,5-MHz-Oszillator. Das modulierte Oszillatorsignal wird mit einer VCO-Frequenz gemischt, die von einem Synthesizer synchronisiert ist.

Ein selektiver Geradeausverstärker steuert über die Bandartenumschaltung den leistungsregelnden Senderverstärker an. Die Anschaltung erfolgt über PIN-Dioden. Das Sendersignal wird über die Antennenweiche (FuG 8b-1) bzw. den Tiefpaß (FuG 8a-1) der Antennenbuchse zugeführt.

7.3.7 Synthesizer

Der Synthesizer enthält für das Unterband und das Oberband je einen spannungsabgestimmten Oszillator (VCO). Der jeweils angeschaltete VCO versorgt über Trennstufen den Empfänger- und Sendermischer. Über eine weiter Trennstufe wird ein Mischer angesteuert, in dem die VCO-Frequenz mit einer quarzgenauen Frequenz von 62,575 MHz bzw. 93,775 MHz gemischt wird. Als Mischprodukt entsteht eine Teilerfrequenz zwischen 940 kHz und 4200 kHz. Nach fester Teilung durch vier wird die Teilerfrequenz in einem variablen Teiler auf 5 kHz heruntergeteilt. Dieser Teilungsfaktor wird durch die Einstellung am Kanalwahlschalter festgelegt. Dabei entspricht die Kanalnummer 347 dem Teilungsfaktor 47 und die

Kanalnummer 510 dem Teilungsfaktor 210.
Die Teilerfrequenz wird im Phasenvergleicher mit einer Referenzfrequenz von 5 kHz verglichen. Diese Referenzfrequenz erzeugt ein 5,12-MHz-Quarzoszillator über einen Teiler mit dem festen Teilungsfaktor von 1024. Die Phasendifferenz wird in eine Regelspannung umgesetzt, die zur Abstimmung des VCO dient.
Die Kanalüberwachung überwacht ständig die Regelschleife und die Funkgeräteeinstellungen Kanalnummer, Betriebsart und Bandwahl. Die betreffenden Informationen sind in einem PROM gespeichert. Bei unzulässiger Einstellung oder fehlerhafter Einphasung werden der Sender und der Empfänger gesperrt und ein Alarmton wird in den NF-Weg geschaltet.

7.3.8 Weitere Modelle

Als Weiterentwicklung des Modells FuG 8b-1 wird von Ascom ein Gerät mit der Bezeichnung FuG 8b-2 angeboten. Bei gleichen Abmessungen und Bedienelementen bietet es zusätzlich eine fernbedienbare externe Bandumschaltung von Senderunterband auf Senderoberband an der Handapparatebuchse, eine Fernbedienmöglichkeit für den Tonruf und einen externen Schalter zur Reduzierung der Sendeleistung von 12 W auf 3 W. Mit diesen Ausstattungserweiterungen wird es hauptsächlich als Steuersender und Alarmgeber in Polizeieinsatzzentralen und Leitstellen von Feuerwehren und Rettungsdiensten eingesetzt.
Ein wenig verbreitetes Modell der Ascom-Serie 8 ist das FuG 8c. Es unterscheidet sich vom FuG 8a/b durch die Bedienelemente für Verkehrsartenschalter und Bandwahlschalter sowie einen zusätzlichen Funktionsschalter anstelle des Druckschalters für Ein/Aus. Verkehrsart und Bandwahl sind an der rechten Frontplattenseite als Kippschalter ausgeführt. Der Funktionsschalter rechts neben dem Lautstärkeregler kann auf die Betriebsarten RS 1 und F/RS 1 für eine Fernbedienung des Geräts gestellt werden. In den Positionen »O« und »S/E« wird das FuG 8c auf normalen G/W-Sende- und Empfangsbetrieb geschaltet.

7.3.9 Sondermodell Hubschrauber

Für den Einsatz in Hubschraubern von Polizei, Bundesgrenzschutz und Luftrettung bietet Ascom ein spezielles Einbaubedienteil an. Dieses beinhaltet die gleichen Bedienelemente, Schalter und Anzeigen wie die Fahrzeugbedienteile des FuG 8b. Das Gehäuse hat jedoch geringere Abmessungen und paßt in die genormten Einschübe (ARINC-Spezifikation) in die Mittelkonsole der Helikopter. Zu den Besonderheiten gehört eine besondere Abschirmung der Sendeelektronik, um die empfindlichen Funknavigationsgeräte an Bord der Hubschrauber nicht negativ zu beeinflussen und spezielle Befestigungsschrauben, die sich selbst bei sehr starken und lange andauernden Vibrationen und Erschütterungen nicht von selbst lösen können.

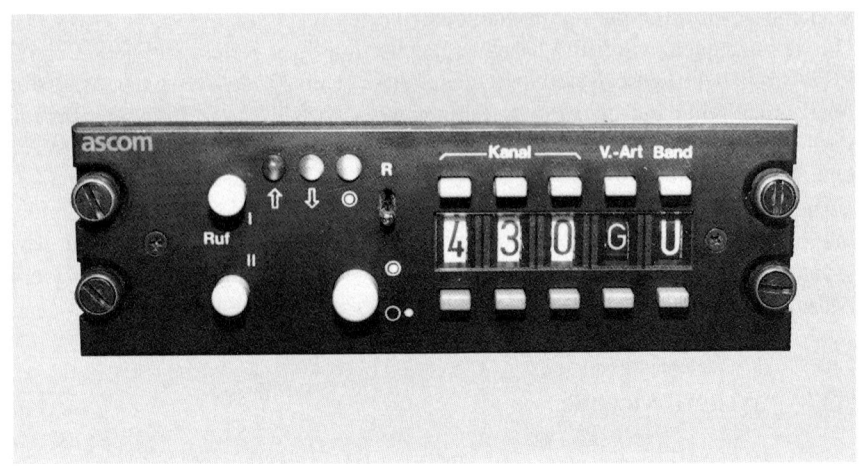

Abb. 7.7 *Speziell für den Einsatz in Polizei- und Rettungshubschraubern bietet Ascom ein FuG-8-Hubschraubergerät an.*

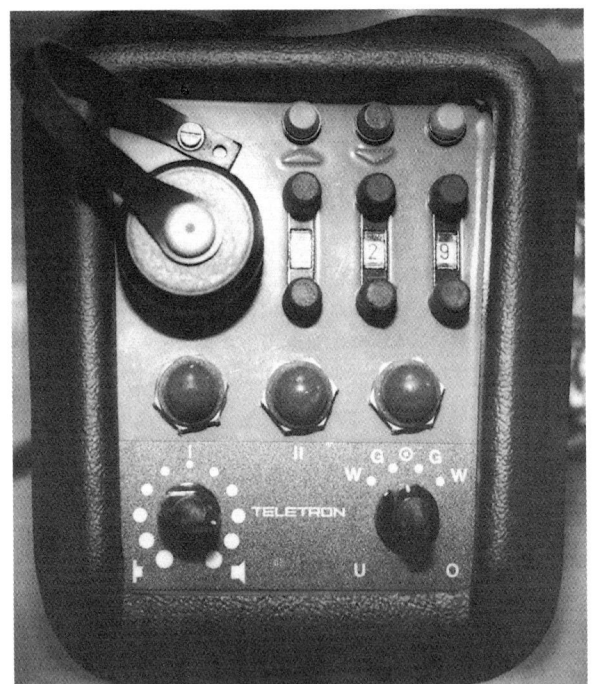

Abb. 7.8 *Das Bediengerät der Kradstation ist in den Tank des Motorrades eingebaut. Die Sende-Empfangseinheit befindet sich entweder in der Sitzbank oder in einem wassergeschützten Metallgehäuse hinter dem Sozius.*

7.3.10 Sondermodell Kradstation

Um den taktischen Einsatz des FuG 8b möglichst vielen Anwendungsfällen anzupassen, hat SEL die tragbare und die Kradausführung entwickelt. Damit läßt sich das FuG 8b jedem Einsatzfall gezielt anpassen. In der Kradausführung besteht das FuG 8b von SEL aus dem speziellen Bedienteil BK 218, das anstelle des normalen Bediengerätes verwendet wird, und dem Geräteblock SE 218-820 B/GW. Das Kradbedienteil ist 200 x 200 mm groß und wird von oben anstelle des Verschlußdeckels für das Werkzeugfach bei BMW-Motorrädern in den Tank eingesetzt. Das Bedienteil BK 218 ist spritzwasser- und staubdicht und ermöglicht die Funktionen Gerät Ein/Aus, Tonruf I und II, Lautstärkeregelung für Außenlautsprecher oder Helmbesprechungssatz, Anzeigelampen für Gerät Ein, Sendertastung und Trägeranzeige. Die Funktionen Umschaltung UB/OB und bG/W sowie Rauschsperre Ein/Aus sind durch Brücken innerhalb des Geräts entsprechen schaltbar. Über eine Brechkupplung ist die Helmbesprechungseinheit an das Bediengerät angeschlossen. Dabei kann sich bei möglichen Unfällen die Leitung bei Zugbeanspruchung selbsttätig abtrennen. Das Sende-Empfangsgerät ist hinter dem Fahrer innerhalb der Sitzbank oder in einem separaten Gehäuse auf dem Sozius untergebracht. Bediengerät und S/E-Gerät sind mit einem steckbaren Kabel verbunden. Als Besprechungseinheit sind je nach Einsatzanforderung ein geeigneter Mikrofonlautsprecher oder eine Helmbesprechung oder beides verwendbar. Aus diesem Grund ist der Lautstärkeregler des Bediengerätes so ausgelegt, daß er als Überblendregler von Kopfhörer auf Lautsprecherbetrieb und umgekehrt funktioniert.

7.3.11 Sondermodell Portabelstation

Um das FuG 8 als tragbare Station einsetzen zu können, wurde von SEL eine Trageeinrichtung geschaffen, welche Gerät und Stromversorgung in Form von zehn aufladbaren NiCd-Batterien vom Typ RS4 aufnimmt. Batterien gleichen Typs werden auch in den tragbaren Stationen FuG 7b und FuG 9 verwendet. Die Gesamteinrichtung ist in einer Ledertasche untergebracht. Bei Bedarf kann die tragbare Station aus einer Fahrzeugbatterie gespeist werden, wobei die eingebaute Batterie automatisch abgeschaltet wird. Die Ladung der Batterie erfolgt aus einem separaten Ladegerät. Im Portabelbetrieb lassen sich optimale Betriebszeiten mit Sendeleistungen von 2,5 bis 3 W erreichen.

7.3.12 Kombibedienteil

Ascom stellt ein Kombibedienteil her, über das je ein FuG 8b-1 (4 m) und ein FuG 9b (2 m) eingestellt werden können. Das Gehäuse des Doppel-BG hat geringere Abmessung als ein herkömmliches FuG 8b-Bediengerät. Es kann deshalb, etwa

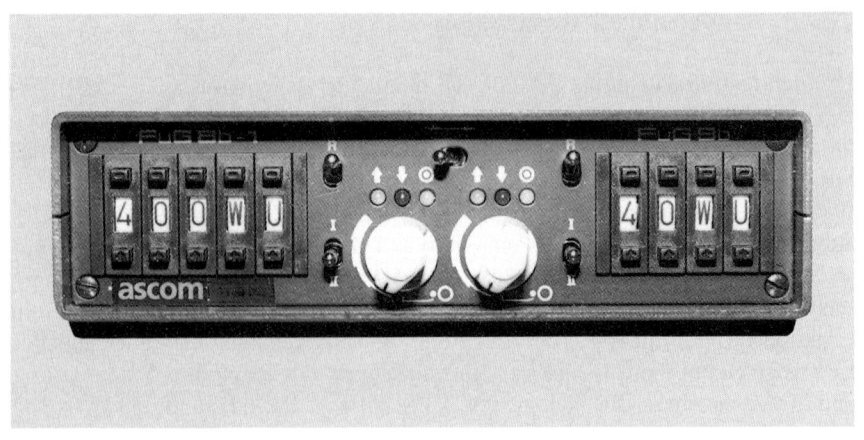

Abb. 7.9 *Kombibedienteil für je ein FuG 8 (4 m) und ein FuG 9 (2 m).*

in Zivilfahrzeugen der Kriminalpolizei, verdeckt eingebaut werden. Die linke Hälfte der Gehäusevorderseite dient der Einstellung des FuG 8, spiegelbildlich sind die Knöpfe und Schalter für das FuG 9 angebracht. Die mechanisch-digitale Kanal- und Betriebsartenanzeige für jedes Gerät und die Druckschalter liegen an den äußeren Seiten der Bedienseite. In der Mitte befinden sich die Tonrufdrucktasten und die Lautstärkeregler, jeweils in zweifacher Ausführung. Die Umschaltung vom 2-m- auf das 4-m-Gerät erfolgt über einen Kippschalter, der am oberen Rand in der Mitte der Bedienseite angebracht ist.

7.4   FuG 8 von Bosch

7.4.1   Übersicht

Bosch Telecom bietet das FuG 8 in den Versionen 8a-1, 8b, 8b-1, 8b-2 und 8c an. Dabei gelten folgende Unterscheidungskriterien: Das FuG 8a-1 hat keine S/E-Weiche und erlaubt ausschließlich die Verkehrsart Wechselsprechen (Simplex), alle anderen Versionen sind für Gegensprechen (Duplex) ausgelegt. Das FuG 8b gestattet nur Funkbetrieb im 4-m-Band oberhalb Kanal 400, die übrigen Modelle sind für den Betrieb auf den Kanälen 347 bis 375 und 397 bis 510 (UB) bzw. 347 bis 510 (OB) ausgestattet. Eine umschaltbare Senderausgangsleistung von 3 W auf 10 W und eine Fernsteuerung beim Einsatz als Leitstellengerät ist mit den Versionen 8b-2 und 8c möglich. Zusätzlich bietet das FuG 8c von Bosch RS-1-Betrieb. Die verschiedenen Sende-/Empfangsteile (S/E-Geräte) werden vom Bedienteil Btm 218-

11 bzw. vom Btm 218-12 gesteuert. Das Btm 218-12 wird für den reinen Sprech-funkbetrieb eingesetzt; mit dem Btm 218-11 läßt sich das FuG 8 außerdem als orts-feste oder mobile Relaisstation auch über eine Fernbedienung nutzen.

7.4.2 Bediengerät MBG-228

Neuste Entwicklung bei der FuG-8-Gerätefamilie sind die multifunktionalen Be-diengeräte MBG 228c und MBG 228b für die Fahrzeugfunkgeräte FuG 8a-1 und FuG 8b-1. Das MBG 228b ist das Bediengerät für Sprechfunk und FMS, das MBG 228c bietet zusätzlich die Möglichkeit zum RS-1-Relaisbetrieb einen Anschluß für Fernbedienung und die Kombination Fernbedienung und Relaisbetrieb (F-RS 1). Die MBG 228-Tastatur hat zwei Ebenen, einerseits für die Kanaleinstellung im Sprechfunk, andererseits für die Statussignalisierung im Funkmeldesystem FMS. Bisher gab es dafür jeweils ein besonderes Bedienteil. Indem das MBG 228 dies durch die Doppelbelegung seiner Tasten zusammenführt, spart es Platz im Arma-turenbrett und erübrigt den zusätzlichen Einbau eines separaten FMS-Bedienteils. Gleichwohl gewährt das neue Bedienteil allen notwendigen Komfort für den BOS-Einsatz. So kann es mit vier Leuchtziffern taktische Kurzinformationen (TK I bis IV) anzeigen. Die Lautstärkeregelung ist in fünf Stellungen programmierbar. Zu-dem ist das MBG 228 mit einem Kodierstecker mit festgelegtem Datensatz für die Absenderkennung bestückt - wichtig für den individuellen Nutzerausweis, zum Beispiel nach einem Schichtwechsel.

Das MBG 228 läßt sich mit einem Personal Computer von außen anwenderspe-zifisch einstellen, mit einer neuen Software und einem speziellen Adapter. Damit kann jeder einzelne Kanal verändert werden. Senden und Empfangen im Ober-oder Unterband lassen sich also pro Kanal individuell bestimmen oder sperren. Die Pro-FuG-Software erlaubt die Voreinstellung der Wiedergabelautstärke und den Wechsel der Displayfarbe. Die Seriennummer des Programmieradapters wird auto-matisch im Gerät gespeichert. Damit läßt sich immer nachvollziehen, wo das Gerät programmiert wurde. Für Standardprogrammierungen können komplette Datensät-ze angelegt und bei Bedarf abgerufen werden. Zudem ermöglicht die neue Software einen Gerätetest.

Auch das Innenleben der neuen FuG 8 von Bosch wurde nachhaltig modernisiert. So sind im Sende-Empfangsteil mechanische Baugruppen durch hochintegrierte elektronische Bausteine ersetzt worden. Das Gerät ist für den Betrieb auf 309 Ka-nälen ausgelegt, die maximale Sendeleistung von 10 W kann auf 3 W reduziert werden.

Die weiterentwickelten FuG 8a-1 und FuG 8b-1 sind mit ihren Vorläufergenera-tionen FuG 8a-1/Z und FuG 8b-1/Z kompatibel. Je nachdem, welche Funktionen der Anwender nutzen will, lassen sie sich mit einem der Bedienteile aus dem Bosch-Programm kombinieren. Bereits vorhandenes Zubehör läßt sich weiterhin einsetzen, sei es der Handapparat oder die Fahrzeughalterung.

Technische Daten FuG 8

Allgemeine Daten:

Verkehrsarten:	FuG 8a: Wechselsprechen und bed. Gegensprechen
	FuG 8b-1: Wechselsprechen im Unter- oder Oberband
	FuG 8b: Wechselsprechen und Gegensprechen
Frequenzbereich:	UB: 74,215 MHz bis 77,475 MHz
	OB: 84,015 MHz bis 87,255 MHz
Kanalzahl:	306 (143 im Unterband, 163 im Oberband)
Kanalabstand:	20 kHz
Kanäle:	347...509
Frequenzabstand:	9,8 MHz bei G- und BG-Betrieb
NF-Bereich:	300 Hz bis 3000 Hz
Betriebsspannung:	12,6 V, -15 bis +30 %
Stromaufnahme:	0,5 A (Empfangsbereitschaft), 1,5 A (Empfang)
	3,5 A (Senden)
Betriebsbereich:	-30°C bis +60°C

Maße und Gewicht:

Geräteblock:	Höhe 51 mm, Breite 179 mm, Tiefe 195 mm
Bedienteil:	Höhe 51 mm, Breite 179 mm, Tiefe 77 mm, Gew. 2,9 kg
Portabelausführung:	Höhe 335 mm, Breite 210 mm, Tiefe 125 mm,
	Gewicht: 6,2 kg mit Batterien

Sender:

Sendeleistung:	10 W an 50 Ω (Antennenbuchse Typ UHF, asymmetrisch),
	intern auf 1 W reduzierbar
Störmodulationsabstand:	> 40 dB bei 2,8 kHz Hub und 1 kHz Mod.-Frequenz
Klirrfaktor:	< 7%
Frequenzhub:	± 4 kHz Spitzenhub, ± 2,8 kHz Nennhub
Ruftöne:	Ruf I 1750 Hz - Ruf II 2135 Hz ± 20 Hz

Empfänger:

Empfindlichkeit:	0,7 µV für 20 dB (S+N)/N
Bandbreite:	± 7 kHz
Interkanalmodulation:	> 75 dB
Nachbarkanalselektion:	> 70 dB
Frequenzgang:	300 Hz bis 3000 Hz, +1,5 dB bis -3 dB
1. und 2. ZF:	10,7 MHz und 470 kHz
ZF-Unterdrückung:	> 100 dB
Störabstand:	> 40 dB
Nebenempfang	> 80 dB

7.5 FuG 8b (Teledux 9-BOS) von AEG

7.5.1 Allgemeines

Ein modernes und vielseitiges Vielkanal-Sprechfunkgerät für das 2-m- und 4-m-Band ist das Teledux 9 von AEG. Dieses Vielkanalgerät wurde speziell für den nichtöffentlichen mobilen Landfunkdienst der BOS-Dienste entwickelt. Es erfüllt alle betrieblichen Anforderungen der technischen Richtlinien für Vielkanal-Fahrzeugsprechfunkgeräte und Funkmeldesysteme. Das Teledux 9-BOS wurde bisher nicht unter der sonst üblichen FuG-Bezeichnung angeboten, da nicht alle Richtlinien der TR-BOS erfüllt waren. Das lag allerdings nicht an Mängeln am Gerät, sondern vielmehr an den veralteten Technischen Richtlinien. Die TR-BOS fordert beispielsweise, das auch bei ausgeschaltetem Gerät die Kanalanzeige erkennbar sein muß. Da die Digitalanzeige für den Betriebszustand des Geräts beim Ausschalten oder Abtrennen von der Spannungsversorgung erlischt, wird diese TR-BOS-Forderung nicht erfüllt. Das Teledux-9-Gerät wird bereits in neuen Einsatzfahrzeugen verwendet, da die vorläufige BOS-Zulassung die Verwendung des Geräts gestattet.

Seit April 1994 ist das Teledux 9-BOS offiziell für den BOS-Funkdienst zugelassen und wird unter der Gerätebezeichnung FuG 8b angeboten.

Das Teledux 9-BOS entspricht in allen Ausführungen den BZF-Richtlinien der Deutschen Bundespost Telekom. Es arbeitet bei einem Kanalraster von 20 kHz im Ober- oder im Unterband in den Betriebsarten Wechselsprechen und Gegensprechen. Das Gerät deckt alle Einsatzfälle der unterschiedlichsten BOS-Dienste ab. Vom Standardgerät für einen Frequenzbereich (2 m oder 4 m) mit Tonruf I und Tonruf II und wahlweise integriertem Funkmeldesystem (FMS) bis zur Doppelanlage für beide Bänder mit einem Bedienteil und integrierter Sprachverschleierung können alle Funktionen in Kombination und ohne externe Zusatzgeräte realisiert werden. Die Ausführungen unterscheiden sich nur in den frequenzabhängigen Baugruppen und in der Bedienungssoftware. Die mechanische Ausführung und der größte Teil der verwendeten Elektronik sind in beiden Versionen gleich. Der Anschluß von Telefaxgeräten und Personal-Computer ist über einen Adapter und eine V24-Schnittstelle möglich.

Das Duplexgerät kann als Ortsfest-Funkanlage, Fahrzeuganlage oder als tragbare Anlage eingesetzt werden.

7.5.2 Aufbau

Die Funkanlage besteht aus den Komponenten Sende-/Empfangsgerät, Bediengerät mit Handapparat und Montagezubehör. Die Sende-/Empfangseinheit ist vollsteckbar und findet in einer abschließbaren Halterung Platz. Das S/E-Gerät enthält neben den Baugruppen Sender, Empfänger und Duplexweiche auch die Schaltung für system- und netzspezifische Funktionen, die üblicherweise in Bediengeräten und speziellen Zusatzgeräten untergebracht sind. Alle elektronischen Komponenten werden von Mikroprozessoren gesteuert.

Die Bediengeräte Teledux 9-BOS enthalten nur noch die Anzeige- und Bedienfunktionen. Die Bedienung erfolgt durch eine Benutzerführung im Display. Je nach Anforderung können Einbaubediengeräte für Autoradioausschnitt oder Handapparate (Fu 60/Fu 70/Fu 75/HA-TX9) mit integriertem Lautsprecher und Mikrofon und Handbedienapparate mit integrierter Tastatur geliefert werden. Beide Varianten besitzen beleuchtete alphanumerische LCD-Anzeigen im Nachtdesign und beleuchtete Tastaturen. Im Display werden bis zu 32 Zeichen in zwei Zeilen angezeigt.

Zur Montage des Funkgerätes können alle Originalteile aus dem C-Netz-Mobilfunkprogramm von AEG verwendet werden, da die S/E-Geräte mechanisch zu dem Mobiltelefon voll kompatibel sind. Daraus ergibt sich auch die Möglichkeit, die Funkanlage unter Verwendung des Batteriezusatzes als tragbare Anlage zu betreiben.

Das Teledux 9-BOS arbeitet im 4-m-Band auf den Kanälen 347 bis 509 mit einer Sendeleistung von 10 W. Die Ausgansleistung kann auf 1 W, 3 W oder 6 W reduziert werden. Im 2-m-Band sind die Unter- und Oberbandkanäle 1 bis 92 schaltbar. Die maximale Ausgangsleistung in diesem Band beträgt 6 W. Sie ist regelbar auf 1 W oder 3 W.

Abb. 7.10 *Bedienteil (vorne) und S/E-Einheit (hinten) des AEG Teledux-9-BOS.*

7.5.3 Doppelanlage

Das Teledux 9-BOS kann in Verbindung mit dem Einbaubediengerät als Doppelanlage für den gleichzeitigen Funkbetrieb im 4-m- und im 2-m-Band eingesetzt werden. Von dem Doppelbediengerät werden die abgesetzten Sende-Empfangseinheiten Teledux 9/80 MHz und Teledux 9/160 MHz unabhängig voneinander geschaltet. Bei Verwendung eines zweiten Handapparats und eines zweiten Kontrollautsprechers kann mit der Doppelanlage gleichzeitig Funkbetrieb von zwei Sprechstellen aus auf beiden Frequenzbereichen durchgeführt werden.

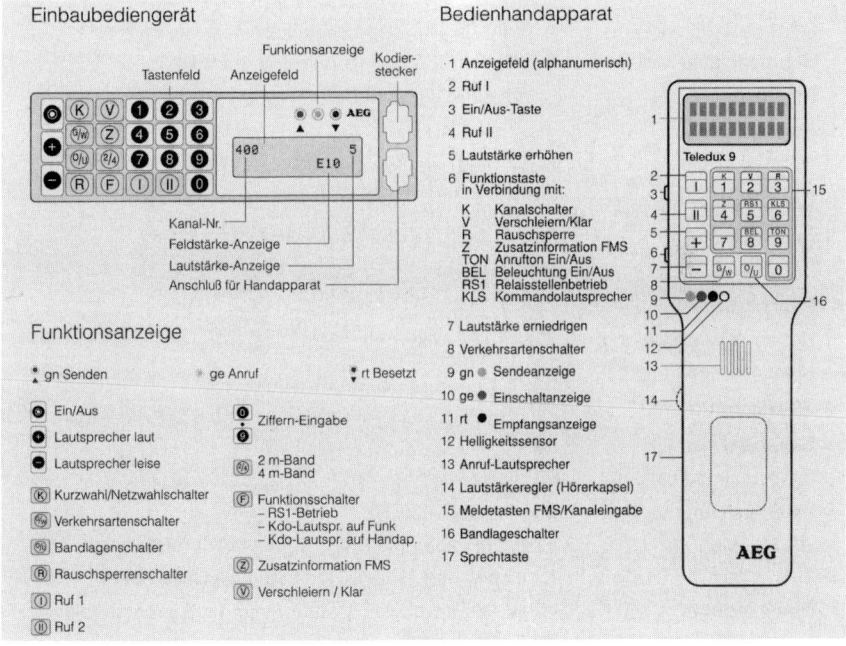

Abb. 7.11 Bedienungselemente des Teledux-9-BOS.

Technische Daten Teledux 9-BOS

Allgemeine Daten:

Verkehrsarten:	Wechselverkehr, Gegenverkehr, Relaisbetrieb Rs1
Frequenzbereich:	4 m UB: Kanal 347 bis Kanal 375, Kanal 397 bis 510 OB: Kanal 347 bis Kanal 509; 2 m UB/OB Kanal 01 bis Kanal 92
Kanalzahl:	4 m: 143 Wechselverkehr UB, 163 Wechselverkehr OB, 142 Gegenverkehr mit Bandvertauschung; 2 m: 92
Kanalabstand:	20 kHz
Frequenzabstand:	4 m: 9,8 MHz, 2 m: 4,6 MHz
NF-Bereich:	300 Hz bis 3000 Hz
Betriebsspannung:	12 V, -10% bis +30%
Stromaufnahme:	3,5 A (Senden 10 W), 0,55 A (Empfangen)
Maße:	S/E: Höhe 72 mm, Breite 229 mm, Tiefe 200 mm, Einbaubediengerät: Höhe 48 mm, Breite 175 mm, Tiefe 25 mm
Gewicht:	S/E 2,6 kg, Einbaubediengerät 0,24 kg

Sender:

Sendeleistung:	4 m: 1 W, 3 W, 6 W, 10 W; 2 m: 1 W, 3 W, 6 W an 50 Ω
Störmodulationsabstand:	40 dB bei 60% Spitzenhub und 1000 Hz
Klirrfaktor:	% bei 60% Spitzenhub und 1000 Hz
Frequenzhub:	maximal $\pm$ 4 kHz
Ruftöne:	Ruf I: 1750 Hz, Ruf II 2135 Hz

Empfänger:

Empfindlichkeit:	0,5 uV EMK/2 (CEPT), 2,4 kHz Hub
Bandbreite:	$\pm$ 7 kHz
Nachbarkanaldämpfung:	75 dB
Nebenwellendämpfung:	70 dB
Spiegelwellendämpfung:	80 dB
ZF-Unterdrückung:	95 dB
Störabstand:	40 dB
Interkanalmodulation:	65 dB
Frequenzgang:	300 Hz bis 3000 Hz
NF-Ausgänge:	1 mW an 200 Ω (Hörer), 5 W/10 W an 4/8 Ω (Lautsprecher), 10 W (Kommandolautsprecher)
Rauschsperre:	12 dB bis 24 dB, in Schritten von 1 dB programmierbar, Werkseinstellung 12 dB

7.6   FuG 9

7.6.1   Allgemeines

Das Sprechfunkgerät FuG 9 dient den Behörden und Organisationen mit Sicherheitsaufgaben als Fahrzeugfunkgerät und Basisstation im mobilen und ortsfesten Einsatz für den Funkverkehr im 2-m-Band. Das FuG 9 ist das Zwillingsgerät des auf dem Modell FuG 7 basierenden FuG 9 a/b/c, das heute nicht mehr hergestellt wird. Das FuG 9c der neusten Generation bietet die Vorzüge: unbemannte Relaisstelle für RS-1-Betrieb; Gegenverkehr auf 92 Frequenzpaaren, Bandablage für Sender und Empfänger durch einen Schalter vertauschbar; Wechselsprechfunkverkehr auf 184 Frequenzen im Unter- und Oberband; Relaisstellenbetrieb RS 2 - sogenanntes »großes Relais« mit Gegenverkehr mit zwei Geräten FuG 9c oder einem FuG 8c (4-m-Band) und einem FuG 9c (2-m-Band) - sowie Orts- und Fernbedienung.

Die Nachfolgegeräte FuG 9b/9c von Teletron, Bosch und AEG sind den Modellen FuG 8a/b sehr ähnlich. Sie unterscheiden sich durch eine zweistellige Kanalanzeige und vier statt sechs Drucktasten für die Kanaleinstellung. Die Kanal-, Verkehrsart- und Bandeinstellungstasten befinden sich wie beim FuG 8a/b auf der rechten Hälfte der Frontplatte, in der Mitte sind Lautstärkeregler, Tonruftasten und Kontrollleuchten angebracht und links befindet sich der nach vorne abstrahlende Gehäuselautsprecher.

Das Sprechfunkgerät FuG 9b von Teletron ist die spezielle BOS-Version des Betriebsfunkgerätes T 724-2b und wurde 1978 erstmals vorgestellt. Es dient dem mobilen und ortsfesten Einsatz im 160/170-MHz-Bereich (2-m-Band).

Das Gerät ist für die Betriebsarten Wechselsprechen und Gegensprechen mit Bandwechsel ausgelegt. Die Antennenweiche ist eingebaut.

Die Anzahl der genehmigten schaltbaren Kanäle beträgt im Unterband 92 (167,56 bis 169,38 MHz) und im Oberband 92 (172,16 bis 173,98 MHz, Kanal 201 bis 292) mit einem Kanalabstand von 20 kHz. Die Frequenz wird mit einem Synthesizer erzeugt. Der gewünschte Kanal wird über zwei beleuchtete Kodierschalter eingestellt und angezeigt. Die Kanaleinstellung bleibt auch bei abgetrennter Stromversorgung erhalten, so wie es die Technischen Richtlinien für BOS-Funkgeräte fordern.

Serienmäßig ist das Gerät mit einem Rufgeber für die beiden Ruftöne 1750 Hz und 2135 Hz (Ruf I und Ruf II) ausgerüstet. Eine automatische Sendezeitbegrenzung auf zwei Minuten ist eingebaut. Gegen Diebstahl ist das Gerät durch eine elektronische Schutzschaltung gesichert.

Als Sprecheinrichtung dient ein Handapparat. Bei ortsfestem Betrieb oder als Relaisfunkstelle können über den Kombischalter an der linken Gehäuseseite auch andere Tonquellen wie Kopfhörersprechgarnitur oder Tischmikrofon angeschlossen werden.

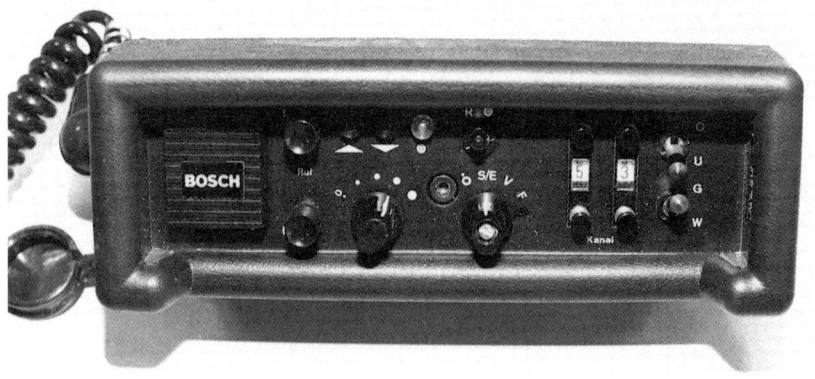

Abb. 7.12 *Sprechfunkgerät FuG 9 für das 2-m-Band.*

Das Gesamtgerät besteht aus den drei mechanischen Einheiten Bedienteil, Sende-Empfangsteil und Steckhalterung. Das Bedienteil ist vom S/E-Gerät abnehmbar. Es ist zur Verringerung der Verletzungsgefahr mit einer Gummikante umgeben. Das S/E-Gerät enthält den Sender, den Empfänger und die Antennenweiche. Die einzelnen Baugruppen sind steckbar. Die Antennenweiche läßt sich aus dem Gerät herausschwenken. Für alle wichtigen Meßpunkte ist eine zentrale Prüfbuchse eingebaut.

Am asymmetrischen Senderausgang mit 50 Ohm Impedanz steht eine Ausgangsleistung von 6 W zur Verfügung. Die Leistung kann auf 2,5 W reduziert werden. Bei maximaler Sendeleistung beträgt die Stromaufnahme 3,5 A, im Empfangsbe-

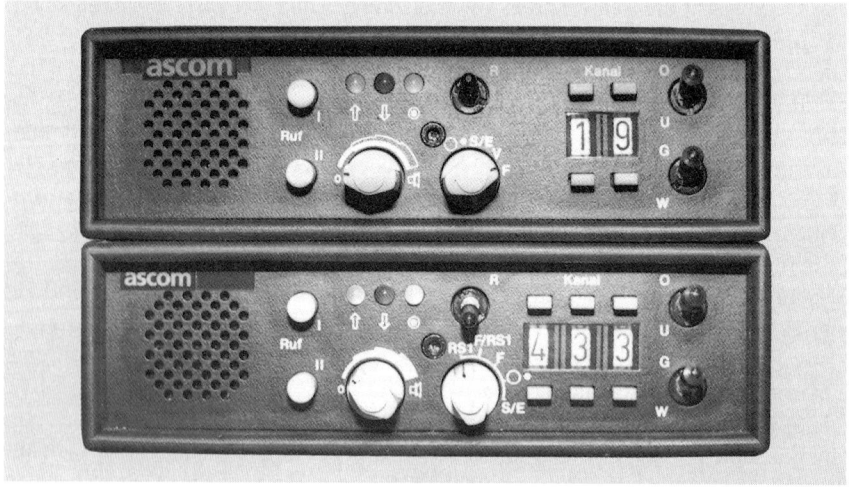

Abb. 7.13 *FuG 9 (oben) und FuG 8 (unten) von Ascom.*

trieb 1 A bei 2,5 W NF-Ausgangsleistung und etwa 0,5 A in Empfangsbereitschaft mit eingeschalteter Rauschsperre.

Das Gehäuse der Sende-Empfangseinheit des FuG 9b ist 172 mm breit, 189 mm tief und 66 mm hoch. In der Kompaktausführung wiegt das Gerät einschließlich Halterung 3,4 kg, das Modell FuG 9c wiegt 100 g mehr. Auch in den Abmessungen des abnehmbaren Bedienteils unterscheiden sich die b- und c-Versionen geringfügig voneinander.

Das FuG 9b hat die Bedienteilabmessungen 164 mm x 55 mm x 67 mm, das FuG 9c ist 178 mm x 53 mm x 75 mm groß (B x H x T). Zum serienmäßigen Lieferumfang des Teletron-Geräts gehören das Sprechfunkgerät, Handapparat mit Auflage, Fahrzeuglautsprecher (2,5 W), Steckhalterung für 12-V-Betrieb, Einbausatz und Fahrzeugantenne mit Anpassung für Unter- und Oberband.

Als Sonderzubehör werden angeboten: Folgerufkennungsgeber, Fernbedienkabel (1,5 bis 10 m), diverse Montagesätze, Tragetasche mit Batteriegehäuse, Tischuntersatz für stationären Einsatz des Geräts, Spannungsreduzierung von 24 V auf 12 V und Spannungswandler von 24 V auf 12 V.

7.6.2 Bedienung

Mit Ausnahme des dritten Kodierschalters ist die Bedienung des FuG 9b/c mit der des FuG 8b/c identisch.

Die Frontplatte enthält sämtliche Bedienungs- und Anzeigeelemente. Die 25polige Anschlußbuchse des Geräts und die Antennenbuchse befinden sich auf der Rückseite. Das Gerät wird durch Drücken der »Ein-/Austaste« rechts neben dem Lautstärkeregler eingeschaltet. Als Kontrolle dient eine gelbe Leuchtdiode. Mit dem zweistelligen Kanalwahlschalter wird der gewünschte Betriebskanal eingestellt. Mit den rechts neben den Kodierschaltern für den Betriebskanal liegenden Schaltern wird die entsprechende Verkehrsart und das entsprechende Band (Unter-/Oberband) gewählt.

In der Betriebsart »W« für Wechselsprechen werden während des Sendens der Hörer des Handapparats und der Lautsprecher, in der Betriebsart »G« für Gegensprechen der Lautsprecher abgeschaltet. Ein einfallender Träger wird durch die Empfangsanzeige über eine rote Leuchtdiode angezeigt. Bei einem schwachen Signal kann die Rauschsperre mit einem Kipp- bzw. Schiebeschalter überbrückt werden. Beim Betätigen der Sendetaste am Handapparat wird der Sender eingeschaltet. Als optische Kontrolle dient eine grüne Leuchtdiode.

7.6.3 Empfänger

Der Empfänger des FuG 9 ist als Doppelbandempfänger für das Unterband und das Oberband aufgebaut. Er ist als Einfachsuper mit 1. ZF von 10,7 MHz aufgebaut. Der Signalweg ist der gleiche wie beim FuG 8b.

Das über die Antennenweiche bzw. den Tiefpaß kommende Empfangssignal wird in der Bandartenumschaltung zum jeweiligen HF-Verstärker durchgeschaltet. Die Anschaltung des verstärkten HF-Signals auf die Mischstufe erfolgt über PIN-Dioden. Bei Unterbandempfang liefert der Synthesizer ein Oszillatorsignal unterhalb, bei Oberbandempfang oberhalb der Empfangsfrequenz. Die Selektion der ZF geschieht in einem Quarzfilter. Im nachfolgenden ZF-Verstärker wird das Signal verstärkt, begrenzt und demoduliert. Ein zweites Quarzfilter dient zur Einengung der Rauschbandbreite. Der nachgeschaltete aktive Bandpaß begrenzt das Signal auf einen Bereich von 300 Hz bis 3000 Hz.

Eine Rauschsperre, die elektronisch im Bereich zwischen 10 und 20 dB (S+N)/N einstellbar ist, unterdrückt bei fehlendem Eingangssignal oder Träger das Leerlaufrauschen des Empfängers. Die Rauschsperre ist bei kritischen Empfangssituationen abschaltbar. Nach der Rauschsperre und einer darauffolgenden Begrenzerstufe wird das NF-Signal auf den Hörer des Handapparats und über den Lautstärkeregler auf die Verstärker für Gehäuse- und externen Lautsprecher geschaltet. Die Empfindlichkeit des Empfängers beträgt nach Herstellerangaben etwa 0,8 µV für 20 dB (S+N)/N.

7.6.4 Sender

Das Mikrofonsignal gelangt über einen Vorverstärker auf einen Regelverstärker wobei auch die Ruftöne aus dem Tongenerator eingespeist werden können.

Das NF-Signal wird über einen Tiefpaß geführt und moduliert einen Oszillator. Das modulierte Oszillatorsignal wird mit einer VCO-Frequenz gemischt, die von einem Synthesizer synchronisiert wird.

Ein selektiver Geradeausverstärker steuert über die Bandartenumschaltung den leistungsregelnden Senderverstärker an. Die Anschaltung erfolgt über PIN-Dioden. Das Sendersignal wird über die Antennenweiche bzw. den Tiefpaß der Antennenbuchse zugeführt.

Sender und Synthesizer des FuG 9b/c sind vom gleichen Prinzip wie beim FuG 8b/c. Unterschiede bestehen in den dem 2-m-Bereich angepaßten VCO- und Teilerfrequenz.

7.6.5 Weitere Modelle

Nachfolgemodell des FuG 9b ist das Modell 9c. Es ist das Zwillingsgerät des FuG 8c und hat anstelle des Druckschalters einen drehbaren Funktionsschalter für Ein/Aus und fernbedienbare RS-1-Schaltung. Zusätzlich kann in Schalterstellung »V« ein Außenlautsprecher über den Handapparat des Funkgerätes besprochen werden.

Technische Daten FuG 9 b/c

Allgemeine Daten:

Verkehrsarten:	Wechselsprechen im Unter- oder Oberband
	Gegenverkehr mit Bandwechsel
Frequenzbereich:	UB: 167,56 MHz bis 169,38 MHz
	OB: 172,16 MHz bis 173,98 MHz
Kanalzahl:	2 x 92
Kanalabstand:	20 kHz
Kanäle:	01...92
Frequenzabstand:	4,6 MHz bei G- und BG-Betrieb
NF-Bereich:	300 Hz bis 3000 Hz
Betriebsspannung:	12,6 V, (10,7 bis 16,0 V)
Stromaufnahme:	0,5 A (Empfangsbereitschaft), 1,0 A (Empfang)
	3,5 A (Senden)
Betriebsbereich:	-30°C bis +60°C

Maße und Gewicht:

S/E-Gerät:	Höhe 66 mm, Breite 172 mm, Tiefe 189 mm
Bedienteil:	Höhe 55 mm, Breite 164 mm, Tiefe 67 mm, Gew. 3,4 kg
Kompaktausführung:	Höhe 73 mm, Breite 180 mm, Tiefe 270 mm

Sender:

Sendeleistung:	6 W an 50 Ω (Antennenbuchse Typ UHF, asymmetrisch),
	intern auf 2,5 W reduzierbar
Störmodulationsabstand:	> 40 dB bei 2,8 kHz Hub und 1 kHz Modulationsfrequenz
Klirrfaktor:	< 7% bei 70 % Spitzenhub
Frequenzhub:	± 4 kHz Spitzenhub, ± 2,8 kHz Nennhub
Ruftöne:	Ruf I 1750 Hz - Ruf II 2135 Hz ±20 Hz

Empfänger:

Typ:	Einfachsuper
Empfindlichkeit:	0,8 µV für 20 dB (S+N)/N
Bandbreite:	± 7 kHz
Interkanalmodulation:	> 70 dB
Nachbarkanalselektion:	> 70 dB
Frequenzgang:	300 Hz bis 3000 Hz, +1,5 dB bis -3 dB
Zwischenfrequenz:	10,7 MHz
ZF-Unterdrückung:	> 100 dB
Störabstand:	> 40 dB
Nebenempfang:	> 80 dB
NF-Ausgänge:	2,5 W an 4 Ω (Außenlautsprecher)

7.7 FuG 10

7.7.1 Allgemeines

Das Sprechfunkgerät FuG 10 wird bzw. wurde von den Herstellern AEG, Bosch, SEL und Telefunken hergestellt und dient den BOS-Diensten als universell einsetzbares Handsprechfunkgerät für das 2-m-Band. Es findet überwiegend direkt am Einsatzort für die Kommunikation der einzelnen Kräfte untereinander und zur ortsfesten Funkzentrale sowie bei taktischen Polizeieinsätzen Verwendung. Das UKW-Handsprechfunkgerät FuG 10 gehört seit mehr als zwei Jahrzehnten zur Generation tragbarer Klein-Sprechfunkgeräte im VHF-Bereich. Das Handsprechfunkgerät ist äußerst robust gebaut, hat jedoch im Vergleich zu Handsprechfunkgeräten neuerer Bauart, wie sie etwa im Amateurfunk verwendet werden, auf Grund seiner lange zurückliegenden Entwicklungszeit größere Abmessungen und ein relativ hohes Gewicht. Die ersten Modelle der FuG-10-Baureihe haben sich im Praxisalltag als äußerst energiebedürftig erwiesen.
Diese Nachteile wurden zum Teil bei AEG und Bosch durch Neuentwicklungen aufgehoben. Trotz der Nachteile der älteren Modelle gehört das FuG 10 in seinen verschiedenen Ausführungen inzwischen zur Standardausrüstung in Feuerwehrfahrzeugen, Streifenwagen der Schutzpolizei und Zivilfahrzeugen der Kriminalpolizei. Auch bei den BOS-Funkteilnehmern Zoll, Bundesgrenzschutz, DLRG und Rettungsdiensten gehört das Gerät zum täglichen Gebrauch. Es erlaubt die Sprechfunkverbindung sowohl zwischen den einzelnen Einsatzkräften, Trupps und Gruppen untereinander sowie vom Ort des Einsatzgeschehens außerhalb des Fahrzeuges zur Einsatzzentrale oder Leitstelle.
Alle Modelle mit der Gerätebezeichnung FuG 10 erfüllen die gleichen technischen Anforderungen der TR-BOS. Die Geräte unterscheiden sich durch das Gehäusedesign und die unterschiedliche Anordnung der Bedienungselemente. FuG-10-Geräte werden als Vielkanal- und als Wenigkanalgeräte, diese vornehmlich bei der Feuerwehr, eingesetzt.

7.8 FuG 10 von AEG

7.8.1 Allgemeines

Das AEG-Gerät FuG 10 mit zehn Kanälen im 2-m-Band wird mit ähnlichen technischen Spezifikationen für Funkanwender, die nicht BOS-Funkteilnehmer sind, unter der Typenbezeichnung Teleport N 160 hergestellt. Das Handsprechfunkgerät, das im Jahre 1992 in modifizierter Form vorgestellt wurde, ermöglicht Sprechfunkverbindungen mit anderen tragbaren Geräten sowie mit Fahrzeugen und ortsfesten Funkstellen. Die kleinen Abmessungen von 163 mm/234 mm Höhe, 75 mm Breite und 45 mm/25 mm Tiefe und das Gewicht von rund 800 g verleihen dem Gerät sehr vielseitige Anwendungsmöglichkeiten. Vornehmlich wird es bei Feuerwehren und Rettungsdiensten eingesetzt, da diese Funkdienste auf nur wenigen der insgesamt 92 Kanälen im 2-m-Band Funkbetrieb durchführen. Das FuG 10 von AEG kann wahlweise mit den Sendeleistungen 0,1 W, 1 W und 2,5 W betrieben werden.

7.8.2   Aufbau

Das Gehäuse besteht aus einem stabilen Metallrahmen und zwei schlagfesten Kunststoffdeckeln. An der Oberseite des Geräts befinden sich die Antennenbuchse vom Typ Miniflex, die abgedeckte NF-Anschlußbuchse für Zubehörteile, der Ein-/Ausschalter, kombiniert mit dem Lautstärkeregler und der Rauschsperrenschalter. An der linken Seite sind die rechteckigen Drucktasten für Tonruf I und Tonruf II sowie die runde Sprechtaste angebracht. Auf der Vorderseite des Gehäuses befindet sich in der Mitte der in zehn Positionen rastbare Kanalwahlschalter, das Batteriekontrollinstrument, der eingebaute Lautsprecher und das Mikrofon. Die Öffnungen für das Mikrofon sind auf der Oberseite und der vorderen Breitseite angeordnet, so daß aus diesen beiden Richtungen gesprochen und gehört werden kann.

Das FuG 10 von AEG arbeitet in den Betriebsarten Wechselsprechen und Wechselsprechen auf zwei beliebigen Frequenzen innerhalb der 6 MHz breiten gemeinsamen HF-Schaltbandbreite für Sender und Empfänger. Mit einem Gerät kann ferner die Betriebsart bedingtes Gegensprechen im Unterband oder im Oberband durchgeführt werden. Für die Betriebsart Wechselsprechen wird pro Kanal ein Quarz benötigt, für bedingtes Gegensprechen zwei Quarze pro Kanal. Ist die Sendefrequenz der zusätzlichen Betriebsart mit der Wechselsprechfrequenz identisch, so kann der Sendequarz für die zusätzliche Betriebsart eingespart werden. Die maximale Kanalzahl von zehn Kanälen reduziert sich bei einer zusätzlichen Betriebsart um jeweils einen Kanal.

7.8.3   Spannungsversorgung

Das Gerät arbeitet mit einer Betriebsspannung von 9,6 V. Je nach Einsatzart können drei verschiedene Akku- bzw. Batteriegehäuse verwendet werden, die sich in Größe und Kapazität voneinander unterscheiden. In der Geräteausführung L stehen Kapazitäten von 450 mAh und 600 mAh zur Verfügung. Das Batteriefach L wird von unten an den Boden der Sende-Empfangseinheit befestigt. In der Geräteausführung D1 arbeitet das FuG 10 mit acht NiCd-Batterie mit einer Kapazität von 450 mAh oder mit acht 1,5-V-Alkaline-Batterien. Diese Spannungsversorgung wird in die hintere Geräterückseite eingesetzt. In der D1-Version ist das Funkgerät nur 163

mm hoch während das Gehäuse in der L-Ausführung mit unten angesetztem Batteriefach 234 mm hoch ist. Das Gerät von Typ L hat eine Gehäusetiefe von 25 mm, das D1-Gehäuse mit rückwärtig angesetztem Batteriefach ist 42 mm tief. Je nach Sendeleistung ergeben sich bei typischem Funkbetrieb mit zehn Prozent Senden, 50 Prozent Empfangen und 40 Prozent Empfangsbereitschaft Betriebszeiten zwischen drei und fünf Stunden pro Akkuladung.

7.8.4 Zubehör

Neben der im Lieferumfang enthaltenen Wendelantenne stehen Stabantennen und Schulterbandantennen zur Auswahl. An die NF-Buchse auf der Oberseite des Gehäuses können zusätzliche Hör- und Besprechungseinrichtungen angeschlossen werden.

Es stehen unter anderem zur Auswahl: ein Handbediengerät von der Größe einer Zigarettenschachtel, das die Sende- und die beiden Tonruftasten sowie Mikrofonlautsprecher enthält; eine Hör-/Sprechgarnitur, bestehend aus Lautsprecherbügel mit Kehlkopfmikrofon einschließlich Sendetaste. Diese Hör-/Sprechgarnitur ist besonders für die Unterbringung unter einem Schutzhelm geeignet. Für Träger von schweren Atemschutzgeräten ist eine besondere Besprechungseinrichtung erhältlich, die unter der Maske getragen werden kann. Für den mobilen Einsatz oder zur Aufbewahrung im Fahrzeug sind Fahrzeughalterungen mit oder ohne Einrichtung zum Puffern der Gerätebatterie aus dem 12-V-Bordnetz lieferbar.

Abb. 7.14 Wenigkanalgerät für das 2-m-Band: FuG 10 von AEG.

146

7.9 FuG 10/10a von Bosch

7.9.1 Allgemeines

Auch Bosch Telecom bietet ein FuG 10 als Modell FuG 10a an, das 1993 mit erweiterter Ausstattung vorgestellt wurde. Dieses weiterentwickelte FuG 10a läßt sich mit einem Personal Computer von außen kundenspezifisch einstellen. Mit einer neuen Software und einem speziellen Adapter kann jeder einzelne Kanal verändert werden, das Senden und Empfangen im Ober- und im Unterband kann also pro Kanal individuell bestimmt werden. Für Standardprogrammierungen lassen sich komplette Datensätze anlegen und bei Bedarf abrufen. Zudem gestattet die neue Software einen Geräteselbsttest. Durch ein rechnergestütztes Servicekonzept wird die Gerätewartung wesentlich vereinfacht.

7.9.2 Neuste Generation

Neben der Modernisierung des Elektronikteils hat Bosch bei seiner neuen FuG 10a-Generation auch Detailverbesserungen am Gehäuse vorgenommen. Die Oberfläche ist griffiger geworden und das Gesamtgewicht wurde auf 650 g reduziert (720 g mit 450 mAh NiCd-Akku). Das für Vorgängermodelle angeschaffte Zubehör wie Sprecheinrichtung, Batterien, Ladegerät und Fahrzeughalterung kann auch am neuen Modell verwendet werden.

Ein neues Schnelladegerät für das FuG 10a wird von einem Mikroprozessor gesteuert und lädt einen 500-mAh-Akku in 90 Minuten. Ein Gerät mit 800-mAh-Akku ist nach 150 Minuten wieder betriebsbereit aufgeladen. Mit dem 7,5 V/450 mAh NiCd-Akku wird bei 50 Prozent Empfang, 40 Prozent Empfangsbereitschaft und 10 Prozent Sendebetrieb eine Betriebsdauer von vier Stunden erreicht, die Kapazität des 800-mAh-Akkus reicht für etwa sieben Stunden Betriebszeit.

Das FuG 10a ist nach den Technischen Richtlinien für BOS-Funkgeräte (TR-BOS) ein Vielkanal-Handsprechfunkgerät mit einer Sendeleistung von 1 W und der Modulationsart FM. Alle 92 BOS-Kanäle im 2-m-Band können geschaltet werden über zwei Drehschalter (00 bis 99). Der Bandwechsel läßt sich direkt einstellen, ebenso die Änderung der Betriebsart. Das Gerät mit 92 Betriebskanälen dient in erster Linie für den taktischen Einsatz vor Ort von Polizei, Bundesgrenzschutz und Zoll. Es ist sowohl im Unterband mit Gegensprechen als auch im Oberband in der Betriebsart Wechselsprechen zu verwenden. In größeren Revierbezirken der Polizei, etwa in Ballungsräumen, ist es inzwischen üblichen, für die Kommunikation im 2-m-Band eigene Funkverkehrskreise mit Relaisstellen zu nutzen. Mit dieser Technik kann ein Beamter mit einem Handsprechfunkgerät über große Entfernungen Verbindung mit seiner Einsatzzentrale aufnehmen, obwohl wegen der relativ geringen Sendeleistung ohne Relaisstelle kein direkter Funkkontakt möglich wäre.

Eine andere Lösung für die Reichweitenerhöhung besteht darin, Dienstfahrzeuge mit je einem FuG 8 für das 4-m-Band und einem FuG 9 für das 2-m-Band auszustatten. Diese beiden Fahrzeugfunkgeräte sind miteinander verbunden und so geschaltet, daß das Fahrzeuggerät als kleine Relaisfunkstelle dienen. Die Beamten, die sich außerhalb des Dienstfahrzeuges befinden, sprechen über ihr FuG 10 im Unterbandbetrieb das FuG 9 im Dienstfahrzeug an. Dieses Gerät sendet die Durchsage zeitgleich über das FuG 8 im 4-m-Band aus. Umgekehrt können die Beamten, etwa wenn sie auf Fußstreife sind, über den 4-m-Betriebskanal des Sprechfunkverkehrskreises angesprochen werden. Der gesamte Funkverkehr des 4-m-Bandes wird im Fahrzeug auf das 2-m-Band umgesetzt. Über das 2-m-FuG kann somit der gesamte Sprechfunkverkehr verfolgt werden.

Beim Brand- und Katastrophenschutz sowie dem Rettungsdienst wird nicht der volle Leistungsumfang eines FuG 10a benötigt, denn im 2-m-Band sind nur fünf Kanäle für die Feuerwehren und zwei für die Rettungsdienste reserviert. Das für diesen Nutzerkreis verwendete FuG 10 verfügt nur über einen Drehschalter für die Kanalwahl. In dieser Variante stehen zehn Betriebskanäle zur Auswahl. Dabei ist weder ein Bandwechsel noch ein direktes Umschalten der Betriebsart erforderlich, da in der Regel im Unterband mit Gegensprechen gearbeitet wird.

Relaisschaltungen im 2-m-Band sind bei diesen BOS-Diensten selten anzutreffen. Man rüstet statt dessen, etwa bei der Feuerwehr, einen Einsatzleitwagen (ELW) sowohl mit 4- als auch 2-m-Funkgeräten aus. Der Feuerwehrangehörige, der den ELW bei einem Einsatz besetzt hält, hört beide Funkverkehrskreise ab. Wenn Anfragen von der Einsatzstelle an die Leitstelle über ein FuG 10 ihn erreichen, übermittelt er diese, indem er die Anfrage oder Mitteilung über sein 4-m-Gerät wiederholt und die Mitteilung der Leitstelle anschließend über sein 2-m-Gerät an den Feuerwehrangehörigen vor Ort weitergibt.

7.10 FuG 10a von SEL

7.10.1 Allgemeines

Ein bei den BOS-Diensten sehr weit verbreitetes Modell ist das FuG 10a von SEL, das erstmals 1974 vorgestellt wurde. Dieses Klein-Handsprechfunkgerät arbeitet mit einer Sendeleistung von 1 W auf 200 Kanälen im 2-m-Band, 100 Kanäle im Unterband und 100 Kanäle im Oberband. Es ergänzt das als Fest- und Mobilstation eingesetzte Vielkanalgerät FuG 9, das auf den gleichen Kanälen arbeitet. Das FuG 10a von SEL ist für die Betriebsarten Wechselsprechen und bedingtes Gegensprechen ausgelegt. Ein reichhaltiges Zubehörprogramm erlaubt die optimale Anpassung an den jeweiligen Einsatzfall, sowohl bei offener als auch verdeckter Trageweise des Geräts. An Stelle des eingebauten Mikrofonlautsprechers kann eine abgesetzte Besprechungseinrichtung und außer der üblichen Viertelwellenantenne eine Wendel- oder eine Schulterbandantenne verwendet werden. Zur Abhörsicherheit ist ein Sprachverwürfler mit leicht wechselbarem Kode vorgesehen Die Stromversorgung besteht aus NiCd-Batterien in einem auswechselbaren Batterieteil (Sammler). Als Ladegeräte sind Einfach- oder Automatik-Ladegeräte lieferbar. Bei Bedarf lassen sich mehrere Ladegeräte netzseitig zu Mehrfachladeblöcken zusammenschalten.

7.10.2 Bedienung

Das SEL-Gerät, äußerlich an dem Kleininstrument, links neben dem eingebauten Lautsprechermikrofon zu erkennen, verwendet weitgehend integrierte Schaltkreise. Relais für das wechselweise Anschalten des Senders bzw. Empfängers an die Antenne sind durch elektronische Schaltmittel wie PIN-Dioden ersetzt. Eine Frequenzaufbereitung nach dem Prinzip der Frequenzanalyse mit vier Quarzen erzeugt die Kanalfrequenzen und verringert damit die früher bei derartigen Geräte übliche Anzahl von Quarzen.

Die Baugruppen befinden sich auf zwei parallel verlaufenden Trägerplatten in einem stabilen Metallrahmen, der mit zwei Metalldeckeln zusammen ein tropfwasserdichtes Gehäuse bildet. Das Gehäuse erfüllt die DIN-Norm 40050 IP 52, das Gerät in der Schutzhülle die Norm 40050 IP 54.

An der oberen Schmalseite des Gehäuses befindet sich die NF-Buchse für den Anschluß einer externen Sprechgarnitur, der Rauschsperrenschalter, die Miniflex-Antennenbuchse und der fünfstellige Schalter mit den Stellungen: Aus, Ein mit drei Lautstärkestufen, und Sendebereitschaft bei abgeschaltetem Empfang.

Auf der Vorderseite des Geräts befindet sich der Mikrofonlautsprecher mit Öffnungen nach vorn und oben, die Kanalschalter, der UB/OB-Schalter, der W/bG-Betriebsartenschalter und die Batteriespannungsanzeige, die bei gedrückter Sendetaste wirksam wird. An der linken Schmalseite des Gehäuses sind von oben nach unten die Tasten für Tonruf I und Tonruf II und Senden angebracht. Das Gehäuse ist 240 mm hoch, 75 mm breit und 27 mm tief. Mit Batterie wiegt es 820 g.

7.11   FuG 10b von AEG

7.11.1 Allgemeines

Im Jahre 1992 wurde von AEG eine neue Version des FuG 10 unter der Bezeichnung FuG 10b vorgestellt, das aus dem tragbaren Sprech- und Datenfunkgerät Teleport 9 abgeleitet wurde. Die Funktionen des mikroprozessorgesteuerten Geräts werden durch Programmierung interner Speicherplätze und einen auswechselbaren Multiprogrammer gewährleistet. Zu den Besonderheiten gehört eine Fahrzeughalterung mit einem Leistungsverstärker. Im mobilen Betrieb wird eine maximale Sendeleistung von 6 W erreicht. Die Bedienung wurde gegenüber den herkömmlichen FuG-10-Modellen nach TR-BOS stark vereinfacht. So erfolgt die Kanalwahl über ein numerisches Tastenfeld auf der Gehäusevorderseite. Die Frequenzerzeugung erfolgt intern über einen PLL-Synthesizer mit direkter Teilung. Zur Verbesserung der Empfangseigenschaften finden Quarz- und Keramikfilter in der Empfängerschaltung Verwendung. Eine weitere Besonderheit ist die Dual-Watch-Funktion, die das gleichzeitige Abhören von zwei Funkkanälen gestattet. Für noch speziellere Einsatzanwendungen bietet das FuG 10b eine Scanfunktion, die automatisch bis zu zehn BOS-Funkkanäle im 2-m-Band abtastet und den Gerätelautsprecher einschaltet, wenn auf einem dieser Kanäle Funkaktivität durchgeführt wird. Neu ist auch ein Flüssigkristalldisplay, das den geschalteten Einsatzkanal und die Bandlage sowie die eingestellte Sendeleistung und die Verkehrsart digital anzeigt. Dem Wunsch vieler FuG-10-Anwender nach einer längeren Betriebszeit folgte AEG, indem das Gerät mit einer programmierbaren Stromsparschaltung versehen wurde. Zusammen mit der schon stromsparenden Mikroprozessortechnik und der Sparschaltung konnte die Betriebszeit mit einem 800 mAh-Akku bei 2 W Sendeleistung, 90 Prozent Empfangsbereitschaft und 5 Prozent Senden auf 14 Stunden ausgedehnt werden.

7.11.2 Aufbau

Das zweiteilige Gehäuse des FuG 10b besteht aus Aluminium-Druckguß mit einer besonders kratz- und schlagfesten kunststoffbeschichteten Oberfläche. Es umschließt den inneren Geräteaufbau staubdicht und spritzwassergeschützt. Das Gerät ist besonders stoßfest aufgebaut und hält Stöße und Beschleunigungen bis zum 50fachen der Erdanziehungskraft aus. Gegen Vibrationen und mechanische Schwingungen ist es bis zu 150 Hz bei 5 g geschützt. Für Anwendungen in Häfen und auf Schiffen, sowie in korrosionsgefährdeter Atmosphäre wird das Gehäuse vor der Aufbringung der Kunststoffbeschichtung oberflächenbehandelt um gegen aggressive, metallschädigende Umwelteinflüsse resistent zu sein. Das Handsprechfunkgerät setzt sich aus zwei mechanisch und elektrisch getrennten Geräteteilen zusammen, die mechanisch durch vier Kreuzschlitzschrauben und elektrisch über eine mehrpolige Steckvorrichtung miteinander verbunden werden: dem Funkteil im hinteren und dem Steuerteil im vorderen Gehäuseteil.

Das Funkteil besteht neben Senderendverstärker und Antennenfilter, die aus mechanischen und wärmetechnischen Gründen mit dem Gehäuse verschraubt sind, ausschließlich aus steckbaren Hybridmodulen, die in Metallgehäusen stecken. Die Verbindung der Module untereinander und mit der rückseitigen 16poligen NF-Buchse sowie der Schnittstelle zum Steuerteil erfolgt kabellos über eine Verbindungsplatte. Das Steuerteil enthält den von außen entnehmbaren Multiprogrammer sowie den Lautsprecher, das Elektret-Kondensatormikrofon, die LCD-Anzeige, die Tastaturplatte sowie die Steuerteilplatine.

Die Datenverarbeitung im Steuerteil übernimmt ein 8-Bit-CMOS-Mikroprozessor mit externem CMOS-Programmspeicher. Seine Taktfrequenz beträgt 4 MHz. Für die Speicherung von Daten, die über die Tastatur eingegeben werden, enthält das Steuerteil ein CMOS-RAM. Bei abgeschaltetem Gerät bleibt dieses RAM mit der Batterie verbunden. Mit Speicherkondensator bleiben die Daten einige Stunden, mit Lithium-Stützbatterie sogar über Jahre bei abgetrennter Batterie erhalten.

Die Stromversorgung erfolgt aus aufladbaren NiCd-Akkumulatoren, die von unten an das Gehäuse über ein lösbares Rastwerk gesteckt werden. Es werden vier verschiedene Ausführungen angeboten, die sich in ihrer Zellenzahl und Kapazität unterscheiden. Lieferbar sind folgende Akkus: 7,5 V/520 mAh, 7,5 V/800 mAh, 12,5 V/520 mAh und 12,5 V/800 mAh. Mit einem 7,5 V/800 mAh-Akku wiegt das FuG 10b von AEG betriebsbereit 910 g.

7.11.3 Empfänger

Das empfangene Signal gelangt über ein Antennenfilter und einen Antennenschalter zum HF-Teil. Eine rauscharme Eingangsstufe übernimmt die Vorverstärkung. Zwei neuartige abgestimmte Bandfilter sorgen für die Weitabselektion. Die Varactor-Dioden dieses Bandfilters beziehen ihre Abstimmspannung aus dem Schleifenfilter des Synthesizers. Hohe Großsignalfestigkeit wird von einem aktiven Gegentaktmischer gewährleistet. Im Zuge der weiteren Verstärkung in der 1. Zwischenfrequenz mit 21,4 MHz und der 2. ZF mit 455 kHz sichern ein zehnpoliges Quarzfilter und ein Keramikfilter die Selektion im Nahbereich.

7.11.4 Sender

Die Erzeugung der für Empfangs- und Sendebetrieb benötigten Frequenzen erfolgt in zwei separaten Oszillatoren, die in einem Bereich von bis zu 30 MHz abstimmbar sind. Eine neuartige Regelschleife mit den Modulen Referenzoszillator, Frequenzteiler und Schleifenfilter sorgen für die jeweils gewünschte Frequenz, Stabilität und Kanalwechsel- und Sendetastzeiten.

Das Sendesignal gelangt über breitbandige Vor- und Endverstärker zum Antennenfilter, das die enthaltenen Oberwellen unter den von den neuen CEPT-Empfehlungen vorgegebenen Wert dämpft. Gleichzeitig wird über einen Richtkoppler die vorlaufende Welle gemessen und damit die Ausgangsleistung unter allen zulässigen Betriebsbedingungen konstant gehalten. Außerdem wird der Endtransistor mit Hilfe eines Thermofühlers vor Überlastung geschützt.

7.12 FuG 10b (TP 9S) von AEG

7.12.1 Allgemeines

Die neuste Version des FuG 10b von AEG baut auf das Handsprechfunkgerät für Sprechfunk und Datenfunk »Teleport 9S PMR« auf. Besonderheit dieses Modells, daß für den Einsatz im deutschen Bündelfunknetz im 410/420-MHz-Bereich entwickelt wurde, ist eine serielle Schnittstelle am Gehäuse. Über diesen Anschluß können Datenendgeräte und andere digitale Zusatzgeräte angeschlossen werden. Die maximale Datenübertragungsgeschwindigkeit beträgt 2400 Bd.

7.12.2 Ausstattung

Im BOS-Einsatz ist das Handsprechfunkgerät auf die 92 BOS-Kanäle im 2-m-Band für Simplex- und Semiduplexbetrieb programmiert. Das Ansprechen der Funknetzteilnehmer über Tonselektivruf oder digitale Signalisierung mit 1200/2400 Bd ist kanalabhängig programmierbar. Das Gerät wird mit 1 W und mit 5 W Sendeleistung angeboten.
Mit angeschlossenem 1100-mAh-Akku hat das Teleport 9S PMR die Gehäuseab-

Abb. 7.15 *Neuste FuG-10b-Generation : TP 9S von AEG.*

messungen 186 mm Höhe, 67 mm Breite und 33 mm Tiefe. Das Gewicht beträgt mit Akku 600 g. Für längere Betriebszeiten ist als Zubehör ein 7,5-V-Akku mit 1200 mAh Kapazität lieferbar.

Jedes Teleport 9S kann durch die Speicherung der Anwenderdaten in einem austauschbaren Kodierstecker teilnehmerspezifisch konfiguriert werden. Die Betriebssoftware und die Anwenderdaten werden über eine Zubehörbuchse aus einem Personal Computer geladen.

Abb. 7.16 *FuG 10b von AEG.*

Technische Daten FuG 10 (AEG)

Allgemeine Daten:

Verkehrsarten:	Wechselsprechen und Gegensprechen
Frequenzbereich:	UB: 167,56 MHz bis 169,38 MHz
	OB: 172,16 MHz bis 173,98 MHz
Kanalzahl:	2 x 92
Kanalabstand:	20 kHz
Kanäle:	01...92
Frequenzabstand:	4,6 MHz bei G-Betrieb
NF-Bereich:	300 Hz bis 3000 Hz
Betriebsspannung:	7,5 V (kleine Leistung)
	12,5 V (große Leistung)
Stromaufnahme:	0,35 A (Empfang), 2,3 A (Senden 2,5 W)
Betriebsbereich:	-35°C bis +60°C

Maße und Gewicht:

Geräteblock:	Höhe 165 mm, Breite 67 mm, Tiefe 39 mm
	Gewicht 620 g mit 7,5 V/520 mAh
	Gewicht 900 g mit 12,5 V/520 mAh
	Gewicht 1040 g mit 12,5 V/800 mAh

Sender:

Sendeleistung:	1 W/2 W/6 W an 50 Ω
	Antennengewinde: Miniflex
Störmodulationsabstand:	> 40 dB bei 2,8 kHz Hub und 1 kHz Mod.-Frequenz
Klirrfaktor:	< 5%
Frequenzhub:	± 4 kHz Spitzenhub, ± 2,8 kHz Nennhub
Ruftöne:	Ruf I 1750 Hz - Ruf II 2135 Hz ± 20 Hz

Empfänger:

Empfindlichkeit:	0,4 µV für 20 dB (S+N)/N
Interkanalmodulation:	> 70 dB
Nachbarkanalselektion:	> 70 dB
Frequenzgang:	300 Hz bis 3000 Hz, +1,5 dB bis -3 dB
Klirrfaktor:	< 10%
1. und 2. ZF:	21,4 MHz und 455 kHz
ZF-Unterdrückung:	> 100 dB
Nebenempfang:	> 70 dB
NF-Ausgänge:	0,4 W an 10 Ω (Außenlautsprecher)

7.13 FuG 10b (MX3010) von Motorola

7.13.1 Allgemeines

Die deutsche Niederlassung des US-amerikanischen Elektronikkonzerns Motorola bietet auf der Basis der Betriebsfunkgeräteserie MX 3000 ein BOS-Handsprechfunkgerät als FuG 10b an. Das Modell MX 3010, für BOS-Anwender aus dem Modell MX 3000 weiterentwickelt, ist ein Vielkanal-Funkgerät für das 2-m-Band. Dabei wurde das Gerät in enger Zusammenarbeit mit Fachleuten der Behörden und Organisationen konsequent auf die unterschiedlichen Bedürfnisse der Anwender abgestimmt. Das MX 3010/FuG 10b und das baugleiche MX 3013/FuG 13b für das 4-m-Band erfüllen die Technischen Richtlinien für Vielkanal-Sprechfunkgeräte. Durch eine im Gerät integrierte Sprachverschleierung sind die Modelle für nahezu abhörsichere Kommunikation vorbereitet. Eine Nachrüstung mit Sprachverschlüsselungsmodulen ist möglich.

7.13.2 Bedienung

Die Bedienung erfolgt menügesteuert über 15 ovale Drucktasten auf der Vorderseite des Gehäuses. Darüber befindet sich das Flüssigkristalldisplay, auf dem Betriebskanal, Bandwahl und Verkehrsart angezeigt werden. Auf der Gehäuseoberseite sind neben der Antennenbuchse zwei Drehregler für Lautstärkeeinstellung und Rauschsperre angebracht.

Drucktasten für den Sendeschalter und die Tonruftasten liegen auf der linken Gehäuseseite. Die Spannungsversorgung erfolgt über einen von unten an das S/E-Gehäuse angeschobenen Akku. Zur Auswahl stehen die Akkutypen NTN 4593C mit 1060 mAh und NTN 4595C mit 1800 mAh. Bei einem Betriebszyklus von fünf Prozent Senden, fünf Prozent Empfangen und 90 Prozent Betriebsbereitschaft beträgt die Betriebsdauer bei 1 W Sendeleistung sieben Stunden mit dem 1060 mAh-Akku und mehr als zwölf Stunden mit dem 1800 mAh-Akku.

Das Gerät bleibt mit einer Akkuladung 4,5 bzw. 7,5 Stunden betriebsbereit, wenn Funkbetrieb mit einem Zyklus von zehn Prozent Senden, zehn Prozent Empfangen und 80 Prozent Bereitschaft durchgeführt wird.

7.13.3 Technische Daten

Das Gehäuse hat mit dem NTN 4593C-Akku die Abmessungen 191 mm Höhe, 75 mm Breite und 30 mm Tiefe. Mit dem Hochleistungsakku ist das Gerät 211 mm hoch.

Sender und Empfänger arbeiten im Frequenzbereich von 157 bis 174 MHz. In der

FuG 10b-Version stehen all zulässigen Kanäle der BOS im 2-m-Bereich zur Verfügung. Schaltbare Verkehrsarten sind Wechselsprechen im Unter- und Oberband sowie bedingtes Gegensprechen im Unter- und Oberband.
Der Empfänger hat eine Empfindlichkeit von 0,35 µV bei 12 dB SINAD (0,45 µV bei 20 dB SINAD). Die Sendeleistung kann auf 1 W oder 6 W eingestellt werden. Das Gewicht des betriebsbereiten Geräts beträgt 675 g mit dem 1060 mAh-Akku und 734 g mit dem 1800 mAh-Akku.

7.14   FuG 11

7.14.1 Allgemeines

Als Nachfolgemodell des FuG 10 für den 2-m-Bereich mit erweiterter Ausstattung wurden Spezifikationen für ein neues Handsprechfunkgerät für BOS-Dienste entwickelt. Diese FuG-11-Richtlinien sind eng an die des FuG 10 angelehnt, gestatten jedoch den Einsatz neuer elektronischer Technologie und Schaltungstechniken. Führende Funkgerätehersteller aus dem In- und Ausland haben ihre Betriebsfunkgeräte entsprechend umgerüstet, um diese BOS-Spezifikationen zu erfüllen.

7.15   FuG 11b von AEG

7.15.1 Ausstattung

Im Frühjahr 1994 stellte AEG das neue Betriebsfunkgerät »Teleport ES« als kompaktes Handsprechfunkgerät für die Frequenzbereiche 80/160/460 MHz vor. Das Modell erfüllt die Bestimmungen der TR-BOS und soll nach erfolgter Prüfung und Genehmigung als FuG 11b angeboten werden.
Mit angesetztem 8,4 V/600 mAh-Akku ist das Gerät ohne Antenne 203 mm hoch, 70 mm breit und 25 mm tief. Betriebsbereit wiegt es mit Standardakku und Antenne knapp 500 g. In der 160-MHz-Version arbeitet das Teleport ES in den Frequenzbereichen 146 bis 162,5 MHz (Unterband) und 155 bis 174 MHz (Oberband) auf 100 schaltbaren Kanälen.
Für BOS-Dienste soll das Teleport ES zunächst in der 2-m-Version für die 92 zugewiesenen Kanäle in den Betriebsarten Simplex/Semiduplex angeboten werden. Die Ausgangsleistung des Senders läßt sich je nach der zu überbrückenden Entfernung zwischen Standort und Gegenstelle und entsprechend der Einsatzbedingungen von 1 W auf 2,5 W umgeschaltet.

In der BOS-Version ist die Sendeleistung auf 2 W programmiert. Die Empfängerempfindlichkeit beträgt im 2-m-Band 0,5 µVeff (20 dB SINAD). Eine Rauschsperre läßt sich elektronisch intern in drei Stufen einstellen. Das Teleport ES/FuG 11b ist für Fünf-Ton-Folge-Selektivruf nach CCIR- und ZVEI-Norm sowie für die Auswertung von Subaudiotonsignalen nach CTCSS ausgestattet. Damit lassen sich von einer Funkzentrale einzelne Teilnehmer oder bestimmte Gruppen eines Funknetzes gezielt ansprechen.

Über eine Nutzung der 80-MHz-Version des Teleport ES als 4-m-Handsprechfunkgerät in einer FuG-13-Version ist nach derzeitigem Kenntnisstand noch nicht entschieden worden.

7.16 FuG 11b von Ascom

7.16.1 Ausstattung

Ein weiteres FuG 11b-Modell wird von Ascom angeboten. Dieses Gerät basiert auf dem Betriebsfunk-Handgerät SE 140. Die Schaltbandbreite von 28 MHz ermöglicht die Einstellung des gesamten 2-m-BOS-Bereichs im Unter- und Oberband. Aufbau, Bedienung und Ausstattung erfüllen die Anforderungen des Richtlinienentwurfs FuG 11b. Alle wichtigen Funktionen wie Kanalnummer, Senden, Empfangen, Rauschsperre und weitere Parameter werden in einem LCD-Display auf der Gerätevorderseite angezeigt. Mit der sogenannten IPP-Software von Ascom lassen sich Frequenzen, Sendeleistungen, Rufarten, Tonsquelch und Notruffunktion extern und ohne Öffnen des Gehäuses programmieren. Für jede Einsatzart wird passendes Zubehör wie Schnelladegeräte in Einzel- und Sechsfachausführung, NiCd-Akkus mit 600 und 1000 mAh, verschiedene Schutztaschen, externe Mikrofon/Lautsprecherkombinationen, Garnituren für verdeckte Trageart und Fahrzeughalterungen angeboten. Das graue Metallgehäuse entspricht der Schutzart IP54. Mit 600-mAh-Akku ist es 175 mm hoch, 65 mm breit und 28 mm tief. Das Gewicht beträgt 460 g, mit 1000-mAh-Akku 590 g.

7.17 FuG 11b (GP 300) von Motorola

7.17.1 Allgemeines

Mit dem Modell Radius GP 300 bietet Motorola ein hochmodernes, vielseitiges und äußerst leistungsfähiges Handsprechfunkgerät für den 2-m-Bereich an. Mit seinen geringen Abmessungen ist das FuG 11b/GP300 ein Gerät mit modernster Technologie. Die Modell-Auswahl erfüllt alle Bedürfnisse von einer reinen PL-Version bis zu einem vollausgestatteten Sel 5 Modell mit PL-Ton und MFV-Wählverfahren. Das GP300 entspricht den FuG-11b-Spezifikationen und der Schutzklasse IP54 nach DIN 40050 und erfüllt die Militärspezifikation MIL-STD 810C/D/E. Das bedeutet Schutz gegen Stoß und Vibrationen sowie gegen das Eindringen von Staub und Spritzwasser, wie er bei härtesten Einsatzbedingungen erforderlich ist.

7.17.2 Ausstattung

Die Synthesizersteuerung ermöglicht dem Motorola-Fachhändler, Frequenz und Tonrufverfahren des Geräts schnell zu programmieren. Das bedeutet kurze Lieferzeiten und unkomplizierte schnelle Umrüstung. Die Ausstattung PL-Ton (Private-Line) ist ein Pilottonverfahren mit unterlegtem Rufton. Es stellt sicher, daß nur die Durchsagen der Funkteilnehmer des eigenen Netzes gehört werden. Den verschiedenen Kanälen können unterschiedliche PL-Ruftöne zugeordnet werden.

Die PL-Sendesperre verhindert bei Geräten mit PL-Ton das Senden auf belegten Kanälen und verhindert so eine Beeinträchtigung der Verbindungen von Kanalmitbenutzern.

Jedes Gerät kann auf den einzelnen Kanälen mit verschiedenen Leistungsmerkmalen programmiert werden. Damit ist es schnell und einfach auf Kanäle unterschiedlicher Systeme umschaltbar. Auf den einzelnen Kanälen kann das GP300 für Ausgangsleistungen zwischen 1 W und 5 W programmiert werden.

Einen weiteren Vorteil bietet die Hör-/Sprechgarnitur. Beim Einsatz bleiben die Hände frei, weil die Sendetaste nicht betätigt werden muß. Die Sprachsteuerung (VOX) ist bereits im Gerät integriert.

Eine programmierbare Kanalabfragetabelle erlaubt die Überwachung von Kanälen. Dabei kann ein besonders wichtiger Kanal innerhalb der Abfragetabelle als Prioritätskanal gekennzeichnet werden.

Das GP300 kann auf die sechs wichtigsten europäischen Tonruf- und Signalisierungsverfahren programmiert werden: ZVEI, modifiziertes ZVEI, französisches ZVEI, CCIR 70 ms, CCIR und EEA. Daneben ist der Einsatz von Einzelruf und MFV-Wählverfahren im selben Gerät möglich. Beim GP300 mit Zifferntastatur ermöglicht das Doppelton-Wählverfahren MFV den Anruf von Teilnehmern in einem privaten Telefonnebenstellennetz.

Im beleuchteten Display werden Rufadressen, Statusmeldungen (nicht FMS) und Betriebskanäle deutlich lesbar angezeigt. Symbole zeigen die Betriebsart des Geräts an, sodaß es auch in komplexen Funknetzen einfach zu bedienen ist. Jeder eingehende Ruf wird vom GP300 automatisch mit einer Empfangsbestätigung quittiert. Auch hier kann die in der Kennung enthaltene Statusmeldung über die Tastatur verändert werden. Status- und Quittungsrufsystem vom Motorola sind allerdings nicht mit dem deutschen Funkmeldesystem »FMS« identisch.

7.17.3 Technische Daten

Das Gehäuse des 510 g schweren GP300 ist 140 mm hoch, 58 mm breit und je nach Akku 35 bzw 42 mm tief. Serienmäßig wird es mit einem 1200 mAh-Akku geliefert. Als Zubehör wird ein 600 mAh-Akku in schmaler Ausführung angeboten. Die Betriebszeit beträgt mit Standardakku zwischen 8 und 10 Stunden. Je nach Programmierung stehen 8 oder 16 Kanäle im Frequenzbereich 146 bis 174 MHz zur Auswahl. Die möglichen Betriebsarten sind Wechselsprechen und bedingtes Gegensprechen.

Abb. 7.17 FuG 10b (MX 3010) von Motorola.

7.18   FuG 13

7.18.1 Allgemeines

Das BOS-Handsprechfunkgerät FuG 13 dient den Behörden und Organisationen mit Sicherheitsaufgaben als vielseitig verwendbares Gerät für das 4-m-Band. Diese Version ist mit wenigen Ausnahmen baugleich mit dem FuG 10 für das 2-m-Band. Die Sende- und Empfangselektronik des FuG 13 ist entsprechend den Anforderungen des 4-m-Bandes ausgelegt.

7.19   FuG 13a von Telefunken

7.19.1 Allgemeines

Telefunken hat für den BOS-Funkeinsatz ein 4-m-Handsprechfunkgerät unter der Typenbezeichnung FuG 13a angeboten. Zu den besonderen Merkmalen dieses Geräts zählen 328 schaltbare Kanäle im 80-MHz-Bereich, von denen 22 Kanäle, die für BOS-Funkdienste nicht zugewiesen sind, elektronisch gesperrt sind. Wird versehentlich einer dieser gesperrten Kanäle eingeschaltet, ertönt ein Warnton. Auf 163 Kanalpaaren ist bedingtes Gegensprechen mit Bandvertauschung möglich. Die Sendeleistung beträgt 1 W. Zur Auswahl stehen Batteriesätze mit Kapazitäten von 0,45 bzw. 0,6 Ah. Der Batteriesatz wird vom Batteriefach am Unterteil des Gehäuses aufgenommen. Reicht der Ladezustand für eine Fortsetzung des Funkbetriebs nicht aus, ertönt ein Warnton und das Gerät schaltet sich automatisch ab. Das Gehäuse besteht, ähnlich dem Schwestergerät FuG 10a für das 2-m-Band, aus einem stabilen Metallrahmen, der durch Metalldeckel allseitig geschlossen und spritzwassergeschützt ist. Das Gehäuse ist einschließlich Batteriefach 240 mm hoch, 76 mm breit und 27 mm tief. Betriebsbereit mit Batterien und Wendelantenne wiegt das FuG 10a etwa 750 g.

7.19.2 Bedienungselemente

Auf der Oberseite sind die Antennenbuchse, die Batterie-Ladezustandsanzeige, die abgedeckte NF-Anschlußbuchse, der Ein-/Ausschalter, kombiniert mit dem Lautstärkeregler und der Rauschsperrenschalter angeordnet. Seitlich links befinden sich die Sprechtaste und die beiden Tonruftasten. Links unterhalb der oberen Schallaustrittsöffnung des eingebauten Lautsprechers befinden sich der Kanalwahlschalter für die Hunderterstellen (3, 4 und 5) und rechts der kombinierte Bandvertauschungs- und Betriebsartenschalter. Dieser ist für Unterband- und Oberbandbetrieb jeweils in den Stellungen »bG« für bedingtes Gegensprechen und »W« für Wechselsprechen rastbar. Unterhalb der unteren Schallaustrittsöffnung auf der Vorderseite des Gehäuses sind die beiden Kanalwahlschalter für die Zehner- und Einerstellen angebracht.

An das Modell FuG 13a lassen sich die gleichen Zubehörteile anschließen, die auch für das FuG 10a vorgesehen sind. Dazu gehören ein Handbediengerät von der Größe einer Zigarettenschachtel und eine Hör-/Sprechgarnitur, bestehend aus dem Lautsprecherbügel mit Kehlkopfmikrofon einschließlich Sendetaste.

Als Zubehör ist ebenfalls eine Ausrüstung für die getarnte Verwendung des FuG 13a erhältlich. Durch das verdeckt getragene Sprechfunkgerät und die induktive Übertragung des empfangenen Signals können Anweisungen und Informationen entgegengenommen werden, ohne daß Außenstehende etwas davon bemerken.

7.20   FuG 13a von Bosch

7.20.1 Allgemeines

Bosch Telecom hat die Entwicklung des nicht mehr hergestellten FuG 13a von Telefunken fortgeführt. Schaltungstechnik und Ausstattung wurden erweitert und den heutigen Betriebsanforderungen angepaßt. Zur Computer- und Elektronikmesse CeBIT '94 wurde die neuste Version FuG 13a FMS mit integriertem Geber und Auswerter für Statusmeldungen des Funkmeldesystems vorgestellt.

Das FuG 13a von Bosch gehört ebenso wie das Zwillingsgerät FuG 10a für den 2-m-Bereich wegen seiner klaren Bedienführung und hohen Zuverlässigkeit zum am häufigsten verwendeten Handsprechfunkgerät im BOS-Bereich. Durch gezielte Arbeit an Details entstand die 1994 vorgestellte neue FuG-Familie FuG 10a/FuG13a/FuG 13a FMS. Abmessungen und Handhabung sind die gleichen wie bei den Vorgängern. Die klar gegliederten Bedienelemente sind auf das Wesentliche beschränkt und so angeordnet, daß eine Fehlbedienung praktisch ausgeschlossen ist. Durch die bundeseinheitlichen BOS-Richtlinien sind die Geräte überregional sofort einsetzbar. Auch die Schnittstellen sind standardisiert, so daß sich das Zubehör für alle FuG's einsetzen läßt.

7.20.2 Ausstattung

Das kompakte, stabile grüne Metallgehäuse ist staub- und spritzwassergeschützt. Wegen seiner flachen, glatten Form ohne hervorstehende Teile ist das FuG 13a gut für verdeckte Trageweise geeignet. Das gegenüber den Vorgängermodellen verringerte Gewicht, die griffige Oberfläche und weiter abgerundete Kanten machen die neue FuG-Generation noch handlicher.

Das FuG 13a ermöglicht im 4-m-Band die direkte Verbindung von der Einsatzstelle zur Leitstelle. Mit ihm lassen sich 306 Kanäle für Wechselverkehr oder 142 Kanalpaare für bedingtes Gegensprechen schalten. Eine maximale Sendeleistung von 1 W und ein frequenzgenauer PLL-Oszillator sorgen für eine sichere Funkverbindung. Auf einer Vierfach-Leiterplatte sind die stromsparenden Schaltungen kompakt aufgebaut. Die Verbindungen zu den Bedienelementen sind gesteckt. Die Antennenbuchse für die Kurzstabantenne ist von außen montiert.

Auf der Geräteoberseite befindet sich ein Außenanschluß für abgesetzte Sprecheinrichtungen gemäß TR-BOS. Im Inneren ist ein Steckplatz für NF-Zubehör wie Selektivruf vorhanden.

Zur Energieversorgung dienen verschiedene verpolungssichere NiCd-Akkus mit unterschiedlichen Kapazitäten. Das Schnelladegerät LG 10a-1 verlängert durch ein prozessorgesteuertes Ladeprogramm die Lebensdauer der Akkus und verkürzt die

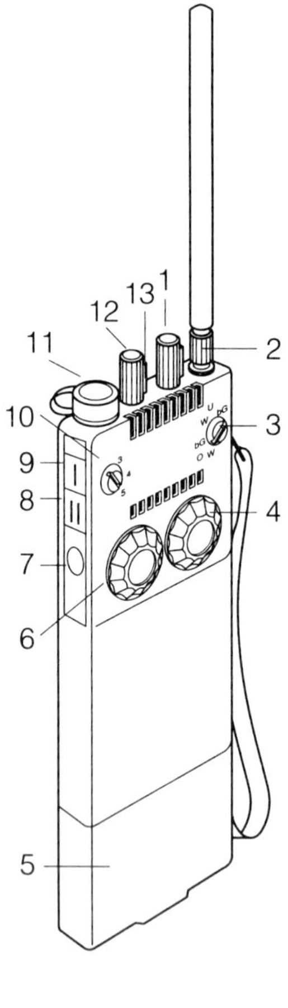

Abb. 7.18 Bedienelemente des FuG 13a von AEG:

1	Ein-/Aus-Schalter und Lautstärkeregler
2	Antennenbuchse
3	Betriebsarten/Bandwahl OW = Oberband Wechselsprechen ObG = Oberband/bedingtes Gegensprechen UW = Unterband/Wechselsprechen UbG = Unterband/bedingtes Gegensprechen
4	Kanalschalter Einerstelle
5	Batteriefach
6	Kanalschalter Zehnerstelle
7	Sendetaste
8	Tonruftaste II
9	Tonruftaste I
10	Kanalschalter Hunderterstelle
11	NF-Buchse
12	Rauschsperrenschalter
13	Ladekontrolle

Ladedauer je nach Kapazität auf 1,5 (450-mAh-Akku) bis maximal 2,5 Stunden (800 mAh-Akku).

Zum Zubehörprogramm gehört eine spezielle Fahrzeughalterung. Darin werden die Akkus von zwei FuG 13a gleichzeitig geladen. Außerdem ist Funkbetrieb vom Fahrzeug aus möglich, ohne das die Geräte aus der Halterung genommen werden müssen.

7.20.3 Bedienungselemente

Von außen können FuG 10a und FuG 13a nur durch das Typenschild und die Beschriftung der unteren beiden Drehschalter unterschieden werden. Beim 2-m-Gerät FuG 10a ist der linke untere Schalter mit »O« und »U« beschriftet und dient als Bandschalter für Unter- und Oberband. Der rechte Schalter ist der Verkehrsartenschalter, der Positionen »W« für Wechselsprechen (simplex) und »bG« für bedingtes Gegensprechen (semiduplex) hat.

Beim 4-m-Gerät ist der Drehschalter links unten ebenfalls der Bandschalter. Er ist mit den Ziffern »3«, »4« und »5« beschriftet und stellt die Hunderterstelle des Betriebskanals ein.

Der rechte Schalter hat vier Einstellpositionen und kombiniert die Verkehrsarten Wechselsprechen und bedingtes Gegensprechen im Oberband (W/O und bG/O) und im Unterband (W/U und bG/U).

7.21 FuG 13b von AEG

7.21.1 Allgemeines

Die modernste Version des FuG 13 wird von AEG als FuG 13b angeboten. Das 4-m-Modell basiert, wie das 2-m-Gerät FuG 10b, auf dem tragbaren Betriebsfunkgerät Teleport 9 und erfüllt die technischen Richtlinien für den BOS-Funk. Besondere Merkmale dieses Vielkanal-Handsprechfunkgerätes sind eine mikroprozessorgesteuerte Elektronik, Frequenzerzeugung durch einen PLL-Synthesizer mit direkter Teilung, hohe Selektion durch Quarz- und Keramikfilter und eine elektronische Kanalwahl über Tastenfeld.

7.21.2 Aufbau

Das zweiteilige Aluminium-Druckgußgehäuse mit kratz- und schlagfester Kunststoffbeschichtung umschließt die Elektronik spritzwassergeschützt und staubdicht. Für Funkanwendungen in korrosionsgefährdeter Atmosphäre wie bei Zoll und

Wasserschutzpolizei wird das Gehäuse einer besonderen Oberflächenbehandlung unterzogen.

Das Gerät setzt sich aus zwei mechanisch und elektrisch getrennten Geräteteilen zusammen. Die beiden mechanischen Teile sind mit vier Schrauben verbunden. Die elektrische Verbindung erfolgt über eine mehrpolige Steckvorrichtung.

7.21.3 Funktionen

Der für Vielkanal-Handsprechfunkgeräte beim FuG 13b verwirklichte neuartige Wirkungsmechanismus ist ein kleines Datenverarbeitungssystem. Das Steuerteil liest die anwendungsbezogenen Daten aus dem steck- und auswechselbaren Multiprogrammer und setzt sie in geeignete Signale und Befehle für das Funkteil um, das darauf das Senden und Empfangen von Funksignalen in der vorgegebenen Weise durchführt.

Die Anwendung dieses Verfahrens wurde durch die technologischen Fortschritte der CMOS-Schaltkreise ermöglicht, zum anderen dadurch, daß es gelang, durch Entwicklung und Anwendung neuer Schaltungstechniken die wichtigsten anwendungsbezogenen Merkmale des Teleport 9 wie Sende-Empfangsfrequenz, Sendeleistung, Sendezeiten, Kanalraster, Modulationsart, Rauschsperre, Ruftöne, Tonfolgeaussendung und -auswertung sowie eine Vielzahl interner Abläufe digital kontrollierbar zu gestalten.

Der auswechselbare Multiprogrammer enthält alle anwendungsbezogenen Daten in einem bipolaren programmierbaren Lesespeicher (PROM), das im Interesse geringen Stromverbrauchs nur für Auslesevorgänge aktiviert wird. Die Datenverarbeitung im Steuerteil übernimmt ein 8-Bit-CMOS-Mikroprozessor mit externem CMOS-Programmspeicher.

Die integrierte Tonrufsteuerung verarbeitet analoge Signalisierungen. Die Grundausführung mit Einzeltonrufen ist stufenweise mit Tonfolgesystemen mit bis zu acht Tonfolgen nach den Normen ZVEI, CCIR oder Pilottonverfahren nach CTCSS) zu erweitern. Für die Speicherung von Daten, die über die Tastatur eingegeben werden, enthält das Steuerteil bei Bedarf ein CMOS-RAM. Digitale Signalisierungen sind durch ein speziell entwickeltes Digital-Modem für alle gängigen digitalen Übertragungsverfahren wie FFSK, DPSK und MSK bei Bedarf möglich.

Das NF-Modul enthält einen Tongenerator, der die Abschaltung der internen Spannungsversorgung bei erschöpften Batterien akustisch signalisiert, einen Mikrofonverstärker und einen Lautsprecherverstärker. Beide lassen sich über Steuerleitungen ein- und ausschalten sowie in ihrem Frequenzgang mit Pre- und Deemphasis beeinflussen. Das Funkteil enthält neben der Stromversorgung die Frequenzaufbereitung, den Empfänger und den Sender. Die Stromversorgung stabilisiert die Betriebsspannung für das Gerät auf 5,6 V, steuert die Sendetastlampe an, läßt diese bei absinkender Batteriespannung blinken, schaltet verschiedene interne Spannungsquellen und erzeugt die Abstimmspannung für den VCO und das HF-Teil.

7.21.4 Bedienungselemente

Das FuG 13b von AEG ist in den Geräteausführungen D6 mit 6er Tastenfeld und als D16 mit 16 Drucktasten lieferbar. Identisch ist bei beiden Versionen die Anordnung der mechanischen Bedienteile. Der Antennenanschluß befindet sich auf der Oberseite des 75 mm breiten und 45 mm tiefen Gehäuses. Links daneben ist der Ein-/Ausschalter mit kombiniertem Lautstärkereglerknopf angebracht. Der Rauschsperrenregler ist ein zweistufiger Druckschalter. Ist der Schalter eingedrückt, ist die Rauschsperre aktiviert, im herausgezogenen Zustand funktioniert der Schalter als Mithörtaste.

Mikrofon und eingebauter Lautsprecher befinden sich in der linken oberen Hälfte der 165 mm hohen Gehäusevorderseite. Unterhalb des Antennensteckers ist auf der Vorderseite die Anschlußbuchse für den Multiprogrammer.

Das LCD-Display befindet sich in der Mitte der Vorderseite über dem Drucktastenfeld. Es ist beleuchtbar und zeigt neben einem Informationsfeld mit drei Sonderzeichen das aktivierte Funknetz und die Kanalnummer mit acht Digits an. Ein Displaybeleuchtung ist über die Tastatur einschaltbar.

In der Geräteausführung D6 mit sechs Drucktasten auf der Vorderseite haben die Tasten die Funktionen Kanalwahl, Rufwahltaste für Einzel- oder Pilotton, Rufwahltonfolge sowie Hunderter-, Zehner- und Einertaste für die Kanaleinstellung. Das Modell D16 verfügt im Tastenfeld zusätzlich über die Ziffertasten von 0 bis 9, eine Wahltaste für die Suchlaufprogrammierung, eine Funknetzwahltaste und eine Ziel- bzw. Kurzwahltaste.

In beiden Versionen ist ein sogenannter Tastklickton an und abschaltbar. Eine Beleuchtung der Tastatur ist zeitbegrenzt schaltbar.

Für BOS-Funkanwendungen findet in erster Linie die Geräteausführung D6 Verwendung während das Modell D16 für Betriebsfunknetze größere Vorteile bietet.

7.22   FuG 13b (MX 3013) von Motorola

7.22.1 Allgemeines

Das Motorola Modell MX 3013 ist ein Vielkanal-Handsprechfunkgerät für das 4-m-Band mit 1 W und 5 W Sendeausgangsleistung. Den BOS-Diensten wird es unter der Bezeichnung FuG 13b angeboten. Es zeichnet sich durch ausgereifte Technologie, robuste Bauart und hohe Zuverlässigkeit aus. Die Bedienungselemente sind übersichtlich auf der Vorderseite, der Oberseite und der linken Seite des Gehäuses angebracht. Ein umfangreiches Zubehörprogramm, vom Sechsfachladegerät, Mikrofonsprechgarnituren für verdeckte Trageweise bis zur Fahrzeugmobilhalterung wird angeboten.

Gehäuse, Anordnung der Bedienungselemente, Abmessungen und technische Daten entsprechen dem Modell MX 3010, das für den 2-m-Bereich der BOS unter der Bezeichnung FuG 10b angeboten wird. Das 4-m-Modell arbeitet im Frequenzbereich von 74 bis 88 MHz auf allen zulässigen BOS-Kanälen. Die Betriebsarten sind Wechsel- und bedingtes Gegensprechen im Unter- und Oberband. Geringfügige Unterschiede gibt es im Gewicht. Das FuG 13b wiegt mit 1060 mAh-Akku 662 g und mit 1800 mAh-Akku 721 g. Mit dem großen Akku beträgt die maximale Betriebszeit bei 1 W Sendeleistung zwischen 8 und 12 Stunden. Wie für das FuG 10b steht für das FuG 13b ein umfangreiches Zubehörprogramm einschließlich Sprachverschlüsselungsmodul zur Verfügung.

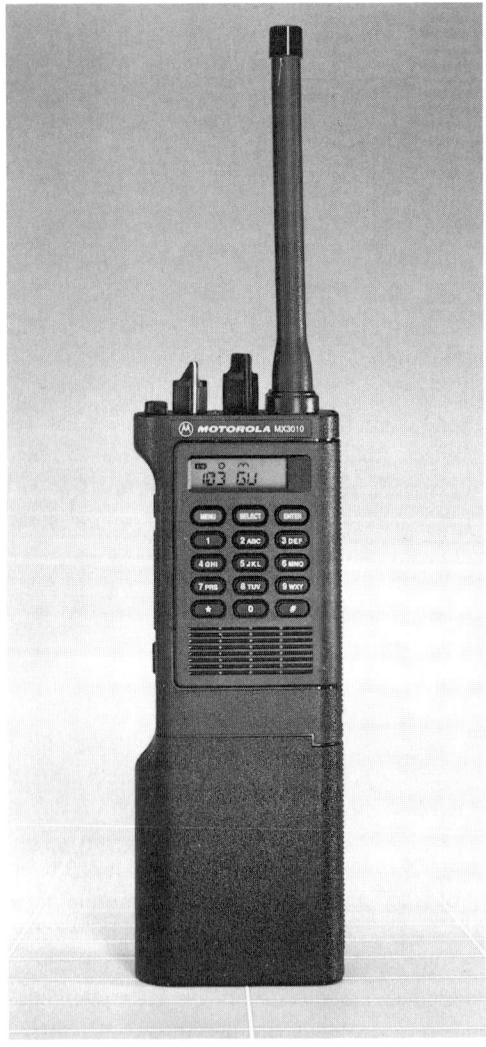

Abb. 7.19 *FuG 13b von Motorola.*

8 Funkalarmierung

8.1 Alarmierungsarten

8.1.1 Allgemeines

Ein im Bundesgebiet seit 1974 bei Freiwilligen, Berufs- und Werksfeuerwehren, Rettungsdiensten und dem Katastrophenschutz weit verbreitetes Verfahren zur Alarmierung von Führungs- und Einsatzkräften ist die Funkalarmierung. Bei der sogenannten analogen Alarmierung werden fünfstellige Nummern vergeben. Die erste Stelle kennzeichnet das Bundesland, die zweite Stelle den Landkreis. Die restlichen drei Ziffern können individuell vergeben werden. Adressierungen von Gruppen (Löschzugbesatzungen), Spezialisten (bei Gefahrgut- oder Chemieunfällen) oder Einzelpersonen (Brandinspektoren, Einsatzleiter, Leitende Notärzte) sind möglich.

Bei der Funkalarmierung betätigt der Einsatzdisponent in der Leitstelle eine numerische Tastatur an seinem Arbeitspult. Dabei wird die fünfstellige Rufnummer in Form von Tönen ausgesendet. Die ausgegebenen Funkalarmempfänger sind mittels eines Quarzes auf die Frequenz der Leitstelle geschaltet. Erfolgt eine Alarmierung, prüft der Tonfolgeauswerter die ausgestrahlte Fünf-Ton-Folge. Ist die Tonfolge mit der Programmierung des Funkalarmempfängers (FAE) identisch, wird der Lautsprecher des Empfängers auf Empfang gestellt. Unmittelbar nach der Fünf-Ton-Folge sendet die Leitstelle einen sogenannten »Weckruf«, der aus mehreren Tönen gleicher Frequenz besteht. Der ausgestrahlte Alarmimpuls wird vom Empfänger optisch und akustisch angezeigt. Die Aussendung der Fünf-Ton-Folge hört der Besitzer des FAE, dessen Kennung ausgestrahlt wurde, nicht. Allerdings ist nach dem Aufschalten des Empfängers der Weckruf und die anschließende Sprachdurchsage der Leitstelle mit der Nennung des Einsatzortes und der Einsatzart zu hören.

Man unterscheidet bei der Funkalarmierung zwischen »stiller Alarmierung« und »Sirenensteuerung«. Bei der stillen Alarmierung werden die Funkalarmempfänger der Einsatzkräfte einzeln oder gruppenweise aktiviert. Mit der Sirenensteuerung werden die Alarmsirenen auf den Feuerwehrgerätehäusern mit der Fünf-Ton-Folgekennung auf dem Funkweg von der Leitstelle aus eingeschaltet.

Ein typisches Bild in ländlichen Gegenden sind die Pilzköpfe der Alarmsirenen auf den Feuerwehrgerätehäusern. Sie dienen nicht nur der Warnung der Bevölkerung in Katastrophen- oder Krisensituationen sondern auch der Alarmierung der freiwilligen Feuerwehrangehörigen. In manchen Gegenden befindet sich direkt am Gerätehaus der Feuerwehr ein manueller Alarmgeber. Drückt man den von einer dünnen Glasscheibe vor Mißbrauch geschützten Knopf, heult die Sirene los und signalisiert allen Feuerwehrangehörigen in Hörweite, zum Stützpunkt zu kommen. Gelegentlich, so hört man immer wieder, macht sich die Dorfjugend im bierseligen Zustand einen Spaß daraus, die »Blauröcke« zur nachtschlafenden Zeit aus dem Bett zu holen und sie dann im verschlafenen Zustand vor dem Feuerwehrstützpunkt auszulachen. Einen wirksamen Schutz vor derartigem Mißbrauch der Alarmsirene gibt es nicht. Außerdem wird bei jeder Aktivierung der »lauten Alarmierung« durch die Sirene, egal ob zu einem realen Einsatz oder zur Brandübung gerufen wird, oder einfach nur zur Sirenenfunktionskontrolle ein Alarm ausgelöst wird, das ganze Dorf und die Nachbargemeinden mit aufgeschreckt. Das führt nicht nur zur Beunruhigung der Bevölkerung, sondern lockt auch zahlreiche Schaulustige, die man im Einsatzfall nicht gebrauchen kann, zum Stützpunkt an.

In vielen größeren Gemeinden und Städten gehört die laute Alarmierung per Sirene der Vergangenheit an. Dort hat man auf die sogenannte »stille Alarmierung« umgestellt. Bei dieser Alarmierungsart trägt jeder Aktive von Feuerwehr-, Rettungsdienst und Katastrophenschutz einen Funkempfänger von der Größe einer Zigarettenschachtel. Im Einsatz- oder Übungsfall löst die Leitstelle einen Impuls aus, der gezielt die Mitglieder der angefunkten Wehr oder Einsatzabteilung alarmiert. Die laute Sirene bleibt still und trotzdem weiß jeder Besitzer eines Alarmierungsempfängers, der sich innerhalb des Funkverkehrskreises der Leitstelle befindet, daß er am Stützpunkt erwartet wird. Die übrige Bevölkerung wird bei dieser Alarmierungsart nicht mehr belästigt.

8.1.2   Definition der Begriffe

Die Einzelheiten des bundeseinheitlichen Alarmverfahrens sowie die Betriebsmerkmale von Alarmgebern und Alarmempfängern sind in der Technischen Richtlinie BOS (TR-BOS) unter »Geräte für die Funkalarmierung« mit den Abschnitten

- A - Alarmgeber
- B - Alarmumsetzer
- C - Meldeempfänger
- D - Folgerufanzeiger und Folgerufempfänger

beschrieben. Trotz der TR-BOS-Definition gibt es keinen einheitlichen Begriff für die Geräte. Je nach Bundesland heißen sie »Funkalarmempfänger«, »Funkrufempfänger«, »Pager« oder »Meldeempfänger«.

8.1.3   Funktion

Funkalarmempfänger unterschieden sich nach ihrem Einsatzzweck in Taschenmeldeempfänger mit eingebauter Hilfsantenne (Rahmenantenne im Gehäuserahmen) und tragbare Meldeempfänger, die auch mobil im Fahrzeug und für den stationären Betrieb an einer Außenantenne eingesetzt werden können.

Taschenfunkalarmempfänger bestehen aus einem UKW-Empfangsteil mit FM-Demodulator und in das Gehäuse eingebauter Rahmenantenne, einem nachgeschalteten elektronischen Auswerter, NF-Verstärker und einem Gehäuselautsprecher. Der Empfänger ist fest auf einen bestimmten Funkkanal im 4-m-Band, in der Regel auf den Sprechfunkkanal der Einsatzleitstelle des Funkverkehrskreises, programmiert.

Diese Frequenzeinstellung erfolgt bei den meisten Geräten mit einem Schwingquarzes, der auf die Oberbandfrequenz des Leitstellenkanals abgestimmt ist. Beim Oberbandempfang ist die Ausstrahlung des Alarmsignals über Relaisfunkstellen möglich und vergrößert die Reichweite und Alarmierungssicherheit. Im Ruhezustand ist der Empfänger stummgeschaltet.

Die Auslösung des Alarms erfolgt von der Leitstelle aus durch die Aussendung eines selektiven Fünf-Ton-Folgerufes. Dieser Fünf-Ton-Ruf ist seit 1975 in Gebrauch. Bis zum Jahr 1979 war übergangsweise die Alarmierung mit Drei-Ton-Folgeruf zugelassen. Diese Alarmierungsart ist heute nicht mehr anzutreffen. Es sind nur noch Funkalarmempfänger zugelassen, die ausschließlich die Baurichtlinien des Arbeitskreises V und die Technischen Richtlinien BOS erfüllen.

Selektivruf ist ein Verfahren, mit dem innerhalb eines Funkverkehrskreises ein einzelner Teilnehmer oder eine Teilnehmergruppe selektiert, also gezielt angesprochen werden kann. Jedes Teilnehmergerät des Funknetzes erhält eine fünfstellige Kennungsnummer. Für die Ausstrahlung über Funk wird jede Ziffer von 0 bis 9 einer festgelegten Tonfrequenz zugeordnet.

Bei der Alarmierung werden die fünf Töne analog zu den fünf Ziffern der Teilnehmernummer nacheinander ausgestrahlt. Dieser Ruf kann von allen Funkalarmempfängern in Reichweite des Funkverkehrskreises empfangen werden. Der Auswerter im Empfänger vergleicht die ausgestrahlte Tonfolge mit der im Gerät programmierten Kennungsnummer. Stimmen beide Tonfolgen überein, wird der NF-Verstärker aktiviert und ein Alarmton bzw. Weckton wird über den Gehäuselautsprecher ausgegeben.

Je nach verwendeter Geräteart besteht die Alarmierung nur aus einem akustischen Signal, einem optischen und akustischen Signal und zusätzlich der Aktivierung eines kleinen Elektromotors, der das Gerät in Schwingen versetzt und den Geräteträger auch bei abgeschaltetem Lautsprecher auf den Alarm aufmerksam macht. Zusätzlich besteht die Möglichkeit, eine Sprachdurchsage der Leitstelle auf den Lautsprecher auszugeben, um den Einsatzbefehl abzuhören.

Zur Sicherheit wird die Fünf-Ton-Folge zweimal nacheinander ausgestrahlt.

Beim Empfang der ersten Tonfolge wird der Gerätelautsprecher eingeschaltet und ein sogenannter »Weckruf« mit einer Frequenz von 2600 Hz ausgegeben. Die Anzahl der Weckrufimpulse und deren Dauer ist nicht bundeseinheitlich geregelt. In der Mehrzahl der Funkverkehrskreise wird mit fünf oder zehn Pulsen mit einer Gesamtdauer von fünf Sekunden gearbeitet.

8.1.4 Empfängertypen

Funkalarmempfänger werden in verschiedene Klassen unterteilt:

- ME 0 - Funkalarmempfänger ohne Sprachausgabe
- ME 0V - Funkalarmempfänger ohne Sprachausgabe, Anrufsignalisierung mit Vibrator
- ME I - Taschenfunkalarmempfänger nach TR-BOS 3.1, zweiteilige Ausführung mit getrennter Heimstation (Ladegerät, Hilfsantenne und Anrufanzeigenspeicher eingebaut)
- ME II - Taschenfunkalarmempfänger nach TR-BOS 3.2, Kompaktgerät für Netz- und Akkubetrieb, Außenantennenanschluß, Prüftaste für Funktionskontrolle
- ME III - Ortsfeste Empfangsfunkanlage zur Steuerung von Sirenen, Netzbetrieb, Außenantennenanschluß, ausgestattet mit Doppelton-Auswerter für Sirenenaktivierung.

8.1.5 Sirenensteuerung

Alarmsirenen werden ebenfalls über die von Funkalarmempfängern her bekannte Fünf-Ton-Folge ausgelöst. Zusätzlich wird bei der Eingabe einer Sirenenkennung ein Doppelton von fünf Sekunden Länge ausgestrahlt. Zur Steuerung von Sirenen werden nur noch ortsfeste Funkanlagen für Fernwirkfunkverbindungen zugelassen, die den Baurichtlinien der TR-BOS entsprechen. Für die Errichtung und den Betrieb dieser ortsfesten Empfangsfunkanlagen sind die Bestimmungen des Fernmeldeanlagengesetzes und die »Regelungen für Fernwirkfunkanlagen des nichtöffentlichen beweglichen Landfunkdienstes« verbindlich.

8.1.6 Fünf-Ton-Folgeruf

Für die Funkalarmierung von BOS-Angehörigen wird seit 1975 bundeseinheitlich ein Fünf-Ton-Folgeruf verwendet, der auf einer vom Zentralverband der Elektroindustrie (ZVEI) genormten Tonfrequenzreihenfolge von elf Tönen aufbaut. Den Ziffern von 0 bis 9 werden zehn Tonfrequenzen zugeordnet:

1 = 1060 Hz	6 = 1670 Hz
2 = 1160 Hz	7 = 1830 Hz
3 = 1270 Hz	8 = 2000 Hz
4 = 1400 Hz	9 = 2200 Hz
5 = 1530 Hz	0 = 2400 Hz

Die elfte Tonfrequenz von 2600 Hz dient als Wiederholungs- bzw. als Weckzeichen.

Bei der Ausstrahlung einer fünfstelligen Kennungsnummer wird eine Tonreihe gebildet, deren Einzeltöne 70 ms mit einer Toleranz von +/- 15 ms dauert. Zwischen der Ausstrahlung der einzelnen Töne erfolgt eine Pause von 15 ms. Nach der Ausstrahlung der ersten Tonreihe wird die Tonfolge nach einer Pause von 70 ms aus Sicherheitsgründen ein zweites Mal ausgesendet. Alle Kombinationen von Kennungsnummern von 00000 bis 99999 sind möglich. Folgen zwei gleiche Ziffern aufeinander, wird anstelle der doppelten Ausstrahlung des für die Ziffern festgelegten Tones ein Wiederholzeichen ausgegeben, das mit einem 2600-Hz-Ton definiert ist. Für ein eventuelle dritte gleiche Ziffer wird wieder die entsprechende Frequenz gesendet. Beispiel: Eine Kennungsnummer »52731« besteht aus den Tonfrequenzen 1530 Hz, 1160 Hz, 1830 Hz, 1270 Hz, 1060 Hz; eine Kennungsnummer »42227« aus der Kombination 1400 Hz, 1160 Hz, 2600 Hz, 1160 Hz, 1830 Hz.

Der vollständige Ablauf eines Fünf-Ton-Folgerufes ist zeitlich so aufgebaut:

− Sendertastung und Vorlauf 600 ms +/- 60 ms
− Fünf-Ton-Folge 350 ms +/- 10 ms
− Pause 600 ms +/- 60 ms
− Wiederholung der Fünf-Ton-Folge 350 ms +/- 10 ms
− Kanalbelegton bzw. Doppelton für Sirene 5000 ms +/- 250 ms
− Nachlauf 70 ms +/- 2 ms
− Gesamtdauer 7570 ms +/- 452 ms

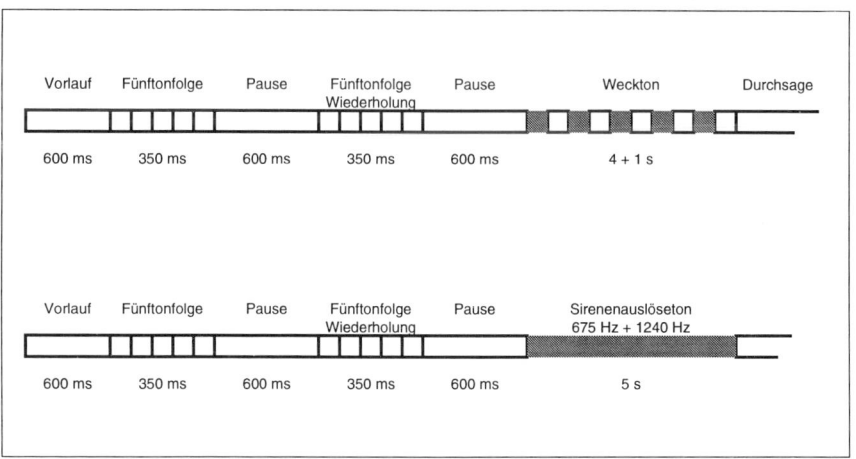

Abb. 8.1 *Ablaufschema eines Fünf-Ton-Folgerufs, oben für Alarmierung mit anschließender Sprachdurchsage, unten für Sirenensteuerung.*

Abweichend von den Richtlinien des ZVEI ist bei der BOS-Alarmierung die Zeittoleranz des Einzeltones nur 70 ms +/- 2 ms und die Zwischenpause vor der Wiederholung 600 ms. Zur Erhöhung der Alarmierungssicherheit wird für die Auslösung einer Sirene ein Doppelton ausgestrahlt.

Das Fünf-Ton-System erlaubt 100.000 verschiedene Rufkombinationen. Die erste Ziffer kennzeichnet das Bundesland. Da nur zehn Ziffern für insgesamt 16 Bundesländer zur Verfügung stehen, mußten die Ziffern 1, 2, 3, 8 und 9 für die erste Stelle der Kennungsnummer doppelt vergeben werden. Die Ziffern sind folgendermaßen verteilt:

1 = Baden-Württemberg	6 = Niedersachsen
1 = Sachsen-Anhalt	7 = Nordrhein Westfalen
2 = Bayern	8 = Rheinland-Pfalz
2 = Mecklenburg-Vorpommern	8 = Thüringen
3 = Bremen	9 = Saarland
3 = Brandenburg	9 = Berlin
4 = Hamburg	0 = Schleswig-Holstein
5 = Hessen	0 = Sachsen

Die zweite Stelle der Fünf-Ton-Folgekennung ist in jedem Bundesland regional nach einem festen Schlüssel, zum Beispiel nach Bezirksregierungen oder Regierungspräsidien, vergeben. In Hessen dient die zweite Ziffer der Bereichskennung. Nach der Landeskennung »5« folgen als zweite Ziffer die Bereichskennzahlen:

1 = Hessen-Nord	6 = Rhein-Taunus
2 = Hessen-West	7 = Main-Kinzig
3 = Hessen-Ost	8 = Hessen-Süd.
4 = Rhein-Main	

In Baden-Württemberg ist die zweite Ziffer folgendermaßen zugewiesen:

0 und 1 = Innenministerium und Landesfeuerwehrschule
2 und 3 = Regierungspräsidium Stuttgart
4 und 5 = Regierungspräsidium Karlsruhe
6 und 7 = Regierungspräsidium Freiburg
8 und 9 = Regierungspräsidium Tübingen.

Die letzten drei Ziffern sind innerhalb der einzelnen Funkverkehrskreise regional verteilt. Der Alarmierungsfunkkanal ist mit dem Kanalbelegton 5 s lang blockiert. Während dieser Zeit strahlen die ausgelösten Funkalarmempfänger den Weckton mit fünf oder zehn Impulsen aus. Gegebenenfalls kann die Leitstelle im Anschluß an den Weckton eine Sprachdurchsage mit dem Einsatzbefehl aussenden. Bei der Auslösung einer Sirene wird an Stelle des 2600-Hz-Kanalbelegtons fünf Sekunden lang eine Doppelton mit den Frequenzen 675 Hz und 1240 Hz ausgestrahlt. In der Regel wird die Sirene bereits zwei Sekunden nach Empfang des Doppeltons aktiviert.

8.1.7 Alarmgeber

Der Alarmgeber ist als Zusatzgerät an das Funkgerät der alarmauslösenden Leitstelle angeschlossen. In ihm wird der Folgeruf elektronisch erzeugt und dem Niederfrequenzeingang des Senders zugeführt.
Nach TR-BOS unterscheidet man vier verschiedene Arten von Alarmgebern:

- Baustufe I (Alarmgeber AG I) = Alarmgeber mit bis zu 20 Zieltasten zur Auslösung von vorprogrammierten und im Gerät gespeicherten Rufkombinationen für Folgerufe.
- Baustufe II = (Alarmgeber AG II) = Alarmgeber mit integrierter Zehnerzifferntastatur zur manuellen Eingabe der letzten drei Ziffern der Rufkombination und dreistelliger digitaler Anzeige zur Kontrolle. Die erste und zweite Ziffer für Landeskennung und Regionalkennung sind im Alarmgeber bereits vorprogrammiert.
- Baustufe III = (Alarmgeber AG III) = Alarmgeber mit Zieltasten und Zifferntastatur und Anzeige. Kombinationsgerät, das die Merkmale der Baustufen I und II in einem Gerät vereinigt.
- Baustufe IV (Alarmgeber AG IV) = Alarmgeber mit Merkmalen der Baustufe II, zusätzlich mit einer Schnittstelle zur externen Ferneinstellung und Fernauslösung von Folgerufen ausgestattet.

Für die Alarmgeber aller Baustufen gilt, daß die Rufauslösung erst durch gleichzeitiges Betätigen von zwei roten Tasten aktiviert wird, daß der Folgerufablauf durch Aufleuchten einer roten Lampe angezeigt wird, daß die Sirenenauslösung über eine separate, mit »SIR« gekennzeichnete, Taste erfolgt und mit einer blauen oder grünen Lampe angezeigt wird und daß die Stromversorgung aus dem Funkgerät erfolgt.

8.1.8 Alarmumsetzer

In bestimmten Funkverkehrskreisen dient ein Alarmumsetzer (AU) als Hilfsrelaisstelle zur Zwischenspeicherung von Fünf-Ton-Folgerufen. Er ist je nach Ausbaustufe mit bis zu zehn Folgerufauswertern ausgestattet und wird als Zusatzgerät an das Funkgerät im Feuerwehrgerätehaus angeschlossen. Jedem Auswerter sind bestimmte Folgerufgeber angeschlossen. Nach dem Empfang eines Fünf-Ton-Folgerufes und der Abschaltung des Trägers der alarmierenden Leitstelle wird der Funkalarm im Gemeindegebiet zeitversetzt ausgestrahlt. Es können auch mehrere verschiedene Folgerufe aktiviert und ausgestrahlt werden. Damit wird die Anrufsicherheit der Meldeempfänger, vor allem der Taschenempfänger vom Typ ME I in schlecht versorgten Gebieten des Funkverkehrskreises wesentlich erhöht. Der Empfang einer Sprachdurchsage ist bei Verwendung eines Alarm-Zwischenspeichers nicht möglich. Deshalb entfällt bei der Alarmierung durch einen Umsetzer auch die Ausstrahlung des Kanalbelegtons.

Folgerufe für Auswerter und Geber und ihre funktionelle Verknüpfung sind bei Alarmumsetzer der Baustufe I in programmierbaren Halbleiterspeichern (PROM) gespeichert. Beim Geräten der Baustufe II werden die Auswerter durch Lötverbindungen, die Geber an den letzten drei Stellen von außen einstellbar. Die Verknüpfung erfolgt über ein Kodierfeld.

8.2 Geräte für Funkalarmempfang

8.2.1 Allgemeines

Funkalarmempfänger der Typklassen ME 0, ME 0V, ME I und ME II werden von verschiedenen Herstellern in unterschiedlichen Ausführungen angeboten. Bei den Feuerwehren finden FAEs im orangenfarbigen Kunststoffgehäuse von AEG und Bosch sowie im grauen Gehäuse von Motorola angeboten. Für die Polizei und andere BOS-Dienste gibt es grüne und schwarze Gehäuse. Fast alle der in Betrieb befindlichen Funkalarmempfänger stammen aus den Entwicklungsabteilungen der Firmen Swissphone und Motorola. Diese Geräte werden als OEM-Produkte von deutschen Herstellern unter eigenem Produktnamen vertrieben.

8.3 Motorola BMD

8.3.1 Allgemeines

Für den Einsatz bei Feuerwehren, Polizei und Hilfsdiensten bietet die Paging Products Group von Motorola den Melde- und Alarmempfänger »BMD« an. Der BMD ist mit Nur-Ton-Ruf oder kombiniert mit Sprachdurchsage erhältlich.
Das robuste Gehäuse ist für höchste Anforderungen konzipiert. Schalter und Knöp-

fe sind mit Gummidichtungen versehen. Batteriefachverschluß, Gehäuseoberteil, Ohrhörerbuchse und Ladekontakte werden durch besondere Versiegelung vor schädlichen Umwelteinflüssen staub- und wassergeschützt nach DIN 40050 (Schutzart IP 52). Das Batteriefach ist seitlich ausschwenkbar und löst sich bei versehentlicher Überdehnung ohne zu zerbrechen aus den Scharnieren. Der flache Halteclip ermöglicht bequeme Trageweise und hält einer Zugkraft bis zu 45 Kilopond stand.

Der maximale Schalldruck beträgt in 50 cm Entfernung 86 dB(A). Der BMD unterscheidet Einzelrufe und Gruppenrufe und gibt sie im Rufton akustisch unterschiedlich wieder. Die zweistufige Lautstärkeregelung gestattet den Gebrauch am lärmintensiven Einsatzort ebenso wie im Bereitschaftsdienst zu Hause.

Der Empfänger des BMD wertet sämtliche Fünf-Ton-Rufverfahren einschließlich ihrer Vier-Ton- und Drei-Ton-Varianten aus. Die Gruppenruffunktionen lassen sich anwenderspezifisch frei programmieren.

8.3.2 Ausstattung

Die Programmiermöglichkeiten des Motorola-BMD sind:
Mithören - Diese Programmierung ermöglicht das Verfolgen aller auf dem Funkkanal geführten Gespräche. Das störende Rauschen zwischen den Durchsagen wird von einer Rauschsperre automatisch unterdrückt.

Abb. 8.2 *Motorola BMD.*

Anruferinnerung - Zu den Besonderheiten bei der Ausstattung des BMD gehört die Anruferinnerung. Nach Empfang und Auswertung eines Rufs erfolgt alle 32 Sekunden ein kurzer Alarmton. Dieser läßt sich manuell abschalten, wobei das Gerät wieder in die normale Empfangsbereitschaft zurückversetzt wird. Vorteil dieser Memoryschaltung ist, daß eine Überwachung der optischen Anzeige nicht mehr erforderlich ist.

Automatische Rückstellung - Es stehen zwei Modellserien zur Verfügung. Eine Modellserie wird in der Standardversion mit manueller Rückstellung ausgeliefert. Auf Wunsch ist eine automatische Rückstellung auf Empfangsbereitschaft mit drei verschiedenen Möglichkeiten wählbar: zwei Sekunden nach Trägerabfall stellt das Gerät zurück; 32 Sekunden nach Trägerabfall stellt das Gerät zurück, kann aber vorher auch manuell zurückgestellt werden; nach der Rufauswertung bleibt das Gerät 32 Sekunden für eine oder mehrere Sprachdurchsagen offen, bevor es automatisch zurücksetzt.

Die andere Modellserie ist so programmiert, daß der Lautsprecher noch 32 Sekunden nach erfolgter Sprachdurchsage für eventuelle Wiederholungen oder Zusatzinformationen eingeschaltet bleibt. Diese Version ist bei BOS-Diensten die am weitesten verbreitete.

Der Anrufspeicher nimmt zwei Anrufe auf, einen Individualruf und/oder einen Gruppenruf. Die Art des gespeicherten Rufs wird akustisch unterschiedlich wiedergegeben.

Das Gerät läßt sich mit aufladbaren Nickel-Cadmium-Akkus ebenso wie mit Quecksilberbatterien bestücken. Die Ladegeräte sind in verschiedenen Versionen lieferbar. Der BMD-Heimzusatz enthält ein zweites Ladefach für einen Ersatzakku.

8.3.3 Technische Daten

Das Gehäuse des BMD ist 96,7 mm hoch, 60,5 mm breit und 21,5 mm tief. Mit NiCd-Akku beträgt das Gewicht des betriebsbereiten Geräts 164 g. Die Spannungsversorgung erfolgt mit zwei 1,3-V-N-Zellen, Quecksilberbatterien (Typ NLN6199) oder zwei Nickel-Cadmium-Zellen (Typ GLN6449). Der Stromverbrauch liegt bei 4 mA bei Empfangsbereitschaft und 160 mA beim Alarmempfang und Sprachdurchsage mit mittlerer Lautstärke. Die Betriebsdauer bei 150 s NF-Leistung innerhalb von acht Stunden liegt bei Verwendung von NiCd-Akkus bei 40 Stunden, mit Quecksilberbatterien bei rund 200 Stunden.

Für die Verwendung bei BOS-Diensten sind die BMD-Versionen ADA02ZAC1563-M (nur Tonruf) und ADA02ZAC2563-M (Tonruf und Sprache) für 2-m- und 4-m-Band-Betrieb unter der BOS-Nr. ME 124/84 zugelassen. Die Empfängerempfindlichkeit beträgt auf beiden Bändern 0,7 µV (20 dB S/R), die Spiegel- und Nebenwellendämpfung ist größer 70 dB und die Rufempfindlichkeit liegt bei 6 bis 10 µV/m.

8.4 Swissphone Quattro

8.4.1 Allgemeines

Eine als Original- und OEM-Produkt unter anderem Label weit verbreiteter Meldeempfänger ist das Modell RE 229 »Quattro« von Swissphone. Mit vier verschiedenen programmierbaren Rufadressen können im Alarmierungsfall Dringlichkeitsgrad oder Einsatzart übermittelt werden. Der Quattro ist das Nachfolgemodell des RE 228, der aus dem Lieferprogramm herausgenommen wurde.

8.4.2 Ausstattung

Leichte Programmierung ohne größeren Aufwand und Öffnen des Gehäuses ist beim Quattro möglich. Wird für eine zusätzliche Organisation oder Aufgabe mit separater Rufnummer eine Umprogrammierung nötig, wird das Gerät in ein Programmiergerät eingesetzt und mit dem Computer PC 1500 die gewünschte Programmierung im Dialogsystem durchgeführt.

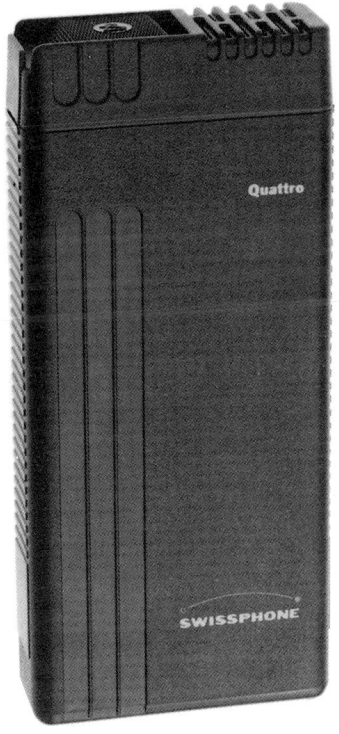

Abb. 8.3 *Swissphone Quattro.*

Dank dem eingebauten Mikroprozessor kann der Quattro durch einfaches Programmieren universell in jedes bestehende und neue Funknetz integriert werden. Befindet sich der Empfänger im Einsatz, wird der zuletzt empfangene Ruf gespeichert, bis ein neuer Ruf eintrifft. Durch Drücken der Löschtaste kann dieser abgefragt und hörbar gemacht werden. Für den Benutzer ist sofort ersichtlich, welche der vier Adressen bzw. Rufnummern zuletzt angerufen wurde. Das geschieht durch die Signalisierung mit verschiedenen Tonfolgen.

Mit einem einzigen 1,2-V-NiCd-Akku ausgerüstet erreicht der Quattro dank SMD-Technik und Niederspannungs-Halbleitertechnologie eine netzunabhängige Betriebszeit von über 70 Stunden. An Stelle eines Akkus kann das Gerät auch mit einer handelsüblichen 1,5-V-Mignonzelle betrieben werden.

8.4.3 Zubehör

Swissphone bietet für das Modell Quattro ein umfangreiches Zubehörprogramm an. Die Heimstation HLV 227 dient zum Laden des Akkus. Eine aufgesteckte Antenne verbessert den Empfang innerhalb von Gebäuden. Das Ladegerät kann zusätzlich einen Relais- oder NF-Verstärkerausgang beinhalten.

Das Autoladegerät ALG 227 ermöglicht die Ladung des Akkus über das Fahrzeugbordnetz. An das Ladegerät kann eine Fahrzeugantenne für besseren Empfang angeschlossen werden. Für externe Alarmierung kann das ALG wahlweise mit einem Relais- oder NF-Verstärkerausgang ausgerüstet werden.

Der Programmiercomputer PC 1500 erlaubt die schnelle Umprogrammierung von Rufnummernspeichern.

8.4.4 Technische Daten

Der Swissphone Quattro erlaubt die individuelle Rufauswertung von vier unabhängigen Rufadressen für Einzel-, Sammel-, Probe- und Gruppenrufen. Er ist mit digital gesteuerter Rauschsperre, Sprachdurchsage und Anruflampe, auf Wunsch auch mit Vibrator, lieferbar.

Die Modelle RE 229/08 für den 4-m-Bereich und RE 229/16 für das 2-m-Band sind für den BOS-Einsatz zugelassen. Sie empfangen und signalisieren die Selektivrufsysteme Fünf-Ton-Folge nach ZVEI, CCIR, EEA, ZVEI2 und Langton. Die Empfindlichkeit des Empfängers beträgt in beiden Bändern 5 µV/m. Mit dem eingebauten Lautsprecher wird eine Wiedergabelautstärke von 85 dBA in 30 cm Entfernung erreicht.

Das Gehäuse ist 113 mm hoch, 51,6 mm breit und 19 mm tief. Betriebsbereit mit eingelegtem Akku oder Batterie wiegt der Quattro 137 g.

8.5   Swissphone Memo

8.5.1   Allgemeines

Neustes Modell im Swissphone-Programm ist der analoge Meldeempfänger RE 329 »Memo«. Der Memo ist mit einem Sprachspeicher ausgestattet, der ein Überhören von Durchsagen unmöglich macht. Die Durchsagen werden digital abgespeichert und können beliebig oft abgerufen werden. Neu ist auch die integrierte Flüssigkristallanzeige (LC-Display) mit optischer Anzeige der jeweiligen Rufadresse. Das Gerät deckt mit seinem werksseitig eingebauten Quarz alle Frequenzen des jeweiligen Bereichs (4-m-Band oder 2-m-Band) ab. Daher kann der Meldeempfänger per Software und ohne Austausch von Quarzen auf einen beliebigen Kanal innerhalb der BOS-Bänder eingestellt werden.

8.5.2   Ausstattung

Der große Vorteil des Fünf-Ton-Meldeempfängers Memo ist der digitale Sprachspeicher. Die Meldungen können beliebig oft abgehört werden, zum Beispiel, wenn eine wichtige Information nicht auf Anhieb verstanden oder ein entscheidendes De-

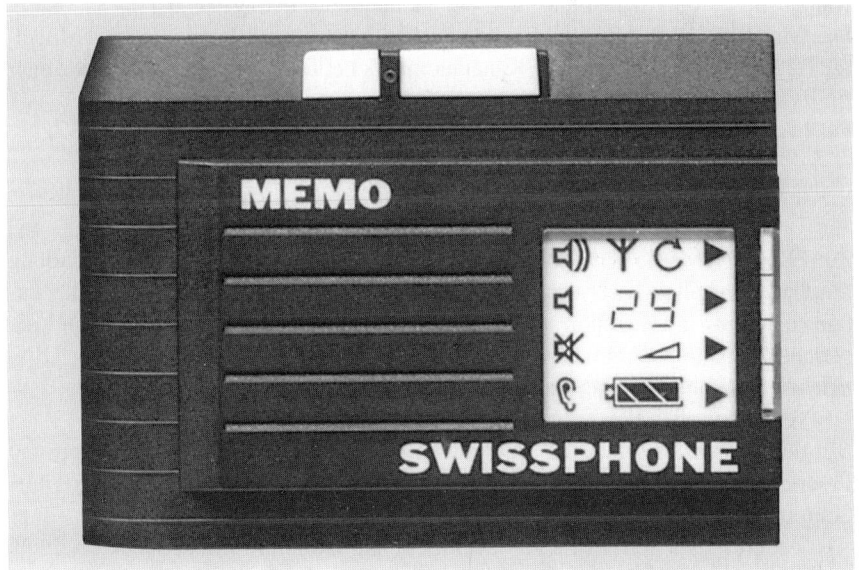

Abb. 8.4 Swissphone Memo.

tail bei der Durchsage überhört wurde. Ein unüberhörbarer Signalton (Weckruf), der Anruf-Vibrator und die optische Pfeilanzeige der Einsatzart auf dem übersichtlichen Display setzen darüber hinaus einen neuen Sicherheitsstandard in punkto Anrufsignalisierung.

Zusätzliche Leistungsmerkmale und Empfängervarianten erweitern den Einsatzbereich. Beim Memo MK sind bis zu 29 Funkkanäle innerhalb einer Schaltbandbreite von 10 MHz manuell einstellbar. Der Memo MKA wechselt automatisch den Kanal beim Übergang von einem Funkverkehrskreis zum nächsten. Alternativ zur Kanalautomatik wechselt der Scanner den Kanal zyklisch beim Betrieb in mehreren örtlichen Funkverkehrskreisen.

8.5.3   Technische Daten

Das hochwertige Empfangsteil in SMD-Technik bietet eine Anrufempfindlichkeit von 3,7 µV/m. Das Standardmodell RE 329 EK erlaubt die freie Programmierung von vier unabhängigen Rufnummern für Kommandanten-Ruf (Einzelruf), 10er-, 100er- und 1000er-Gruppenruf. Das schlagfeste Kunststoffgehäuse ist 92 mm breit, 65 mm hoch und 15 mm tief und erfüllt die Schutzart IP 52. Die Betriebsdauer mit einer Akkuladung beträgt etwa 60 Stunden. Mit Akkumulator wiegt der Memo 140 g. Das Gerät hat die BOS-Zulassung ME I-4 32/93.

Der Meldeempfänger RE 329 MK bietet die gleichen Leistungsmerkmale wie das Modell RE 329 EK und zusätzlich manuell einstellbaren Mehrkanalbetrieb bis 29 Kanäle im 2- oder 4-m-Band. Die Schaltbandbreite beträgt 10 MHz.

Das Modell RE 329 MKA bietet die gleichen Leistungsmerkmale wie das Modell RE 329 EK und zusätzlich eine Kanalautomatik bei Bereichswechsel oder Scanner für zyklische Kanalsuche.

8.5.4   Zubehör

Zum RE 329 Memo wird das Ladegerät LG 329 für kontrollierte Schnelladung mit Ladekontrolle, Anrufanzeige durch Leuchtdiode und BNC-Anschluß für externe Antenne als Zubehör angeboten. Das Ladegerät LG 329 RL/NF bietet die gleichen Leistungsmerkmale wie das LG 329 und zusätzliche eine fünfpolige DIN-Buchse für Relaisausgang und Zusatzlautsprecher sowie einen eingebauten 2 W NF-Verstärker.

Mit dem Programmierset RE 329 können die Geräteparameter, Rufadressen und Frequenzen im Speicher des Memo von einem Personal Computer über die serielle Schnittstelle gelesen und verändert werden.

Als weiteres Zubehör wird eine Ledertasche am Gürtel mit Sicherheitsverschluß, eine Tragekette mit Bodenplatte anstelle des Clips und eine Ansteckantenne für die Ladegeräte angeboten.

8.6 Swissphone Joker

8.6.1 Allgemeines

Der Swissphone RE 329 »Joker« ist die Einfach-Version des »Memo« ohne digitalen Sprachspeicher. Die Betriebsfrequenz ist im Frequenzbereich 81 bis 88 MHz in 20-kHz-Schritten programmierbar. Die Betriebszeit des 133 g schweren Joker beträgt 50 Stunden. Es kann das gleiche Zubehör wie für das Memo-Modell verwendet werden.

8.7 Weitere Funkrufsysteme

8.7.1 Eurosignal

Das Funkrufsystem »Eurosignal« ist ein 1974 geschaffener öffentlicher, überregionaler Funkrufdienst der Telekom. Jeder Funkrufempfänger kann mit einem gewöhnliches Telefon über die Funkrufzentralen der Telekom angesprochen werden. Im Funkrufempfänger erfolgt ein akustisches und optisches Signal. Jedem Empfänger können bis zu vier sechsstellige Funkrufnummern zugeteilt werden, die Übertragung von Sprache und alphanummerischen Zeichen ist bei Eurosignal nicht möglich. Das Bundesgebiet ist in die Funkrufbereiche Nord, Mitte und Süd aufgeteilt. Voraussetzung für die erfolgreiche Aktivierung eines Eurosignal-Empfängers ist die Kenntnis über den Aufenthaltsort der zu alarmierenden Person. Vor der Eingabe der Funkrufnummer muß die entsprechende Vorwahlnummer aus einem der drei Bereiche gewählt werden, da jeder Bereich eine eigene Funkrufzentrale und Frequenz hat. Der Funkrufempfänger muß manuell auf den entsprechend dem Standort eingesetzten Kanal eingestellt werden. Diese Kanäle sind:
A 87.340 MHz national, B 87.365 MHz national, C 87.390 MHz international und D 87.415 MHz international
Eine Kontrolle, ob der aktivierte Funkruf auch tatsächlich beim Empfänger ankommt, gibt es nicht. In den neuen Bundesländern ist Eurosignal nicht verfügbar.

8.7.2 City-Ruf

Im Jahre 1989 wurde ein neuer Funkrufdienst mit dem Namen »City-Ruf« in Deutschland eingeführt. Dabei handelt es sich um ein regionales Netz mit geographisch fest definierten Rufzonen mit mehr als 60 Vorwahlnummern. Jede Rufzone ist durch eine zweistellige Nummer gekennzeichnet, die mit den ersten beiden Ziffern nach der Null der Telefonvorwahlnummer identisch ist. Der Unterschied zwischen City-Ruf und Eurosignal besteht darin, daß beim City-Ruf neben der akustischen und optischen Alarmierung eines Teilnehmers Ziffern, Buchstaben und Sonderzeichen übertragen werden können. Bei der Rufklasse 0 werden nur Signaltöne übertragen, in der Rufklasse 1 können Ziffern an einen entsprechend ausgestatteten Empfänger übermittelt werden. In der Rufklasse 2 lassen sich bis zu 80 alphanumerische Zeichen übertragen und im Display des Empfängers abrufen. Diese Zeichen können direkt über Datex-J/BTX, einen PC oder indirekt über einen Auftragsdienst der Telekom übermitteln werden. Auch bei diesem Dienst besteht keine Rückmeldekontrolle. Die Übertragung erfolgt im POCSAG-Code auf den 70-cm-Frequenzen 465.970 MHz, 466.075 MHz und 466.230 MHz.

8.7.3 Ermes

Ermes ist ein Funkrufsystem, das in 18 europäischen Länder nach gleichen Spezifikationen im Aufbau ist. Ebenso wie City-Ruf unterscheidet man drei verschiedene Rufklassen, den Nur-Ton-Ruf, den Numerik-Ruf und den Alphanumerik-Ruf. Im Unterschied zu City-Ruf soll Ermes ein bundesweites Netz mit einer Flächendeckung von über 80 Prozent werden. Es ist ein Betrieb auf 16 Funkkanälen zwischen 169.400 MHz und 169.775 MHz mit einem Kanalabstand von 25 kHz geplant. Dieser Frequenzbereich wird teilweise noch von anderen Funkanwendern genutzt.

8.7.4 Fazit

Öffentliche Funkrufsysteme die von der Telekom und in Zukunft auch von privaten Netzbetreibern angeboten werden, sind für die Alarmierung von BOS-Kräften völlig ungeeignet. Da die Aktivierung eines öffentlichen Funkrufempfängers über eine Funkrufzentrale läuft, sind Verzögerungen nicht auszuschließen. Im Einzelfall können von der Anwahl eines Funkrufempfängers per Telefon oder Computer bis zur Ausstrahlung des Signals und Aktivierung des Empfängers bis zu 30 Minuten vergehen. Außerdem entstehen zum Teil erhebliche Leitungs- und Nutzungskosten. Funkrufempfänger der öffentlichen Netze werden deshalb nur von BOS-Führungskräften eingesetzt, bei denen der Zeitfaktor bei der Alarmierung weniger wichtig als die bundesweite Erreichbarkeit der Person ist.

9 Digitale Funkalarmierung

9.1 Grundlagen

9.1.1 Vergleich Analog-Digitaltechnik

Im Kampf gegen Gefahren für Menschen, Umwelt und Sachwerte spielt die Alarmierungszeit der Hilfskräfte einen entscheidenden Faktor. Wird bei der Alarmierung von Einsatzkräften Zeit verschenkt, kann das gravierende Auswirkungen auf das Schadensereignis haben. Aus diesem Grund werden im gesamten Bundesgebiet nach und nach die Sirenen auf den Feuerwehrhäusern abgebaut und durch moderne Funkalarmempfänger ersetzt, den jeder aktive Feuerwehr-, Rettungsdienst- und Katastrophenschutzangehörige ständig mit sich trägt. Die Mitglieder der Feuerwehren, vor allem im ländlichen Raum bei Freiwilligen Feuerwehren können so bereits unmittelbar nach der Alarmauslösung, noch während der Fahrt zum Feuerwehrstützpunkt und von dort auf dem Weg zur Einsatzstelle über das Schadensereignis informiert werden.

Die Entwicklung im Feuerwehr- und Rettungswesen verlangt aber mittlerweile für die Funkalarmierung zunehmend ein leistungsfähigeres Alarmierungssystem, als es das vor zehn Jahren eingeführte Fünf-Ton-Folgerufverfahren auf Sprechfunkkanälen im 4-m-Band darstellt. Man war bisher auf die Mitbenutzung vorhandener Sprechfunkkanäle angewiesen. Die Folge davon sind eingeschränkte Leistungsmerkmale bedingt durch die technologischen Grenzen der Analogtechnik und eine Unterbrechung des Sprechfunkverkehrs während der Aussendung der Funkalarmierungstöne.

Der Schwerpunkt der Tätigkeit der Feuerwehren hat sich in den letzten Jahren von der Brandbekämpfung zur technischen Hilfeleistung verlagert, so daß neue Alarmierungskonzepte diesen geänderten Anforderungen ebenfalls gerecht werden müssen. Bei technischen Hilfeleistungen etwa muß nicht gleich ein ganzer Löschzug alarmiert werden. Vielmehr reicht es bei bestimmten Einsatzarten aus, lediglich den Rüstwagen eines Zuges zum Ausrücken zu alarmieren.

Technische Vorteile zur Erhöhung der Leistungsmerkmale sind Sicherheit und Zuverlässigkeit für den Benutzer, Schnelligkeit der Alarmierung, Herstellerunabhängigkeit durch Standardisierung der Übertragungsprotokolle, Flexibilität in der Auslegung und Anpassung der Funkverkehrskreise sowie die Berücksichtigung wirtschaftlicher Faktoren.

Nach zwanzigjähriger Anwendung kann die »Stille Alarmierung« mit dem Fünf-Ton-Folgerufsystem auf den Sprechfunkfrequenzen den weiterentwickelten Aufgaben und Möglichkeiten der BOS, speziell aber den Feuerwehren nicht mehr in vollem Umfang entsprechen. Die Überlastung der Frequenzen, der Mangel an Rufnummern, Reichweitenprobleme sowie mangelnde Funkdisziplin auf den Sprechfunkkanälen machen grundlegende Verbesserungen dringend erforderlich. Hohe Anforderungen an die Einsatzkräfte verlangen nach eindeutigen Textübermittlungen für Kommando und Spezialisten. Dieses wesentliche Kriterium ist einzig bei der digitalen Alarmierung serienmäßig vorhanden.

Das bisherige analoge Alarmsystem mit Relaisstellen an exponierten, möglichst hohen Standorten ist mit systembedingten Nachteilen verbunden. Einerseits wird oftmals ein unnötig großes Gebiet versorgt bzw. durch zu hohe Standorte werden Überreichweiten erzeugt. Die oft geübte Praxis, Relaisstellen in unmittelbarer Nähe von Radio und Fernsehsendern zu installieren, birgt die Gefahr von Übersprechen. Andererseits werden wichtige Gebiete mangelhaft oder gar nicht erreicht. Der entscheidende Einschränkung der analogen Alarmierung beruht auf der Tatsache, daß zur Alarmierung vorhandene Sprechfunkkanäle mitbenutzt werden. Mit der Zunahme der Sprechfunkteilnehmer auf einem Kanal steigt proportional das Sprechaufkommen, und damit steigt auch die Belegungszeit des Kanals. Die Koordinierung des Sprechfunkverkehrs ist damit wesentlich von der Disziplin der Teilnehmer abhängig. Dieser Faktor ist nur bedingt steuerbar, aber gerade in einem Notfall steigt die Belegungszeit des Sprechfunkkanals überproportional an und zur gleichen Zeit sind über die Fünf-Ton-Folge die Meldeempfänger zu aktivieren. Es ist erkennbar, daß nach diesem Verfahren eine koordinierte Alarmierung nur bedingt möglich ist. Situationsbedingte Rückfragen bei der Leitstelle erschweren noch zusätzlich die Situation. Bei einer Sprachdurchsage der Notfallmeldung ist wegen nicht vorhersehbarer Störpegel eine Wiederholung der Meldung angebracht. Auch dies führt bei größeren Einsätzen zu einer weiteren Belastung des Funkkanals. Eine Garantie, daß der Empfänger der Notfallmeldung diese auch akustisch verstanden hat, ist nicht gegeben.

Unter Berücksichtigung der Marktanforderungen und unter Ausnutzung der technologischen Möglichkeiten bieten die Firmen Ascom, Bosch und Swissphone das neue Alarmsystem für Behörden und Organisationen mit Sicherheitsaufgaben an, das unter Anwendung digitaler Technologie entscheidende Vorteile hinsichtlich Systemtechnik, Organisation, Funkversorgung und Empfängertechnik bietet. In enger Zusammenarbeit mit dem Fernmeldereferat des Innenministeriums Baden-Württemberg wurde das System optimiert und für den Einsatz im Feuerwehrbereich freigegeben.

9.1.2   Netzausbau

In Gebieten mit analogem Alarmierungssystem wird die digitale Alarmierung im Zuge der Ersatzbeschaffung nach und nach eingeführt. Teilweise wird parallel analog und digital alarmiert. Die Einführung des digitalen Systems macht vor allem dort Sinn, wo bisher nur unzureichende analoge Alarmierungssysteme verwendet wurden. Das trifft vor allem auf die Bundesländer Mecklenburg-Vorpommern,

Brandenburg, Sachsen-Anhalt, Sachsen und Thüringen zu, wo es bis 1990 keine BOS-Funk-Infrastruktur gab. Durch die Vereinigung ist in den neuen Bundesländern die Notwendigkeit zur Verbesserung der Infrastruktur im BOS-Bereich erkennbar geworden. Hier besteht nun die Möglichkeit, ein neues Alarmierungskonzept aufzubauen, ohne auf vorhandene Systeme Rücksicht nehmen zu müssen. In den alten Bundesländern wird dieser Übergang schrittweise im Zuge einer Umstellung von der analogen zur digitalen Technik durchgeführt.

Im Bundesland Brandenburg wurde inzwischen von Swissphone landesweit ein digitales System mit 44 Funkverkehrskreisen installiert. Eine nahezu flächendeckende Infrastruktur mit etwa. 150 digitalen, ortsfesten Funkeinrichtungen versorgen 25.000 digitale Meldeempfänger (DME). Weitere Projekte sind in Sachsen (Leipzig 2500 DME, Delitzsch 115 DME), Baden-Württemberg (Uberstadt-Weiher 80 DME), Bayern (Regensburg 20 DME), Berlin, Nordrhein-Westfalen (Düren 50 DME, Duisburg 40 DME, Wesel 40 DME) von Swissphone eingerichtet worden. Die Versorgung mit digitaler Alarmierung für das Land Thüringen ist in Vorbereitung. Ascom hat das digitale Alarmierungssystem FG 710 im Landkreis Nordfriesland und bei der Berufsfeuerwehr in Mainz installiert.

9.2 Digitale Alarmierung

9.2.1 Allgemeines

Die vergangenen Jahre haben, bedingt durch die Entwicklung der Digitaltechnik und mit der Erfindung des Mikroprozessors neue Möglichkeiten eröffnet, die auch im Bereich der Kommunikation ihren Niederschlag gefunden haben. Heute sind hochkomplexe Funktionen auf kleinstem Raum bei minimalen Kosten integrierbar. Damit ist man technologisch in der Lage, alle Anforderungen, die an ein neues Alarmierungssystem gestellt werden, zu realisieren.

Der grundlegende Gedanke bei der Digitalen Alarmierung bestand darin, für die Alarmierung ein vom Sprechfunk unabhängiges Funknetz auf Frequenzen im 2-m-BOS-Band zu verwenden. Damit war man in Bezug auf die verwendete Technologie und an das Übertragungsverfahren nicht mehr an die Anforderungen des Sprechfunks gebunden. Andererseits war es ratsam, sich der Erfahrungen bereits bestehender digitaler Funknetze zu bedienen.

9.2.2 Frequenzen

Für den Katastrophenschutz stehen im VHF-Band die Frequenzen 172,64 MHz (Kanal 25), 172,68 MHz (Kanal 27), 172,82 MHz (Kanal 34) und 172,92 MHz

(Kanal 39) zur Verfügung. Für die Feuerwehren sind die Frequenzen 173,14 MHz (Kanal 50), 173,20 (Kanal 53), 173, 24 MHz (Kanal 55) und 173,26 MHz (Kanal 56) reserviert.

Bei der digitalen Alarmierung wird nun ähnlich vorgegangen wie bei der Einführung der analogen Systeme. Durch die Verwendung digitaler Meldeempfänger im City-Ruf der Telekom sind diese Komponenten entwickelt, ausgereift und preiswert verfügbar. Es lag daher nahe, auf der Basis dieser erprobten Technologie ein digitales Alarmierungskonzept aufzubauen.

Auch im Hinblick auf eine zu erwartende Umstellung des BOS-Sprechfunks auf ein anderes Modulationsverfahren und Kanalraster ist es ratsam, schon bald mit der Trennung der Funkalarmierung von den Sprechfunkkanälen zu beginnen. Andere denkbare Systeme wie Satellitenfunk oder die Mitbenutzung von Rundfunksendern sind wegen ihrer Komplexität nicht zu verwirklichen oder in absehbarer Zeit nicht zu realisieren.

9.2.3 Merkmale

Ein wesentliches Merkmal der digitalen Alarmierung ist die Möglichkeit einer Textübertragung von der Leitstelle an die Einsatzkräfte. Die sich daraus ergebenden Vorteile sind: Die Alarmmeldung kommt als Klartext, im Gegensatz zur analogen Alarmierung ist hier die Übermittlung einer exakten Notfallmeldung an den Alarmierten möglich. Die Alarmmeldung ist speicherbar, der Alarmierte kann die Meldung beliebig oft abrufen. Das schriftliche Festhalten einer Meldung ist nicht erforderlich. Die Alarmmeldung ist protokollierbar, die Ausgabe der Alarmmeldung wird mit allen relevanten Daten wie Datum und Uhrzeit gespeichert und protokolliert. Kurze Übertragungszeiten, die Nachricht wird mit einer Geschwindigkeit von 50 Zeichen pro Sekunde übertragen. Dadurch ergeben sich kurze Belegungszeiten im Funkverkehrskreis.

9.2.4 Netzaufbau

Ein digitales Funkübertragungssystem ist einfach strukturiert und per Software an die unterschiedlichsten Organisationsformen und Einsatzbedingungen anpassbar. Für den Netzaufbau ergeben sich folgende Vorteile: Geringer Frequenzbedarf, bundesweit werden nur vier Frequenzen benötigt. So können z.B. für die Alarmierung der Feuerwehren die bisher in der Regel nicht verwendeten Oberbandfrequenzen im 2-m-Band verwendet werden.

Nahezu unbegrenzte Teilnehmerzahl, das digitale Übertragungsverfahren erlaubt für jeden Rufempfänger die Zuweisung einer oder mehrerer Rufadressen. Damit ist auf jedem Frequenzkanal die Übertragung eines Einzelrufes als auch ein Gruppen- oder Sammelruf an mehrere Teilnehmer möglich. Durch die Vergabe von

256.000 Rufadressen pro Funkkanal werden nur ein kleiner Teil von den 1,8 Millionen möglichen Adressen genutzt.

Eine nachträgliche Erweiterung des Funkverkehrskreises kann jederzeit durch eine Aufrüstung mit weiteren Stationen sehr einfach realisiert werden. Dieses Konzept erlaubt auch nachfolgende Strukturänderungen bereits installierter Funkverkehrskreise z.B. durch eine anstehende Gebietsreform.

Im wesentlichen besteht das digitale Alarmierungsnetz aus einem flächendeckenden Funknetz mit zwei oder mehreren digitalen Alarmumsetzern (DAU), einer oder mehreren digitalen Alarmgebern (DAG) als Leitstellengerät (PC), den digitalen Meldeempfängern (DME) des Einsatzpersonals und den digitalen Sirenenempfängern (DSE) für vorhandene Sirenenstandorte. Die Netzgröße kann mit bis zu 30 DAU-Stationen ausgebaut und durch eine Pfadsteuerung für das Gesamtnetz oder Teilbereiche des Netzes vorprogrammiert werden.

In der Alarmierung können Nur-Ton-Meldeempfänger und alphanumerische Meldeempfänger eingesetzt werden. Alphanumerische Meldeeinrichtungen bieten dabei einen höheren Informationskomfort, denn die Meldung erscheint im Klartext z.B. Art, Zeit und Ort des Ereignisses und eventuell Zusatzinformation. Die Meldungen werden im Empfänger gespeichert, sind beliebig abrufbar und helfen Mißverständnisse auszuschalten.

Die Grundlage der Alarmeingabe bildet ein nach BOS-Richtlinien abgenommener Industrie-PC, auf dem die DAG-Software läuft und das Menü zur Verfügung stellt. Die Standardeinstellungen werden in dem Menü voreingestellt, sodaß diese Einträge nicht jedesmal von Hand eingetragen werden müssen. Als erstes wird der zu alarmierende Personenkreis ausgewählt, danach die Ursache des Ereignisses und schließlich kann ein frei definierter Text eingegeben werden.

Die zu alarmierenden Personen können zu Gruppen durch einfache, menügeführte Eingabe beliebig zusammengestellt werden, ebenso lassen sich Personen, mit Hilfe von Gruppenadressen, zu festen Einsatzteams zusammenstellen.

Eine Anbindung an vorhandene Leitstellenrechnersysteme über den digitalen Alarmgeber ist ebenfalls möglich.

Ein hoher Sicherheitsstandard ist erreicht durch: überprüfbaren Kode, Fehler der Übertragung werden weitgehend erkannt und gegebenenfalls korrigiert, führen aber nicht zu einer falschen Anzeige. Abhörschutz: Durch die Kodierung der Nachricht ist ein Mitlesen durch Unbefugte nicht direkt möglich. Automatische Netzüberwachung: In zyklischen Abständen erfolgt eine Überprüfung der Übertragungswege. Störungen innerhalb eines Funkverkehrskreises werden erkannt und der Leitstelle signalisiert.

9.2.5   Ablauf

Der Alarm wird über die PC-Tastatur am digitalen Alarmgeber (DAG) in der Leitstelle zusammengestellt, ausgelöst und über den vorprogrammierten sogenannten

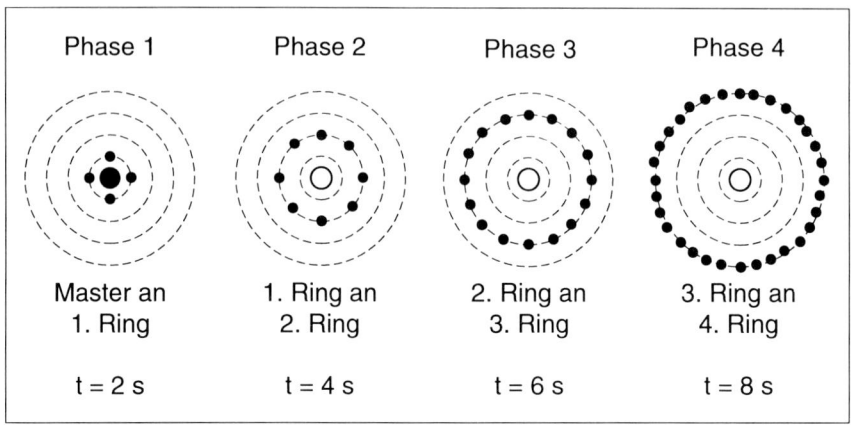

Abb. 9.1 *Ausbreitung einer Alarmmeldung.*

Standardpfad durch das Netz zum Master-Alarmumsetzer geleitet. PC-gesteuerte Systeme bestehen aus PC, Tastatur, Farbmonitor, Betriebssystem MS-DOS, dem Anwenderprogramm und einem Protokolldrucker. Das Anwenderprogramm enthält eine menügeführte Bedienoberfläche und eine Steuersoftware für die Funkalarmierung und Systemüberwachung. Der DAG kann wahlweise auch von einem bereits vorhandenen Einsatzleitrechner (ELR) gesteuert werden. Die Vernetzung von mehreren DAG, etwa in einer zentralen Leitstelle mit mehreren Funktischen und Arbeitsplätzen ist möglich.

Die Aussendung der Alarminformation erfolgt vom am DAG angeschlossenen Digitalen Alarmumsetzer (DAU) über eine Rundstrahlantenne nach dem Schneeballprinzip in die umliegenden Funkzellen. Der Master-DAU ist ein ortsfestes Sende-Empfangsgerät mit Steuerungsgruppen, das die Datenaufbereitung und Rufweiterleitung selbständig durchführen. Systembedingt sind 30 bis 256 Slave-DAU in einem Netz von einem DAG über Funk fernsteuerbar und programmierbar.

Jeder DAG eines Netzes ist über eine V.23-Modemleitung (Postleitung) mit seinem zugehörigen DAU verbunden. Der Funkalarm wird von digitalen Meldeempfängern (DME) und digitalen Sirenenempfängern (DSE) im Versorgungsgebiet des aussendenden digitalen Alarmumsetzers (Master-DAU) und von einem zweiten DAU empfangen.

Die Information wird von den auf Empfang stehenden DAU zwischengespeichert und entsprechend dem zugeteilten Sendeschlitz wieder ausgesendet. Der Alarm über die nachfolgenden DAU weitergeleitet (DAU-1,-2,-3...-29, -30, -1), bis er wieder am Alarmgeber-Master-DAU eintrifft und dort den erfolgreichen Abschluß des Alarms quittiert. Es besteht ferner die Möglichkeit durch bilden eines Explizitenpfades die Alarmierungszeit erheblich zu verkürzen. Der Alarmpfad könnte dann folgendes Aussehen haben: DAU-1 - DAU-2 - DAU-1. Der Alarm durchläuft nicht das gesamte Netz, sondern wird nur von den DAU ausgesendet, die für die

Alarmierung, z.B. von Stadt- oder Ortsteilen, nötig sind.

Da die DAU-Standorte ein überlappendes Funkfeld bilden, ist eine hohe Alarmierungssicherheit gegeben. Sollte der Fall eintreten, daß ein DAU ausfällt, kann ein Ersatzpfad durchlaufen werden. Damit ist gewährleistet, daß der Alarm die DME- bzw. DSE-Empfänger noch erreichen und im Zusammenhang mit den überlappenden Empfangszonen Redundanz entsteht. Vom Slave-DAG kann ebenfalls alarmiert werden, es kann jedoch keine Standardpfadstruktur festgelegt werden.

9.2.6 Zeitschlitz

Der erste Zeitschlitz in einem wabenförmigen zellular strukturierten Funknetz liegt bei 0 bis 6 Sekunden nach Auslösung durch den DAG. Der DAU in der Mitte des Netzes (Master-DAU) sendet an alle DAU in den erreichbaren Funkzellen ein Datentelegramm von 6 Sekunden länge. Dabei werden auch alle Meldeempfänger erreicht, die sich im Funkversorgungsgebiet der mittleren Zelle befinden.

Der zweite Zeitschlitz liegt zwischen 6 und 12 Sekunden. Die DAU in den Funkzellen, die um die Netzmitte liegen, senden die Information weiter an die weiter außen liegenden Zellen. Dabei werden alle Alarmempfänger in den Zellen erreicht.

Der dritte Zeitschlitz liegt zwischen 12 und 18 Sekunden. Nochmals senden die DAU in den im zweiten Zeitschlitz erreichten Zellen die Information an die noch weiter von der Mitte liegenden Funkzellen-DAU weiter.

Das digitale Alarmierungsnetz von Bosch erlaubt maximal 256 DAU in einem Netz. Damit kann ein großflächiges Bundesland wie Bayern lückenlos versorgt werden. Im Extremfall könnten alle Alarmempfänger eines Bundeslandes innerhalb von 18 Sekunden aktiviert und mit Informationen versorgt werden.

9.2.7 Textübertragung

Ein Meldetext besteht aus einer Zeichenfolge mit variabler Länge. Die Kodierung eines Zeichens ist im ASCII-Code festgelegt (American Standard Code for Information Interchange). Jedes Zeichen hat eine Wortbreite von sieben Bit zuzüglich einem Start und einem Stopbit. Zur funktechnischen Übertragung eines Zeichens werden die einzelnen Bits nacheinander gesendet. Im Meldeempfänger werden diese dann zusammengefaßt und auf einem alphanumerischen Display dargestellt.

9.2.8 POCSAG-Code

Für eine sichere Übertragung wird die Nutzinformation mit zusätzlichen Daten zur Fehlerkorrektur versehen und in ein Datenpaket eingebettet. Das Übertragungsprotokoll ist standardisiert und unter dem Begriff Radio Paging Code (RPC) seit 1988 in Europa eingeführt. Dieses Verfahren wurde von der Projektgruppe POCSAG (Post Office Standardisation Advisory Group) entwickelt und wird auch beim City-Ruf, dem regionalen Funkrufdienst der Telekom, verwendet. Die Einbindung der Nutzdaten in ein Datenpaket zusammen mit Steuer und Kontrolldaten garantiert eine hohe Übertragungssicherheit. Das Datenformat des POCSAG-Code ist wie folgt aufgebaut:

– Präambel - Die Präambel ist eine 576 Bit lange Vorinformation (Startsignal) und dient zur Synchronisation der Datenübertragung zwischen Sender und Rufempfänger
– 1. Batch mit Synchronisationskodewort - Direkt anschließend an die Präambel folgt die in Batches gepackte Aussendung der Daten (Batch = synchronisiertes Datenpaket mit konstanter Länge)
– 2. Batch mit Synchronisationskodewort - Die kleinste gepackte Einheit innerhalb jedes Batches ist das Kodewort. Jedes Kodewort ist 32 Bit lang und jedes Batch enthält 17 Kodeworte. Jede Nachricht beginnt mit der Adresse der oder des Empfänger. Im Anschluß an die Adresse erfolgt dann die Übertragung der eigentlichen Meldedaten.

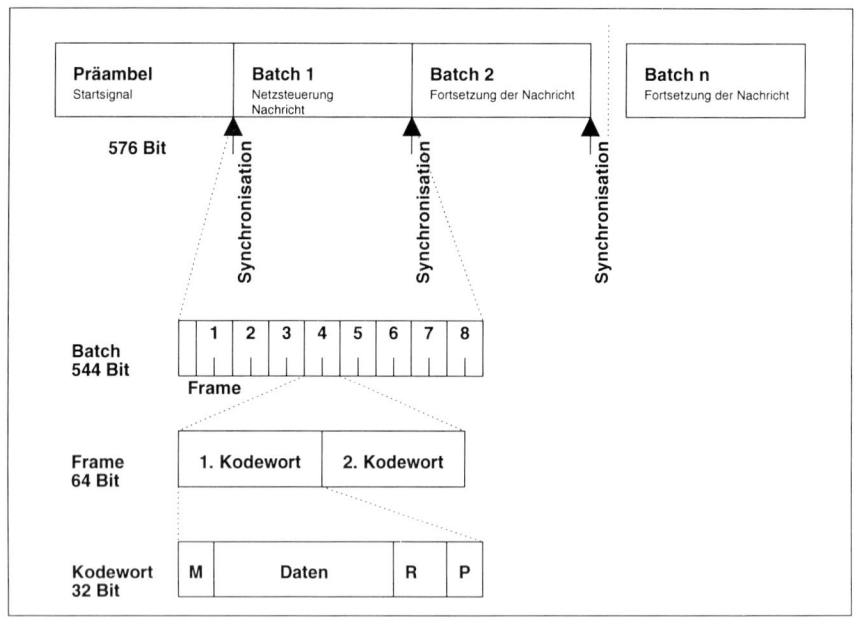

Abb. 9.2 *Schema des POCSAG-Code. Das Kodewort ist ein 32 Bit langes Datenpaket mit Nutz- und Fehlerkorrekturdaten. Es besteht aus Modusbit (M), Nutzdaten (Synchronisations-, Adress-, Fülldaten und Nachrichten), 10 Bit Redundanzdaten (R) zur Fehlerüberprüfung und einem Prüfbit (P).*

9.2.9 DFSK-Modulation

Es gibt Gründe, das neue Alarmierungssystem von den Betriebskanälen für den Sprechfunk zu trennen und in den 2-m-Bereich zu verlegen: Die alarmauslösende Leitstelle kann gleichzeitig während der Alarmierung uneingeschränkten Sprechfunkbetrieb durchführen. Die physikalischen Eigenschaften der 2-m-Frequenzen sind für die vorgesehene Anwendung lokaler Funkverkehrskreise wegen ihrer geradlinigen Ausbreitung günstiger als die vergleichbaren Merkmale im 4-m-Bereich.

Nur im 2-m-Bereich sind noch ungenutzte Frequenzen frei. Für den Einsatz im Feuerwehrbereich und im Katastrophenschutz stehen in den meisten Bundesländern jeweils vier Frequenzen zur Verfügung. Die Verträglichkeit von mehreren Funkanlagen in räumlicher Nähe (Senderintermodulation, Empfängerempfindlichkeitsverminderung) ist besser, wenn sie in verschiedenen Frequenzbereichen betrieben werden. Die Antennenabmessungen sind kleiner, daher ergeben sich geringere Probleme beim nachträglichen Anbau (Abstände, Statik), z.B. zwischen zwei 4-m-Antennen.

Für die hochfrequente digitale Datenübertragung ist ein Modulationsverfahren erforderlich, das einerseits den hohen sicherheitstechnischen Anforderungen gerecht wird, andererseits aber auch für eine Übertragung digitaler Informationen geeignet ist. Beide Kriterien werden von dem DFSK-Modulationsverfahren (Direct Frequency Shift Keying) erfüllt.

Die binären Informationen aus dem RPC-Code werden durch das direkte Umtasten von zwei Trägerfrequenzen übertragen. Die Nennfrequenz wird von der Trägerwelle nie eingenommen (Not Return to Zero = NRZ), sondern sie liegt um eine Ablage von 4 kHz oberhalb der Nennfrequenz, wenn eine log.0 übertragen wird, oder um eine Ablage von 4 kHz unterhalb der Nennfrequenz, wenn eine log.1 zu übertragen ist. Dieses Modulationsverfahren ist besonders sicher gegen Störeinflüsse auf dem Übertragungsweg, da der Empfänger nur die beiden möglichen Trägerfrequenzen sicher erkennen muß.

Die Frequenzerzeugung sowohl im Sender als auch in den Meldeempfängern wird aus einem quarzgesteuerten Phasenregelkreis (PLL) abgeleitet und garantiert so die exakte Einhaltung der Nennfrequenz.

Die Übertragungsgeschwindigkeit beträgt 512 Bit pro Sekunde. Mit 10 Bit pro Zeichen ergibt dies eine Übertragungsrate von rund 50 Zeichen pro Sekunde. Bei einem Meldetext mit 80 Zeichen liegt damit die Übertragungszeit unterhalb zwei Sekunden.

Das DFSK-Modulationsverfahren hat im Vergleich zu anderen Modulationsverfahren die größte Reichweite, da die Sendeenergie zu 100 Prozent in der Trägerwelle steckt. Die Sicherheit an der Grenze der Reichweite wird zusätzlich in den Meldeempfängern durch eine Überwachung der Feldstärke gewährleistet.

Ein der DFSK-Modulation verwandtes Verfahren ist das im BOS-Bereich im 4-m-Band eingesetzte Funkmeldesystem »FMS«.

9.3 Geräte für digitale Alarmierung

9.3.1 Digitale Alarmempfänger (DME)

Die Empfangseinheiten für Funkalarmierung in einem digitalen Netz sind die tragbaren Digitalen-Meldeempfänger (DME), auch Pager genannt. Die Empfangseinheit enthält einen Empfänger für das 2-m-Band, einen HF-Verstärker und einen Demodulator, der das DFSK-Signal wieder umsetzt. Ein Mikroprozessor dekodiert die empfangenen Daten und legt sie in einem Datenspeicher zur weiteren Verwendung ab. Die netzspezifischen Funktionen und die Adresskodierung des Meldeempfängers sind in einem residenten Speicherbaustein (EEPROM) abgelegt. Diese Daten und Parameter können durch Umprogrammierung geändert werden. Die Digitalen-Meldeempfänger stehen in mehreren Varianten zur Verfügung.

9.3.2 Nur-Ton-Empfänger

Sind Informationen im Klartext für bestimmte Einsatzkräfte nicht erforderlich, können relativ preiswerte digitale Nur-Ton-Empfänger verwendet werden. Diese Geräte besitzen vier Rufadressen und zusätzlich vier Unteradressen. Die Alarmmeldung wird akustisch und optisch durch eine LCD-Anzeige angezeigt. Mit den vier Unteradressen wird die Alarmpriorität signalisiert und auf dem LCD-Statusfeld in Form von Symbolen angezeigt. Das Anzeigefeld gibt außerdem Aufschluß über den Betriebszustand des Geräts wie Batteriezustand, Empfangsfeldstärke und Uhrzeit der eingegangenen Alarmmeldung. Eine weitere Variante ermöglicht den Aufruf und die Anzeige von gespeicherten Standardtexten.

9.3.3 Textempfänger

Das Einsatzkommando, die Führungskräfte und die Spezialisten tragen einen Meldeempfänger mit alphanumerischem Display. Diese Einsatzkräfte erhalten die Einsatzmeldung neben der akustischen Alarmierung mit Einsatzart und Einsatzort sowie besonderen Hinweisen im Klartext angezeigt. Dadurch können diese Kräfte sofort handeln und dringende einsatzspezifische Maßnahmen ohne Rückfrage bei der Leitstelle einleiten. Die Alphanumerik-Empfänger besitzen vier Rufadressen und zusätzlich vier Unteradressen. Die Textdarstellung erfolgt je nach Hersteller mit bis zu 80 Zeichen auf einem beleuchteten Display. Die Gesamtlänge einer Nachricht kann maximal 250 Zeichen betragen, die als Laufschrift gelesen werden kann. Ein Textspeicher erlaubt bis zu 20 speicherbare Meldungen, die jederzeit wieder abrufbar sind. Die LCD-Anzeige beinhaltet neben den Textzeilen eine umfangreiche Statusanzeige mit Symboldarstellungen.

9.3.4 Adressen

Die Swissphone-Meldeempfänger ermöglichen die Vergabe von maximal vier Adressen. Damit ist innerhalb eines Funkverkehrskreises eine individuelle Rufgruppenbildung möglich.

Beispiel: Adresse 1 - Einzeladresse. Ein Pager erhält eine Einzeladresse, das heißt, diese Adresse wird im gesamten Funkverkehrskreis nur einmal vergeben. Eine Alarmmeldung mit dieser Adresskennung erreicht somit nur diesen Teilnehmer. Andere DME werden nicht erreicht. Damit besteht die Möglichkeit, Führungskräfte, Einsatzleiter und Spezialisten gezielt anzusprechen.

Adresse 2 - Gruppenadresse. Die DME einer bestimmten Einsatzgruppe (Ölalarm, Chemieunfall, Technische Unfallhilfe) erhalten eine gemeinsame Gruppenadresse. Eine Alarmierung mit dieser Adresskennung erreicht mit einem Ruf alle Teilnehmer dieser Gruppe. Sinnvollerweise kann der Einsatzleiter oder Gruppenführer über seine Einzeladresse getrennt erreicht werden, um zusätzliche Informationen zu erhalten.

Adresse 3 - Sammelruf. Alle Empfänger eines Funkverkehrskreises erhalten eine gemeinsame Sammelrufadresse. Eine Alarmierung erreicht somit alle Teilnehmer des Kreises.

9.4   Swissphone Roter Hahn

9.4.1   Allgemeines

Der Digital-Meldeempfänger »Roter Hahn« DE 305/16 von Swissphone ist baugleich mit dem DME von Bosch. Das Gerät ist unter der Nummer DME I 01/92 für BOS zugelassen. Die Alarmsignale dieses Geräts werden sofort verstanden, denn die vier Einsatzarten werden durch ein Pfeilsymbol am rechten Rand der LCD-Anzeige klar unterschieden. Echte Alarme der Stufen 1 und 2 werden am Lautstarken »Martinshorn«-Ton erkannt, für »Info-Alarme« der Stufen 3 und 4 kann der Empfänger leise oder ganz stumm geschaltet werden. Bei allen Alarmierungsarten ist zusätzlich der Vibrator aktiv, um das Alarmsignal im lauten Umfeld zu unterstützen oder z.B. einen Probealarm lautlos anzukündigen. Der integrierte Alarmspeicher speichert acht Alarme mit Einsatzart und Uhrzeit ab.

9.4.2   Technische Daten

Der DE 305/16 ist ein Nur-Ton-Empfänger für digitale Alarmierung. Er kann auf vier Rufadressen und vier Unteradressen programmiert werden. Das beleuchtete

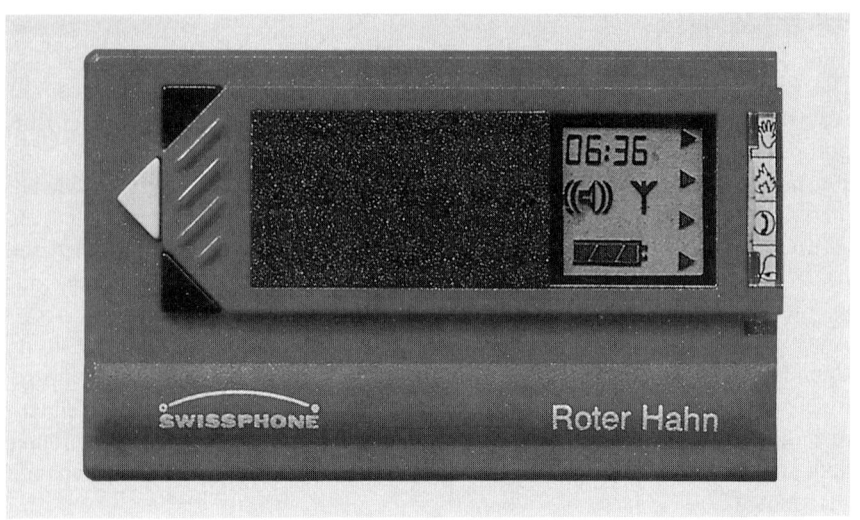

Abb. 9.3 *Digitaler Meldeempfänger (DME) »Roter Hahn« von Swissphone.*

Abb. 9.4 *Einer der kleinsten Meldeempfänger für das POCSAG-Signalisierungsverfahren: Motorola »Firestorm«.*

super-twisted Display zeigt Ruf, Funktion und Uhrzeit an. Die Empfangsfeldstärke wird ständig überwacht. Zu geringe Feldstärke wird optisch und akustisch angezeigt, ebenso ein Absinken der Versorgungsspannung. Das schlagfeste Kunststoffgehäuse erfüllt die Schutzart IP 52. Mit einer 1,5-V-Batterie wird eine Betriebsdauer von 1500 Stunden (2 Monate) erreicht. Bei Verwendung eines NiCd-Akkus sind 500 Stunden Dauerbetrieb möglich. Das Gerät wiegt mit Batterie 125 g.

Als Zubehör sind verschiedene Standard- und Schnelladegeräte mit Ladekontrolle durch LED, BNC-Außenantennenanschluß und 5poliger DIN-Buchse für Relaisausgang und externe Alarmierung lieferbar. Mit dem Programmierset DE 305/505 und dem Schnittstellengerät SG 505 wird der Rote Hahn von einem Personal Computer mit den Betriebsparametern Frequenz, Rufadressen und Unteradressen programmiert.

9.5   Swissphone Patron

9.5.1   Allgemeines

Der Swissphone DE 505/16 »Patron« ist ein alphanumerischer digitaler Meldeempfänger. Für BOS ist er unter der Nummer DME II 01/92 zugelassen. Die Textnachrichten werden auf einem großen LC-Display zwei Zeilen mit maximal 40 Zeichen dargestellt. Eine Mitteilung kann bis zu 250 Zeichen lang sein. Der Patron ist mit einer Digitaluhr mit Weckfunktion und Datumsanzeige ausgestattet. Ein Alarmspeicher speichert bis zu 20 Alarmtexte ab und notiert elektronisch, wann die Meldung eingegangen ist. Mit einem Pfeilsymbol werden die Einsatzarten der vier Rufadressen optisch angezeigt.

9.5.2   Technische Daten

Der Alarmspeicher des Patron hat eine Kapazität von 5200 Zeichen. Als Zubehör ist ein spezielles Ladegerät mit integrierter Computer-Schnittstelle erhältlich. Darüber können alle im Empfänger gespeicherten Parameter und Meldungen auf einem Computermonitor sichtbar und über einen Drucker zur dauerhaften Dokumentation ausgegeben werden. Die Programmierung erfolgt direkt über eine serielle RS-232-Schnittstelle. Rufadressen, Unteradressen, Alarmsignale und Systemüberwachungsfunktionen sind mit denen des Modells »Roter Hahn« identisch. Der Patron kann wahlweise mit einer 1,5-V-Alkaline-Batterie oder einem wiederaufladbaren Akku betrieben werden. Bei Batteriebetrieb beträgt die ununterbrochene Betriebsdauer etwa 1000 Stunden, mit einem Akku bestückt ist der Empfänger rund 400 Stunden einsatzbereit. Mit Batterie oder Akku wiegt der Patron betriebsbereit 130 g. Bosch bietet den Patron unter eigenem Namen als DME-II-Gerät an.

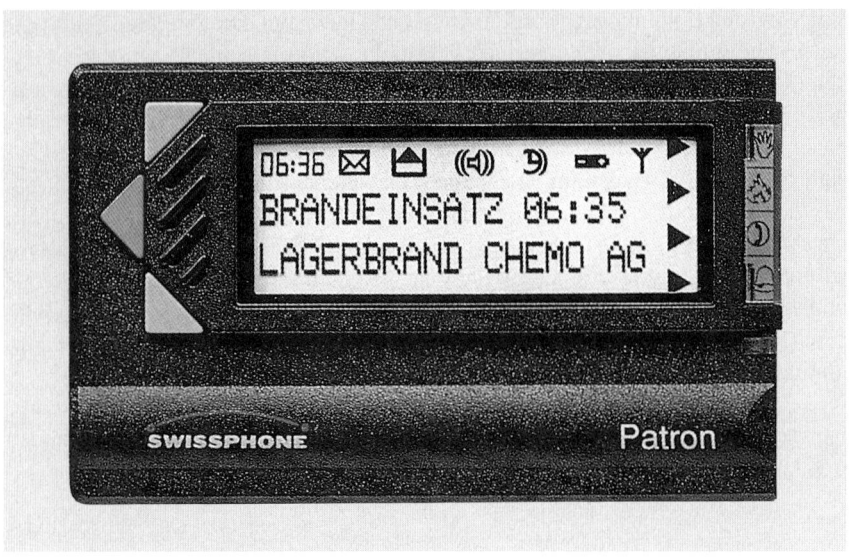

Abb. 9.5 Digitaler Meldeempfänger Swissphone »Patron« mit Alphanumeri-kanzeige für Alarmierungstext.

9.6 Motorola Advisor plus

9.6.1 Allgemeines

»Advisor plus« heißt der digitale Meldeempfänger von Motorola, der die BOS-Spezifikationen DME-II erfüllt. Zu dem Ausstattungsdetails gehört ein großes hintergrundbeleuchtetes vierzeiliges Display, das bis zu 80 Zeichen gleichzeitig darstellt. Die Rufmeldungen werden durch Akustiksignaltöne, optische Anzeige und Vibrator ausgegeben. In dem Nachrichtenspeicher können bis zu 40 verschiedene Rufe gespeichert und selektiert ausgegeben und gelöscht werden. Alle eingehenden Nachrichten werden mit Datum und Uhrzeit versehen. Eine Digitaluhr mit Datumsanzeige ist im Gerät eingebaut. Die Bedienung erfolgt über vier Cursortasten und zwei Drucktasten auf der Vorderseite des Gehäuses.

9.6.2 Technische Daten

Der Advisor plus kann mit maximal 16 Haupt- und Unteradressen programmiert werden. Der Nachrichtenspeicher hat eine Kapazität von 6400 Zeichen. Das schwarze Kunststoffgehäuse ist 86 mm breit, 59 mm hoch und 20 mm tief. Der Advisor plus wiegt 116 g.

10   Antennen

10.1   Allgemeines

10.1.1   Definition

Antennen haben die Aufgabe, Hochfrequenzschwingungen in den Raum abzugeben oder aus ihm aufzunehmen. Abhängig vom Frequenzbereich und vom Einsatzfall gelangen die elektrisch und mechanisch unterschiedlichsten Antennentypen zur Anwendung. Diese Typen sind in Antennen für ortsfeste Funkstellen, Antennen für beweglich Funkstellen und Antennen für tragbare Funkstellen unterteilt. Bei den Antennen für ortsfeste Funkstellen unterscheidet man zwischen Rundstrahlantennen und Antennen mit Richtwirkung. Rundstrahlantennen werden in schmalbandiger und breitbandiger Ausführung mit und ohne Antennengewinn verwendet.

10.1.2   Polarisation

Von einer Antenne werden elektromagnetische Wellen so abgestrahlt, daß im Fernfeld die Schwingungsrichtung der elektrischen und magnetischen Feldkomponenten senkrecht zur Ausbreitungsrichtung und senkrecht aufeinander stehen. Bleibt die Schwingungsrichtung der Komponenten während der Ausbreitung konstant in einer Ebene, so spricht man von linearer Polarisation, anderenfalls von zirkularer oder allgemein elliptischer Polarisation. Stehen bei linearer Polarisation die elektrischen Feldlinien senkrecht zum Erdboden, spricht man von vertikaler Polarisation, verlaufen sie parallel zum Erdboden, spricht man von horizontaler Polarisation. Durch Unregelmäßigkeiten auf dem Übertragungsweg können Polarisationsdrehungen auftreten.

Polarisationsanpassung ist der Zustand, in dem die beiden Antennen in einer Funkstrecke die gleiche Polarisation mit der optimalen Ausrichtung aufweisen. Bei gleicher Polarisation zwischen Feld und Antenne entsteht kein Verlust (0 dB), durch unterschiedliche Polarisation zwischen Feld und Antenne entstehen Dämpfungen.

Es besteht jedoch auch die Möglichkeit, die Wellen in jede beliebige Lage zwischen horizontal und vertikal zu polarisieren, z.B. um 45 Grad zur Erdoberfläche geneigt. Man verwendet diese lineare 45-Grad-Polarisation vereinzelt bei UKW-Rundfunksendern, weil solche Ausstrahlungen sowohl mit horizontal polarisierten Antennen ortsfester Empfangsstellen als auch mit vertikal polarisierten Stabantennen (Autoradioantenne) empfangen werden können. Neuentwickelte zirkular polarisierte Sendeantennen erfüllen beide Aufgaben gleichermaßen.

Im Bereich des nichtöffentlichen mobilen Landfunkdienstes in der Bundesrepublik Deutschland wird ausschließlich mit vertikaler Polarisation gearbeitet. Der Grund dafür ist, daß vertikal polarisierte Stabantennen einfacher am Fahrzeug zu montieren sind. Zudem weist ein horizontal montierter Halb- oder Viertelwellenstrahler eine Richtwirkung mit zwei deutlich ausgeprägten Sende- und Empfangsmaxima auf, die bei einer ständigen Richtungsänderung des Fahrzeuges erhebliche Schwankungen der Feldstärke im Sende- und Empfangsfall verursachen würden. Im BOS-Funk werden deshalb ausschließlich vertikal polarisierte Antennen verwendet.

10.1.3 Antennengewinn

Der Antennengewinn oder kurz Gewinn (G) einer Antenne ist im Falle reziproker Antennen eine der wichtigsten charakteristischen Antennengrößen, unabhängig davon, ob die Antenne zum Senden oder Empfangen benutzt wird. Bei Sendeantennen ist er Definiert als der Faktor, um den sich die Leistungsdichte an einem Empfangsort ändert, wenn bei konstanter Eingangsleistung anstelle der betrachteten Antenne ein Bezugsstrahler verwendet wird. Bei Empfangsantennen ist er als der Faktor definiert, um den sich die Empfangsleistung im Vergleich zu einem Bezugsstrahler ändert.

Als Bezugsstrahler gelten der isotrope oder Kugelstrahler ($G = 0$), der Hertzsche Dipol ($G = 1,51$) und der Halbwellendipol ($G = 1,64$). Meist wird der Antennengewinn in Dezibel (dB) angegeben und errechnet sich aus dem Produkt von diagrammabhängigem Richtfaktor und Antennenwirkungsgrad.

Bei der vergleichenden Betrachtung von verschiedenen Antennentypen ist zu beachten, auf welchen Bezugsstrahler sich die Gewinnangabe bezieht.

Antennen mit Antennengewinn werden im BOS-Bereich als Antennen mit Vorzugsrichtung oder bei noch stärkerer Bündelung Richtantennen genannt. Die vom Sender über das Antennenkabel zugeführte Hochfrequenzenergie wird von diesen Antennen nicht gleichmäßig sondern gerichtet in den Raum verteilt. Damit reichen die Wellen, die von der Antenne ausgehen, in der Vorzugsrichtung wesentlich weiter, als in andere Richtungen.

10.2   Antennen für ortsfeste Anlagen

10.2.1 Rundstrahlantennen

Ortsfeste BOS-Funkstellen sind überwiegend mit Rundstrahlantennen ausgestattet. In Einzelfällen können zur Ausleuchtung von entsprechend geformten Versorgungsgebieten oder zur Anknüpfung an Funkverkehrskreise höherer Netzebenen (von der Polizeidirektion zum Regierungspräsidium) Richtantennen eingesetzt werden. Bei Antennen für ortsfeste Anlagen ist besonders auf Wetterbeständigkeit zu achten. Dazu gehört der Schutz gegen mechanische Beanspruchung durch Windgeschwindigkeit bis 150 km/h (Schutzklasse 2), Blitzschutz durch ausreichende Erdung und Schutz gegen Korrosion und Umwelteinflüsse. Als Baumaterial findet deshalb feuerverzinktes Stahlrohr, eloxiertes Aluminiumrohr oder Edelstahl Verwendung.

Weit verbreitete Antennenformen bei Feststationen sind Flachrundstrahler, Flachrundstrahler mit Vorzugsrichtung, Breitbandrundstrahler mit Gegengewichtsstäben, Sperrtopfantennen und Richtantennen mit einer oder zwei Hauptstrahlrichtungen.

Rundstrahler mit und ohne elektrisches Gegengewicht in Form von Radialstäben weisen gegenüber einer Halbwellendipolantenne einen Antennengewinn von 0 dB auf. Die Strahlungsdiagramme der relativen Feldstärke um die Antenne sind in der Horizontalebene kreisrund, in der Vertikalebene weisen sie die Form einer liegenden Acht auf.

Bei Rundstrahlantennen mit Antennengewinn erfolgt die Bündelung der Wellen in der vertikalen Ebene. Diese Antennen haben einen etwas kleineren Öffnungswinkel zum Himmel hin. Das Strahlungsbild entspricht daher in der Vertikalachse einer langgezogenen, liegenden Acht. In der Horizontalebene erfolgt eine gleichmäßige Verteilung der Sendeenergie um 360 Grad.

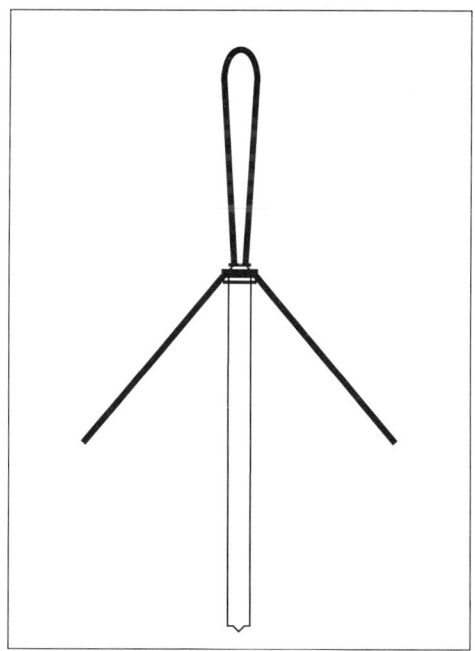

Abb. 10.1 Breitbandige Rundstrahlantenne für ortsfesten Betrieb im 4-m-Band. Der Strahler ist bei Abstimmung auf Bandmitte etwa 740 mm lang. Als elektrisches Gegengewicht dienen drei oder vier nach unten abgewinkelte Radialstäbe mit einer Länge von etwa 970 mm. Bei einem Winkel der Radialstäbe von 45 Grad hat die Antenne einen Fußpunktwiderstand von 50 Ohm. Handelsübliches Koaxialkabel mit 50 Ohm Impedanz kann direkt angeschlossen werden. Diese »Krückstockantenne« hat gegenüber einem Halbwellendipol keinen Gewinn (G = 0 dB).

Rundstrahler mit bevorzugter Abstrahlrichtung werden als Sperrtopfdipolantennen in einem bestimmten Abstand (zwischen 0,25 und 0,75 Wellenlängen) vor einen metallischen Tragmast montiert. Der Mast wirkt als Reflektor, die Antenne strahlt bevorzugt in Richtung Mast-Strahler. Frequenzabhängig liegt der Gewinn einer solchen Antenne gegenüber einem Halbwellendipol zwischen 1,5 und 2,5 dB. Ein Antennengewinn von 5 dB wird erreicht, wenn zwei Sperrtopfdipole übereinander gestockt werden. Die Länge jedes Dipols beträgt für das 4-m-Band 1750 mm, der Abstand zum Tragrohr 600 mm. Die Gesamtlänge des Antennensystems bei Zweifachstockung ist 4700 mm.

Einen frequenzabhängigen Antennengewinn zwischen 7,5 und 8,5 dB gegenüber einem Halbwellendipol erzielt man durch die vertikale Stockung von vier Halbwellensperrtopfantennen. Dieses etwa 9900 mm hohe System strahlt bevorzugt in Richtung Mast-Strahler. Der Antennengewinn wird durch Einengung des vertikalen Strahlungsdiagramms erreicht. Eine solche effektive Rundstrahlantenne mit Gewinn wird beispielsweise von Kathrein als Modell K 55324 angeboten. Die typische Welligkeit (VSWR) liegt über einen großen Frequenzbereich zwischen 68 und 87,5 MHz und 1,4. Die Antenne wiegt 105 kg und hat bei einer Windgeschwindigkeit von 150 km/h eine Windlast von 1350 N.

10.2.2 Richtantennen

Eine Richtantenne ist eine Antenne besonderer Konstruktion, die elektromagnetische Wellen bevorzugt in einer oder mehreren Richtungen empfängt oder ausstrahlt. Die Richtcharakteristik einer solchen Antenne oder Antennengruppe ist ein Funktion, die für verschiedene Richtungen die von der Antenne im Fernfeld in konstanter Entfernung erzeugte Feldstärke nach Amplitude, Phase und Polarisation angibt. Richtantennen haben im Unterschied zu Rundstrahlantennen mit Vorzugsrichtung ein ausgeprägtes horizontales und vertikales Strahlungsdiagramm.

Die bekannteste Richtantennenform ist die von den japanischen Ingenieuren Yagi und Uda in den 40er Jahren entwickelte Yagi-Antenne. Dabei handelt es sich um eine Antennenanordnung, die aus einem gespeisten Halb-, Viertel- oder Ganzwellendipol, einem oder mehreren strahlungsgekoppelten Direktoren und mindestens einem Reflektor besteht. Der parasitäre Direktor ist ein dem Dipol vorgelagerter durchgehender Metallstab, der je nach Abstand und Dicke etwa fünf bis sieben Prozent kürzer als der gespeiste Dipol ist. Durch passenden Abstand, etwa 0,15 Wellenlängen, vom Dipol erreicht man für den Empfang von vorn ein in Richtung der Längsachse der Antenne gleichphasiges, von hinten ein gegenphasiges Zusammenwirken zwischen Direktor und Dipol. Diese Wirkung wird durch weitere Direktoren verstärkt. Der Reflektor ist ebenfalls ein durchgehender Metallstab, der um etwa fünf bis sieben Prozent länger als der Dipol ist und sich in einem Abstand von etwa 0,2 Wellenlängen dahinter befindet. Damit wird ebenfalls ein gleichphasiges Zusammenwirken des Reflektors mit dem Dipol erreicht. Durch die Direktor-Dipol-Reflektor-Anordnung werden Richtwirkung und Gewinn der Antenne erhöht. Yagi-Antennen können in horizontaler und vertikaler Ebene mehrfach gestockt werden. Bei hochwertigen kommerziellen Systemen lassen sich damit Antennengewinne von 25 bis 30 dB gegenüber einem Halbwellendipol erzielen.

Die einfachste Yagiantenne im BOS-Bereich besteht aus einem strahlenden Halbwellendipol und einem Reflektorstab. Anders als bei der Rundstrahlantenne mit Vorzugsrichtung, die den Tragmast als Reflektor benutzt, ist der Reflektor der Yagiantenne in Bezug auf die Betriebsfrequenz bemessen. Der Antennengewinn einer solchen Antenne beträgt etwa 3 dB bezogen auf einen Halbwellenstrahler ohne Reflektor. Ein Antennengewinn von 3 dB bedeutet eine Verdoppelung der Strahlungsleistung.

Eine Vierelementantenne nach dem Yagi-Uda-Prinzip, wie das Modell Kathrein K 53174 weist einen frequenzabhängigen Gewinn auf, der zwischen 4 db bei 70 MHz und 8 dB bei 87 MHz liegt. Der Reflektor dieser Antenne ist 2400 mm lang. Das Tragrohr, auf dem die Elemente montiert sind, ist 2000 mm lang. Eine solche Antenne wird im BOS-Bereich vorzugsweise für Punkt-zu-Punkt-Verbindungen, etwa für Verbindungen von der Leitstelle zum Relais oder für Verbindungen zwischen Relaisfunkstellen untereinander eingesetzt.

Für Funkverbindungen im 2-m-Band werden die gleichen Antennenformen wie im

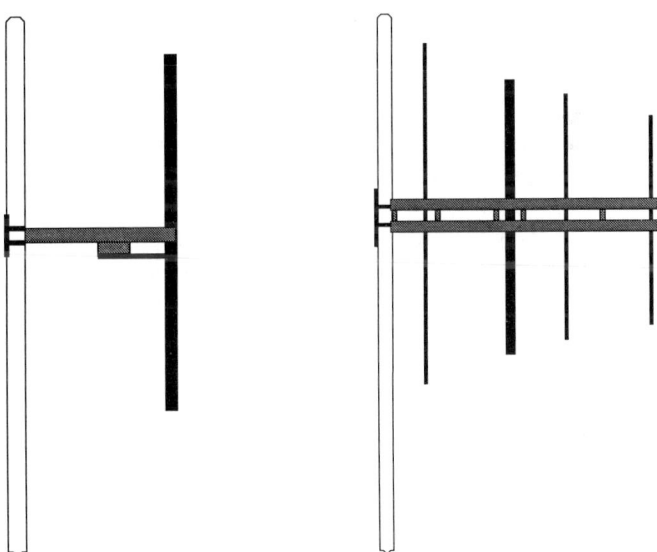

Abb. 10.2 Ortsfeste BOS-Antenne mit Abstrahlcharakteristik in eine bevorzugte Richtung mit 2 dB Gewinn.

Abb. 10.3 Richtantenne für das 4-m-Band mit etwa 5 dB Gewinn gegenüber einer Rundstrahlantenne

4-m-Band eingesetzt. Die mechanischen Abmessungen der Antennen sind allerdings im 2-m-Band nur halb so groß wie im 4-m-Band.

10.3 Antennen für mobile Anlagen

10.3.1 Viertelwellenantennen

Bewegliche BOS-Funkstellen verwenden vorzugsweise Stabantennen. Der günstigste Montageort liegt bei einem Personenwagen in der Mitte des Dachs, da die Antennen ein metallisches elektrisches Gegengewicht benötigen. Auf Fahrzeugen findet man überwiegend Viertelwellenstrahler mit Stäben aus Federstahldraht mit etwa 2,5 mm Durchmesser. Die Einstellung der Resonanzfrequenz dieser Einbandantenne auf den Betriebskanal wird durch Kürzen des Federstahldrahtes erreicht. Beim Einsatz der Fahrzeugfunkanlage im Relaisstellenbetrieb ist die Antenne auf die Unterbandfrequenz einzustellen. Eine auf den untersten 4-m-Band-Kanal 347 abgestimmte Viertelwellenantenne ist ohne Berücksichtigung des Verkürzungsfaktors 1010 mm lang. Für Funkbetrieb auf Kanal 509 verkürzt sich die Strahlerlänge auf 968 mm.

Akzeptable Ergebnisse erzielt man auch, wenn die Antenne auf Bandmitte abgestimmt wird. Die mittlere Betriebswellenlänge im 4-m-Band beträgt im Unterband 3,95 m, im Oberband 3,50 m. Ein Viertelwellenstrahler hat dann die Abmessungen 987 mm (UB) bzw. 875 mm (OB).

10.3.2 Breitbandantennen

Wirkungsvoller und universeller einsetzbar sind Breitbandantennen. Diese Strahler werden nicht mechanisch durch Kürzen des Federstahldrahtes, sondern elektrisch für das Ober- und Unterband abgestimmt. Eine solche Breitbandantenne wird von Kathrein mit der Typnummer K 50654 angeboten. Die Antenne besteht aus einem 1010 mm langen Strahler mit Federfuß, einem Gelenkelement und einem runden Abstimmgehäuse aus vernickeltem Messing mit einem Durchmesser von 80 mm und einer Höhe von 16 mm. Das Abstimmgehäuse befindet sich nach der Montage im Fahrzeuginneren unter dem Wagendach. Mit zwei Trimmern am Abstimmgehäuse kann die Antenne auf optimale Welligkeit im Frequenzbereich der Kanäle 347 bis 509 im Unter- und Oberband abgestimmt werden.

Das Modell K 5066421 ist eine Antenne für Duplexbetrieb im 4-m- und 2-m-Band. Der 915 mm lange Strahler wird ebenfalls über Trimmer in einem Abstimmgehäuse auf die Betriebsfrequenz eingestellt. Die notwendige Entkopplung zwischen den Funkanlagen für einen ungestörten und gleichzeitigen Betrieb ist bei dieser Antenne wesentlich größer als bei Verwendung von zwei Einzelantennen.

10.3.3 Tarnantennen

Für den Funkbetrieb von polizeilichen BOS-Diensten aus Zivilfahrzeugen bietet die Industrie eine Palette von »Tarnantennen«. Diese Teleskopantennen unterscheiden sich äußerlich nicht von Autoradioantennen. Beim Kathrein-Modell K 50414 sieht der 940 mm lange Strahler aus wie eine Teleskopantenne, wobei jedoch die einzelnen Teleskopabschnitte fest miteinander verbunden sind. Der Strahler kann demnach nicht eingeschoben werden, er kann jedoch komplett abgeschraubt werden. Durch die Verhinderung der Einschiebemöglichkeit der Teleskopelemente wird eine versehentliche Veränderung der Resonanzfrequenz verhindert und die Sendeanlage vor Beschädigung durch Fehlanpassung verhindert. Über eine elektronische Weiche, die im Innenraum des Fahrzeuges montiert wird, ist der gleichzeitige Anschluß eines 4-m- und eines 2-m-Funkgerätes möglich. Über ein hochohmiges Rundfunkkabel kann auch ein Autoradio an die Weiche angeschlossen werden. Mit einem passiven Filter wird zwischen den beiden Funkzweigen eine Entkopplung von 30 dB erreicht. Die im Werk abgestimmte Weiche kann gegebenenfalls mit zwei Trimmern abgeglichen werden. Der Abgleich erfolgt durch zwei Bohrungen im Deckel der Weiche.

Eine 880 mm lange starre 4-m-Tarnantenne für Kotflügelmontage wird von Hirschmann unter der Typennummer MCA 40170 angeboten. Das Modell MCA 24170 ist mit einer Duplexweiche ausgestattet, der den gleichzeitigen Anschluß eines 2-m- und eines 4-m-BOS-Funkgerätes und eines AM/FM-Autoradios gestattet. Eine Fensterklemmantenne für das 4-m-Band wird als Modell MCA 46 KA angeboten. Diese Antenne mit 790 mm langem verchromtem schwarzen Strahler aus Edelstahl und Anpaßspule sieht wie eine C-Netz-Mobilfunkantenne aus und kann an Wagenfenster mit Rahmen und Scheibenstärken von 3,5 bis 4,5 mm montiert werden. Alle beschriebenen Viertelwellenantennen haben eine Impedanz von 50 Ohm und weisen einen Antennengewinn von 0 dB auf.

10.3.4 5/8-λ-Antennen

Eine andere Bauform für Mobilfunkbetrieb ist die 5/8-λ-Antenne. Sie wird als die wirkungsvollste vertikal polarisierte Antennenform bezeichnet. Die guten Ergebnisse mit dieser Bauform sind vor allem auf ihre relativ große effektive Höhe zurückzuführen. Des weiteren ist für diese Ergebnisse von Bedeutung, daß ihr Horizontaldiagramm einen besonders kleinen Erhebungswinkel des Maximums aufweist. Allerdings muß die bei einer mechanischen Länge von 5/8 der Betriebswellenlänge vorhandene kapazitive Blindkomponente durch einen induktiven Blindwiderstand kompensiert werden.

In der Praxis erzeugt man diesen Blindwiderstand mit Hilfe einer kleinen Verlängerungsspule, die bewirkt, daß die Antenne verlustfrei auf einer Frequenz strahlt. Gleichzeitig dient die Spule als Federfuß für den Strahler.

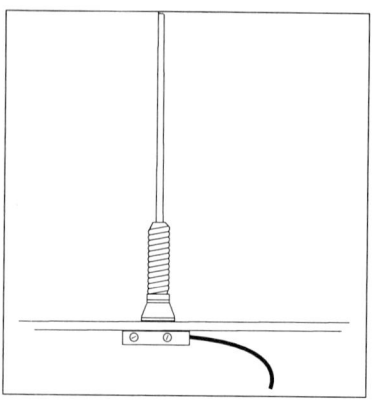

Der Strahler einer 5/8-λ-Antenne für das 4-m-Band hat eine elektrische Länge von 2468 mm im Unterband und 2187 mm im Oberband. Die mechanische Länge wird durch Aufwickeln eines Teils des Strahlerdrahtes zu einer Spule auf 1000 bis 1200 mm reduziert. 5/8-λ-Antennen für das 2-m-Band haben eine elektrische Länge von 1110 mm bzw. 1080 mm (UB/OB). Die Spule hat gegenüber der 4-m-Version weniger Windungen, sodaß sich eine mechanische Baulänge von etwa 800 bis 900 mm ergibt.

Abb. 10.4 *Fahrzeugantenne für Dachmontage.*

Die 5/8-λ-Antenne besitzt gegenüber der 1/4-λ-Antenne eine höhere relative Feldstärke. Mit einem Antennengewinn von etwa 2 dB lassen sich größere Reichweiten erzielen.

10.4   Antennen für tragbare Anlagen

10.4.1 Miniflex und Multiflex

Kurze Antennen für Handsprechfunkgeräte werden als Miniflex-Antenne angeboten. Dabei handelt es sich um eine Antennen, deren Viertelwellenstrahler zu einem elastischen Metallwendel aufgewickelt und von einem schwarzen Kunststoffmantel umgeben ist. Eine Miniflex-Antenne für das 4-m-Band hat eine mechanische Länge von 200 bis 235 mm. Der Nachteil dieser Wendelantennen ist der geringere Wirkungsgrad gegenüber Viertelwellenantennen mit voller mechanischer Länge. Einen Kompromiß bildet die Multiflex-Antenne. Dabei ist nur ein Teil des Viertelwellenstrahlers zu einer Spule aufgewickelt. Die mechanische Länge einer solchen Antenne ist 400 mm.

10.4.2 Sonstige

4-m-Viertelwellenantennen für Handsprechfunkgeräte in voller Baulänge werden in Form von Bandstahlantennen angeboten. Der 1100 mm lange Strahler besteht nicht aus Stahldraht, sondern aus elastischen, nichtrostenden Hohlbandstahlabschnitten.

Eine andere Viertelwellenantenne ist die verkürzte Bauform, die aus einer 1050 mm langen Fiberglasrute mit eingelegter Kupferlitze besteht. Im 2-m-Band kann die Antenne als Halbwellenantenne mit etwa 5 dB Antennengewinn eingesetzt werden. Für 2-m-Handsprechfunkgeräte werden Miniflex-, Multiflex, Bandstahl- und Halbwellenantennen angeboten. Die verkürzte Miniflex-Antenne hat eine Baulänge von 160 mm, die Viertelwellen-Multiflex-Antenne ist 410 mm lang. Bandstahlantennen für 2 m haben Baulängen von 435 bis 450 mm. Alle Antennen für Handsprechfunkgeräte werden mit Anschlußsteckern der Normen UHF, TNC, BNC und M gefertigt.

10.5 Antennenkabel

10.5.1 Definition

Das Antennenkabel besteht aus einem oder mehreren isolierten Leitern unter einer gemeinsamen Schutzhülle und dient der Fortleitung elektrischer Energie vom Senderausgang zum Antenneneingang oder vom Antennenausgang zum Empfängereingang. Die Verbindung zwischen Kabel und Sender oder Empfänger an einem Ende und zur Antenne am anderen Ende der Kabelstrecke erfolgt mit genormten Kabelsteckern.

Für eine gute Funkverbindung ist neben der richtigen Antennenauswahl auch die Verwendung eines geeigneten Antennenkabels wichtig. Grundsätzlich sollte das Antennenkabel so kurz wie möglich und der Antennenstandort so hoch wie möglich sein.

10.5.2 Koaxialkabel

Hochfrequenzleitungen in Sende- und Empfangsanlagen werden im BOS-Funkbereich ausschließlich aus Koaxialkabeln hergestellt. Das Koaxialkabel besteht aus einem zylinderförmigen Außenleiter und einem, durch isolierte Stützscheiben oder Kunststoffüllung, koaxial gehaltenen Innenleiter mit rundem, massiven Querschnitt.

Die verschiedenen Koaxialkabel in 50-Ohm-Ausführung unterscheiden sich durch das verwendete Material und ihren Durchmesser. Dünne Kabel wie das RG-58 C/U mit einem Außendurchmesser von 3,5 mm verwenden als Außenleiter ein Kupfergeflecht und als Innenleiter einen starren Draht oder Kupferlitze. Die Dämpfung bei 80 MHz beträgt bei diesem Kabeltyp etwa 17 dB pro 100 m Kabellänge. Das wesentlich dickere RG-213/U-Kabel mit 8,1 mm Querschnitt ist ähnlich wie das RG-58-Kabel aufgebaut. Wegen des größeren Querschnitts der Leiter reduziert sich die Dämpfung bei 80 MHz auf rund 7,6 dB pro 100 m.

Eine geringere Kabeldämpfung und hohe mechanische Stabilität weisen die Cellflex-Kabel aus, deren Außenleiter aus einer gewendelten Kupferhülle besteht. Bei einem Durchmesser von 13,7 mm weist das 1/4-Zoll-Cellflexkabel eine Dämpfung von nur 5,2 dB auf 100 m auf. Mit 2,8 dB Dämpfung pro 100 m Kabellänge hat das 1/2-Zoll-Cellflexkabel eine noch geringere Dämpfung. Den geringsten Dämpfungsfaktor bei Hochfrequenz-Koaxialkabeln weisen Flexwellkabel aus. Diese dämpfungsarmen Kabel werden mit 18,9 mm und 25,4 mm Durchmesser hergestellt. Das 5/8-Zoll-Flexwellkabel hat etwa 1,7 dB Dämpfung pro 100 m. Die 7/8-Zoll-Version bietet mit knapp 1,0 dB/100 m Dämpfung den geringsten Dämpfungsverlust.

Bei der Verlegung von Antennenkabeln in Kraftfahrzeugen kann wegen der geringen Kabellängen und aus Kostengründen auf RG-58-Kabel zurückgegriffen werden.

10.5.3 Dämpfung

Die Kabeldämpfung bewirkt eine Abnahme der Leistung mit zunehmender Kabellänge. Die Dämpfung entsteht, weil Kabel eine bei der Herstellung nicht zu vermeidende Toleranz des Wellenwiderstandes und damit einen gewissen Reflexionsfaktor haben.

Die Antennenspeiseleistung läßt sich durch Multiplikation der Senderausgangsleistung mit dem Dämpfungsfaktor des Kabels berechnen. Eine Kabeldämpfung von 3 dB halbiert die Senderleistung (Faktor 0,5), bei 6 dB Dämpfung gelangt nur noch ein Viertel der Senderleistung zur Antenne (Faktor 0,25), 10 dB Dämpfung verursachen einen 90prozentigen Leistungsabfall (Faktor 0,1). Beispiel: Bei einer Senderausgangsleistung von 5 W und einer Kabellänge von 30 m gelangen bei Verwendung des RG-58-Kabels 3,3 W an die Sendeantenne. Wird dagegen das dämpfungsarme 1/2-Zoll-Cellflexkabel verwendet, beträgt die an der Antenne ankommende Antennenspeiseleistung bei gleicher Kabellänge 8,7 W.

Die Kabeldämpfung verläuft bei allen Kabeltypen annähernd linear zur Frequenz. Dabei gilt, daß mit einer Erhöhung der Sendefrequenz die Kabeldämpfung steigt. Ein RG-58-Kabel mit einer 80-MHz-Dämpfung von 17 dB/100 m weist im 160-MHz-Bereich eine Dämpfung von 25 dB/100 m auf. Beim Halbzoll-Cellflexkabel steigt die Dämpfung bei einer Verdoppelung der Sendefrequenz von 80 auf 160 MHz von 2,8 dB/100 m auf 4 dB/100 m.

Neben der herstellungsbedingten Kabeldämpfung entstehen in Funkanlagen Verluste durch Dämpfung in Steckern und Zwischenstücken, Verwendung von ungleichen Kabeltypen, fehlerhafte Lötstellen zwischen Kabelinnenleiter und Stecker und zwischen Antennenstecker und Buchse am Funkgerät oder an der Antenne. Zu hohe Biegeradien bei der Verlegung von Koaxialkabeln verursachen ebenfalls Verluste.

11 BOS-Datenfunk

11.1 Funkmeldesystem »FMS«

11.1.1 Allgemeines

Ausgehend von der Überlegung, daß etwa 30 bis 50 Prozent des behördlichen Sprechfunkverkehrs aus immer wiederkehrenden Routinemeldungen besteht, wurde Anfang der 80er-Jahre für die BOS-Dienste das Funkmeldesystem »FMS« entwickelt. Ziel der Entwicklung war es, eine neue und schnellere Übertragungsform für zehn verschiedene Standardmeldungen wie »Einsatzbereit auf Streife«, »Einsatzbereit auf Wache«, »Einsatzauftrag übernommen«, »Am Einsatzort eingetroffen«, »Funkmitteilung Empfangen« sowie »Sprechwunschanmeldung« und »Notruf« zu finden. Gleichzeitig sollten mit der Mitteilung die BOS-Zugehörigkeit des Funkteilnehmers, der Funkverkehrskreis, der Rufname des Fahrzeuges und weitere fahrzeug- oder besatzungsspezifische Daten übertragen werden. Das Funkmeldesystem »FMS« ist in den Technischen Richtlinien BOS (TR-BOS) vom Januar 1990 spezifiziert und beschrieben.

Bereits in den 70er Jahren wurde von SEL ein Kurzton-Pulssystem für Kennungsgeber und Kennungsauswerter entwickelt und den BOS-Diensten zur Verfügung gestellt, das Kurzmeldungen anstelle von Sprache mit achtstelligen Zahlen vom Fahrzeug zur Leitstelle übermittelte. Die erste bis dritte Stelle dieser Ziffernkennung bezeichnet das Gebiet, in dem das Fahrzeug eingesetzt ist. Die vierte bis siebente Stelle kennzeichnet das Fahrzeug selbst. Die Ziffern 0 bis 9 an achter Stelle melden zehn verschiedene Betriebszustände (Status) des Fahrzeuges zur Leitstelle.

Das Kurzton-Impulssystem von SEL verwendet kurze tonfrequenzmodulierte Impulse nach dem Fünf-Ton-Folgesystem. Die Ziffern 1 bis 0 entsprechen dabei den Frequenzen von 1060 Hz bis 2400 Hz, wobei für jede Ziffer 17 Perioden der betreffenden Tonfrequenz ausgesendet werden.

Der Kennungsauswerter in der Leitstelle mißt die Zeit vom Beginn des ersten bis zum fünften Impuls, also die Zeitdauer der ersten vier Perioden, sowie die Zeitdauer der Perioden 5 bis 8, 9 bis 12 und 13 bis 16. Stimmen zwei Zeitmeßwerte überein, so wird diejenige Ziffer im ersten Stellenspeicher markiert, deren Periodendauer der gemessenen Zeit entspricht. Nach Auswertung des 17. Impulses schaltet der Auswerter auf den zweiten Stellenspeicher usw.

Um die Impulse vor Störungen durch Sprachübertragungen und Rauschen zu sichern, wird dem Datentelegramm ein Schlüsselzeichen vorangestellt, das aus 68 Perioden der Frequenz 2800 Hz und einer Pause von 17 Perioden der Frequenz 1670 Hz besteht. Die kürzeste Übertragungszeit für ein Fünf-Ton-Telegramm mit acht Stellen beträgt 83 ms, die längste Zeit 163 ms. Dem Impulstelegramm geht bei der Übertragung ein Sendervorlauf von 200 ms voraus.

Dieses tonfrequenzmodulierte System sollte durch ein System mit höherer Übertragungssicherheit und höherer Datenrate abgelöst werden. Die Ingenieure von AEG-Telefunken entschieden sich bei der Lösung der Aufgabenstellung für die digitale Übertragung von Kurztelegrammen, die in der Praxis auf dem Sprechfunkbetriebskanal mit übertragen wird. An Stelle der Sprache werden taktische Statusmeldungen und Anordnungen in Form von Daten übermittelt. Damit wurde der Wunsch der BOS-Anwender erfüllt, eine erhebliche Beschleunigung und damit eine höhere Nutzung der vorhandenen Funkkanäle zu erreichen. Die digital übermittelten Informationen können in einer Funkmeldesystem-Leitstelle in einem computergesteuerten Einsatzleitsystem verarbeitet und auf Monitoren angezeigt werden.

Mitte der 80er-Jahre wurde von AEG-Telefunken ein FMS-Fahrzeuggerät mit der Typenbezeichnung »X4« zur Serienreife entwickelten und den BOS-Funkdiensten, in erster Linie den Polizeibehörden, angeboten. Dieses Zusatzgerät von der Größe eines Autoradios ist mit dem FuG-Fahrzeugsprechfunkgerät verbunden und sendet bei Betätigung der Sprechtaste am Handapparat des Funkgerätes automatisch ein FMS-Datentelegramm aus.

Ein Gerät mit den gleichen technischen Spezifikationen, jedoch mit geänderter Anordnung der Bedienungselemente, wird von Ascom-Teletron mit der Typenbezeichnung »FMS-12ME« angeboten.

Das moderne Sprechfunkgerät für BOS-Dienste, das Modell »Teledux 9-BOS« von AEG wird serienmäßig bereits mit einem freien Steckplatz für die Aufnahme eines FMS-Moduls ausgeliefert. Die Drucktasten für die Aussendung der Routinemeldungen sind auf der Frontplatte bzw. dem Bedienhörer bereits in der alphanumerischen Tastatur vorhanden.

Der Vorteil dieser Lösung ist, daß Einsatzfahrzeuge ohne Zusatzgeräte wie »X4« oder »FMS-12ME« bei der Umstellung eines Funknetzes auf FMS-Betrieb problemlos umgerüstet werden können.

Abb. 11.1 FMS-Fahrzeuggerät FMS-12 ME von Ascom-Teletron.

11.1.2 Technik

Die Technik des Funkmeldesystems »FMS« basiert darauf, daß für die Übertragung der Fahrzeugkennung - im Sprechfunkverkehr der Funkrufnamen, und der Statusmeldung - im Sprechfunk die Routinedurchsage - anstelle analoger Sprache in Form etwa 260 ms langer digitaler Kurztelegramme übertragen werden.

Diese Datentelegramme werden durch Drücken einer Meldetaste am FMS-Fahrzeuggerät oder der Sprechtaste des Handapparats ausgelöst, als Frequenzumtastsignal (FSK-Modulation) dem Fahrzeugfunkgerät zugeleitet und über die Antenne abgestrahlt. Neben der erheblichen Verkürzung der Belegungszeit des Funkkanals ermöglicht dieses Verfahren auch eine automatische Auswertung und Verarbeitung einsatzrelevanter Meldungen sowie die eindeutige Identifizierung des Funkteilnehmers.

Die FMS-Fahrzeuggeräte, die als Zusatzgerät zu allen eingeführten BOS-Fahrzeugsprechfunkanlagen verwendet werden können, dienen darüber hinaus zum Ein- und Ausschalten des Fahrzeugsprechfunkgerätes, zur Lautstärkeeinstellung eines Zusatzlautsprechers und zum Ein- und Ausschalten eines Zusatzgerätes wie eines Sprachverschleierers. Eine eingebaute Sendezeitbegrenzung verhindert Störungen des Betriebskanals, wie sie etwa durch eine klemmende Sprechtasten am Handapparat verursacht werden.

FMS-Fahrzeuggeräte haben die mechanischen Abmessungen eines Autoradios nach DIN 75500 Form C und sind für den Einbau in den Rundfunkgeräteausschnitt von Kraftfahrzeugen geeignet. Durch entsprechendes Zubehör sind andere Einbaustellen möglich.

Anwendungsabhängig können zwei verschiedene Baustufen gewählt werden. Die Baustufe 1 ermöglicht die Datenübertragung nur vom Fahrzeug zum Leitstellengerät in der Einsatzzentrale, jedoch nicht in umgekehrter Richtung. Als Quittung für den fehlerfreien Empfang der übertragenen Meldung sendet das Leitstellengerät einen 600-Hz-Tonimpuls, der im Fahrzeuglautsprecher hörbar ist. Mit der Baustufe 2 können nicht nur Datentelegramme vom Fahrzeug zur Leitstelle übermittelt werden, sondern auch Mitteilungen von der Leitstelle zum Fahrzeug übertragen werden. Im Fahrzeuggerät sind zwei Sieben-Segment-Leuchtanzeigen eingebaut, eine für den Status der ausgehenden Meldung, die zweite für die Anzeige empfangener Anweisungen von der Leitstelle.

11.1.3 Datentelegramme

Das FMS-Datentelegramm hat unabhängig vom Gerätetyp und vom Informationsinhalt immer den gleichen Signalaufbau und die gleiche Übertragungslänge. Dem Telegramm geht ein Sendervorlauf von 200 ms und ein 10 ms langer Telegrammvorlauf voraus. Es folgt die Übertragung von 8 Bit für die Blocksynchronisation, 4 Bit für die BOS-Kennung, 4 Bit für die Landeskennung, 8 Bit für die Ortsken-

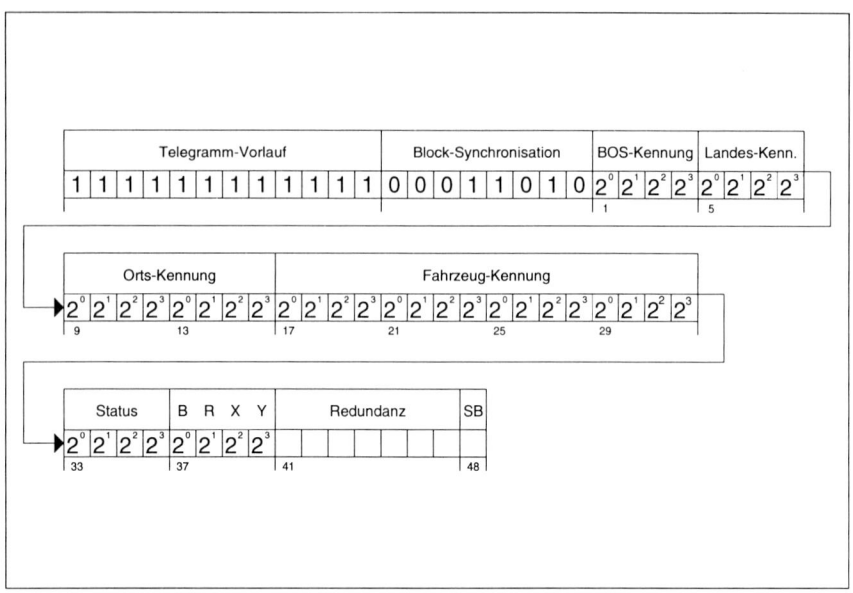

Abb. 11.2 Grafische Darstellung eines FMS-Telegrammaufbaus.

nung, 16 Bit für die Fahrzeugkennung, 4 Bit für die Statusinformation, 4 Bit für Richtungskennung oder taktische Kurzinformationen, 7 Bit für die Fehlerredundanz und 1 Schlußbit. Die Gesamtlänge des Telegramms ist einschließlich Telegrammvorlauf und Blocksynchronisation 68 Bit. Die Gesamtlänge der Aussendung beträgt einschließlich Sendervorlauf 256 ms, wovon 56 ms auf die Übertragung des Telegramminhalts entfallen. Das Datentelegramm wird mit einer FSK-Frequenz von 1500 Hz +/- 300 Hz und einer Übertragungsgeschwindigkeit von 1200 Bd (1200 Bit pro Sekunde) ausgesendet.

Die Statusinformation hat elf Varianten: Sprechbeginn, Notruf und neun weitere, deren beliebige Bedeutung anwenderspezifisch zugeordnet werden kann. Der gesamte Informationsinhalt wird mit einer automatischen hinzugefügten zyklischen Sicherung (Redundanz) vor Übertragungsfehler auf dem Funkweg geschützt.

Die zehn Drucktasten auf der Vorderseite des FMS-Fahrzeuggerätes haben für den polizeilichen Einsatz folgende Bedeutung:

0 = Notruf	**5** = Sprechwunschanmeldung
1 = Einsatzbereit auf Streife	**6** = außer Betrieb
2 = Einsatzbereit auf der Wache	**7** = (Taste nicht belegt)
3 = Einsatzauftrag übernommen	**8** = (Taste nicht belegt)
4 = am Einsatzort eingetroffen	**9** = Handquittung.

Für FMS-Anwender von Feuerwehr und Rettungsdienst haben die Statusziffern folgende Bedeutung:

0 = Notruf	**5** = Sprechwunschanmeldung
1 = Einsatzbereit auf Funkempfang	**6** = nicht einsatzbereit
2 = Einsatzbereit Wache/Standort	**7** = mit Patient unterwegs
3 = Einsatzauftrag übernommen	**8** = im Krankenhaus eingetroffen
4 = am Einsatzort eingetroffen	**9** = Handquittung bzw. Anmeldung

Die Aussendung eines Notrufs erfolgt mit der Statustaste 0 oder einer zusätzlichen Notrufauslösetaste an einer beliebigen Stelle im Fahrzeug. Gleichzeitig erfolgt die automatische Freischaltung des Handapparatemikrofons mit gleichzeitiger Sendertastung. Bei der Auslösung dieser Prozedur wird jedes im Einsatzfahrzeug gesprochene Wort für 30 bzw. 60 Sekunden über das Fahrzeugfunkgerät an die Einsatzleitzentrale übermittelt.

Für die Übertragung der BOS-Kennung innerhalb des Datentelegramms sind im 4-Bit-Dualcode derzeit folgende Kennungszeichen vergeben:

1 = Polizei der Bundesländer	**8** = Arbeiter-Samariter-Bund
2 = Bundesgrenzschutz	**9** = Deutsches Rotes Kreuz
3 = Bundeskriminalamt	**A** = Johanniter-Unfall-Hilfe
4 = Katastrophenschutz	**B** = Malteser Hilfsdienst
5 = Zoll	**C** = DLRG
6 = Feuerwehr	**D** = sonstige Rettungsdienste
7 = Technisches Hilfswerk	**E** = Zivilschutz

Die Landeskennung ist für die alten Bundesländer so festgelegt:

1 = Bundesrepublik Deutschland	**8** = Niedersachsen (1)
2 = Baden-Württemberg	**9** = Nordrhein-Westfalen
3 = Bayern (1)	**A** = Rheinland-Pfalz
4 = Berlin	**B** = Schleswig-Holstein
5 = Bremen	**C** = Saarland
6 = Hamburg	**D** = Bayern (2)
7 = Hessen	**E** = Niedersachsen (2)

Die Ortskennung (Bit-Nr. 9 bis 16) wird mit zwei Mal 4-Bit, also zwei Zeichen ausgesendet und wird individuell in den einzelnen Ländern festgelegt. Für die Fahrzeugkennung (Bit-Nr. 17 bis 32) stehen vier Zeichen (vier Mal 4-Bit) zur Verfügung.

Die Telegrammbitnummern 33 bis 36 sind für Fernaufträge von der Leitstelle zum Fahrzeug reserviert. Die Fernauftragsnummern haben die Bedeutung:

0 = Statusabfrage	**10** = Alarmierung für digitale
1 = Sammelanruf an alle	Funkalarmempfänger
2 = Eigensicherung beachten!	**11** = Alarmierung für digitale
3 = (nicht belegt)	Funkalarmempfänger
4 = Rufen Sie Leitstelle über	**12** = Alarmierung für digitale
Telefon	Funkalarmempfänger
5 = (nicht belegt)	**13** = Alarmierung für digitale
6 = Sprechaufforderung	Funkalarmempfänger
7 = (nicht belegt)	**14** = Reserve für Sonderan-
8 = Fernwirkschaltung 1	wendungen
9 = Fernwirkschaltung 2	**15** = automatische Quittung

Beim Empfang eines Fernauftrages erscheint ein zur Auftragsnummer gehörender Buchstabe in der rechten Sieben-Segment-Anzeige des Fahrzeuggerätes. Betätigt die Leitstelle Fernauftrag Nr. 1 für einen Sammelanruf an alle, erscheint im Fahrzeugdisplay ein »A«, die Fernauftragsnummer 6 für die Aufforderung der Fahrzeugbesatzung zum Sprechen wird mit »J« angezeigt.

Die Fernaufträge, die im Display des Fahrzeuggerätes angezeigt werden, haben für Feuerwehr und Rettungsdienst folgende Bedeutung:

A = Sammelanruf an alle	**H** = Wache anfahren
C = für Einsatzübernahme melden	**J** = Sprechaufforderung
E = Einrücken / Abbrechen	**L** = Lagemeldung geben
F = über Telefon melden	**U** = (Reserve)

Die Richtungskennung (Bit Nr. 38) ist innerhalb des FMS-Telegramms erforderlich, um die Übertragungsrichtung Fahrzeug zur Leitstelle (Bit 38 = 0) oder Leitstelle zum Fahrzeug (Bit 38 = 1) zu unterscheiden. Diese Richtungskennung ist nur bei FMS-Geräten in Baustufe 2, die in beiden Richtungen senden und empfangen können, erforderlich.

Taktische Kurzinformationen (Bit Nr. 39 und 40) werden mit dem vierstufigen, mit röm. I bis röm. IV gekennzeichneten rechten Drehschalter am Bediengerät des Fahrzeuggerätes eingestellt. Für die Verwendung gibt es keine bundeseinheitliche Regelung. Diese taktische Kurzinformation ist für Zusatzinformationen vorgesehen, die mit den Statustasten nicht ausgesendet werden können. Denkbare Anwendungen sind die Mitteilung über die Anzahl der Personen im Fahrzeug, die Kennzeichnung der Einsatzzugehörigkeit (Kriminalpolizei, Verkehrszug, Eskorte, Radarkontrolle oder Sondereinsatz) oder die Zielkennzeichnung für automatisches Durchschalten (Meldungen oder Gespräche direkt an Polizeirevier, Einsatzleitstelle oder Regierungspräsidium/Bezirksregierung).

Die Statusabfrage (Bit Nr. 33 bis 36) dient unter anderem dazu, den aktuellen Status eines FMS-Teilnehmers abzufragen und die Informationen im Leitstellenrechner aufzufrischen (etwa nach einem Computerabsturz). Außerdem kann die Statusabfrage durch die Leitstelle genutzt werden, um zu überprüfen, ob sich ein bestimmtes Fahrzeug mit FMS-Anlage im Funkverkehrsbereich befindet. Die Statusabfrage beinhaltet eine selektive Anweisung, die im Fahrzeuggerät die Aussendung des zuletzt eingegebenen Meldungstelegramms veranlaßt. Eine Anzeige im Display des Fahrzeuggerätes erfolgt in diesem Fall nicht.

11.1.4 Kodierung

Die Festlegung der achtstelligen Adresse des Fahrzeuges erfolgt durch Einstecken eines Kodiersteckers in das Fahrzeuggerät. Die FMS-Anlage sendet erst dann Datentelegramme aus, wenn der Kodierstecker in die Buchse auf der Frontplatte des Geräts gesteckt wird. Mit Ausnahme einer Sonderausführung, bei der ein Notruf auch ohne Kodierstecker gesendet werden kann, ist das Senden von Meldungen und die Sendertastung in FM-Sprachmodulation ohne Kodierstecker nicht möglich.

Die Kodierung wird in der Funkwerkstatt durch Stecken von Kontaktbrücken und Kontaktketten aus Draht mit beidseitig gekrimpten Stiften in eine 24polige PVC-Steckerkammer durchgeführt. Mit den Brücken und Ketten werden die Kennungsstellen 1 = BOS, 2 = Land, 3 = Ort-1, 4 = Ort-2, 5 = Fahrzeug-1, 6 = Fahrzeug-2, 7 = Fahrzeug-3 und 8 = Fahrzeug-4 mit den zugeordneten Ziffernstellen verbunden. Die dezimalen Ziffernstellen liegen in der oberen Zeile der Kodiersteckerkammer, die Kennungsstellen in der unteren Zeile.

Mit dem Einschalten des FMS-Fahrzeuggerätes wird der Meldespeicher automatisch auf den verdeckten Status »15« gestellt, die Bit-Nr. 33 bis 36 sind »1«. Bei einer Statusabfrage durch die Leitstelle ist damit erkennbar, daß noch kein aktueller Status eingegeben wurde.

Der Kodierstecker ist von außen beschriftet mit der BOS-Kennung, der Landes- und Ortskennung und der Fahrzeugkennung, um Verwechslungen auszuschließen. Eine Beschriftung wie z.B. »1A104713« hat folgende Bedeutung: FMS-Teilnehmer gehört einer Polizeidienststelle (1) des Bundeslandes Rheinland-Pfalz (A) in

Mainz (10) an und hat die Fahrzeugkennung bzw. den Rufnamen »47/13« (4713). Bei Betätigung einer Statustaste wird die entsprechende Meldung in den Meldespeicher gegeben und innerhalb des Datentelegramms mit der kompletten Adresse an die Leitstelle gesendet. Dabei leuchtet an der Frontplatte des Fahrzeuggerätes die grüne LED während der Aussendung auf. In der Baustufe 1 wird die eingegebene Statusinformation sofort an der numerischen Anzeige angezeigt. Als Quittung wird von der Leitstelle ein Tonimpuls ausgesendet und die rote LED leuchtet auf. In Baustufe 2 wird die Information erst angezeigt, wenn die selektive Quittung der Leitstelle von der Fahrzeuganlage empfangen und dadurch das Aufmerksamkeitssignal mittels eines 600-Hz-Tones ausgelöst wurde.

11.1.5 Bedienung

Die FMS-Fahrzeuggeräte »X4« (AEG) und »FMS-12ME« (Ascom) unterscheiden sich äußerlich durch die Anordnung der beiden Digitalanzeigen und der drei Leuchtdioden auf der Bedienplatte. Beim AEG befinden sich die beiden Sieben-Segment-Leuchtanzeigen (LED) direkt rechts oberhalb des Drehknopfes für »Ein-Aus« und Lautstärke. Die Anzeige der Zeichen für Status und Anweisung erfolgt in roten Leuchtsegmenten vor schwarzem Hintergrund. Beim Ascom-Gerät werden die Informationen auf zwei Flüssigkristallanzeigen (LCD) mit schwarzen Segmenten vor beleuchtetem hellen Hintergrund angezeigt.

Die FMS-Fahrzeuganlage wird durch Rechtsdrehung des linken Schaltknopfes eingeschaltet. Zur Kontrolle leuchtet eine gelbe Leuchtdiode. Die Lautstärke des Zusatzlautsprechers ist in den Stufen »leise«, »mittel« und »laut« wählbar.

Die zehn Status- bzw. Meldetasten befinden sich in der unteren Hälfte der Bedieneinheit. Sie sind in zwei waagerechten Reihen mit jeweils fünf Tasten angeordnet. Die Notruftaste »0« ist zur besseren Unterscheidung rot, die übrigen neun Tasten weiß. Mit jedem Tastendruck der Statustasten oder der Sprechtaste wird ein Meldetelegramm ausgesendet, das die Fahrzeugkennung und die der entsprechenden Statustaste zugeordnete Information enthält. Dabei leuchtet die mittlere grüne Leuchtdiode auf. In Geräten der Baustufe 1 wird die gesendete Meldung mit der linken LED/LCD-Anzeige unmittelbar als Ziffer dargestellt, in Geräten der Baustufe 2 erst nach Eintreffen des Quittungstelegramms von der Leitstelle. Während die Leitstelle sendet, leuchtet die rechte rote LED. Beim Empfang von Anweisungstelegrammen mit Geräten der Baustufe 2 ertönt ein akustisches Signal und die Anweisung wird mit der rechten LED-Anzeige als Buchstabe dargestellt. Mit dem rechten Doppelfunktionsschalter kann ein Zusatzgerät eingeschaltet werden oder eine von vier möglichen Zusatzinformationen in das zu sendende Telegramm eingefügt werden. Diese Zusatzinformationen sind mit den römischen Ziffern 1 bis 4 auf dem Gehäuse oberhalb des Drehschalters aufgedruckt. Zusatzmeldung und Zusatzgerät ein/aus können individuell voneinander eingestellt werden.

214

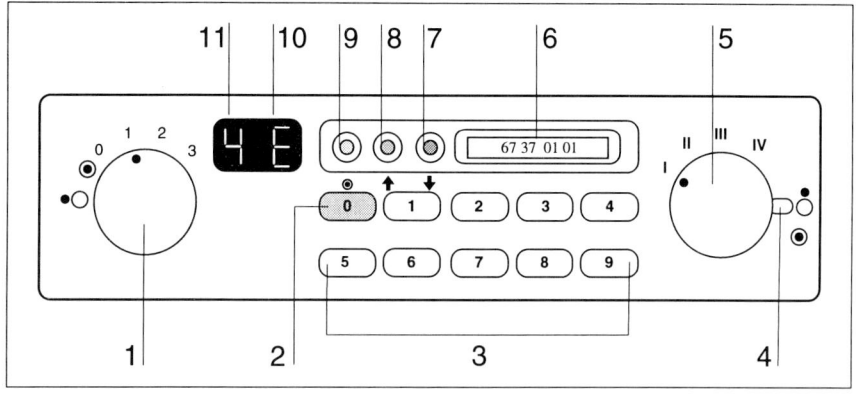

Abb. 11.3 *Bedienungselemente des FMS-Fahrzeuggerätes X4 von AEG:*

1   Kombidrehschalter Ein/Aus und Lautstärke
2   Notruftaste (rot)
3   Drucktasten für Meldung/Status
4   Schalter für Zusatzgerät
5   Drehschalter für Zusatzmeldungen I bis IV
6   Kodierstecker mit Beschriftung
7   LED (rot) »Leitstelle sendet«
8   LED (grün) »Statustelegramm wird gesendet«
9   LED (gelb) »Anlage eingeschaltet«
10   Siebensegmentanzeige für empfangene Anweisungen
11   Siebensegmentanzeige für eigenen Status

11.1.6 FMS-Handapparate

Von der Firma RDN wird für BOS-Funkteilnehmer ein spezieller Handapparat angeboten, der den FMS-Betrieb nach Baustufe 1 und Baustufe 2 erlaubt. Bei Verwendung dieses Handapparats wird ein Bedienteil am FMS-Fahrzeuggerät nicht mehr benötigt. Die Statuseingabe und die Fernauftragsanzeige erfolgt über den Bedienhörer. Dieser FMS-Handapparat hat Ähnlichkeit mit einem C-Netz-Mobilfunktelefonhörer. In der Mitte der Außenseite des Handapparats befinden sich zwölf numerische Drucktasten. Darüber sind sechs Tasten für Rufton 1 und Rufton 2 und die vier FMS-Sonderfunktionen angebracht. Im oberen Teil des Handapparats in Höhe der Hörmuschel befinden sich die beiden Sieben-Segment-Anzeigen für abgesandten Status und empfangenen Fernauftrag. Darüber liegen in einer waagerechten Reihe sieben Leuchtdioden für die Anzeige des Betriebszustandes. Der RDN-Handapparat ist so aufgebaut, daß er im aufgelegten Zustand auf die Halterung bedient und die FMS-Information abgelesen werden kann.

Wesentlich mehr Informationen bietet der zum Teledux 9-BOS von AEG gehörende Handapparat »Fu 60«. Bei FMS-Betrieb wird neben der numerischen Status- und Fernauftragsanzeige im oberen Teil der zweizeiligen LCD-Anzeige im unteren Teil der Fernauftrag im Klartext mit maximal sieben Zeichen angezeigt. Diese Klartextanzeige erfolgt auch im Display des Einbaubediengerätes, wenn ein anderer Handapparat verwendet wird.

11.1.7 Besonderheiten

Ist eine BOS-Funkanlage für das Funkmeldesystem ausgelegt, wird bei jeder Betätigung der Sprechtaste am Handapparat zunächst ein FMS-Telegramm gesendet, das 256 ms lang dauert. Darauf folgt die elektronische Quittung der Leitstelle, die dem Fahrzeuggerät den fehlerfreien Empfang des Telegramms bestätigt. Die Übertragungsdauer des Quittungstelegramms dauert ebenfalls 256 ms. Wird die Quittung vom Fahrzeuggerät nicht empfangen, etwa weil der Funkkanal durch Sprachbelegung oder Rauschen gestört ist, wird die Fahrzeugmeldung nach 600 ms wiederholt. Für den Sprechfunkteilnehmer hat das die Bedeutung, daß er nach Betätigung der Sendetaste zunächst eine halbe Sekunde warten muß, bis das FMS-Telegramm und die Quittung der Leitstelle ausgetauscht wurden. Erst nach diesem automatischen Datenaustausch kann das Mikrofon besprochen werden. Wird hingegen zu früh in das Mikrofon gesprochen, kommt es zu einem Datenverlust im Telegramm und Datenaussendung und Quittung wiederholen sich so lange, bis der Datenstrom fehlerfrei übertragen wird.

Block-Nr.	Verwendung	Zeichen	Bit-Länge	Bit-Nr.	Zeit (ms)
	Sender-Vorlauf				200,0
	Telegramm-Vorlauf		12		10,0
	Block-Synchronisation		8		6,6
1	BOS-Kennung	1	4	1	3,3
2	Landes-Kennung	1	4	5	3,3
3	Orts-Kennung	2	8	9	6,6
5	Fahrzeug-Kennung	4	16	17	13,0
9	Status	1	4	33	3,3
10	z.b.V. (B,R,X,Y)	1	4	37	3,3
11	Redundanz		7	41	5,8
13	Schlußbit		1	48	0,8
	Gesamt	**10**	**68**		**256,0**

12 BOS-Funk auf Kurzwelle

12.1 Polizei

12.1.1 Allgemeines

Das Vorhandensein von Grenz- und Kurzwellenfunkstellen des Bundesministeriums des Innern und untergeordneter Dienststellen ist nur wenig bekannt. Tatsächlich findet zu jeder Tages- und Nachtzeit ein reger Nachrichtenaustausch auf Frequenzen zwischen 1800 und 29900 kHz statt, wobei der Schwerpunkt der Funkaktivitäten im Bereich 2400 bis 7000 kHz liegt.

Für die Übertragung der Fernschreiben wird die Sendeart F1B verwendet, bei der entsprechend der Zeichen- und Trennlage die Sendefrequenz um einen bestimmten Betrag umgetastet wird. Dabei handelt es sich um eine Frequenzmodulation, deren Hub vom Modulationsindex und der Telegrafiegeschwindigkeit abhängig ist.

Mehr als 50 Dienststellen des Innenministeriums sind derzeit über Kurzwellen- bzw. Grenzwellen-Schreibfunkverbindungen mit der Hauptfunkstelle in Bonn und untereinander verbunden. Besonders in Krisensituationen hat sich der Kurzwellenfunk gegenüber drahtgebundenen Verbindungen bewährt. Der Vorteil dieser Kommunikationsform liegt in der Unabhängigkeit von Einrichtungen Dritter, also dem Telefonleitungsnetz der Telekom. Im Falle einer Betriebsstörung des Postnetzes, die jederzeit durch Terroranschläge oder Naturkatastrophen entstehen könnte, wäre eine Kommunikation zwischen dem Krisenstab in Bonn und den Dienststellen im gesamten Bundesgebiet nicht mehr gewährleistet. Grenz- und Kurzwellenverbindungen bieten dagegen eine krisensichere Übermittlungsform. Sende-, Empfangs- und Eingabegeräte können unabhängig vom öffentlichen Stromnetz betrieben werden.

Daß die Grenz- und Kurzwellenverbindungen auch außerhalb von Not- oder Krisenlagen betrieben werden, hat zwei Gründe. Zum einen werden die zugewiesenen Frequenzen nicht von anderen Funkstellen aus dem In- und Ausland belegt, wenn auf ihnen ständig Funkverkehr stattfindet. Zum anderen ist der Kurzwellenfunk relativ kostenneutral. Mit Ausnahme der Investitionen für die technische Infrastruktur entstehen für die Verbindungen selbst keine Leitungskosten.

In den Anfängen der Kurzwellenkommunikation des Bundes und der Länder wurden Drahtberichte und Drahtnachrichten oder Telegramme per Morsefunk übertragen und waren deshalb sehr zeitaufwendig und anstrengend. Eine Erleichterung brachte das Funkfernschreibverfahren mit dem Baudot-Kode mit einer Übermittlungsgeschwindigkeit von 50 Bd. Für die Übermittlung einer DIN-A4-Seite waren nur noch knapp vier Minuten nötig.

Nachteilig wirkte sich aus, daß die Kurzwelle kein ungestörtes Übertragungsmedium ist. Sie wird beeinträchtigt durch ionosphärisch bedingten Schwund, durch atmosphärische Störungen und durch andere Funkdienste. Wegen dieser Störungen mußte man Fernschreibnachrichten mehrmals aussenden, um einen lesbaren Text zu erhalten. Noch problematischer wurde es, wenn die Nachrichten aus Gründen des Abhörschutzes verschlüsselt wurden. Wenige falsch übermittelte Buchstaben konnten dazu führen, daß die gesamte Nachricht nicht mehr dechiffriert werden konnte.

Ende der 50er Jahre brachte die Einführung eines automatischen Fehlerkorrektursystems eine entscheidende Verbesserung. Mit dem Duplex-ARQ-Verfahren wurde durch einen fehlererkennenden Kode mit automatischer Rückfrage und Wiederholung der gestört empfangenen Zeichen die Restfehlerrate derart reduziert, daß der Kurzwellenfunk mit Drahtverbindungen vergleichbar wurde. Neben einer hohen Übertragungsgüte von statistisch gesehen einem falsch übermittelten Zeichen auf 500.000 Zeichen konnte auch die Übertragungsgeschwindigkeit verdoppelt werden.

Mitte der 70er Jahre wurde die Entwicklungsarbeit auf dem Kurzwellensektor in der deutschen Industrie von Telefunken und Rohde & Schwarz wiederbelebt. Den Anstoß gab die entstehende Mikroprozessortechnik. Die ersten automatisch arbeitenden Funkprozessoren, die auch im Botschaftsfunk des Außenministeriums eingesetzt werden, wurden Anfang der 80er Jahre vorgestellt.

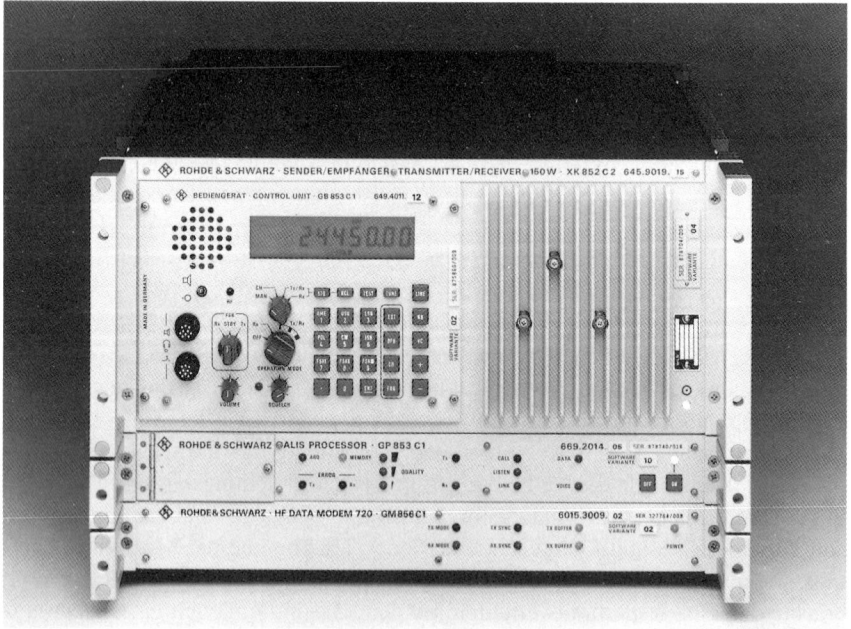

Abb. 12.1 Kurzwellen Sende-Empfänger XK 852 von Rohde und Schwarz für die Übertragung von Fernschreibnachrichten mit 150 W HF-Leistung.

12.1.2 Fernschreibverfahren

Im Funkfernschreibverkehr der Funkstellen des Bundes und der Länder wird das Fernschreibverfahren »ARQ-E« verwendet. Dabei handelt es sich um ein synchrones Einkanalfunkverfahren im Vollduplexbetrieb. Das heißt, daß für die Fehlersicherung und die automatische Bestätigung eines empfangenen Datenblocks, nicht wie beim herkömmlichen Vollduplex-ARQ-System eine zweite Frequenz erforderlich ist. Hin- und Rückleitung für automatische Nachfrage und Aufforderung zur erneuten Aussendung des als fehlerhaft erkannten Zeichens finden auf der gleichen Frequenz statt. Der Vorteil dieses Verfahrens ist, daß keine zweite Antenne erforderlich ist, weil Sender und Empfänger jeder Funkstelle abwechselnd senden und empfangen, und nicht wie bei Vollduplex üblich, gleichzeitig.

Die Zeichen werden im ARQ-E-System nach dem internationalen Telegraphenalphabet »ITA-2« ausgesendet, wobei jedes Zeichen aus fünf verschiedenen log.0- und log.1-Zuständen gebildet wird. Zur Funkübertragung werden die Zustände »Strom ein« und »Strom aus« in zwei »Mark« und »Space« genannte Frequenzen umgetastet.

Zur Fehlerkorrektur werden den fünf Zeichenbit zwei zusätzliche Bit hinzugefügt. Das erste Bit der Zeichenfolge wird je nach logischem Zustand »Alfa« (Leerlaufsignal und Startpolarität), »Beta« (Leerlaufsignal und Stoppolarität) oder »RQ« (Repetition Request - Aufforderung zur Wiederholung) genannt. Danach werden die fünf Bit für das Buchstaben- oder Ziffernzeichen gesendet. Das siebente Bit dient als Paritätsprüfbit.

Wird während der Funkübertragung ein Zeichen gestört, wird durch die Paritätsprüfung automatisch ein »RQ« von der Empfangsstelle an die Sendestelle geschickt. Diese sendet die letzten Zeichen vor der Fehlererkennung erneut aus, bis die vollständige Nachricht beim Empfänger angekommen ist.

In der »Oberen Netzebene« des Bundes und der Länder wird mit einer Übertragungsgeschwindigkeit von 96 Bd gearbeitet. Der Bundesgrenzschutz verwendet das gleiche Verfahren mit 72 Bd Übertragungsgeschwindigkeit. Das innerdeutsche Behördenfunknetz benutzt eine sehr schmale Übertragungsbandbreite. Der mit Shift bezeichnete Abstand der niedrigeren zur höheren Umtastfrequenz des HF-Signals beträgt etwa 85 Hz. Damit ist es möglich, mehrere Funkstrecken innerhalb eines schmalen Hochfrequenzbandes von wenigen kHz zu bündeln. Mit einem Doppelseitenbandsender können zwei, vier oder mehr unterschiedliche Fernschreibkanäle gleichzeitig an verschiedene Empfänger ausgesendet werden.

Da ARQ-E und ITA-2 internationale Übertragungsverfahren sind, können die Nachrichten auch von Unbefugten mitgelesen werden. Im Amateurfunkbereich werden entsprechende Decoder und Computerprogramme für weniger als 1000 Mark angeboten. Aus diesem Grund werden alle Funknachrichten des innerdeutschen Netzes mit Ausnahme von Spruchanfang und Spruchende zusätzlich verschlüsselt. In den letzten Jahren wurden Modulationsverfahren wie zum Beispiel »8-FSK« und »PSK« entwickelt, die trotz der Schwierigkeiten bei der Kurzwellenausbreitung Datenraten bis zu 2400 bit/s auf einer Funkstrecke zulassen. Die wesentlichen Merkmale dieser neuen Verfahren sind, daß sie nicht nur für Baudot-Kode (5-Bit-Fernschreibkode), sondern auch für 7- und 8-Bit-ASCII-Kode geeignet sind. Damit sind Computerdaten von einem PC zum anderen PC über Kurzwelle austauschbar.

12.1.3 Vollduplex-Verfahren

Vollduplex-Verfahren werden verwendet, wenn bei Punkt-zu-Punkt-Verbindungen eine Übertragung gleichzeitig in beiden Richtungen verlangt wird. Bei Sprachverbindungen gestattet dieses Verfahren ein unabhängiges Gegensprechen wie bei Telefonverbindungen. Die Vollduplex-Datenübertragung wird bisher dort eingesetzt, wo zum einen ein sehr hoher Datendurchsatz in beiden Richtungen gefordert ist, zum Beispiel auf Hauptfunkstrecken, zum anderen Endgeräte eingesetzt werden, welche spezielle Protokolle wie HDLC oder X.25 verlangen, die eine Vollduplexstrecke voraussetzen. Moderne ARQ-Geräte eignen sich zudem nicht nur zur Übertragung von verschlüsselten Fernschreibtexten, sondern auch zur Übertragung von Rechnerdaten und Faksimilebildern von Fahndungsfotos oder Fingerabdrücken.

12.1.4 Verkehrsabwicklung

Der Fernschreibverkehr wird von Funkbetriebsstellen, Knotenfunkstellen und Funkstellen des Bundes und der Länder durchgeführt. Diese Funknetzebene dient der Kommunikation zwischen dem Bundesministerium des Innern, dem Bundesgrenzschutz, dem Bundeskriminalamt und dem Bundesamt für Verfassungsschutz auf der einen und den Landesregierungen der 16 Bundesländer auf der anderen Seite. In der »Obere Netzebene« hat die Hauptfunkstelle (HF) des Bundes ihren Dienstsitz in Bonn. Das internationale Funkrufzeichen für Verbindungen auf Grenz- und Kurzwelle ist »DER«. Die Hauptfunkstellen der Länder haben ihren Dienstsitz in den Landeshauptstädten. Sie verwenden auf Grenz- und Kurzwelle das Rufzeichen »DER«, gefolgt von einer zweistelligen Ziffernkombination, die mit »20« beginnt und bei »99« endet.
Neben den Hauptfunkstellen der Länder verwenden auch die Knotenfunkstellen des Bundesgrenzschutzes (BGS) und die Funkstellen des Bundeskriminalamtes (BKA) eine Kombination aus der Rufzeichenreihe »DER20« bis »DER99«.
In der »Unteren Netzebenen« mit den Regierungspräsidien, Bezirksregierungen, Polizeipräsidien und -direktionen, sind folgende Rufzeichen zugeteilt: Baden-Württemberg: DHA20-99; Bayern: DHR20-99; Bremen: DHB20-99; Hamburg: DHH20-99; Hessen: DHE20-99; Niedersachsen: DHL20-99; Nordrhein-Westfalen: DHF20-99; Rheinland-Pfalz: DHG20-99; Saarland: DHK20-99; Schleswig-Holstein: DHQ20-99.

Die Rufzeichenkombinationen stammen aus der Zeit des Morsefunks. Im Funkfernschreibverkehr werden sie nicht mehr verwendet. Zur Identifizierung von Sender und Empfänger dient eine aus fünf Buchstaben bestehende Kombination aus Empfängerkennung, Kanalleistungskennung und Senderkennung. Beispiel: »HFVNI« steht im Kopf einer FS-Nachricht, die vom Innenministerium Niedersachsen in Hannover (NI) zur Hauptfunkstelle (HF) auf dem 1. Funkkanal gesendet wird, »BYVHF« steht für eine Verbindung vom Bundesinnenministerium in Bonn zum Bayerischen Innenministerium in München auf dem 1. Funkkanal.

12.1.5 Aufbau des Fernschreibens

Jedes Funkferschreiben ist nach einem festen Schema aufgebaut. Der Startfolge »EEE« folgt das Nachrichtenbeginnzeichen »ZCZC«, die dreistellige Laufnummer, die aus zwei Buchstaben bestehende Empfängerkennung, die einstellige Kanalleistungskennung, die Senderkennung, Datum und Uhrzeit. In der zweiten Zeile des Fernschreibkopfes steht der Dringlichkeitsvermerk. Das Fernschreiben endet mit dem Schlußzeichen »NNNN«.

Dringlichkeitsvermerke sind »EEE« - Einfach-Nachricht, »SSS« - Sofort-Nachricht, »BBB« - Blitz-Nachricht sowie »AAA« - Staatsnotstand-Nachricht. Nach dem Dringlichkeitsvermerk kann eine vierstellige Buchstabenkombination für Sammelanrufe ausgesendet werden. Sammelanrufe werden mit »QQ« eingeleitet, es können die Kombinationen »AP« - Alarmplanung, »BK« - Bundeskriminalamt, »HF« - Hauptfunkstelle des Bundes, »HV« - Hauptvermittlungsstelle des Bundes, »IM« - Innenministerium, »LK« - Landeskriminalamt, »LZ« - Lagezentrum, »WS« - Wasserschutzpolizei oder andere Kürzel folgen.

Die Kanalleistungskennung erfolgt mit den Buchstaben »V« bis »Z«, die erste Verbindung erhält immer den Buchstaben V, die zweite W usw. Im FS-Kopf können Q-Gruppen für besondere Hinweise an die Empfangsstelle verwendet werden. »QVA« - Kryptolochstreifen Einlagemaske Anfang, »QVX« - Kryptolochstreifen

```
EEE  ZCZC  001  NIVHF  0105  12
SSS
QQ  BKBK
. . .
(Nachrichtentext)
. . .
NNNN
```

Abb. 12.2 Beispiel für einen Fernschreibkopf:

Einlagemaske Ende, »QVE« - Schalten Sie auf Empfangslochstreifen, »QVT«- Tageskryptodatenträger, »QVP« - Prüftext Kaufschleife. Dieser Standardprüftext heißt »Kaufen Sie jede Woche vier gute bequeme Pelze xy 1234567890«, in ihm sind alle Buchstaben des Alphabets enthalten.

Grenz- und Kurzwellenfrequenzen des Funkfernschreibnetzes der Behörden des Bundesministeriums des Innern

1642,5 kHz	2770,2 kHz	4618,0 kHz	22748,0 kHz
1648,5 kHz	2865,5 kHz	4619,0 kHz	22763,0 kHz
1651,5 kHz	3200,0 kHz	4620,4 kHz	22782,0 kHz
1667,5 kHz	3271,6 kHz	4810,5 kHz	22783,0 kHz
1780,0 kHz	3272,8 kHz	4916,0 kHz	22788,0 kHz
1801,0 kHz	3306,0 kHz	4917,0 kHz	22789,0 kHz
1802,1 kHz	3593,6 kHz	4919,9 kHz	22963,0 kHz
1838,0 kHz	3595,0 kHz	4970,7 kHz	22964,0 kHz
1904,0 kHz	3596,2 kHz	4971,1 kHz	23440,0 kHz
1943,5 kHz	3597,5 kHz	4972,4 kHz	23442,0 kHz
2136,0 kHz	3814,0 kHz	4977,3 kHz	23443,0 kHz
2163,0 kHz	3845,0 kHz	4979,7 kHz	23600,0 kHz
2233,7 kHz	3899,5 kHz	5022,0 kHz	23640,0 kHz
2234,2 kHz	3990,0 kHz	5022,5 kHz	23772,0 kHz
2235,8 kHz	4013,0 kHz	5024,5 kHz	23998,0 kHz
2269,5 kHz	4018,0 kHz	5024,5 kHz	23999,0 kHz
2293,5 kHz	4037,0 kHz	5135,0 kHz	24298,0 kHz
2295,8 kHz	4053,0 kHz	5262,5 kHz	24300,0 kHz
2383,5 kHz	4058,0 kHz	5476,3 kHz	24566,0 kHz
2385,7 kHz	4062,0 kHz	5478,0 kHz	24701,0 kHz
2440,7 kHz	4442,2 kHz	5621,2 kHz	24890,0 kHz
2441,6 kHz	4444,0 kHz	5803,0 kHz	25246,0 kHz
2536,5 kHz	4444,7 kHz	5917,5 kHz	25274,0 kHz
2539,5 kHz	4462,0 kHz	6338,6 kHz	26131,0 kHz
2548,3 kHz	4488,0 kHz	6575,0 kHz	26148,0 kHz
2559,0 kHz	4537,5 kHz	6992,5 kHz	26284,0 kHz
2574,2 kHz	4538,5 kHz	7597,0 kHz	26466,0 kHz
2638,0 kHz	4553,5 kHz	7597,7 kHz	26538,0 kHz
2767,5 kHz	4555,0 kHz	7900,7 kHz	26780,0 kHz
2768,5 kHz	4556,5 kHz	9868,0 kHz	26845,0 kHz
2769,1 kHz	4589,0 kHz	10217,0 kHz	26848,0 kHz
2769,5 kHz	4601,0 kHz	10272,0 kHz	27433,0 kHz

12.2 Bundesgrenzschutz

12.2.1 Funkverkehr

Der FS-Funkverkehr des Bundesgrenzschutz wird im gleichen ARQ-E-Verfahren übertragen wie der Funkverkehr der Hauptfunkstelle des Bundesinnenministeriums. Ein wesentlicher Unterschied besteht in der verwendeten Übertragungsgeschwindigkeit, die 72 Bd beträgt.

Für den Aufbau der Nachrichten und die Verschlüsselung gilt das gleiche Schema, wie für das Funknetz des Bundes mit den Ländern.

Die Grenzschutzpräsidien verwenden im Funkverkehr mit der Hauptfunkstelle in Bonn die Kanalleistungskenner HFVGN (Bad Bramstedt), HFVGO (Berlin), HFVGM (Kassel), HFVGS (München) und HFVGW (Bonn).

Funkverkehr des BGS wird auf folgenden Kurzwellenfrequenzen durchgeführt:

Grenz- und Kurzwellenfrequenzen des Fernschreibnetzes des Bundesgrenzschutz-

2233,5 kHz	3306,0 kHz	4587,7 kHz	4971,7 kHz
2296,4 kHz	3812,7 kHz	4619,0 kHz	4978,0 kHz
2442,7 kHz	3953,0 kHz	4620,8 kHz	5021,0 kHz
2768,5 kHz	4462,0 kHz	4970,0 kHz	5022,8 kHz

Abb. 12.3 Fernschreibfunkstelle des BGS.

12.3 Interpol

12.3.1 IKPO-Funknetz

Die Leitung des Interpol-Funknetzes liegt bei der Zentralfunkstelle beim Interpol-Generalsekretariat in Lyon (Frankreich), die das internationale Funkrufzeichen »FSB« hat. An die Zentralfunkstelle direkt angeschlossen sind alle 150 nationalen Interpol-Zentralbüros und die fünf Regionalstationen in Abidjan, Nairobi, Buenos Aires, San Juan und Tokio. Wegen des hohen weltweiten Verkehrsaufkommens bedient man sich bei der Abwicklung des Funkverkehrs eines rechnergestützten Nachrichtenvermittlungssystems, das 1987 als Herzstück der Zentralfunkstelle in Betrieb genommen wurde. Das System verfügt über 16 Fernschreibfunklinien mit Fehlersicherung und Verschlüsselung, vier Telexleitungen, zwei Teletexleitungen und fünf Rechneranschlüsse. Damit wird ein Nachrichtendurchsatz von 7200 Nachrichten mit je 1000 Zeichen pro Stunde erreicht.

Für das Nationale Zentralbüro in Deutschland (NZB) wickelt das Fernmeldebetriebsreferat des Bundeskriminalamtes in Wiesbaden den Interpol-Fernmeldebetrieb unter dem Rufzeichen »DEB« ab. Mit etwa 15 Prozent des insgesamt zu bearbeitenden Nachrichtenaufkommens im BKA ist der Interpol-Fernmeldeverkehr vergleichsweise gering. Trotzdem zählt die Betriebsstelle in Wiesbaden zu den größten im weltweiten Interpol-Netz. Bei einer Spitzenbelastung im internationalen Bereich kann das BKA fünf Fernschreibfunksysteme, vier Telexanschlüsse, einen Teletexanschluß, drei Telefaxanschlüsse und zwei Telebildgeräte gleichzeitig einsetzen.

Als die Zentralfunkstelle von Interpol, die früher in Saint-Cloud bei Paris untergebracht war, wegen eines Bombenanschlages im Jahre 1986 total ausfiel, wurde die Leitung und Verkehrsabwicklung des weltumspannenden Netzes vorübergehend an das BKA übertragen.

12.3.2 Übertragungsverfahren

Während vor knapp zehn Jahren noch fast alle Interpol-Nachrichten im Morsekode oder im Baudot-Fernschreibverfahren im Klartext übertragen wurden, werden heute alle Funkfernschreibnachrichten kryptiert. Als Übertragungsverfahren bedient man sich eines speziellen fehlerkorregierenden Halbduplex-ARQ-Verfahrens (Twinplex F7B) mit einer Übertragungsgeschwindigkeit von 100 Bd. Die Sendeart F7B beschreibt zwei Fernschreibkanäle über einen frequenzumgetasteten HF-Träger. Dabei wird der Träger in vier Lagen umgetastet. Jeder dieser Lagen entspricht ein bestimmtes Zeichen (oder Trennzustand) beider Fernschreibkanäle. Ein Datenblock besteht aus sechs Bit. Die verschlüsselten Texte werden als Buchstaben in Fünfergruppen ausgestrahlt.

Welche Funkstelle gerade auf einem Interpol-Funkkanal sendet, ist nur an der aus vier Buchstaben bestehenden Selektivrufkennung zu erkennen, die unverschlüsselt im Klartext bei der Verbindungsaufnahme ausgestrahlt wird. Die ersten beiden Buchstaben dieser Kennung sind in der Regel »IP«, die letzten beiden Buchstaben stehen für die Nationalen Zentralbüros der Organisation.

Um einen Interpol zugewiesenen Funkkanal von anderen Stationen freizuhalten, strahlt die Zentralfunkstelle in regelmäßigen kurzen Abständen ihr Rufzeichen »FSB« im Morsekode aus.

Kurzwellenfrequenzen des Interpol-Fernschreibnetzes

3714,0 kHz	6905,0 kHz	10295,0 kHz	14817,5 kHz
3717,0 kHz	7532,0 kHz	10390,0 kHz	15684,0 kHz
4632,5 kHz	8038,0 kHz	11538,0 kHz	18190,0 kHz
4837,5 kHz	8045,0 kHz	12224,5 kHz	18756,0 kHz
5208,5 kHz	8097,5 kHz	13520,0 kHz	19405,0 kHz
6792,0 kHz	8122,0 kHz	14707,0 kHz	24110,0 kHz

12.4   Deutsches Rotes Kreuz

12.4.1 Funkverkehr

Das Präsidium des Deutschen Roten Kreuzes (DRK) betreibt in der DRK-Schule in Meckenheim bei Bonn unter dem Funkrufzeichen »DEK88« eine Kurzwellen-funkstelle, die hauptsächlich bei internationalen Krisen und Naturkatastrophen eingesetzt wird. Der Funkverkehr in Sprechfunk und Funkfernschreiben wird mit einfachen Amateurfunkgeräten durchgeführt. Der Vorteil dieser preiswerten Geräte ist, daß sie leichter als kommerzielle Geräte sind und weniger Platz im Gepäck einnehmen, wenn DRK-Helfer in Notstandsgebiete ins Ausland entsandt werden.

Außerhalb der Kriseneinsätze findet Übungsfunkverkehr zwischen der Funkstation in der DRK-Schule und den DRK-Landesverbänden, zwischen den Funkstellen der Landesverbände untereinander und zwischen den Landesverbänden und mobilen DRK-Fernmeldetrupps statt.

Außerdem wird der Kurzwellenfunk für Verbindungen vom DRK Präsidium zu Funkstellen des Internationalen Roten Kreuzes und zum Rotkreuz-Hauptsitz in Genf (Schweiz) zur ICRC-Hauptfunkstelle »HBC88« eingesetzt.
Beim Funkfernschreibverkehr auf Kurzwelle wird das fehlerkorrigierenden SI-TOR-A-Verfahren (ARQ) mit einer Übertragungsgeschwindigkeit von 100 Bd eingesetzt. Die Nachrichten sind unverschlüsselt und können mit jedem Amateurfunkdecoder mitgelesen werden. In absehbarer Zeit wird deshalb auf das Verfahren PACTOR umgestellt. Im Unterschied zum Amateurfunk-PACTOR wird vom Roten Kreuz auf internationaler Ebene zum Abhörschutz ein System mit Bitinvertierung verwendet. Allerdings wird bereits heute in der Schweiz ein Gerät für den Amateurmarkt angeboten, das die Invertierung automatisch erkennt und den Verschlüsselungsschutz aufhebt.
Weitverbindungen des Internationalen Roten Kreuzes werden auch im HC-ARQ-Verfahren mit 240 Bd durchgeführt. Mit einigen Spezialdecodern ist ein Mitschreiben auch dieser Nachrichten für Unbefugte möglich.

Kurzwellenfrequenzen des Roten Kreuzes (DRK/IKRK)

3801,0 kHz	13915,0 kHz	13997,0 kHz	20998,0 kHz
3815,0 kHz	13965,0 kHz	20753,0 kHz	27998,0 kHz
6998,5 kHz	13979,0 kHz	20815,0 kHz	29701,0 kHz

Teil D: Anhang

13 Funkkanäle

13.1 Kanal- und Frequenzübersicht 2-m-Band

101 U/O	-	165,210 / 169,810	210 U/O	-	167,740 / 172,340
102 U/O	-	165,230 / 169,830	211 U/O	-	167,760 / 172,360
103 U/O	-	165,250 / 169,850	212 U/O	-	167,780 / 172,380
104 U/O	-	165,270 / 169,870	213 U/O	-	167,800 / 172,400
105 U/O	-	165,290 / 169,890	214 U/O	-	167,820 / 172,420
106 U/O	-	165,310 / 169,910	215 U/O	-	167,840 / 172,440
107 U/O	-	165,330 / 169,930	216 U/O	-	167,860 / 172,460
108 U/O	-	165,350 / 169,950	217 U/O	-	167,880 / 172,480
109 U/O	-	165,370 / 169,970	218 U/O	-	167,900 / 172,500
100 U/O	-	165,390 / 169,990	219 U/O	-	167,920 / 172,520
111 U/O	-	165,410 / 170,010	220 U/O	-	167,940 / 172,540
112 U/O	-	165,430 / 170,030	221 U/O	-	167,960 / 172,560
113 U/O	-	165,450 / 170,050	222 U/O	-	167,980 / 172,580
114 U/O	-	165,470 / 170,070	223 U/O	-	168,000 / 172,600
115 U/O	-	165,490 / 170,090	224 U/O	-	168,020 / 172,620
116 U/O	-	165,510 / 170,110	225 U/O	-	168,040 / 172,640
117 U/O	-	165,530 / 170,130	226 U/O	-	168,060 / 172,660
118 U/O	-	165,550 / 170,150	227 U/O	-	168,080 / 172,680
119 U/O	-	165,570 / 170,170	228 U/O	-	168,100 / 172,700
110 U/O	-	165,590 / 170,190	229 U/O	-	168,120 / 172,720
121 U/O	-	165,610 / 170,210	230 U/O	-	168,140 / 172,740
122 U/O	-	165,630 / 170,230	231 U/O	-	168,160 / 172,760
123 U/O	-	165,650 / 170,250	232 U/O	-	168,180 / 172,780
124 U/O	-	165,670 / 170,270	233 U/O	-	168,200 / 172,800
125 U/O	-	165,690 / 170,290	234 U/O	-	168,220 / 172,820
			235 U/O	-	168,240 / 172,840
201 U/O	-	167,560 / 172,160	236 U/O	-	168,260 / 172,860
202 U/O	-	167,580 / 172,180	237 U/O	-	168,280 / 172,880
203 U/O	-	167,600 / 172,200	238 U/O	-	168,300 / 172,900
204 U/O	-	167,620 / 172,220	239 U/O	-	168,320 / 172,920
205 U/O	-	167,640 / 172,240	240 U/O	-	168,340 / 172,940
206 U/O	-	167,660 / 172,260	241 U/O	-	168,360 / 172,960
207 U/O	-	167,680 / 172,280	242 U/O	-	168,380 / 172,980
208 U/O	-	167,700 / 172,300	243 U/O	-	168,400 / 173,000
209 U/O	-	167,720 / 172,320	244 U/O	-	168,420 / 173,020

245 U/O	-	168,440 / 173,040	269 U/O	-	168,920 / 173,520
246 U/O	-	168,460 / 173,060	270 U/O	-	168,940 / 173,540
247 U/O	-	168,480 / 173,080	271 U/O	-	168,960 / 173,560
248 U/O	-	168,500 / 173,100	272 U/O	-	168,980 / 173,580
249 U/O	-	168,520 / 173,120	273 U/O	-	169,000 / 173,600
250 U/O	-	168,540 / 173,140	274 U/O	-	169,020 / 173,620
251 U/O	-	168,560 / 173,160	275 U/O	-	169,040 / 173,640
252 U/O	-	168,580 / 173,180	276 U/O	-	169,060 / 173,660
253 U/O	-	168,600 / 173,200	277 U/O	-	169,080 / 173,680
254 U/O	-	168,620 / 173,220	278 U/O	-	169,100 / 173,700
255 U/O	-	168,640 / 173,240	279 U/O	-	169,120 / 173,720
256 U/O	-	168,660 / 173,260	280 U/O	-	169,140 / 173,740
257 U/O	-	168,680 / 173,280	281 U/O	-	169,160 / 173,760
258 U/O	-	168,700 / 173,300	282 U/O	-	169,180 / 173,780
259 U/O	-	168,720 / 173,320	283 U/O	-	169,200 / 173,800
260 U/O	-	168,740 / 173,340	284 U/O	-	169,220 / 173,820
261 U/O	-	168,760 / 173,360	285 U/O	-	169,240 / 173,840
262 U/O	-	168,780 / 173,380	286 U/O	-	169,260 / 173,860
263 U/O	-	168,800 / 173,400	287 U/O	-	169,280 / 173,880
264 U/O	-	168,820 / 173,420	288 U/O	-	169,300 / 173,900
265 U/O	-	168,840 / 173,440	289 U/O	-	169,320 / 173,920
266 U/O	-	168,860 / 173,460	290 U/O	-	169,340 / 173,940
267 U/O	-	168,880 / 173,480	291 U/O	-	169,360 / 173,960
268 U/O	-	168,900 / 173,500	292 U/O	-	169,380 / 173,980

13.2 Kanal- und Frequenzübersicht 4-m-Band

Kanal	Typ		Frequenz	Kanal	Typ		Frequenz
347	U/O	-	74,215 / 84,015	387	O	-	84,815
348	U/O	-	74,235 / 84,035	388	O	-	84,835
349	U/O	-	74,255 / 84,055	389	O	-	84,855
350	U/O	-	74,275 / 84,075	390	O	-	84,875
351	U/O	-	74,295 / 84,095	391	O	-	84,895
352	U/O	-	74,315 / 84,115	392	O	-	84,915
353	U/O	-	74,335 / 84,135	393	O	-	84,935
354	U/O	-	74,355 / 84,155	394	O	-	84,955
355	U/O	-	74,375 / 84,175	395	O	-	84,975
356	U/O	-	74,395 / 84,195	397	U/O	-	75,215 / 85,015
357	U/O	-	74,415 / 84,215	398	U/O	-	75,235 / 85,035
358	U/O	-	74,435 / 84,235	399	U/O	-	75,255 / 85,055
359	U/O	-	74,455 / 84,255	400	U/O	-	75,275 / 85,075
360	U/O	-	74,475 / 84,275	401	U/O	-	75,295 / 85,095
361	U/O	-	74,495 / 84,295	402	U/O	-	75,315 / 85,115
362	U/O	-	74,515 / 84,315	403	U/O	-	75,335 / 85,135
363	U/O	-	74,535 / 84,335	404	U/O	-	75,355 / 85,155
364	U/O	-	74,555 / 84,355	405	U/O	-	75,375 / 85,175
365	U/O	-	74,575 / 84,375	406	U/O	-	75,395 / 85,195
366	U/O	-	74,595 / 84,395	407	U/O	-	75,415 / 85,215
367	U/O	-	74,615 / 84,415	408	U/O	-	75,435 / 85,235
368	U/O	-	74,635 / 84,435	409	U/O	-	75,455 / 85,255
369	U/O	-	74,655 / 84,455	410	U/O	-	75,475 / 85,275
370	U/O	-	74,675 / 84,475	411	U/O	-	75,495 / 85,295
371	U/O	-	74,695 / 84,495	412	U/O	-	75,515 / 85,315
372	U/O	-	74,715 / 84,515	413	U/O	-	75,535 / 85,335
373	U/O	-	74,735 / 84,535	414	U/O	-	75,555 / 85,355
374	U/O	-	74,755 / 84,555	415	U/O	-	75,575 / 85,375
375	U/O	-	74,775 / 84,575	416	U/O	-	75,595 / 85,395
376	O	-	84,595	417	U/O	-	75,615 / 85,415
377	O	-	84,615	418	U/O	-	75,635 / 85,435
378	O	-	84,635	419	U/O	-	75,655 / 85,455
379	O	-	84,655	420	U/O	-	75,675 / 85,475
380	O	-	84,675	421	U/O	-	75,695 / 85,495
381	O	-	84,695	422	U/O	-	75,715 / 85,515
382	O	-	84,715	423	U/O	-	75,735 / 85,535
383	O	-	84,735	424	U/O	-	75,755 / 85,555
384	O	-	84,755	425	U/O	-	75,775 / 85,575
385	O	-	84,775	426	U/O	-	75,795 / 85,595
386	O	-	84,795	427	U/O	-	75,815 / 85,615

428	U/O	-	75,835 / 85,635	470	U/O	-	76,675 / 86,475
429	U/O	-	75,855 / 85,655	471	U/O	-	76,695 / 86,495
430	U/O	-	75,875 / 85,675	472	U/O	-	76,715 / 86,515
431	U/O	-	75,895 / 85,695	473	U/O	-	76,735 / 86,535
432	U/O	-	75,915 / 85,715	474	U/O	-	76,755 / 86,555
433	U/O	-	75,935 / 85,735	475	U/O	-	76,775 / 86,575
434	U/O	-	75,955 / 85,755	476	U/O	-	76,795 / 86,595
435	U/O	-	75,975 / 85,775	477	U/O	-	76,815 / 86,615
436	U/O	-	75,995 / 85,795	478	U/O	-	76,835 / 86,635
437	U/O	-	76,015 / 85,815	479	U/O	-	76,855 / 86,655
438	U/O	-	76,035 / 85,835	480	U/O	-	76,875 / 86,675
439	U/O	-	76,055 / 85,855	481	U/O	-	76,895 / 86,695
440	U/O	-	76,075 / 85,875	482	U/O	-	76,915 / 86,715
441	U/O	-	76,095 / 85,895	483	U/O	-	76,935 / 86,735
442	U/O	-	76,115 / 85,915	484	U/O	-	76,955 / 86,755
443	U/O	-	76,135 / 85,935	485	U/O	-	76,975 / 86,775
444	U/O	-	76,155 / 85,955	486	U/O	-	76,995 / 86,795
445	U/O	-	76,175 / 85,975	487	U/O	-	77,015 / 86,815
446	U/O	-	76,195 / 85,995	488	U/O	-	77,035 / 86,835
447	U/O	-	76,215 / 86,015	489	U/O	-	77,055 / 86,855
448	U/O	-	76,235 / 86,035	490	U/O	-	77,075 / 86,875
449	U/O	-	76,255 / 86,055	491	U/O	-	77,095 / 86,895
450	U/O	-	76,275 / 86,075	492	U/O	-	77,115 / 86,915
451	U/O	-	76,295 / 86,095	493	U/O	-	77,135 / 86,935
452	U/O	-	76,315 / 86,115	494	U/O	-	77,155 / 86,955
453	U/O	-	76,335 / 86,135	495	U/O	-	77,175 / 86,975
454	U/O	-	76,355 / 86,155	496	U/O	-	77,195 / 86,995
455	U/O	-	76,375 / 86,175	497	U/O	-	77,215 / 87,015
456	U/O	-	76,395 / 86,195	498	U/O	-	77,235 / 87,035
457	U/O	-	76,415 / 86,215	499	U/O	-	77,255 / 87,055
458	U/O	-	76,435 / 86,235	500	U/O	-	77,275 / 87,075
459	U/O	-	76,455 / 86,255	501	U/O	-	77,295 / 87,095
460	U/O	-	76,475 / 86,275	502	U/O	-	77,315 / 87,115
461	U/O	-	76,495 / 86,295	503	U/O	-	77,335 / 87,135
462	U/O	-	76,515 / 86,315	504	U/O	-	77,355 / 87,155
463	U/O	-	76,535 / 86,335	505	U/O	-	77,375 / 87,175
464	U/O	-	76,555 / 86,355	506	U/O	-	77,395 / 87,195
465	U/O	-	76,575 / 86,375	507	U/O	-	77,415 / 87,215
466	U/O	-	76,595 / 86,395	508	U/O	-	77,435 / 87,235
467	U/O	-	76,615 / 86,415	509	U/O	-	77,455 / 87,255
468	U/O	-	76,635 / 86,435	510	U	-	77,475
469	U/O	-	76,655 / 86,455				

14 BOS-Funkkanäle

14.1 Funkverkehrskreise im 4-m-Band

Geordnet nach Bundesländern, Regierungspräsidien/Bezirksregierungen und Landkreisen

Baden-Württemberg

RP Freiburg

Breisgau-Hochschwarzwald (Freiburg)
Polizei	Friedrich 1	435 452
Feuerwehr	Florian	470 508
Rettung	Leitstelle	410 501 505

Emmendingen
Polizei	Friedrich 6	369 457
Feuerwehr	Florian	468
Rettung	Leitstelle	405

Freiburg
Polizei	Friedrich 1	424 435 452
Feuerwehr	Florian	470 508
Rettung	Leitstelle	410 501 505

Konstanz
Polizei	Friedrich 2	373 426 474
Feuerwehr	Florian	463 465 494
Rettung	Leitstelle	410 503

Lörrach
Polizei	Friedrich 3	350
Feuerwehr	Florian	458
Rettung	Leitstelle	405 410 473 505

Ortenaukreis (Offenburg)
Polizei	Friedrich 4	362 442 462
Feuerwehr	Florian	471
Rettung	Leitstelle	475

Rottweil
Polizei	Friedrich 7	351 420
Feuerwehr	Florian	437 466
Rettung	Leitstelle	404 475

Schwarzwald-Baar (Villingen-Schwenn.)
Polizei	Friedrich 5	429 454
Feuerwehr	Florian	497
Rettung	Leitstelle	410 505 507

Tuttlingen
| Polizei | Friedrich 10 | 347 441 |
| Feuerwehr | Florian | 465 499 |

| Rettung | Leitstelle | 410 501 |

Waldshut
Polizei	Friedrich 8	354 430 435 455
Feuerwehr	Florian	465 487
Rettung	Leitstelle	404 475

RP Karlsruhe

Baden-Baden
Polizei	Berta 8	437 450
Feuerwehr	Florian	462 464
Rettung	Leitstelle	455

Calw
Polizei	Berta	358
Feuerwehr	Florian	454
Rettung	Leitstelle	412

Enzkreis (Pforzheim)
Polizei	Berta 7	487
Feuerwehr	Florian	469 475
Rettung	Leitstelle	475

Freudenstadt
Polizei	Berta	422
Feuerwehr	Florian	437 470
Rettung	Leitstelle	404 410 412

Heidelberg (Stadt)
Polizei	Neckar	419
Feuerwehr	Florian	462
Rettung	Leitstelle	455

Karlsruhe
Polizei	Günther	397 414
Feuerwehr	Florian	363 465 467
Rettung	Leitstelle	496

Mannheim
Polizei	Peter	359 375 439 478
Feuerwehr	Florian	377 456
Rettung	Leitstelle	355 488

Neckar-Odenwald (Mosbach)
| Polizei | Berta | 441 |
| Feuerwehr | Florian | 467 |

Rettung   Leitstelle   404 488

Pforzheim (Stadt)
Polizei   Berta 7   487
Feuerwehr Florian   500 506
Rettung   Leitstelle   420 475 501

Rastatt
Polizei   Berta 8   450
Feuerwehr Florian   462
Rettung   Leitstelle   455

Rhein-Neckar (Heidelberg)
Polizei   Neckar   369 477
Feuerwehr Florian   462 468
Rettung   Leitstelle   455 480

RP Stuttgart

Böblingen
Polizei   Dora 2   373 452
Feuerwehr Florian   463
Rettung   Leitstelle   410 480

Esslingen a.N.
Polizei   Dora 3   428
Feuerwehr Florian   464
Rettung   Leitstelle   409

Göppingen
Polizei   Dora   362 373 416 421
Feuerwehr Florian   468
Rettung   Leitstelle   405

Heidenheim
Polizei   Dora 4   348 350 416 429
Feuerwehr Florian   504
Rettung   Leitstelle   410

Heilbronn
Polizei   Dora 5   353 424 426
Feuerwehr Florian   494 508
Rettung   Leitstelle   359 480

Hohenlohekreis (Künzelsau)
Polizei   Dora 7   354 450 461
Feuerwehr Florian   406 494
Rettung   Leitstelle   352 463 480

Ludwigsburg
Polizei   Dora 6   351 425 451
Feuerwehr Florian   471
Rettung   Leitstelle   355 480

Main-Tauber (Tauberbischofsheim)
Polizei   Dora 12   354 422
Feuerwehr Florian   462
Rettung   Leitstelle   409

Ostalbkreis (Aalen)
Polizei   Dora 10   362 429 435
Feuerwehr Florian Ostalb   508
Rettung   LS Ostalb   363 405 408 492

Rems-Murr (Waiblingen)
Polizei   Dora 8   403 431
Feuerwehr Florian   466
Rettung   Leitstelle   505

Schwäbisch Hall
Polizei   Dora 7   354 450 461
Feuerwehr Florian   454 508
Rettung   Leitstelle   352 410

Stuttgart
Polizei D 1 Dora 1   351 372 432 435
Polizei D 2 Uran   427 434 447
Feuerwehr Florian   463 470
Rettung   Leitstelle   411 503

RP Tübingen

Alb-Donau (Ulm)
Polizei   Uhland 4   373 424 448
Feuerwehr Florian   496
Rettung   Leitstelle   406 505

Biberach
Polizei   Uhland   369 453
Feuerwehr Florian   483 489
Rettung   Leitstelle   475

Bodenseekreis (Friedrichshafen)
Polizei   Uhland 6   358 407 449
Feuerwehr Florian   440 464 466 502
Rettung   Leitstelle   406 411

Ravensburg
Polizei   Uhland 2   351 453 460 509
Feuerwehr Florian   466
Rettung   Leitstelle   405 406 475

Reutlingen
Polizei   Uhland 1   438 456
Feuerwehr Florian   467
Rettung   Leitstelle   392 410 497 501

Sigmaringen
Polizei   Uhland   356 448

Feuerwehr	Florian	458 463
Rettung	Leitstelle	406 411

Tübingen

Polizei	Uhland	407
Feuerwehr	Florian	413
Rettung	Leitstelle	410

Ulm (Stadt)

Polizei	Uhland 4	373 424 448
Feuerwehr	Florian	486 496
Rettung	Leitstelle	406 505

Zollernalbkreis (Balingen)

Polizei	Uhland	349 368 418
Feuerwehr	Florian	465
Rettung	Leitstelle	404 410 437

Bayern

RP Schwaben (Augsburg)

Aichach-Friedberg
Aichach

Polizei	Lech 18	452
Feuerwehr	Florian	484
Rettung	LS Augsburg	359 409 413

Augsburg

Polizei	Lech	423
Feuerwehr	Florian	463 470
Rettung	Leitstelle	359 409 413 493

Dillingen a.d.D.

Polizei	Ries	419
Feuerwehr	Florian	466
Rettung	LS Augsburg	355 409 413

Donau-Ries (Donauwörth)

Polizei	Ries	439
Feuerwehr	Florian	469
Rettung	LS Augsburg	409 413

Günzburg

Polizei	Günz	414
Feuerwehr	Florian	462
Rettung	LS Krumbach	352 406 495

Kaufbeuren

Polizei	Iller	434 460
Feuerwehr	Florian	463
Rettung	LS Kempten	413 456 507

Kempten

Polizei	Iller	455 460
Feuerwehr	Florian	467 469
Rettung	Leitstelle	476

Lindau

Polizei	Iller	432 460
Feuerwehr	Florian	470
Rettung	LS Kempten	413 456

Memmingen

Polizei	Günz	414 460
Feuerwehr	Florian	471
Rettung	LS Krumbach	406 495

Neu-Ulm

Polizei	Günz	414
Feuerwehr	Florian	469
Rettung	LS Krumbach	406 495

Oberallgäu (Sonthofen)

Polizei	Iller	455 460
Feuerwehr	Florian	467 469
Rettung	LS Kempten	413 456 476

Ostallgäu (Marktoberdorf)

Polizei	Iller	434 460
Feuerwehr	Florian	463
Rettung	LS Kempten	413 456 507

Unterallgäu (Mindelheim)

Polizei	Günz	414 460
Feuerwehr	Florian	471
Rettung	LS Krumbach	406 495

RP Mittelfranken (Ansbach)

Ansbach

Polizei	Onoldia	423 425 448 495
Feuerwehr	Florian	462 483
Rettung	Leitstelle	495

Erlangen

Polizei	Kosmos	421 459
Feuerwehr	Florian	463
Rettung	LS Nürnberg	408 411

Erlangen-Höchstadt (Erlangen)

Polizei	Kosmos	421 459
Feuerwehr	Florian	463
Rettung	LS Nürnberg	408 411

Fürth

Polizei	Kleeblatt	449
Feuerwehr	Florian	469

Rettung   LS Nürnberg   408 411

Neustadt/Aisch (Bad Windsheim)
Polizei   Onoldia   423 425 448
Feuerwehr Florian   464
Rettung   LS Ansbach   407

Nürnberg
Polizei   Pegnitz   426 440
Feuerwehr Florian   466 468
Rettung   Leitstelle   374 408

Nürnberger Land (Lauf/Pegnitz)
Polizei   Jura   431
Feuerwehr Florian   464
Rettung   Leitstelle   374 404

Roth
Polizei   Jura   437
Feuerwehr Florian   465
Rettung   LS Schwabach   456 458

Schwabach
Polizei   Jura   437
Feuerwehr Florian   465
Rettung   Leitstelle   458

Weißenburg-Gunzenhausen (Weißenb.)
Polizei   Jura   437
Feuerwehr Florian   471
Rettung   LS Schwabach   359 458

RP Oberfranken (Bayreuth)

Bamberg
Polizei   Stephan   422
Feuerwehr Florian   508
Rettung   Leitstelle   352 355 409

Bamberg (Kreis)
Polizei   Stephan   441 442
Feuerwehr Florian   508
Rettung   Leitstelle   352 355 409

Bayreuth
Polizei   Isolde   417 427 428
Feuerwehr Florian   467
Rettung   Leitstelle   404 457 493

Coburg
Polizei   Herzog 15   452
Feuerwehr Florian   469
Rettung   Leitstelle   349 352 405 410

Forchheim
Polizei   Stephan   420
Feuerwehr Florian   462
Rettung   LS Bamberg   355 409

Hof
Polizei   Saale 2   430
Feuerwehr Florian   462
Rettung   Leitstelle   413 487

Kronach
Polizei   Herzog 12   414 418 434
Feuerwehr Florian   468
Rettung   LS Coburg   352 405 410

Kulmbach
Polizei   Isolde   417 427
Feuerwehr Florian   466
Rettung   LS Bayreuth   404

Lichtenfels
Polizei   Herzog   414 434
Feuerwehr Florian   469
Rettung   LS Coburg   405 410

Wunsiedel
Polizei   Saale 14   418 430 448
Feuerwehr Florian   467
Rettung   LS Hof   413 487

RP Niederbayern (Landshut)

Deggendorf
Polizei   Agnes   460
Feuerwehr Florian   470
Rettung   LS Straubing   406 407

Dingolfing-Landau (Dingolfing)
Polizei   Martin   428 452
Feuerwehr Florian   468
Rettung   LS Landshut   352 458 495

Freyung-Grafenau (Freyung)
Polizei   Wolf   420
Feuerwehr Florian   462
Rettung   LS Passau   413 488

Kelheim
Polizei   Martin   416 428
Feuerwehr Florian   464
Rettung   LS Landshut   352 458 495

Landshut
Polizei   Martin   416 430
Feuerwehr Florian   469

Rettung	Leitstelle	352 458 495 496

Passau (Stadt)

Polizei	Wolf	414 416
Feuerwehr	Florian	463
Rettung	Leitstelle	413 488

Passau (Kreis)

Polizei	Wolf	420
Feuerwehr	Florian	463
Rettung	Leitstelle	413 488

Regen

Polizei	Agnes 14	460
Feuerwehr	Florian	464
Rettung	L Straubing	406 407

Rottal-Inn (Pfarrkirchen)

Polizei	Wolf	420 439 448
Feuerwehr	Florian	465
Rettung	L Passau	413 488

Straubing-Bogen (Straubing)

Polizei	Agnes	417 419 450
Feuerwehr	Florian	466
Rettung	Leitstelle	359 406 407

RP Oberbayern (München)

Altötting

Polizei	Traun	426
Feuerwehr	Florian	470
Rettung	L Traunstein	405 408

Bad Tölz-Wolfratshausen (Bad Tölz)

Polizei	Loisach 11	418 425
Feuerwehr	Florian	470
Rettung	L Weilheim	457

Berchtesgadener Land (Bad Reichenhall)

Polizei	Traun	424 426 438
Feuerwehr	Florian	468
Rettung	LS Traunstein	405 406 408

Dachau

Polizei	Amper 11	415 440
Feuerwehr	Florian	471
Rettung	LS Fürstenfbr.	412

Ebersberg

Polizei	Kordon 17	440 442
Feuerwehr	Florian	463
Rettung	LS Erding	408

Eichstätt

Polizei	Schutter 12	422 455
Feuerwehr	Florian	507
Rettung	LS Ingolstadt	406 456

Erding

Polizei	Kordon 13	362 440 442
Feuerwehr	Florian	464 498
Rettung	Leitstelle	374 405 408

Freising

Polizei	Kordon 14	433 442
Feuerwehr	Florian	464 498
Rettung	LS Erding	406 408 412

Fürstenfeldbruck

Polizei	Amper 13	415 424 440 461
Feuerwehr	Florian	471
Rettung	Leitstelle	412

Garmisch-Partenkirchen

Polizei	Loisach	426
Feuerwehr	Florian	466
Rettung	LS Weilheim	458

Ingolstadt

Polizei	Schutter	422 443
Feuerwehr	Florian	466
Rettung	Leitstelle	406 456

Landsberg/Lech

Polizei	Amper 18	461
Feuerwehr	Florian	464
Rettung	L Fürstenfbr.	412

Miesbach

Polizei	Mangfall 15	431 441
Feuerwehr	Florian	466
Rettung	LS Rosenheim	410

Mühldorf/Inn

Polizei	Traun	438
Feuerwehr	Florian	467 496
Rettung	LS Traunstein	405 408

München

Polizei Nord	Isar	426 450
Polizei West	Isar	427
Polizei Süd	Isar	414 454
Polizei Ost	Isar	459
Polizei VP	Stachus	459
Feuerwehr	Florian	462 465 467 469
Rettung	Leitstelle	374 404 411 458

Neuburg-Schrobenhausen (Neuburg)
Polizei   Schutter 11   443
Feuerwehr Florian   508
Rettung   LS Ingolstadt   406 456

Pfaffenhofen/Ilm
Polizei   Schutter 13   443
Feuerwehr Florian   468
Rettung   LS Ingolstadt   406 456

Rosenheim
Polizei   Mangfall 13   431 441
Feuerwehr Florian   471 487
Rettung   Leitstelle   407 410

Starnberg
Polizei   Amper 20   418 425 440 461
Feuerwehr Florian   468
Rettung   LS Fürstenfbr.   412

Traunstein
Polizei   Traun   438
Feuerwehr Florian   464
Rettung   Leitstelle   405 408 409

Weilheim-Schongau (Weilheim)
Polizei   Loisach 17   418
Feuerwehr Florian   508
Rettung   Leitstelle   407 458

RP Oberpfalz (Regensburg)

Amberg-Sulzbach (Amberg)
Polizei   Vils   426 429 435
Feuerwehr Florian   465
Rettung   Leitstelle   412 501

Amberg/Oberpfalz
Polizei   Vils   426 429 435
Feuerwehr Florian   465
Rettung   Leitstelle   501

Cham
Polizei   Regina 19   423 434
Feuerwehr Florian   462
Rettung   LS Regensburg   405 457

Neumarkt Oberpfalz
Polizei   Regina 18   414 423 430
Feuerwehr Florian   470
Rettung   LS Regensburg   405 457

Neustadt a.d. Waldnaab
Polizei   Max 14   424
Feuerwehr Florian   466

Rettung   LS Weiden   495 501

Regensburg (Stadt)
Polizei   Regina 11-13   423
Feuerwehr Florian   467
Rettung   Leitstelle   457

Regensburg (Kreis)
Polizei   Regina 14   423
Feuerwehr Florian   463
Rettung   Leitstelle   405 457 491 499

Schwandorf
Polizei   Vils 16   426 429 435
Feuerwehr Florian   469
Rettung   LS Amberg   412 501

Tirschenreuth
Polizei   Max 15   424 439
Feuerwehr Florian   464
Rettung   LS Weiden   495 501

Weiden/Oberpfalz
Polizei   Max 11   424
Feuerwehr Florian   466
Rettung   Leitstelle   495 501

RP Unterfranken (Würzburg)

Aschaffenburg (Stadt)
Polizei   Kurfürst 11   421
Feuerwehr Florian   371 495
Rettung   Leitstelle   355 407 456

Aschaffenburg (Kreis)
Polizei   Kurfürst 11   421 434 440
Feuerwehr Florian   371 495
Rettung   Leitstelle   355 407 456

Bad Kissingen
Polizei   Kugel 17   416
Feuerwehr Florian   505
Rettung   LS Schweinfurt   352 406 413

Haßberge (Haßfurt)
Polizei   Kugel 14   438
Feuerwehr Florian   470
Rettung   LS Schweinfurt   406 413

Kitzingen
Polizei   Traube 14   432 439
Feuerwehr Florian   471
Rettung   LS Würzburg   408 412

Main-Spessart (Karlstadt)

Polizei	Traube	423 424 428
Feuerwehr	Florian	467
Rettung	LS Würzburg	408 412

Miltenberg

Polizei	Kurfürst 15	421 440
Feuerwehr	Florian	466 490
Rettung	LS Aschaffenbg.	407 456

Rhön-Grabfeld (Bad Neustadt/Saale)

Polizei	Kugel	416
Feuerwehr	Florian	505
Rettung	LS Schweinfurt	359 406 413

Schweinfurt

Polizei	Kugel 11	438
Feuerwehr	Florian	465
Rettung	Leitstelle	406 413

Würzburg

Polizei	Traube 11	419 430
Feuerwehr	Florian	469 470
Rettung	Leitstelle	408 412 506

Berlin

Landfunk:

Direktion 1 Nord 414 Pankow/Reinik-kendorf/Wedding
Direktion 2 West 416 Charlottenburg (West)/Spandau/Wilmersdorf
Direktion 3 City 439 Berlin-Mitte/Char-lottenburg (Ost)/Tiergarten
Direktion 4 Südwest 452 Schöneberg/Steg-litz/Tempelhof (Süd)
Direktion 5 Süd 437 Kreuzberg/Neu-kölln/Tempelhof (Nord)
Direktion 6 Südost 451 Friedrichshain/Köpenick/Lichtenberg/Treptow
Direktion 7 Nordost 449 Hellersdorf/Hohen-schönhausen/Marzahn/Prenzlauer Berg/Weißensee

Stadtfunk:

Bereich Nord	Berolina	434
Bereich West 1	Berolina	432
Bereich West 2	Berolina	447
Bereich City	Berolina	477
Bereich Südwest 1	Berolina	474
Bereich Südwest 2	Berolina	460
Bereich Süd 1	Berolina	470
Bereich Süd 2	Berolina	475
Bereich Südost 1	Berolina	442
Bereich Südost 2	Berolina	430
Bereich Nordost 1	Berolina	441
Bereich Nordost 2	Berolina	428
Direktion VB	Berolina	435
Polizei ÖS/SV Nord	Varus	444
Polizei ÖS/SV Süd	Varus	450
WSP	Nixe	435
Zoll		445 446
Feuerwehr	Florian	409 410 412 413
Rettung	Leitstelle	411 414 416 462 468
Rettung	HiOrg	405 466 469
THW	Heros	507

Brandenburg

Barnim (Eberswalde)

Polizei	Ebbe	363 406
Feuerwehr	Florian	465 503
Rettung	Leitstelle	465 503

Brandenburg

Polizei	Einstein	358 423
Feuerwehr	Florian	503
Rettung	Leitstelle	463

Cottbus

Polizei	Cantil 11	375 417
Feuerwehr	Florian	470
Rettung	Leitstelle	470

Dahme-Spreewald (Lübben)

Polizei	Einstein	358 423
Feuerwehr	Florian	467 471 484
Rettung	Leitstelle	467 471 484

Elbe-Elster (Herzberg)

Polizei	Cantil 10	375 417
Feuerwehr	Florian	407 463 471
Rettung	Leitstelle	407 463 471

Frankfurt/Oder

Polizei	Fasan	347 415
Feuerwehr	Florian	410
Rettung	Leitstelle	410

Havelland (Rathenow)

Polizei	Orgel	373 419
Feuerwehr	Florian	411 506
Rettung	Leitstelle	411 506

Märkisch-Oderland (Seelow)
Polizei	Fasan	347 415
Feuerwehr	Florian	374 405 490
Rettung	Leitstelle	374 405 490

Oberhavel (Oranienburg)
Polizei	Orgel	373 419 421
Feuerwehr	Florian	455 489
Rettung	Leitstelle	455 489

Oberspreewald-Lausitz (Senftenberg)
Polizei	Cantil 13	375 417
Feuerwehr	Florian	406 491
Rettung	Leitstelle	406 491

Oder-Spree (Beeskow)
Polizei	Fasan	347 415
Feuerwehr	Florian	411 413 463
Rettung	Leitstelle	411 413 463

Ostprignitz-Ruppin (Neuruppin)
Polizei	Orgel	373 419
Feuerwehr	Florian	456 488 505
Rettung	Leitstelle	456 488 505

Potsdam
Polizei	Einstein 14	358 361 423
Feuerwehr	Florian	504
Rettung	Leitstelle	493

Potsdam-Mittelmark (Belzig)
Polizei	Einstein 12	358 423
Feuerwehr	Florian	503 504 505
Rettung	Leitstelle	463 493 505

Prignitz (Perleberg)
Polizei	Orgel	373 419
Feuerwehr	Florian	471
Rettung	Leitstelle	409

Spree-Neiße (Forst)
Polizei	Cantil	375 417
Feuerwehr	Florian	414 462 470
Rettung	Leitstelle	410 462 470

Teltow-Fläming (Luckenwalde)
Polizei	Einstein	358 423
Feuerwehr	Florian	487 491 501
Rettung	Leitstelle	487 491 501

Uckermark (Prenzlau)
Polizei	Ebbe	363 406
Feuerwehr	Florian	462 464 470
Rettung	Leitstelle	462 464 470

Bremen

Bremen
Polizei	Roland	393 414 448
Polizei	Roland	415 Nord
Polizei	Roland	492 Hafen
WSP	Wesura	437
BePo	Biene	412
BGS	Hantel	474
Feuerwehr	Florian	462 465 469
Rettung	Leitstelle	405 463

Bremerhaven
Polizei	Neptun	416 447
WSP	Wesura	437
Feuerwehr	Florian	466 471
Rettung	LS Geeste	374

Hamburg

Hamburg
Polizei PD Mitte	Michel 1	415 425 435 438
Polizei PD West	Michel 2	415 425 427
Polizei PD Ost	Michel 3	364 418 437 439
Polizei PD Süd	Michel 4	364 421 422 439
Polizei Landeskan.	Michel 6	417 (Polas/Inpol)
Polizei Südost	Michel	421
Polizei Südwest	Michel	422
Polizei SEK/MEK	Castor	461
Polizei Hubschr.	Libelle	alle Kanäle
Zoll Hamburg	Hansa	446
Bundesgrenzsch.	Hafen	478
Feuerwehr	Florian	462 466 470
Rettung	Leitstelle	464 493

Hessen

RP Darmstadt

Bergstraße (Heppenheim)
Polizei	Siegfried	361 443
Feuerwehr	Florian	492
Rettung	Leitstelle	492 504

Darmstadt-Dieburg (Darmstadt)
Polizei	Heiner	459
Feuerwehr	Florian	494
Rettung	Leitstelle	494

238

Darmstadt (Stadt)

RP/PAS	Hessen	399
Polizei	Heiner	459
Feuerwehr	Florian	502
Rettung	Leitstelle	413

Frankfurt/Main

Polizei	Frank	425 427 461 480
Feuerwehr	Florian	465
Rettung	Leitstelle	405 410 486

Groß-Gerau

Polizei	Gerau	453
Feuerwehr	Florian	
Rettung	Leitstelle	463

Hochtaunuskreis (Bad Homburg v.d.H.)

Polizei	Limes	454
Feuerwehr	Florian	499
Rettung	Leitstelle	499

Main-Kinzig (Hanau)

Polizei	Kinzig	420
Feuerwehr	Florian	508
Rettung	Leitstelle	468

Main-Taunus (Hofheim)

Polizei	Frank	461
Feuerwehr	Florian	503
Rettung	Leitstelle	503

Odenwaldkreis (Erbach)

Polizei	Odin	443
Feuerwehr	Florian	493
Rettung	Leitstelle	493

Offenbach (Kreis)

Polizei	Ovid	356
Feuerwehr	Florian	497
Rettung	Leitstelle	497

Offenbach (Stadt)

Polizei	Ovid	356
Feuerwehr	Florian	359 501
Rettung	Leitstelle	491 497

Rheingau-Taunus (Bad Schwalbach)

Polizei	Nero	448
Feuerwehr	Florian	498
Rettung	Leitstelle	498

Wetteraukreis (Friedberg)

Polizei	Wetter	457
Feuerwehr	Florian	508
Rettung	Leitstelle	508

Wiesbaden

Polizei	Nero	460
Feuerwehr	Florian	464
Rettung	Leitstelle	471

RP Gießen

Gießen

RP/PAS	Hessen	484
Polizei	Gisela	437
Feuerwehr	Florian	488
Rettung	Leitstelle	500

Lahn-Dill (Wetzlar)

Polizei	Gisela	428
Feuerwehr	Florian	413 462
Rettung	Leitstelle	413 462

Limburg-Weilburg (Limburg)

Polizei	Basalt	423
Feuerwehr	Florian	487
Rettung	Leitstelle	487

Marburg-Biedenkopf (Marburg)

Polizei	Lisa	358
Feuerwehr	Florian	467
Rettung	Leitstelle	467

Vogelsbergkreis (Alsfeld)

Polizei	Lauter	362
Feuerwehr	Florian	470
Rettung	Leitstelle	470

RP Kassel

Fulda

Polizei	Fulda	350
Feuerwehr	Florian	471
Rettung	Leitstelle	471

Hersfeld-Rotenburg (Bad Hersfeld)

Polizei	Kali	372
Feuerwehr	Florian	469
Rettung	Leitstelle	469

Kassel (Stadt)

RP/PAS	Hessen	446
Polizei	Falke	354
Feuerwehr	Florian	498
Rettung	Leitstelle	498 501

Kassel (Kreis)

Polizei	Falke	354
Feuerwehr	Florian	503
Rettung	Leitstelle	500 503

Schwalm-Eder (Homberg)
Polizei   Schwalm   443
Feuerwehr Florian   412
Rettung   Leitstelle   412

Waldeck-Frankenberg (Korbach)
Polizei   Waldeck   348
Feuerwehr Florian   494 502
Rettung   Leitstelle   494 502

Werra-Meißner (Eschwege)
Polizei   Werra   351
Feuerwehr Florian   489
Rettung   Leitstelle   489

Mecklenburg-Vorpommern

Bad Doberan
Polizei   426
Feuerwehr Florian
Rettung   Leitstelle   455

Demmin
Polizei
Feuerwehr Florian
Rettung   Leitstelle   468

Greifswald
Polizei   Peene 30   452
Feuerwehr Florian
Rettung   Leitstelle   492

Güstrow
Polizei   Nebel   415
Feuerwehr Florian
Rettung   Leitstelle

Ludwigslust
Polizei   Schwan   405
Feuerwehr Florian
Rettung   Leitstelle

Mecklenburg-Strelitz (Neustrelitz)
Polizei
Feuerwehr Florian
Rettung   Leitstelle   469 471

Müritz (Waren)
Polizei
Feuerwehr Florian
Rettung   Leitstelle

Neubrandenburg
Polizei   Nander 10   421 427 430
Feuerwehr Florian
Rettung   Leitstelle   468

Nordvorpommern (Grimmen)
Polizei   Strela 60   434 435
Feuerwehr Florian
Rettung   Leitstelle   408 409 465 470

Nordwest-Mecklenburg (Grevesmühlen)
Polizei   Schwan   452
Feuerwehr Florian
Rettung   Leitstelle   411 413

Ostvorpommern (Anklam)
Polizei   Peene 10   426 491
Feuerwehr Florian
Rettung   Leitstelle   462 463

Parchim
Polizei   Nebel   415 426
Feuerwehr Florian
Rettung   Leitstelle

Rostock
Polizei   Robbe   408 422
Feuerwehr Florian
Rettung   Leitstelle   407 450

Rügen (Bergen)
Polizei   Strela 40   410
Feuerwehr Florian   406
Rettung   Leitstelle   448

Schwerin
Polizei   Schwan   434
Feuerwehr Florian   490
Rettung   Leitstelle   410

Stralsund
Polizei   Strela 50   435
Feuerwehr Florian
Rettung   Leitstelle   462

Uecker-Randow (Pasewalk)
Polizei   Strela 50   435
Feuerwehr Florian
Rettung   Leitstelle   462 466

Wismar
Polizei   Schwan   434
Feuerwehr Florian
Rettung   Leitstelle   450 462

Niedersachsen

RP Braunschweig

Braunschweig
RP/VP	Horst	432 440 442 447
Polizei	Bremse	439 448 459
Feuerwehr	Florian	456
Rettung	Leitstelle	412

Gifhorn
Polizei	Wolf	452 460
Feuerwehr	Florian	464
Rettung	Leitstelle	355 404

Goslar
Polizei	Oker	414 420 425
Feuerwehr	Florian	462
Rettung	Leitstelle	413

Göttingen (Stadt)
Polizei	Gerhard	417 426 431 438
Feuerwehr	Florian	464 465
Rettung	LS Garte	409 410

Göttingen (Kreis)
Polizei	Gerhard	417 426 431 438
Feuerwehr	Florian Garte	464 468
Rettung	LS Garte	371 409 410

Helmstedt
Polizei	Wolf	452 460
Feuerwehr	Florian	467
Rettung	Leitstelle	411

Northeim
Polizei	Gerhard	417 428 431
Feuerwehr	Florian	470
Rettung	Leitstelle	404 409

Osterode/Harz
Polizei	Oker	414 420 425
Feuerwehr	Florian	466
Rettung	Leitstelle	411

Peine
Polizei	Gitter	420 442 447
Feuerwehr	Florian	487 507
Rettung	Leitstelle	411

Salzgitter
Polizei	Gitter	420 442 447
Feuerwehr	Florian	468
Rettung	Leitstelle	406 469

Wolfenbüttel
Polizei	Gitter	420 442 447
Feuerwehr	Florian	465
Rettung	Leitstelle	405 409

Wolfsburg
Polizei	Wolf	431 452 460
Feuerwehr	Florian	463
Rettung	Leitstelle	406

RP Hannover

Diepholz
Polizei	Wieland	431 461
Feuerwehr	Florian	464 468
Rettung	Leitstelle	409

Hameln-Pyrmont (Hameln)
Polizei	Süntel	416 451 482
Feuerwehr	Florian	464 469
Rettung	Leitstelle	411 418

Hameln (Stadt)
Polizei	Süntel	416 451 482
Feuerwehr	Florian Ostertor	468 469
Rettung	Leitstelle	411 418

Hannover (Stadt)
RP/VPI	Weser	347 351 362 373
		413 430 432 435
		436 437 440 449
		458 454 461
Polizei	Hanno	422 424 459
Feuerwehr	Florian	470
Rettung	Leitstelle	374 406

Hannover (Kreis)
Polizei	Deister	408 449
Feuerwehr	Florian Ronne	466
Rettung	LS Haland	352 369 407 410

Hildesheim
Polizei	Hilde	419 426 484
Feuerwehr	Florian	465 471
Rettung	Leitstelle	363 471

Holzminden
Polizei	Hilde	419 426 484
Feuerwehr	Florian	468
Rettung	Leitstelle	411

Nienburg/Weser
Polizei	Wieland	431 443 461
Feuerwehr	Florian	471
Rettung	Leitstelle	405

Schaumburg (Stadthagen)

Polizei	Süntel	416 451 482
Feuerwehr	Florian	456
Rettung	Leitstelle	358 359

RP Lüneburg

Celle

Polizei	Zeder	358 426 432 450
Feuerwehr	Florian	457 469
Rettung	Leitstelle	404 405 406

Cuxhaven

Polizei	Schwinge	443 449 453
Zoll	Nordsee	352 482 508
Feuerwehr	Florian	463 471
Rettung	Leitstelle	374 404 409

Harburg (Winsen/Luhe)

Polizei	Sole	414 441 443
Feuerwehr	Florian	466
Rettung	Leitstelle	408 411

Lüchow-Dannenberg (Lüchow)

Polizei	Delme 26	417 434 457 461
Feuerwehr	Florian	466 467
Rettung	Leitstelle	404

Lüneburg

RP/VP	Luna	348 362 402 424
		429 432 449 489
Polizei	Sole	414 426 441 443
Feuerwehr	Florian	468 471
Rettung	Leitstelle	407 411

Osterholz-Scharmbeck (Osterholz)

Polizei	Aller	424 489
Feuerwehr	Florian	470
Rettung	Leitstelle	352 505

Rotenburg/Wümme

Polizei	Aller	424 489
Feuerwehr	Florian	468 469
Rettung	Leitstelle	355 404 411 458

Soltau-Fallingbostel (Soltau)

Polizei	Zeder	358 426 432 450
Feuerwehr	Florian Böhme	465
Rettung	LS Böhme	355 409 411

Stade

Polizei	Schwinge	443 453
Feuerwehr	Florian	468
Rettung	Leitstelle	405 429

Uelzen

Polizei	Sole	414 420 441 443
Feuerwehr	Florian	462
Rettung	Leitstelle	404 410

Verden

Polizei	Aller	370 424 489
Feuerwehr	Florian	466
Rettung	Leitstelle	404

RP Oldenburg

Ammerland (Westerstede)

Polizei	Orion 41	373 439 455
Feuerwehr	Florian	465
Rettung	Leitstelle	409

Aurich

Polizei	Auster	430 460
Feuerwehr	Florian	468
Rettung	Leitstelle	352

Cloppenburg

Polizei	Orion 56	434 438 439
Feuerwehr	Florian	466
Rettung	Leitstelle	411

Delmenhorst

Polizei	Delme 26	417 434 457 461
Feuerwehr	Florian	466
Rettung	Leitstelle	466

Emden

Polizei	Auster	425 430
Feuerwehr	Florian	465
Rettung	Leitstelle	410

Emsland (Lingen)

Polizei	Ems	416 442 450
Feuerwehr	Florian	467
Rettung	Leitstelle	409 413

Friesland (Jever)

Polizei	Genius	419 459
Feuerwehr	Florian	468 469
Rettung	Leitstelle	408

Grafschaft Bentheim (Nordhorn)

Polizei	Ems	416 442 450
Feuerwehr	Florian	465
Rettung	Leitstelle	410 413

Oldenburg (Stadt)

RP/VP	Otto	349 369 439 452
Polizei	Orion 11	350 373 438 455

Feuerwehr Florian 467
Rettung Leitstelle 410 414 463

Oldenburg (Kreis)
Polizei Orion 350 373 438 455
Feuerwehr Florian Hunte 471 484
Rettung LS Burgland 410 413

Osnabrück (Stadt)
Polizei Brücke 417 452 453 456
Feuerwehr Florian 466
Rettung LS Brückland 352 410 463

Osnabrück (Kreis)
Polizei Brücke 350 452 453 456
Feuerwehr Florian Haseld. 470
Rettung LS Brückland 352 404 410

Ostfriesland (Leer)
Polizei Auster 430
Feuerwehr Florian 470
Rettung Leitstelle 406

Vechta
Polizei Orion 26 350 438 452 455
Feuerwehr Florian 463
Rettung Leitstelle 405

Wesermarsch (Brake)
Polizei Delme 10 417 434 457
Feuerwehr Florian 464
Rettung Leitstelle 404 411

Wilhelmshaven
Polizei Genius 419 459
Feuerwehr Florian 462
Rettung Leitstelle 405
Zoll Jade 454

Wittmund
Polizei Genius 430 459
Feuerwehr Florian 507
Rettung Leitstelle 407
WSP Pamir 459

Nordrhein-Westfalen

RP Arnsberg

Arnsberg
RP/VP Georg 350 351 352 354
356 357 361 363
366 432 472

Bochum
Polizei Irma 412 419 437
Feuerwehr Florian 468
Rettung Leitstelle 407 489

Dortmund
Polizei Union 425 455
Feuerwehr Florian 467 491
Rettung Leitstelle 406 467 491

Ennepe-Ruhr (Schwelm)
Polizei Ennepe 453 459
Feuerwehr Florian 465 491
Rettung Leitstelle 484

Hagen
Polizei Hermes 357 438
Feuerwehr Florian 469
Rettung Leitstelle 410

Hamm
Polizei Paulus 450 451
Feuerwehr Florian 462 487
Rettung Leitstelle 413 486

Herne
Polizei Irma 419 437
Feuerwehr Florian 499
Rettung Leitstelle 489

Hochsauerlandkreis (Meschede)
Polizei Sorpe 495 496
Feuerwehr Florian 466
Rettung Leitstelle 410

Märkischer Kreis (Lüdenscheid)
Polizei Bigge 425 447
Feuerwehr Florian Mark 470 507
Rettung Leitstelle 410
KatS Kater/Heros 408

Olpe
Polizei Lenne 434
Feuerwehr Florian 468 491
Rettung Leitstelle 412

Siegen-Wittgenstein (Siegen)

Polizei	Wieland	451 455
Feuerwehr	Florian	465 492
Rettung	Leitstelle	409

Soest

Polizei	Börde	432 433
Feuerwehr	Florian	464
Rettung	Leitstelle	413

Unna

Polizei	Hellweg	426
Feuerwehr	Florian	463 488
Rettung	Leitstelle	406

RP Düsseldorf

Duisburg

Polizei	Egon	451
Feuerwehr	Florian	467 496
Rettung	Leitstelle	404 413 484

Düsseldorf

RP/VP	Martha	347 349 350 353
		357 358 362 370
		373 442 455
Polizei	Düssel	430 443
WSP	Wicking	348 420
Feuerwehr	Florian	470
Rettung	Leitstelle	409 410

Essen

Polizei	Gruga	427 439
Feuerwehr	Florian	469
Rettung	Leitstelle	413 486

Kleve

Polizei	Klette	442
Feuerwehr	Florian	463
Rettung	Leitstelle	404

Krefeld

Polizei	Christa	440
Feuerwehr	Florian	468 470
Rettung	Leitstelle	404

Mettmann

Polizei	Bodo	433 461
Feuerwehr	Florian	462
Rettung	Leitstelle	405

Mönchengladbach

Polizei	Ottokar	438
Feuerwehr	Florian	464
Rettung	Leitstelle	406 410

Mülheim/Ruhr

Polizei	David	418
Feuerwehr	Florian	464
Rettung	Leitstelle	413

Neuss

Polizei	Gregor	441 443
Feuerwehr	Florian	466
Rettung	Leitstelle	408 410
KatS	Kater/Heros	408

Oberhausen

Polizei	Olga	428 460
Feuerwehr	Florian	471
Rettung	Leitstelle	408 413 484

Remscheid

Polizei	Alex 15	425 431 455
Feuerwehr	Florian	463
Rettung	Leitstelle	405

Solingen

Polizei	Alex 16	425 431 455
Feuerwehr	Florian	467
Rettung	Leitstelle	405 491

Viersen

Polizei	Viktor	447
Feuerwehr	Florian	465
Rettung	Leitstelle	406 410

Wesel

Polizei	Wespe	454 461
Feuerwehr	Florian	473
Rettung	Leitstelle	404

Wuppertal

Polizei	Alex 11	425 431 455
Feuerwehr	Florian	458
Rettung	Leitstelle	405 500

RP Detmold

Detmold

RP/VP	Armin	370 442

Bielefeld

Polizei	Osning	437
Feuerwehr	Florian	467
Rettung	Leitstelle	489 494

Gütersloh

Polizei	Dalke	460
Feuerwehr	Florian	462
Rettung	Leitstelle	489

Herford
Polizei	Werre	423 428
Feuerwehr	Florian	465
Rettung	Leitstelle	409

Höxter
Polizei	Egge	423 439
Feuerwehr	Florian	463
Rettung	Leitstelle	409

Lippe/Detmold (Lemgo)
Polizei	Hermann	427 436
Feuerwehr	Florian	458
Rettung	Leitstelle	409

Minden-Lübbecke (Minden)
Polizei	Bastau	441 443
Feuerwehr	Florian	466 487
Rettung	Leitstelle	493

Paderborn
Polizei	Atlas	414 442 461
Feuerwehr	Florian	468
Rettung	Leitstelle	409

RP Köln

Aachen (Stadt)
Polizei	Robert	423 472
Feuerwehr	Florian	470
Rettung	Leitstelle	413

Aachen (Kreis)
Polizei	Robert	423 472
Feuerwehr	Florian	468
Rettung	Leitstelle	413

Bonn
Polizei	Uni	428 436 439 474
BKA	Asta	367 482
Feuerwehr	Florian	442
Rettung	Leitstelle	407

Düren
Polizei	Karol	437 459
Feuerwehr	Florian	463
Rettung	Leitstelle	413

Erftkreis (Bergheim)
Polizei	Ville	449
Feuerwehr	Florian Erft	499
Rettung	Leitstelle	409

Euskirchen
| Polizei | Eule | 427 447 460 |

| Feuerwehr | Florian | 465 |
| Rettung | Leitstelle | 412 413 |

Heinsberg
Polizei	Heino	432
Feuerwehr	Florian	467
Rettung	Leitstelle	413 497

Köln
RP/VP	Edwin	362 369 372 461
Polizei	Arnold	398 429 448 453
Feuerwehr	Florian	469
Rettung	Leitstelle	409 456 498

Leverkusen
Polizei	Leo	451
Feuerwehr	Florian	415 460 465
Rettung	Leitstelle	405 409

Oberbergischer Kreis (Gummersbach)
Polizei	Agger	420 450 455
Feuerwehr	Florian Oberberg	462
Rettung	Leitstelle	407

Rhein-Sieg (Siegburg)
Polizei	Sigurd	418 454
Feuerwehr	Florian	464
Rettung	Leitstelle	407

Rheinisch-Bergischer (Berg.-Gladbach)
Polizei	Rhena	414 457
Feuerwehr	Florian Berga	471 502
Rettung	Leitstelle	407 416 487

RP Münster

Borken
Polizei	Tilly	414 443 448
Feuerwehr	Florian	462
Rettung	Leitstelle	407

Bottrop
Polizei	Herta	428
Feuerwehr	Florian	465
Rettung	Leitstelle	489

Coesfeld
Polizei	Ludger	449
Feuerwehr	Florian	464
Rettung	Leitstelle	407
KatS	Kater/Heros	500

Gelsenkirchen
| Polizei | Erna | 437 461 |
| Feuerwehr | Florian | 470 |

| Rettung | Leitstelle | 489 |

Münster

RP/VP	Felix	348 364 371 372 373 375
Polizei	Moritz	430
Feuerwehr	Florian	471
Rettung	Leitstelle	407
KatS	Kater/Heros	498

Recklinghausen

Polizei	Herta	428
Feuerwehr	Florian	466
Rettung	Leitstelle	409
KatS	Kater/Heros	502

Steinfurt

Polizei	Banjo	447 451 457
Feuerwehr	Florian	468
Rettung	Leitstelle	411 484
KatS	Kater/Heros	497

Warendorf

Polizei	Pony	448 454
Feuerwehr	Florian	469
Rettung	Leitstelle	411
KatS	Kater/Heros	486

Rheinland-Pfalz

RP Koblenz

Altenkirchen

Polizei	Wied	415
Feuerwehr	Florian	490
Rettung	Leitstelle	404

Bad Kreuznach

Polizei	Birke 10	438
Feuerwehr	Florian	456 490
Rettung	Leitstelle	410

Bad Neuenahr-Ahrweiler (Ahrweiler)

Polizei	Nette 50	426
Feuerwehr	Florian	476 500
Rettung	Leitstelle	404 411

Birkenfeld

Polizei	Birke	427
Feuerwehr	Florian	476 492
Rettung	Leitstelle	411

Cochem-Zell

Polizei	Nette 40	442
Feuerwehr	Florian	465 502
Rettung	Leitstelle	408 411

Koblenz

RP	Mosel	alle Pol.-Kanäle
Polizei	Mosel	452
PAS	Rheinstein	408 417 422 441
WSP	Rheingold	417 422 441
Feuerwehr	Florian	464
Rettung	Leitstelle	404 405

Mayen-Koblenz (Mayen)

Polizei	Nette 10	416 432 442
Feuerwehr	Florian	466
Rettung	Leitstelle	409 411

Neuwied/Rhein

Polizei	Wied 10	419 452
Feuerwehr	Florian	421 471 494
Rettung	Leitstelle	404 411

Rhein-Hunsrück (Simmern)

Polizei	Birke 60	417
Feuerwehr	Florian	470 491 505
Rettung	LS Goarshsn.	405

Rhein-Lahn (Bad Ems)

Polizei	Köppel 20	441
Feuerwehr	Florian	408 413 497
Rettung	LS Goarshsn.	405

Westerwaldkreis (Montabaur)

Polizei	Köppel 10	422
Feuerwehr	Florian	469 473
Rettung	Leitstelle	409 410 411

RP Neustadt

Alzey-Worms

Polizei	Hagen 20	436 458
Feuerwehr	Florian	354 491 500 501
Rettung	Leitstelle	405 411

Bad Dürkheim

Polizei	Weinbiet 30	373 432
Feuerwehr	Florian	474 507
Rettung	Leitstelle	474 507

Donnersbergkreis (Kirchheimbolanden)

Polizei	Hagen 30	436
Feuerwehr	Florian	467
Rettung	Leitstelle	405 406 411 501

Frankenthal Pfalz
Polizei	Lux	432
Feuerwehr	Florian	474 476 507
Rettung	Leitstelle	409

Germersheim
Polizei	Laura 50	430
Feuerwehr	Florian	413
Rettung	Leitstelle	

Kaiserslautern
Polizei	Pfalzgraf	428 508
Feuerwehr	Florian	462 463 471 493
Rettung	LS Kaiser	404 416

Kusel
Polizei	Lutra	436
Feuerwehr	Florian	465
Rettung	Leitstelle	407

Landau/Pfalz
Polizei	Laura 10	430 440
Feuerwehr	Florian	466 490
Rettung	Leitstelle	405

Ludwigshafen (Stadt)
Polizei	Lux 10	449
Feuerwehr	Florian	464
Rettung	Leitstelle	409

Ludwigshafen (Kreis)
Polizei	Lux	432
Feuerwehr	Florian	372 457 470 507
Rettung	Leitstelle	409

Mainz
Polizei	Merkur 10	418 438 440
Feuerwehr	Florian	462
Rettung	Leitstelle	404 408

Mainz-Bingen (Mainz)
Polizei	Merkur	406 440
Feuerwehr	Florian	476 488 505
Rettung	Leitstelle	404 408

Neustadt/Weinstraße
RP/PAS	Lutra	430 432 435 440
Polizei	Weinbiet	440
WSP	Rheingold	430 432 435 440
Feuerwehr	Florian	466 474 497 505
Rettung	Leitstelle	505

Pirmasens (Stadt)
Polizei	Piermin	413 430
Feuerwehr	Florian	371 473

Rettung	Leitstelle	404 405 410

Pirmasens (Kreis)
Polizei	Piermin	413 430
Feuerwehr	Florian	470 505
Rettung	Leitstelle	411

Speyer
Polizei	Lux 50	432
Feuerwehr	Florian	474
Rettung	Leitstelle	409

Südliche Weinstraße (Landau)
Polizei	Laura 10	430
Feuerwehr	Florian	466
Rettung	Leitstelle	405

Worms
Polizei		
Feuerwehr	Florian	491
Rettung	Leitstelle	411

Zweibrücken
Polizei	Piermin 30	413 430
Feuerwehr	Florian	470
Rettung	Leitstelle	

RP Trier

Bernkastel-Wittlich (Wittlich)
Polizei	Eifel	455
Feuerwehr	Florian	380 463 471 505
Rettung	Leitstelle	404 408 410

Bitburg-Prüm (Bitburg)
Polizei	Eifel 10	455
Feuerwehr	Florian	413 497
Rettung	Leitstelle	407 409

Daun
Polizei	Eifel 10	451
Feuerwehr	Florian	413 458 500
Rettung	Leitstelle	404

Trier
Polizei	Ruwer	415 448
Feuerwehr	Florian	464
Rettung	Leitstelle	408

Trier-Saarburg (Trier)
Polizei	Ruwer	415 448
Feuerwehr	Florian	462 484 493
Rettung	Leitstelle	408

Saarland

Merzig-Wadern (Merzig)
Polizei	Simon 50	423 433
Feuerwehr	Florian	466
Rettung	Leitstelle	480

Neunkirchen/Saar (Ottweiler)
Polizei	Mario 10	431
Feuerwehr	Florian	464
Rettung	Leitstelle	475

Saarbrücken
Innen-Min.	Steiger	alle Pol.-Kanäle
Polizei	Anton	425 429 454
Feuerwehr	Florian	467 470
Rettung	LS Winterberg	455 490

Saarlouis
Polizei	Simon 20 30	423 450
Feuerwehr	Florian	463
Rettung	Leitstelle	475

Saarpfalz (Homburg)
Polizei	Mario 30 40	431 435
Feuerwehr	Florian	408 469
Rettung	Leitstelle	480

St.Wendel
Polizei	Mario 50	431
Feuerwehr	Florian	471
Rettung	Leitstelle	475

Sachsen

RP Chemnitz

Annaberg (Annaberg-Buchholz)
Polizei	Carola 1	438 447
Feuerwehr	Florian	465 492
Rettung	Leitstelle	413

Chemnitz
Polizei	Carola 2	416 427
Feuerwehr	Florian	464
Rettung	Leitstelle	508

Chemnitzer Land (Glauchau)
Polizei	Carola 9	425 438
Feuerwehr	Florian	464
Rettung	Leitstelle	508

Elstertalkeis (Plauen)
Polizei	Carola 4	439 443
Feuerwehr	Florian	503
Rettung	Leitstelle	411

Freiberg
Polizei	Carola 3	422 449
Feuerwehr	Florian	495
Rettung	Leitstelle	404

Göltzschtalkreis (Auerbach)
Polizei	Carola 4	439 443
Feuerwehr	Florian	503
Rettung	Leitstelle	411

Mittlerer Erzgebirgskreis (Marienberg)
Polizei	Carola 1	422 449
Feuerwehr	Florian	471
Rettung	Leitstelle	405

Mittweida
Polizei	Carola 3	416 422 427
Feuerwehr	Florian	464
Rettung	Leitstelle	456

Stollberg
Polizei	Carola 5	423 438 447
Feuerwehr	Florian	463
Rettung	Leitstelle	457

Westerzgebirgskreis (Aue)
Polizei	Carola 1	438 447
Feuerwehr	Florian	502
Rettung	Leitstelle	406

Zwickau
Polizei	Carola 5	423 425
Feuerwehr	Florian	490
Rettung	Leitstelle	413 414

Zwickauer Land (Werdau)
Polizei	Carola 5	423 425
Feuerwehr	Florian	490
Rettung	Leitstelle	414

RP Dresden

Bautzen
Polizei	Drossel	419 437
Feuerwehr	Florian	467
Rettung	Leitstelle	408

Dresden
Polizei	Drossel	372 431 437 443
Feuerwehr	Florian	470

Rettung   Leitstelle   410

Hoyerswerda
Polizei   Drossel   419 437
Feuerwehr Florian   505
Rettung   Leitstelle   458

Meißen-Dresden (Meißen)
Polizei   Drossel   363 429
Feuerwehr Florian   468 470
Rettung   Leitstelle   410 484

Ndrschl. Oberlausitzkreis (Weißwasser)
Polizei   Drossel   424 428
Feuerwehr Florian   450 465 469
Rettung   Leitstelle   404 413

Riesa-Großenhain (Großenhain)
Polizei   Drossel   363 429
Feuerwehr Florian   468
Rettung   Leitstelle   484 507

Sächsische Oberlausitz (Zittau)
Polizei   Drossel   424 428
Feuerwehr Florian   469
Rettung   Leitstelle   404

Sächsische Schweiz (Pirna)
Polizei   Drossel   418443
Feuerwehr Florian   464
Rettung   Leitstelle   407

Weißeritzkreis (Dippoldiswalde)
Polizei   Drossel   418 443
Feuerwehr Florian   462
Rettung   Leitstelle   411

Westlausitzkreis (Kamenz)
Polizei   Drossel   419 437
Feuerwehr Florian   506
Rettung   Leitstelle   457

RP Leipzig

Delitzsch
Polizei   Löwe   414 437 448
Feuerwehr Florian   506
Rettung   Leitstelle   405

Döbeln
Polizei   Löwe   430 452
Feuerwehr Florian   507
Rettung   Leitstelle   406

Leipzig
Polizei   Löwe   428 435 460
Feuerwehr Florian   469
Rettung   Leitstelle   409

Leipziger-Land (Leipzig)
Polizei   Löwe   430 452
Feuerwehr Florian   469 495
Rettung   Leitstelle   409 454

Muldentalkreis (Grimma)
Polizei   Löwe   430 452
Feuerwehr Florian   467
Rettung   Leitstelle   408

Torgau-Oschatz (Torgau)
Polizei   Löwe   414 435 448
Feuerwehr Florian   464 507
Rettung   Leitstelle   406 455

Sachsen-Anhalt

RP Dessau

Bernburg
Polizei
Feuerwehr Florian   486
Rettung   Leitstelle   468

Dessau
Polizei   Mulde 10   420 429 440
Feuerwehr Florian
Rettung   Leitstelle   502

Köthen
Polizei
Feuerwehr Florian   489
Rettung   Leitstelle   467 468

Wittenberg
Polizei
Feuerwehr Florian   470
Rettung   Leitstelle   404 408

Zerbst
Polizei
Feuerwehr Florian   497
Rettung   Leitstelle   471

RP Halle

Aschersleben
Polizei
Feuerwehr Florian

Rettung   Leitstelle

Bitterfeld
Polizei   Witta   439
Feuerwehr Florian
Rettung   Leitstelle

Eisleben
Polizei
Feuerwehr Florian   498
Rettung   Leitstelle   464 471

Halle
Polizei   Alore   422
Feuerwehr Florian   465
Rettung   Leitstelle   413

Merseburg
Polizei   Unstrut   419 421
Feuerwehr Florian
Rettung   Leitstelle   405 407 504

Naumburg
Polizei   Unstrut   421
Feuerwehr Florian   489 500
Rettung   Leitstelle   463 468 478 502

Saalkreis (Halle)
Polizei
Feuerwehr Florian
Rettung   Leitstelle

Sangershausen
Polizei
Feuerwehr Florian   502
Rettung   Leitstelle   495

Weißenfels
Polizei   Unstrut   421
Feuerwehr Florian   500 506
Rettung   Leitstelle   455 463 466

RP Magdeburg

Burg
Polizei
Feuerwehr Florian
Rettung   Leitstelle

Halberstadt
Polizei
Feuerwehr Florian
Rettung   Leitstelle

Haldensleben
Polizei
Feuerwehr Florian
Rettung   Leitstelle

Magdeburg
Polizei   Magda   415 422 427
Feuerwehr Florian   467
Rettung   Leitstelle   412

Oschersleben
Polizei
Feuerwehr Florian
Rettung   Leitstelle

Quedlinburg
Polizei
Feuerwehr Florian
Rettung   Leitstelle

Salzwedel
Polizei
Feuerwehr Florian
Rettung   Leitstelle   408

Schönebeck
Polizei   Salze   434 435
Feuerwehr Florian
Rettung   Leitstelle   507

Stendal
Polizei
Feuerwehr Florian
Rettung   Leitstelle

Wernigerode
Polizei   Spiegel   430
Feuerwehr Florian
Rettung   Leitstelle   469

Schleswig-Holstein

Dithmarschen (Heide)

Polizei	Deichgraf	408 433
Polizei Landeskanal		451
Feuerwehr	Florian	469 497
Rettung	Leitstelle	410 462

Flensburg

Polizei	Förde	428 432
Polizei LPD Nord	Nordwind	450
Bundesgrenzschutz	Florett	402 475
Zoll	Harald	455
Feuerwehr	Florian	411 464 465

Rettung Leitstelle 410

Hansestadt Lübeck
Polizei Trave 408
Polizei LPD Süd Südwind 442
Bundesgrenzschutz Keiler 401 402 403
Feuerwehr Florian 469
Rettung Leitstelle 410

Herzogtum Lauenburg (Ratzeburg)
Polizei Iltis 460
Polizei Landeskanal 442
Autobahn-Polizei Nordland 9 460
Feuerwehr Florian 468
Rettung Leitstelle 409

Kiel
Polizei Möwe 407 429 432
Polizei Ostwind 407 LPD Mitte
Polizei Kilian 496 LKA
WSP 419 429 443
Zoll Eisvogel 445 455 482
484 507
Feuerwehr Florian 469
Rettung Leitstelle 464

Neumünster
Polizei Erika 436
Polizei Landeskanal 407
Autobahn-Polizei Nordland 7 436 454
Feuerwehr Florian 471
Rettung Leitstelle 410

Nordfriesland (Husum)
Polizei Friesland 430 456
Polizei Landeskanal 450
Feuerwehr Florian 462 464 471
Rettung Leitstelle 404 410

Ostholstein (Eutin)
Polizei Freischütz 430
Polizei Landeskanal 442
Autobahn-Polizei Nordland 5 430
Bundesgrenzschutz Albatros 420 445 479
509
Feuerwehr Florian 463 471 488
Rettung Leitstelle 356 411

Pinneberg
Polizei Rose 431 452
Polizei Landeskanal 451
Autobahn-Polizei Nordland 4 431
Feuerwehr Florian 467
Rettung Leitstelle 409 491

Plön
Polizei Parnas 406 478
Polizei Landeskanal 407
Feuerwehr Florian 466 494 501
Rettung Leitstelle 466 494

Rendsburg-Eckernförde (Rendsburg)
Polizei Lotse 416 491 504
Polizei Landeskanal 407
Feuerwehr Florian 468 491
Rettung Leitstelle 457 468

Schleswig-Flensburg (Schleswig)
Polizei Schlei 452 460
Polizei Landeskanal 450
Autobahn-Polizei Nordland 8 452 460
Feuerwehr Florian 463 470
Rettung Leitstelle 409 500

Segeberg (Bad Segeberg)
Polizei Kalkberg 419 487 492
Polizei Landeskanal 407
Bundesgrenzschutz Brama 472 477 479
480 509
Feuerwehr Florian 465
Rettung Leitstelle 404

Steinburg (Itzehohe)
Polizei Steinburg 423 436
Polizei LPD West Westwind 451
Zoll Lotte 353 445
Feuerwehr Florian 463 506
Rettung Leitstelle 411

Stormarn (Bad Oldeslohe)
Polizei Storman 456
Polizei Landeskanal 442
Autobahn-Polizei Nordland 6 456
Feuerwehr Florian 458 497
Rettung Leitstelle 359 497
BGS Fuhlendorf Pirol 899 400
(Hubschrauber)

Thüringen

Altenburg
Polizei	Gero	372
Feuerwehr	Florian	
Rettung	Leitstelle	411

Eichsfeld (Heiligenstadt)
Polizei	Wipper	369 451
Feuerwehr	Florian	
Rettung	Leitstelle	491

Erfurt
Polizei	Zeisig	437
Feuerwehr	Florian	467 488
Rettung	Leitstelle	

Gera
Polizei	Gero	372
Feuerwehr	Florian	
Rettung	Leitstelle	462 487

Gotha
Polizei	Leina 14	347 422
Feuerwehr	Florian	
Rettung	Leitstelle	410

Greiz
Polizei	Gero	372
Feuerwehr	Florian	
Rettung	Leitstelle	406

Holzlandkreis (Eisenberg)
Polizei		
Feuerwehr	Florian	
Rettung	Leitstelle	355 412

Ilm-Kreis (Arnstadt)
Polizei	Leina 11	347 422
Feuerwehr	Florian	
Rettung	Leitstelle	

Jena
Polizei	Zeisig 22	400 437
Feuerwehr	Florian	464
Rettung	Leitstelle	

Kyffhäuserkreis (Sondershausen)
Polizei	Wipper	369
Feuerwehr	Florian	
Rettung	Leitstelle	404 412

Nordhausen
Polizei	Wipper 14	369 451
Feuerwehr	Florian	
Rettung	Leitstelle	507

Saale-Orla (Schleiz)
Polizei	Grotte	361 415
Feuerwehr	Florian	456
Rettung	Leitstelle	471

Schmalkalden-Meiningen (Meiningen)
Polizei	Schmücke 13	433 458 460
Feuerwehr	Florian	
Rettung	Leitstelle	407 463

Schwarza-Kreis (Saalfeld)
Polizei	Grotte	361 415
Feuerwehr	Florian	
Rettung	Leitstelle	455 470

Sömmerda
Polizei	Zeisig 17	400
Feuerwehr	Florian	
Rettung	Leitstelle	463

Sonneberg
Polizei	Schmücke 15	433 458 460
Feuerwehr	Florian	
Rettung	Leitstelle	492

Suhl
Polizei	Schmücke 16	433 458 460
Feuerwehr	Florian	
Rettung	Leitstelle	466

Unstrut-Hainich (Mühlhausen)
Polizei	Wipper	369 451
Feuerwehr	Florian	
Rettung	Leitstelle	406

Wartburgkreis (Eisenach)
Polizei	Leina 13	347
Feuerwehr	Florian	457
Rettung	Leitstelle	412

Weimar
Polizei		
Feuerwehr	Florian	
Rettung	Leitstelle	465

Weimar-Land (Apolda)
Polizei		
Feuerwehr	Florian	
Rettung	Leitstelle	405

15 BOS-Funkrufnamen

15.1 Rufnamenliste

Alphabetische Rufnamenliste polizeilicher und nichtpolizeilicher BOS-Dienste

Erläuterung:
1. **Spalte** = Funkrufname-Kennwort
2. **Spalte** = Abkürzung des BOS-Dienstes
3. **Spalte** = Standort-Ortsangabe/Regionale Verwendung

Abkürzungen der 2. Spalte:

ASB	=	Arbeiter Samariter Bund	LPD	=	Landespolizeidirektion
BePo	=	Bereitschaftspolizei	LZ	=	Lagezentrum
BGS	=	Bundesgrenzschutz	MEK	=	Mobiles Einsatzkommando
BKA	=	Bundeskriminalamt	MHD	=	Malteser Hilfsdienst
BMI	=	Bundesinnenministerium	P	=	Polizei/Landespolizei
DLRG	=	Deutsche Lebens-Rett.-Ges.	PAS	=	Autobahnpolizei
DRK	=	Deutsches Rotes Kreuz	PHS	=	Polizei-Hubschrauber
F	=	Feuerwehr	RP	=	Regierungspräsidium
GPS	=	Grenzpolizeistation	RTH	=	Rettungshubschrauber
JUH	=	Johanniter Unfall-Hilfe	THW	=	Technisches Hilfswerk
KAT	=	Katastrophenschutz	VP	=	Verkehrspolizei
KP	=	Kriminalpolizei	WSP	=	Wasserschutzpolizei

Adler	R	DLRG (2-m-Band)	Auster	P	Aurich/Emden/Leer
Adler	P	Mannheim	Bachus	P	Trier
Adler	RP	Hannover	Bali	BKA	Bonn/Wiesbaden
Agger	P	Gummersbach	Banjo	P	Steinfurt
Agnes	P	Straubing-Bogen/Deggen-dorf/Regen	Barbara	P	München Pol.-Verw.Amt
			Barbara	P	Kiel-Groß Sprengmittel-räumkommando
Akkon	JUH	Johanniter Unfallhilfe			
Albatros	BGS	Neustadt/H.	Baron	BGS	Bredstedt
Alex	P	Wuppertal/Remscheid/Solingen	Basalt	P	Limburg-Weilburg
			Bastau	P	Minden-Lübbecke
Aller	P	Osterholz-Scharmbeck/Rotenburg-Wümme/Verden	Bergwacht	P	Sonthofen
			Berolina	P	Berlin
Alore	P	Halle	Berta	P	Calw//Freudenstadt/
Amper	P	Dachau/Fürstenfeldbruck/Landsberg/Lech/Starnberg			Mosbach/Pforzheim/Baden-Baden/Rastatt
Anton	P	Saarbrücken	Biene	BePo	Bremen
Argus	BGS	Bundesgrenzschutz	Bigge	P	Lüdenscheid
Armin	P	Bielefeld	Birke	P	Birkenfeld/Bad Kreuznach/Simmern
Arnold	P	Köln			
Asam	BGS	München Flughafen	Blume	BePo	Kassel/Hanau
Äskulap	DRK	Deutsches Rotes Kreuz	Bodan	WSP	Friedrichshafen
Asta	BKA	Bonn	Bodo	P	Mettmann
Atlas	P	Paderborn	Börde	P	Soest
Atoll	P	Berlin	Brama	BGS	Bad Bramstedt

Braunschweig	RP	Braunschweig
Bremse	P	Braunschweig
Brücke	P	Osnabrück
Bussard	PHS	Stuttgart
Cantil	P	Lübben/Forst/Herzberg/Cottbus/Senftenberg
Carola	P	Annaberg-Buchholz/Marienberg/Aue/Chemnitz/Freiberg/Mittweida/Plauen/Auerbach/Stollberg/Zwickau/Werdau/Glauchau
Cäsar	P	Siegburg
Castor	KP	Hamburg
Christa	P	Krefeld
Christoph	RTH	Rettungshubschrauber
City	P	Berlin
Clio	BGS	Aachen
Condor	LZ	Düsseldorf
Dagmar	BGS	Bundesgrenzschutz
Dalke	P	Gütersloh
Darmstadt	RP	Darmstadt
David	P	Mülheim/Ruhr
Deichgraf	P	Dithmarschen Heide
Deister	LFZ	Hannover
Delme	P	Lüchow/Brake/Delmenh.
Delphi	Zoll	Emden
Donau	RP	Regensburg
Dora	P	Stuttgart/Göppingen/Böblingen/Esslingen/Heidenheim/Heilbronn/Ludwigsburg/Künzelsau/Schwäb. Hall/Waiblingen/Aalen/Tauberbischofsheim
Drossel	P	Bautzen/Dresden/Hoyerswerda/Meißen/Görlitz/Großenhain/Zittau/Pirna/Dippoldiswalde/Kamenz
Drusel	PAS	Mainz-Land
Düne	P	Westerland/Sylt
Dürer	PAS	Nürnberg/Ingolstadt
Düssel	P	Düsseldorf
Ebbe	P	Eberswalde/Prenzlau
Edelweiß	PHS	Neubiberg/Roth
Edwin	RP	Köln
Egge	P	Höxter
Egon	P	Duisburg
Eifel	P	Wittlich/Bitburg/Daun
Einstein	P	Brandenburg/Rathenow/Luckenwalde/Belzig/Potsdam

Eisvogel	Zoll	Kiel
Elbe	WSP	Hamburg
Elster	PAS	Erfurt
Ems	P	Lingen/Nordhorn
Emu	BGS	Eschwege
Ennepe	P	Ennepe-Ruhr Schwelm
Erika	P	Neumünster
Erna	P	Gelsenkirchen
Eule	P	Euskirchen
Eutina	BePo	Eutin
Falke	P	Kassel
Fanfare	BGS	Bundesgrenzschutz Kassel
Fasan	P	Frankfurt/Oder/Seelow/Beeskow/Finsterwalde/Guben/Seelow/Strausberg/Fürstenwalde/Eisenhüttenstadt
Felix	RP	Münster
Fiwo	MEK	Essen
Florentine	F	Feuerwehr 2m
Florett	BGS	Flensburg
Florian	F	Feuerwehr 4m
Förde	P	Flensburg
Forelle	BMI	Bundesminister des Innern
Frank	P	Frankfurt/Main,Hofheim
Fregatte	BGS	Bundesgrenzschutz
Freischütz	P	Eutin
Friedrich	P	Freiburg/Konstanz/Lörrach/Offenburg/Villingen-Schwenning/Emmendingen/Rottweil/Waldshut/Tuttlingen
Friesland	P	Husum
Fulda	P	Fulda
Gabriel	P	Düsseldorf
Gamma	P	Berlin
Genius	P	Jever/Wilhelmshaven/Wittmund
Georg	RP	Arnsberg
Gerau	P	Groß-Gerau
Gerhard	P	Göttingen/Northeim
Gero	P	Altenburg/Gera/Greiz/Schmölln/Zeulenroda
Gießen	RP	Gießen
Gisela	P	Gießen/Wetzlar
Gitter	P	Peine/Salzgitter/Wolfenbüttel
Goliath	P	Mülheim
Gondel	BMI	Parl. Staatssekretär
Gregor	P	Neuss
Greif	P	München

Grotte	P	Schleiz/Saalfeld/Neuhaus/Lobenstein/Pößneck/Rudolstadt	Kali	P	Bad Hersfeld
Gruga	P	Essen	Kalkberg	P	Bad Segeberg
Günther	P	Karlsruhe	Karat	P	Berlin
Günz	P	Günzburg/Memmingen/Neu-Ulm/Mindelheim	Karol	P	Düren
			Kassel	RP	Kassel
Habicht	PHS	Erfurt	Kastell	KP	Frankfurt
Hafen	P	Hamburg	Kater	KAT	Katastrophenschutz
Hagen	P	Alzey/Kirchheimbolanden	Katharina	KAT	Katastrophenschutz 2m
Hamlet	BGS	Bremen Hauptbahnhof	Keiler	BGS	Lübeck
Hanno	P	Hannover	Kilian	P	Kiel
Hansa	Zoll	Hamburg	Kinzig	P	Main-Kinzig Hanau
Hantel	BGS	Bremen	Kleeblatt	P	Fürth
Harmonia	P	Hamburg	Klette	P	Kleve
Hasso	P	München	Kogge	Zoll	Rostock
Haune	BGS	Haunetal	Köppel	P	Montabaur/Bad Ems
Heiner	P	Darmstadt-Dieburg	Kordon	P	Erding/Freising/Ebersberg
Heino	P	Heinsberg	Kosmos	P	Erlangen
Hellweg	P	Unna	Kranich	Zoll	Linken
Hermann	P	Lippe/Detmold Lemgo	Kugel	P	Bad Neustadt/Schweinfurt/Haßfurt/Bad Kissingen
Hermes	P	Hagen			
Hermine	THW	Technisches Hilfswerk	Kurfürst	P	Aschaffenburg/Miltenberg
Heros	THW	Technisches Hilfswerk	Küste	BGS	Cuxhaven
Herta	P	Bottrop/Recklinghausen	Lanze	P	Berlin
Herzog	P	Lichtenfels/Kronach/Coburg	Lärche	RP	Mainz
Hessen	RP	Wiesbaden	Läufer	PAS	Ludwigshafen
Hilde	P	Hildesheim/Holzminden	Laura	P	Landau/Germersheim
Holbein	P	Augsburg	Lauter	P	Alsfeld
Horst	RP	Braunschweig	Lech	P	Augsburg/Aichach
Hügel	P	Essen	Leina	P	Erfurt/Gotha/Arnstadt/Eisenach/Ilmenau
Hummel	PHS	Düsseldorf			
Hummer	BePo	Hamburg	Lenne	P	Olpe
Ikarus	PHS	Magdeburg	Leo	P	Leverkusen
Iller	P	Kaufbeuren/Kempten/Lindau/Sonthofen/Marktoberdorf	Leopold	KAT	Katastrophenschutz
			Leopoldine	KAT	Katastrophenschutz 2m
			Libelle	PHS	Hamburg
Iltis	P	Ratzeburg	Limes	P	Bad Homburg v.d.H.
Irma	P	Bochum/Herne	Lisa	P	Marburg-Biedenkopf
Isar	P	München	Loisach	P	Garmisch-Partenkirchen/Bad Tölz/Weilheim
Isolde	P	Bayreuth/Kulmbach			
Itter	P	Düsseldorf	Lorelei	RP	Koblenz
Jade	Zoll	Wilhelmshaven	Lotse	P	Rendsburg
Johann	KP	Saarbrücken	Lotte	Zoll	Itzehoe
Johannes	MHD	Malteser-Hilfsdienst	Löwe	P	Delitzsch/Döbeln/Leipzig/Grimma/Torgau
Jonas	JUH	Johanniter-Unfallhilfe 2m			
Jura	P	Lauf/Pegnitz/Roth/Schwabach/Weißenburg	Ludger	P	Coesfeld
			Ludwig	RP	Ludwigshafen
Kabel	BGS	Kassel	Luna	RP	Lüneburg
Kadi	RP	Ludwigshafen	Lutra	PAS	Ludwigshafen
Kaiser	P	Speyer	Lux	P	Frankenthal/Ludwigshafen/Speyer
			Magda	P	Magdeburg

Main	P	Würzburg	Orion	P	Oldenburg/Vechta/Wester-
Malta	MHD	Malteser-Hilfsdienst			stede/Cloppenburg
Mambo	P	Berlin	Osning	P	Bielefeld
Mangfall	P	Rosenheim/Miesbach	Ostwind	LPD	Kiel
Mario	P	Ottweiler/Homburg/	Otto	RP	Oldenburg
		St.Wendel	Ottokar	P	Mönchengladbach
Markgraf	RP	Ansbach	Ovid	P	Offenbach
Markus	PAS	Trier	Pamir	WSP	Wilhelmshafen
Martha	RP	Düsseldorf	Panther	P	Kiel Fernmelde-Instand-
Martin	P	Landshut/Dingolfing/			setzung
		Kelheim	Parnas	P	Plön
Max	P	Weiden/Oberpfalz/Neu-	Pascha	Zoll	Sonderfahndung
		stadt a.d.W./Tirschenreuth	Paulus	P	Hamm
Merkur	P	Mainz	Peene	P	Anklam/Greifswald
Michel	P	Hamburg	Pegnitz	P	Nürnberg
Mitte	P	Berlin-Mitte/Charlotten-	Pelikan		DLRG
		burg (Ost)/Tiergarten	Peter	P	Mannheim
Moritz	P	Münster	Pfalzgraf	P	Kaiserslautern
Mosel	RP	Koblenz	Pfänder	BGS	Lindau
Möwe	P	Kiel	Phönix	PHS	Hannover
Mulde	P	Dessau	Piermin	P	Pirmasens/Zweibrücken
Nander	P	Neubrandenburg	Pirol	BGS	Hubschrauber
Neander	P	Mettmann	Pony	P	Warendorf
Nebel	P	Güstrow/Parchim/Sternberg	Poseidon	WSP	Konstanz
Neckar	RP	Heidelberg	Printe	P	Aachen
Neptun	WSP	Bremerhaven	Quitte	P	Dortmund
Nero	P	Wiesbaden/Bad Schwal-	Raban	PAS	Mainz
		bach	Radon	BMI	Tarnname Staatssekretär
Nette	P	Mayen/Bad Neuenahr-Ahr-	Rappe	BGS	Ratzeburg
		weiler/Cochem	Raute	GPS	Rehau
Nidda	KP	Hofheim/Kelsterbach	Regina	P	Regensburg/Neumarkt/
Nixe	WSP	Berlin			Cham
Nord	P	Pankow/Reinickendorf/	Reise	P	Kiel
		Wedding	Remo	P	Andernach/Boppard/
Nordland	PAS	Elmshorn/Scharbeutz/Bad			Simmern
		Oldesloe/Neumünster/	Reppin	BePo	Schwerin
		Schuby/Talkau	Rex	P	Ludwigshafen
Nordost	P	Hellersdorf/Hohenschön-	Rheingold	WSP	Koblenz
		hausen/Marzahn/Prenz-	Rheinstein	PAS	Koblenz
		lauer Berg/Weißensee	Rhena	P	Bergisch-Gladbach
Nordsee	P	Cuxhaven Zoll	Ries	P	Dillingen/Donauwörth
Nordwind	LPD	Flensburg	Robbe	P	Rostock
Odeon	RP	München	Robert	P	Aachen
Odin	P	Odenwaldkreis Erbach	Roland	P	Bremen
Oker	P	Goslar/Osterode/Harz	Römer	P	Frankfurt
Olga	P	Oberhausen	Rose	P	Pinneberg
Onoldia	P	Ansbach/Bad Windsheim	Rotkreuz	DRK	Deutsches Rotes Kreuz
Orgel	P	Bernau/Gransee/Kyritz/	Ruwer	P	Trier
		Neuruppin/Oranienburg/	Saale	P	Hof/Wunsiedel
		Perleberg/Pritzwalk/	Salze	P	Schönebeck
		Wittstock	Sama	ASB	Arbeiter-Samariter-Bund

Samuel	ASB	Arbeiter-Samariter-Bund 2m	Uni	P	Bonn
Säntis	BGS	Lindau	Union	P	Dortmund
Schille	P	Krefeld	Unstrut	P	Merseburg/Naumburg/
Schlei	P	Schleswig			Weißenfels
Schmücke	P	Meiningen/Sonneberg/Suhl	Uran	P	Stuttgart
Schutter	P	Ingolstadt/Neuburg/Eich-	Varus	VP	Berlin
		stätt/Pfaffenhofen	Vera	VP	Hamburg
Schwalm	P	Homberg	Viktor	P	Viersen
Schwan	P	Ludwigslust/Grevesmüh	Ville	P	Erftkreis Bergheim
		len/Schwerin/Wismar	Vils	P	Amberg/Schwandorf
Schwinge	P	Cuxhaven/Stade	Waldeck	P	Korbach
Seide	P	Krefeld	Waspo	WSP	Duisburg
Siegfried	P	Heppenheim	Wedau	P	Duisburg-Wedau
Siegurd	P	Siegburg	Weinbiet	P	Neustadt/ad Dürkheim
Simon	P	Saarlouis/Merzig	Weintraube	BePo	Mainz
Sole	P	Winsen/Lüneburg/Uelzen	Welle	P	Berlin
Sorpe	P	Meschede	Werra	P	Eschwege
Sperber	PHS	Mainz	Werre	P	Herford
Spiegel	P	Wernigerode	Weser	RP	Hannover
Stachus	VP	München	Wespe	P	Wesel
Steiger	P	Saarbrücken	West	P	Charlottenburg (West)/
Steinburg	P	Itzehohe			Spandau/Wilmersdorf
Stephan	P	Bamberg/Forchheim	Westwind	LPD	Itzehoe
Storman	P	Stormarn Bad Oldeslohe	Wesura	WSP	Bremen
Strela	P	Rügen-Bergen/Stralsund/	Wetter	P	Friedberg
		Pasewalk/Grimmen	Wicking	WSP	Rhein/NRW
Studio	MEK	Kassel/Frankfurt	Wied	P	Altenkirchen/Neuwied
Süd	P	Kreuzberg/Neukölln/Tem-	Wieland	P	Diepholz/Nienburg
		pelhof (Nord)	Wieland	P	Siegen
Südost	P	Friedrichshain/Köpenick/	Winkel	BGS	Winsen/Luhe
		Lichtenberg/Treptow	Wipper	P	Heiligenstadt/Sonders-
Südwest	P	Schöneberg/Steglitz/Tem-			hausen/Mühlhausen/
		pelhof (Süd)			Nordhausen
Südwind	LPD	Lübeck	Witta	P	Bitterfeld
Süntel	P	Hameln/Stadthagen	Wolf	P	Gifhorn/Helmstedt/
Therme	P	Trier			Wolfsburg
Tibet	P	Berlin	Wolf	P	Passau/Freyung/
Tilly	P	Borken			Pfarrkirchen
Toni	RP	Trier	Wupper	BePo	Wuppertal
Torpedo	P	Schweinfurt	Zeder	P	Celle/Soltau
Traube	P	Würzburg/Kitzingen/	Zeisig	P	Erfurt/Sömmerda/Jena
		Karlstadt	Zenit	P	Berlin
Traun	P	Altötting/Bad Reichenhall/			
		Mühldorf/Traunstein			
Trave	P	Lübeck			
Tristan	RP	Bayreuth			
Uhland	P	Biberach/Sigmaringen/			
		Tübingen/Reutlingen/Ra-			
		vensburg/Ulm/Balingen/			
		Friedrichshafen			
Ulan	P	Berlin			

16   BOS-Kanalbelegung

16.1   Funkverkehrskreise im 4-m-Band

Sortiert nach Funkkanälen, Bundesländern und Betreibern.
1. Spalte = Bundesland, 2. Spalte = Betreiber, 3. Spalte = Rufname, 4. Spalte = Standort

347			84.015 MHz
BR	P	Fasan	Frankfurt/Oder
BR	P	Fasan	Märkisch-Oderland
BR	P	Fasan	Oder-Spree
BW	P	Friedrich 10	Tuttlingen
TH	P	Leina 11	Ilm-Kreis
TH	P	Leina 13	Wartburgkreis
TH	P	Leina 14	Gotha

348			84.035 MHz
BW	P	Dora 4	Heidenheim
HE	P	Waldeck	Waldeck-Frankenberg

349			84.055 MHz
BW	P	Uhland	Zollernalbkreis
BY	L	Leitstelle	Coburg

350			84.075 MHz
BR	W		Potsdam
BW	P	Dora 4	Heidenheim
BW	P	Friedrich 3	Lörrach
HE	P	Fulda	Fulda
NS	P	Brücke	Osnabrück Kreis
NS	P	Orion 11	Oldenburg
NS	P	Orion 26	Vechta

351			84.095 MHz
BW	P	Dora 6	Ludwigsburg
BW	P	Friedrich 7	Rottweil
BW	P	Uhland 2	Ravensburg
HE	P	Werra	Werra-Meißner

352			84.115 MHz
BW	L	Leitstelle	Hohenlohekreis
BW	L	Leitstelle	Schwäbisch Hall
BY	L	Leitstelle	Bad Kissingen
BY	L	Leitstelle	Bamberg
BY	L	Leitstelle	Bamberg
BY	L	Leitstelle	Coburg
BY	L	Leitstelle	Dingolfing
BY	L	Leitstelle	Günzburg
BY	L	Leitstelle	Kelheim
BY	L	Leitstelle	Kronach
BY	L	Leitstelle	Landshut
NS	L	Leitstelle	Aurich
NS	L	Leitstelle	Hannover Kreis
NS	L	Leitstelle	Osnabrück
NS	L	Leitstelle	Osnabrück Kreis
NS	L	Leitstelle	Osterholz-Scharmbeck
NS	Z	Nordsee	Cuxhaven

353			84.135 MHz
BW	P	Dora 5	Heilbronn
SH	Z	Lotte	Steinburg

354			84.155 MHz
BW	P	Dora 12	Main-Tauber
BW	P	Dora 7	Hohenlohekreis
BW	P	Friedrich 8	Waldshut
HE	P	Falke	Kassel
RP	F	Florian	Alzey-Worms

355			84.175 MHz
BW	L	Leitstelle	Ludwigsburg
BW	L	Leitstelle	Mannheim
BY	L	Leitstelle	Aschaffenburg
BY	L	Leitstelle	Aschaffenburg Kreis
BY	L	Leitstelle	Bamberg
BY	L	Leitstelle	Bamberg
BY	L	Leitstelle	Dillingen
BY	L	Leitstelle	Forchheim
NS	L	Leitstelle	Gifhorn
NS	L	Leitstelle	Rotenburg/Wümme
NS	L	Leitstelle	Soltau-Fallingbostel
TH	L	Leitstelle	Holzlandkreis

356			84.195 MHz
BW	P	Uhland	Sigmaringen
HE	P	Ovid	Offenbach/Main
SH	L	Leitstelle	Ostholstein

357			84.215 MHz
NW	P	Hermes	Hagen

358			84.235 MHz
BR	P	Einstein	Brandenburg
BR	P	Einstein	Dahme-Spreewald
BR	P	Einstein	Teltow-Fläming
BR	P	Einstein 12	Potsdam-Mittelmark
BR	P	Einstein 14	Potsdam
BW	P	Berta	Calw
BW	P	Uhland 6	Bodenseekreis
HE	P	Lisa	Marburg-Biedenkopf
NS	L	Leitstelle	Schaumburg
NS	P	Zeder	Celle
NS	P	Zeder	Soltau-Fallingbostel

359			84.255 MHz
BW	L	Leitstelle	Heilbronn
BW	P	Peter	Mannheim
BY	L	Leitstelle	Aichach-Friedberg
BY	L	Leitstelle	Augsburg

BY	L	Leitstelle	Rhön-Grabfeld
BY	L	Leitstelle	Straubing
BY	L	Leitstelle	Weißenburg
HE	F	Florian	Offenbach/Main
NS	L	Leitstelle	Schaumburg
SH	L	Leitstelle	Stormarn

360 84.275 MHz

NS	P	Gerhard	Göttingen

361 84.295 MHz

BR	P	Einstein 14	Potsdam
HE	P	Siegfried	Bergstraße
TH	P	Grotte	Saale-Orla
TH	P	Grotte	Schwarza-Kreis

362 84.315 MHz

BW	P	Dora	Göppingen
BW	P	Dora 10	Ostalbkreis
BW	P	Friedrich 4	Offenburg
BY	P	Kordon 13	Erding
HE	P	Lauter	Vogelsbergkreis

363 84.335 MHz

BR	P	Ebbe	Barnim
BR	P	Ebbe	Uckermark
BW	F	Florian	Karlsruhe
BW	L	Leitstelle	Ostalbkreis
NS	L	Leitstelle	Hildesheim
SN	P	Drossel	Meißen-Dresden
SN	P	Drossel	Riesa-Großenhain

364 84.355 MHz

HH	P	Michel 3	Hamburg Ost
HH	P	Michel 4	Hamburg Süd

368 84.435 MHz

BW	P	Uhland	Zollernalbkreis

369 84.455 MHz

BW	P	Friedrich 6	Emmendingen
BW	P	Neckar	Rhein-Neckar
BW	P	Uhland	Biberach
NS	L	Leitstelle	Hannover Kreis
TH	P	Wipper	Eichsfeld
TH	P	Wipper	Kyffhäuserkreis
TH	P	Wipper	Unstrut-Hainich
TH	P	Wipper 14	Nordhausen

370 84.475 MHz

NS	P	Aller	Verden

371 84.495 MHz

BY	F	Florian	Aschaffenburg
BY	F	Florian	Aschaffenburg Kreis
NS	L	Leitstelle	Göttingen Kreis
RP	F	Florian	Pirmasens

372 84.515 MHz

BW	P	Dora 1	Stuttgart

HE	P	Kali	Hersfeld-Rotenburg
RP	F	Florian	Ludwigshafen Kreis
SN	P	Drossel	Dresden
TH	P	Gero	Altenburg
TH	P	Gero	Gera
TH	P	Gero	Greiz

373 84.535 MHz

BR	P	Orgel	Havelland
BR	P	Orgel	Oberhavel
BR	P	Orgel	Ostprignitz-Ruppin
BR	P	Orgel	Prignitz
BW	P	Dora	Göppingen
BW	P	Dora 2	Böblingen
BW	P	Friedrich 2	Konstanz
BW	P	Uhland 4	Alb-Donau
BW	P	Uhland 4	Ulm
NS	P	Orion	Oldenburg Kreis
NS	P	Orion 11	Oldenburg
NS	P	Orion 41	Ammerland
RP	P	Weinbiet 30	Bad Dürkheim

374 84.555 MHz

BR	L	Leitstelle	Märkisch-Oderland
BY	L	Leitstelle	Erding
BY	L	Leitstelle	München
BY	L	Leitstelle	Nürnberg
BY	L	Leitstelle	Nürnberger Land
HB	L	Leitstelle	Bremerhaven
NS	L	Leitstelle	Cuxhaven
NS	L	Leitstelle	Hannover

375 84.575 MHz

BR	P	Cantil	Spree-Neiße
BR	P	Cantil 10	Elbe-Elster
BR	P	Cantil 11	Cottbus
BR	P	Cantil 13	Oberspreewald-Lausitz
BW	P	Peter	Mannheim

377 84.615 MHz

BW	F	Florian	Mannheim

380 84.675 MHz

RP	F	Florian	Bernkastel-Wittlich

392 84.915 MHz

BW	L	Leitstelle	Reutlingen

393 84.935 MHz

HB	P	Roland	Bremen

397 85.015 MHz

BW	P	Günther	Karlsruhe

398 85.035 MHz

NW	P	Arnold	Köln

400 85.075 MHz

SH	BGS	Pirol 899	Fuhlendorf

TH	P	Zeisig 17	Sömmerda		BW	L	Leitstelle	Göppingen
TH	P	Zeisig 22	Jena		BW	L	Leitstelle	Lörrach
					BW	L	Leitstelle	Ostalbkreis
401			**85.095 MHz**		BW	L	Leitstelle	Ravensburg
SH	BGS	Keiler	Lübeck		BY	L	Leitstelle	Altötting
					BY	L	Leitstelle	Bad Reichenhall
402			**85.115 MHz**		BY	L	Leitstelle	Cham
SH	BGS	Florett	Flensburg		BY	L	Leitstelle	Coburg
SH	BGS	Keiler	Lübeck		BY	L	Leitstelle	Erding
					BY	L	Leitstelle	Kronach
403			**85.135 MHz**		BY	L	Leitstelle	Lichtenfels
BW	P	Dora 8	Rems-Murr		BY	L	Leitstelle	Mühldorf
SH	BGS	Keiler	Lübeck		BY	L	Leitstelle	Neumarkt
					BY	L	Leitstelle	Regensburg Kreis
404			**85.155 MHz**		BY	L	Leitstelle	Traunstein
BW	L	Leitstelle	Freudenstadt		HB	L	Leitstelle	Bremen
BW	L	Leitstelle	Neckar-Odenwald		HE	L	Leitstelle	Frankfurt/Main
BW	L	Leitstelle	Rottweil		MV	P	Schwan	Ludwigslust
BW	L	Leitstelle	Waldshut		NS	L	Leitstelle	Celle
BW	L	Leitstelle	Zollernalbkreis		NS	L	Leitstelle	Nienburg/Weser
BY	L	Leitstelle	Bayreuth		NS	L	Leitstelle	Stade
BY	L	Leitstelle	Kulmbach		NS	L	Leitstelle	Vechta
BY	L	Leitstelle	München		NS	L	Leitstelle	Wilhelmshaven
BY	L	Leitstelle	Nürnberger Land		NS	L	Leitstelle	Wolfenbüttel
NS	L	Leitstelle	Celle		NW	L	Leitstelle	Leverkusen
NS	L	Leitstelle	Cuxhaven		NW	L	Leitstelle	Mettmann
NS	L	Leitstelle	Gifhorn		NW	L	Leitstelle	Remscheid
NS	L	Leitstelle	Lüchow-Dannenberg		NW	L	Leitstelle	Solingen
NS	L	Leitstelle	Northeim		NW	L	Leitstelle	Wuppertal
NS	L	Leitstelle	Osnabrück Kreis		RP	L	Leitstelle	Alzey-Worms
NS	L	Leitstelle	Rotenburg/Wümme		RP	L	Leitstelle	Donnersbergkreis
NS	L	Leitstelle	Uelzen		RP	L	Leitstelle	Koblenz
NS	L	Leitstelle	Verden		RP	L	Leitstelle	Landau/Pfalz
NS	L	Leitstelle	Wesermarsch		RP	L	Leitstelle	Pirmasens
NW	L	Leitstelle	Duisburg		RP	L	Leitstelle	Rhein-Hunsrück
NW	L	Leitstelle	Kleve		RP	L	Leitstelle	Rhein-Lahn
NW	L	Leitstelle	Krefeld		RP	L	Leitstelle	Südliche Weinstraße
NW	L	Leitstelle	Wesel		SA	L	Leitstelle	Merseburg
RP	L	Leitstelle	Altenkirchen		SN	L	Leitstelle	Delitzsch
RP	L	Leitstelle	Bad Neuenahr-Ahrweiler		SN	L	Leitstelle	Mittlerer Erzgebirgskreis
RP	L	Leitstelle	Bernkastel-Wittlich		SN	L	Leitstelle	Weimar-Land
RP	L	Leitstelle	Daun		TH	L	Leitstelle	
RP	L	Leitstelle	Kaiserslautern		**406**			**85.195 MHz**
RP	L	Leitstelle	Kaiserslautern Kreis		BR	L	Leitstelle	Oberspreewald-Lausitz
RP	L	Leitstelle	Koblenz		BR	P	Ebbe	Barnim
RP	L	Leitstelle	Mainz-Bingen		BR	P	Ebbe	Uckermark
RP	L	Leitstelle	Neuwied/Rhein		BW	F	Florian	Hohenlohekreis
RP	L	Leitstelle	Pirmasens		BW	L	Leitstelle	Alb-Donau
SA	L	Leitstelle	Wittenberg		BW	L	Leitstelle	Bodenseekreis
SH	L	Leitstelle	Nordfriesland		BW	L	Leitstelle	Ravensburg
SH	L	Leitstelle	Segeberg		BW	L	Leitstelle	Sigmaringen
SN	L	Leitstelle	Freiberg		BW	L	Leitstelle	Ulm
SN	L	Leitstelle	Ndrschl. Oberlausitzkreis		BY	L	Leitstelle	Bad Kissingen
SN	L	Leitstelle	Sächsische Oberlausitz		BY	L	Leitstelle	Bad Reichenhall
TH	L	Leitstelle	Kyffhäuserkreis		BY	L	Leitstelle	Deggendorf
					BY	L	Leitstelle	Eichstätt
405			**85.175 MHz**		BY	L	Leitstelle	Freising
BL	L	HiOrg	Berlin		BY	L	Leitstelle	Günzburg
BR	L	Leitstelle	Märkisch-Oderland		BY	L	Leitstelle	Haßberge
BW	L	Leitstelle	Emmendingen		BY	L	Leitstelle	Ingolstadt

BY	L	Leitstelle	Memmingen		SH	P	Möwe	Kiel
BY	L	Leitstelle	Neu-Ulm		SH	P	Ostwind	Kiel LPD Mitte
BY	L	Leitstelle	Neuburg		SN	L	Leitstelle	Sächsische Schweiz
BY	L	Leitstelle	Pfaffenhofen		TH	L	Leitstelle	Schmalkalden-Meiningen
BY	L	Leitstelle	Regen					
BY	L	Leitstelle	Rhön-Grabfeld		**408**			**85.235 MHz**
BY	L	Leitstelle	Schweinfurt		BW	L	Leitstelle	Ostalbkreis
BY	L	Leitstelle	Straubing		BY	L	Leitstelle	Altötting
BY	L	Leitstelle	Unterallgäu		BY	L	Leitstelle	Bad Reichenhall
MV	F	Florian	Rügen		BY	L	Leitstelle	Ebersberg
NS	L	Leitstelle	Celle		BY	L	Leitstelle	Erding
NS	L	Leitstelle	Hannover		BY	L	Leitstelle	Erlangen
NS	L	Leitstelle	Ostfriesland		BY	L	Leitstelle	Erlangen-Höchstadt
NS	L	Leitstelle	Salzgitter		BY	L	Leitstelle	Freising
NS	L	Leitstelle	Wolfsburg		BY	L	Leitstelle	Fürth
NW	L	Leitstelle	Dortmund		BY	L	Leitstelle	Kitzingen
NW	L	Leitstelle	Mönchengladbach		BY	L	Leitstelle	Main-Spessart
NW	L	Leitstelle	Unna		BY	L	Leitstelle	Mühldorf
NW	L	Leitstelle	Viersen		BY	L	Leitstelle	Nürnberg
RP	L	Leitstelle	Donnersbergkreis		BY	L	Leitstelle	Traunstein
RP	P	Merkur	Mainz-Bingen		BY	L	Leitstelle	Würzburg
SH	P	Parnas	Plön		MV	L	Leitstelle	Nordvorpommern
SN	L	Leitstelle	Döbeln		MV	P	Robbe	Rostock
SN	L	Leitstelle	Torgau-Oschatz		NS	L	Leitstelle	Friesland
SN	L	Leitstelle	Westerzgebirgskreis		NS	L	Leitstelle	Harburg
TH	L	Leitstelle	Greiz		NS	P	Deister	Hannover Kreis
TH	L	Leitstelle	Unstrut-Hainich		NW	K	Kater/Heros	Märkischer Kreis
					NW	K	Kater/Heros	Neuss
407			**85.215 MHz**		NW	L	Leitstelle	Oberhausen
BR	L	Leitstelle	Elbe-Elster		RP	F	Florian	Rhein-Lahn
BW	P	Uhland	Tübingen		RP	L	Leitstelle	Bernkastel-Wittlich
BW	P	Uhland 6	Bodenseekreis		RP	L	Leitstelle	Cochem-Zell
BY	L	Leitstelle	Aschaffenburg		RP	L	Leitstelle	Mainz-Bingen
BY	L	Leitstelle	Aschaffenburg Kreis		RP	L	Leitstelle	Trier-Saarburg
BY	L	Leitstelle	Deggendorf		SA	L	Leitstelle	Salzwedel
BY	L	Leitstelle	Miltenberg		SA	L	Leitstelle	Wittenberg
BY	L	Leitstelle	Neustadt/Aisch		SH	P	Deichgraf	Dithmarschen
BY	L	Leitstelle	Regen		SH	P	Trave	Lübeck
BY	L	Leitstelle	Rosenheim		SL	F	Florian	Saarpfalz
BY	L	Leitstelle	Straubing		SN	L	Leitstelle	Bautzen
BY	L	Leitstelle	Weilheim		SN	L	Leitstelle	Muldentalkreis
MV	L	Leitstelle	Rostock					
NS	L	Leitstelle	Hannover Kreis		**409**			**85.255 MHz**
NS	L	Leitstelle	Lüneburg		BL	F	Florian	Berlin
NS	L	Leitstelle	Wittmund		BR	L	Leitstelle	Prignitz
NW	L	Leitstelle	Bochum		BW	L	Leitstelle	Esslingen
NW	L	Leitstelle	Bonn		BW	L	Leitstelle	Main-Tauber
NW	L	Leitstelle	Borken		BY	L	Leitstelle	Aichach-Friedberg
NW	L	Leitstelle	Coesfeld		BY	L	Leitstelle	Augsburg
NW	L	Leitstelle	Münster		BY	L	Leitstelle	Bamberg
NW	L	Leitstelle	Oberbergischer Kreis		BY	L	Leitstelle	Bamberg
NW	L	Leitstelle	Rhein-Sieg		BY	L	Leitstelle	Dillingen
NW	L	Leitstelle	Rheinisch-Bergischer		BY	L	Leitstelle	Donau-Ries
RP	L	Leitstelle	Kusel		BY	L	Leitstelle	Forchheim
RP	L	Leitstelle	Bitburg-Prüm		BY	L	Leitstelle	Traunstein
SA	L	Leitstelle	Merseburg		MV	L	Leitstelle	Nordvorpommern
SH	P	Landeskanal	Neumünster		NS	L	Leitstelle	Ammerland
SH	P	Landeskanal	Plön		NS	L	Leitstelle	Cuxhaven
SH	P	Landeskanal	Rendsburg-Eckernförde		NS	L	Leitstelle	Diepholz
SH	P	Landeskanal	Segeberg					

NS	L	Leitstelle	Emsland	NS	L	Leitstelle	Osnabrück
NS	L	Leitstelle	Göttingen	NS	L	Leitstelle	Osnabrück Kreis
NS	L	Leitstelle	Göttingen Kreis	NS	L	Leitstelle	Uelzen
NS	L	Leitstelle	Northeim	NW	L	Leitstelle	Düsseldorf
NS	L	Leitstelle	Soltau-Fallingbostel	NW	L	Leitstelle	Hagen
NS	L	Leitstelle	Wolfenbüttel	NW	L	Leitstelle	Hochsauerlandkreis
NW	L	Leitstelle	Düsseldorf	NW	L	Leitstelle	Märkischer Kreis
NW	L	Leitstelle	Erftkreis	NW	L	Leitstelle	Mönchengladbach
NW	L	Leitstelle	Herford	NW	L	Leitstelle	Neuss
NW	L	Leitstelle	Höxter	NW	L	Leitstelle	Viersen
NW	L	Leitstelle	Köln	RP	L	Leitstelle	Bad Kreuznach
NW	L	Leitstelle	Leverkusen	RP	L	Leitstelle	Bernkastel-Wittlich
NW	L	Leitstelle	Lippe/Detmold	RP	L	Leitstelle	Pirmasens
NW	L	Leitstelle	Paderborn	RP	L	Leitstelle	Westerwaldkreis
NW	L	Leitstelle	Recklinghausen	SH	L	Leitstelle	Dithmarschen
NW	L	Leitstelle	Siegen-Wittgenstein	SH	L	Leitstelle	Flensburg
RP	L	Leitstelle	Bitburg-Prüm	SH	L	Leitstelle	Lübeck
RP	L	Leitstelle	Frankenthal Pfalz	SH	L	Leitstelle	Neumünster
RP	L	Leitstelle	Ludwigshafen	SH	L	Leitstelle	Nordfriesland
RP	L	Leitstelle	Mayen-Koblenz	SN	L	Leitstelle	Dresden
RP	L	Leitstelle	Speyer	SN	L	Leitstelle	Meißen-Dresden
RP	L	Leitstelle	Westerwaldkreis	TH	L	Leitstelle	Gotha
SH	L	Leitstelle	Lauenburg				
SH	L	Leitstelle	Pinneberg	**411**			**85.295 MHz**
SH	L	Leitstelle	Schleswig-Flensburg	BL	L	Florian	Berlin
SN	L	Leitstelle	Leipzig	BR	L	Leitstelle	Havelland
SN	L	Leitstelle	Leipziger-Land	BR	L	Leitstelle	Oder-Spree
				BW	L	Leitstelle	Bodenseekreis
410			**85.275 MHz**	BW	L	Leitstelle	Sigmaringen
BL	F	Florian	Berlin	BW	L	Leitstelle	Stuttgart
BR	L	Leitstelle	Frankfurt/Oder	BY	L	Leitstelle	Erlangen
BR	L	Leitstelle	Spree-Neiße	BY	L	Leitstelle	Erlangen-Höchstadt
BW	L	Leitstelle	Böblingen	BY	L	Leitstelle	Fürth
BW	L	Leitstelle	Breisgau-H.	BY	L	Leitstelle	München
BW	L	Leitstelle	Freiburg	MV	L	Leitstelle	Nordwest-Mecklenburg
BW	L	Leitstelle	Freudenstadt	NS	L	Leitstelle	Cloppenburg
BW	L	Leitstelle	Heidenheim	NS	L	Leitstelle	Hameln
BW	L	Leitstelle	Konstanz	NS	L	Leitstelle	Hameln-Pyrmont
BW	L	Leitstelle	Lörrach	NS	L	Leitstelle	Harburg
BW	L	Leitstelle	Reutlingen	NS	L	Leitstelle	Helmstedt
BW	L	Leitstelle	Schwäbisch Hall	NS	L	Leitstelle	Holzminden
BW	L	Leitstelle	Tübingen	NS	L	Leitstelle	Lüneburg
BW	L	Leitstelle	Tuttlingen	NS	L	Leitstelle	Osterode/Harz
BW	L	Leitstelle	Villingen-Schwenning	NS	L	Leitstelle	Peine
BW	L	Leitstelle	Zollernalbkreis	NS	L	Leitstelle	Rotenburg/Wümme
BY	L	Leitstelle	Coburg	NS	L	Leitstelle	Soltau-Fallingbostel
BY	L	Leitstelle	Kronach	NS	L	Leitstelle	Wesermarsch
BY	L	Leitstelle	Lichtenfels	NW	L	Leitstelle	Steinfurt
BY	L	Leitstelle	Miesbach	NW	L	Leitstelle	Warendorf
BY	L	Leitstelle	Rosenheim	RP	L	Leitstelle	Alzey-Worms
HE	L	Leitstelle	Frankfurt/Main	RP	L	Leitstelle	Bad Neuenahr-Ahrweiler
MV	L	Leitstelle	Schwerin	RP	L	Leitstelle	Birkenfeld
MV	P	Strela 40	Rügen	RP	L	Leitstelle	Cochem-Zell
NS	L	Leitstelle	Emden	RP	L	Leitstelle	Donnersbergkreis
NS	L	Leitstelle	Göttingen	RP	L	Leitstelle	Mayen-Koblenz
NS	L	Leitstelle	Göttingen Kreis	RP	L	Leitstelle	Neuwied/Rhein
NS	L	Leitstelle	Grafschaft Bentheim	RP	L	Leitstelle	Pirmasens Kreis
NS	L	Leitstelle	Hannover Kreis	RP	L	Leitstelle	Westerwaldkreis
NS	L	Leitstelle	Oldenburg	RP	L	Leitstelle	Worms
NS	L	Leitstelle	Oldenburg Kreis	SH	F	Florian	Flensburg

SH	L	Leitstelle	Ostholstein	NS	L	Leitstelle	Grafschaft Bentheim
SH	L	Leitstelle	Steinburg	NS	L	Leitstelle	Oldenburg Kreis
SN	L	Leitstelle	Elstertalkeis	NW	L	Leitstelle	Aachen
SN	L	Leitstelle	Göltzschtalkreis	NW	L	Leitstelle	Duisburg
SN	L	Leitstelle	Weißeritzkreis	NW	L	Leitstelle	Düren
TH	L	Leitstelle	Altenburg	NW	L	Leitstelle	Essen
				NW	L	Leitstelle	Euskirchen
412			**85.315 MHz**	NW	L	Leitstelle	Hamm
BL	F	Florian	Berlin	NW	L	Leitstelle	Heinsberg
BW	L	Leitstelle	Calw	NW	L	Leitstelle	Mülheim/Ruhr
BW	L	Leitstelle	Freudenstadt	NW	L	Leitstelle	Oberhausen
BY	L	Leitstelle	Amberg	NW	L	Leitstelle	Soest
BY	L	Leitstelle	Dachau	RP	F	Florian	Bitburg-Prüm
BY	L	Leitstelle	Freising	RP	F	Florian	Daun
BY	L	Leitstelle	Fürstenfeldbruck	RP	F	Florian	Germersheim
BY	L	Leitstelle	Kitzingen	RP	F	Florian	Rhein-Lahn
BY	L	Leitstelle	Landsberg	RP	P	Piermin	Pirmasens
BY	L	Leitstelle	Main-Spessart	RP	P	Piermin	Pirmasens Kreis
BY	L	Leitstelle	Schwandorf	RP	P	Piermin 30	Zweibrücken
BY	L	Leitstelle	Starnberg	SA	L	Leitstelle	Halle
BY	L	Leitstelle	Würzburg	SN	L	Leitstelle	Annaberg
HB	BP	Biene	Bremen	SN	L	Leitstelle	Ndrschl. Oberlausitzkreis
HE	F	Florian	Schwalm-Eder	SN	L	Leitstelle	Zwickau
HE	L	Leitstelle	Schwalm-Eder				
NS	L	Leitstelle	Braunschweig	**414**			**85.355 MHz**
NW	L	Leitstelle	Euskirchen	BL	P	Nord	Berlin D1
NW	L	Leitstelle	Olpe	BR	F	Florian	Spree-Neiße
NW	P	Irma	Bochum	BW	P	Günther	Karlsruhe
SA	L	Leitstelle	Magdeburg	BY	P	Günz	Günzburg
TH	L	Leitstelle	Holzlandkreis	BY	P	Günz	Memmingen
TH	L	Leitstelle	Kyffhäuserkreis	BY	P	Günz	Neu-Ulm
TH	L	Leitstelle	Wartburgkreis	BY	P	Günz	Unterallgäu
				BY	P	Herzog	Lichtenfels
413			**85.335 MHz**	BY	P	Herzog 12	Kronach
BL	F	Florian	Berlin	BY	P	Isar	München Süd
BR	L	Leitstelle	Oder-Spree	BY	P	Regina 18	Neumarkt
BW	F	Florian	Tübingen	BY	P	Wolf	Passau
BY	L	Leitstelle	Aichach-Friedberg	HB	P	Roland	Bremen
BY	L	Leitstelle	Augsburg	NS	L	Leitstelle	Oldenburg
BY	L	Leitstelle	Bad Kissingen	NS	P	Oker	Goslar
BY	L	Leitstelle	Dillingen	NS	P	Oker	Osterode/Harz
BY	L	Leitstelle	Donau-Ries	NS	P	Sole	Harburg
BY	L	Leitstelle	Freyung	NS	P	Sole	Lüneburg
BY	L	Leitstelle	Haßberge	NS	P	Sole	Uelzen
BY	L	Leitstelle	Hof	NW	P	Atlas	Paderborn
BY	L	Leitstelle	Kaufbeuren	NW	P	Rhena	Rheinisch-Bergischer
BY	L	Leitstelle	Lindau	NW	P	Tilly	Borken
BY	L	Leitstelle	Oberallgäu	SN	L	Leitstelle	Zwickau
BY	L	Leitstelle	Ostallgäu	SN	L	Leitstelle	Zwickauer Land
BY	L	Leitstelle	Passau	SN	P	Löwe	Delitzsch
BY	L	Leitstelle	Passau	SN	P	Löwe	Torgau-Oschatz
BY	L	Leitstelle	Rhön-Grabfeld				
BY	L	Leitstelle	Rottal-Inn	**415**			**85.375 MHz**
BY	L	Leitstelle	Schweinfurt	BR	P	Fasan	Frankfurt/Oder
BY	L	Leitstelle	Wunsiedel	BR	P	Fasan	Märkisch-Oderland
HE	L	Leitstelle	Darmstadt	BR	P	Fasan	Oder-Spree
HE	L	Leitstelle	Lahn-Dill	BY	P	Amper 11	Dachau
MV	L	Leitstelle	Nordwest-Mecklenburg	BY	P	Amper 13	Fürstenfeldbruck
NS	L	Leitstelle	Emsland	HB	P	Roland	Bremen Nord
NS	L	Leitstelle	Goslar	HH	P	Michel 1	Hamburg Mitte

HH	P	Michel 2	Hamburg West
MV	P	Nebel	Güstrow
MV	P	Nebel	Parchim
NW	F	Florian	Leverkusen
RP	P	Ruwer	Trier
RP	P	Ruwer	Trier-Saarburg
RP	P	Wied	Altenkirchen
SA	P	Magda	Magdeburg
TH	P	Grotte	Saale-Orla
TH	P	Grotte	Schwarza-Kreis

416   **85.395 MHz**

BL	P	West	Berlin D2
BW	P	Dora	Göppingen
BW	P	Dora 4	Heidenheim
BY	P	Kugel	Rhön-Grabfeld
BY	P	Kugel 17	Bad Kissingen
BY	P	Martin	Kelheim
BY	P	Martin	Landshut
BY	P	Wolf	Passau
HB	P	Neptun	Bremerhaven
NS	P	Ems	Emsland
NS	P	Ems	Grafschaft Bentheim
NS	P	Süntel	Hameln
NS	P	Süntel	Hameln-Pyrmont
NS	P	Süntel	Schaumburg
NW	L	Leitstelle	Rheinisch-Bergischer
RP	L	Leitstelle	Kaiserslautern
RP	L	Leitstelle	Kaiserslautern Kreis
RP	P	Mosel	Koblenz
RP	P	Nette 10	Mayen-Koblenz
SH	P	Lotse	Rendsburg-Eckernförde
SN	P	Carola 2	Chemnitz
SN	P	Carola 3	Mittweida

417   **85.415 MHz**

BR	P	Cantil	Spree-Neiße
BR	P	Cantil 10	Elbe-Elster
BR	P	Cantil 11	Cottbus
BR	P	Cantil 13	Oberspreewald-Lausitz
BY	P	Agnes	Straubing
BY	P	Isolde	Bayreuth
BY	P	Isolde	Kulmbach
HH	P	Libelle	Hamburg Hubschrauber
HH	P	Michel 6	Hamburg Landeskanal
NS	P	Brücke	Osnabrück
NS	P	Delme 10	Wesermarsch
NS	P	Delme 26	Delmenhorst
NS	P	Delme 26	Lüchow-Dannenberg
NS	P	Gerhard	Göttingen
NS	P	Gerhard	Göttingen Kreis
NS	P	Gerhard	Northeim
RP	P	Birke 60	Rhein-Hunsrück
RP	P	Mosel	Koblenz

418   **85.435 MHz**

BW	P	Uhland	Zollernalbkreis
BY	P	Amper 20	Starnberg
BY	P	Herzog 12	Kronach
BY	P	Loisach 11	Bad Tölz

BY	P	Loisach 17	Weilheim
BY	P	Saale 14	Wunsiedel
HH	P	Michel 3	Hamburg Ost
NS	L	Leitstelle	Hameln
NS	L	Leitstelle	Hameln-Pyrmont
NW	P	David	Mülheim/Ruhr
NW	P	Sigurd	Rhein-Sieg
RP	P	Merkur 10	Mainz
SN	P	Drossel	Sächsische Schweiz
SN	P	Drossel	Weißeritzkreis

419   **85.455 MHz**

BR	P	Orgel	Havelland
BR	P	Orgel	Oberhavel
BR	P	Orgel	Ostprignitz-Ruppin
BR	P	Orgel	Prignitz
BW	P	Friedrich 8	Waldshut
BW	P	Neckar	Heidelberg
BY	P	Agnes	Straubing
BY	P	Ries	Dillingen
BY	P	Traube 11	Würzburg
NS	P	Genius	Friesland
NS	P	Genius	Wilhelmshaven
NS	P	Hilde	Hildesheim
NS	P	Hilde	Holzminden
NW	P	Irma	Bochum
NW	P	Irma	Herne
RP	P	Mosel	Koblenz
RP	P	Wied 10	Neuwied/Rhein
SA	P	Unstrut	Merseburg
SH	P	Kalkberg	Segeberg
SH	W		Kiel
SN	P	Drossel	Bautzen
SN	P	Drossel	Hoyerswerda
SN	P	Drossel	Westlausitzkreis

420   **85.475 MHz**

BW	L	Leitstelle	Pforzheim
BW	P	Friedrich 7	Rottweil
BY	P	Stephan	Forchheim
BY	P	Wolf	Freyung
BY	P	Wolf	Passau
BY	P	Wolf	Rottal-Inn
HE	P	Kinzig	Main-Kinzig
NS	P	Gitter	Peine
NS	P	Gitter	Salzgitter
NS	P	Gitter	Wolfenbüttel
NS	P	Oker	Goslar
NS	P	Oker	Osterode/Harz
NS	P	Sole	Uelzen
NW	P	Agger	Oberbergischer Kreis
SA	P	Mulde 10	Dessau
SH	BGS	Albatros	Ostholstein

421   **85.495 MHz**

BR	P	Orgel	Oberhavel
BW	P	Dora	Göppingen
BY	P	Kosmos	Erlangen
BY	P	Kosmos	Erlangen-Höchstadt
BY	P	Kurfürst 11	Aschaffenburg

BY	P	Kurfürst 11	Aschaffenburg Kreis
BY	P	Kurfürst 15	Miltenberg
HH	P	Michel	Hamburg Südost
HH	P	Michel 4	Hamburg Süd
MV	P	Nander 10	Neubrandenburg
RP	F	Florian	Neuwied/Rhein
SA	P	Unstrut	Merseburg
SA	P	Unstrut	Naumburg
SA	P	Unstrut	Weißenfels
422			**85.515 MHz**
BW	P	Berta	Freudenstadt
BW	P	Dora 12	Main-Tauber
BY	P	Schutter	Ingolstadt
BY	P	Schutter 12	Eichstätt
BY	P	Stephan	Bamberg
HH	P	Michel	Hamburg Südwest
HH	P	Michel 4	Hamburg Süd
MV	P	Robbe	Rostock
NS	P	Hanno	Hannover
RP	P	Köppel 10	Westerwaldkreis
RP	P	Mosel	Koblenz
SA	P	Alore	Halle
SA	P	Magda	Magdeburg
SN	P	Carola 1	Mittlerer Erzgebirgskreis
SN	P	Carola 3	Freiberg
SN	P	Carola 3	Mittweida
TH	P	Leina 11	Ilm-Kreis
TH	P	Leina 14	Gotha
423			**85.535 MHz**
BR	P	Einstein	Brandenburg
BR	P	Einstein	Dahme-Spreewald
BR	P	Einstein	Teltow-Fläming
BR	P	Einstein 12	Potsdam-Mittelmark
BR	P	Einstein 14	Potsdam
BY	P	Lech	Augsburg
BY	P	Onoldia	Ansbach
BY	P	Onoldia	Neustadt/Aisch
BY	P	Regina 11-13	Regensburg
BY	P	Regina 14	Regensburg Kreis
BY	P	Regina 18	Neumarkt
BY	P	Regina 19	Cham
BY	P	Traube	Main-Spessart
HE	P	Basalt	Limburg-Weilburg
NW	P	Egge	Höxter
NW	P	Robert	Aachen
NW	P	Werre	Herford
SH	P	Steinburg	Steinburg
SL	P	Simon 20 30	Saarlouis
SL	P	Simon 50	Merzig-Wadern
SN	P	Carola 5	Stollberg
SN	P	Carola 5	Zwickau
SN	P	Carola 5	Zwickauer Land
424			**85.555 MHz**
BW	P	Dora 5	Heilbronn
BW	P	Friedrich 1	Freiburg
BW	P	Uhland 4	Alb-Donau
BW	P	Uhland 4	Ulm
BY	P	Amper 13	Fürstenfeldbruck
BY	P	Max 11	Weiden/Oberpfalz
BY	P	Max 14	Neustadt a.d.W.
BY	P	Max 15	Tirschenreuth
BY	P	Traube	Main-Spessart
BY	P	Traun	Bad Reichenhall
NS	P	Aller	Osterholz-Scharmbeck
NS	P	Aller	Rotenburg/Wümme
NS	P	Aller	Verden
NS	P	Hanno	Hannover
SN	P	Drossel	Ndrschl. Oberlausitzkreis
SN	P	Drossel	Sächsische Oberlausitz
425			**85.575 MHz**
BW	P	Dora 6	Ludwigsburg
BY	P	Amper 20	Starnberg
BY	P	Loisach 11	Bad Tölz
BY	P	Onoldia	Ansbach
BY	P	Onoldia	Neustadt/Aisch
HH	P	Michel 1	Hamburg Mitte
HH	P	Michel 2	Hamburg West
NS	P	Auster	Emden
NS	P	Oker	Goslar
NS	P	Oker	Osterode/Harz
NW	P	Alex 11	Wuppertal
NW	P	Alex 15	Remscheid
NW	P	Alex 16	Solingen
NW	P	Bigge	Märkischer Kreis
NW	P	Union	Dortmund
SL	P	Anton	Saarbrücken
SN	P	Carola 5	Zwickau
SN	P	Carola 5	Zwickauer Land
SN	P	Carola 9	Chemnitzer Land
426			**85.595 MHz**
BW	P	Dora 5	Heilbronn
BW	P	Friedrich 2	Konstanz
BY	P	Isar	München Nord
BY	P	Loisach	Garmisch-Partenkirchen
BY	P	Pegnitz	Nürnberg
BY	P	Traun	Altötting
BY	P	Traun	Bad Reichenhall
BY	P	Vils	Amberg
BY	P	Vils	Amberg/Oberpfalz
BY	P	Vils 16	Schwandorf
MV	P		Bad Doberan
MV	P	Nebel	Parchim
MV	P	Peene 10	Ostvorpommern
NS	P	Gerhard	Göttingen
NS	P	Gerhard	Göttingen Kreis
NS	P	Hilde	Hildesheim
NS	P	Hilde	Holzminden
NS	P	Sole	Lüneburg
NS	P	Zeder	Celle
NS	P	Zeder	Soltau-Fallingbostel
NW	P	Hellweg	Unna
RP	P	Nette 50	Bad Neuenahr-Ahrweiler
427			**85.615 MHz**
BW	P	Uran	Stuttgart

BY	P	Isar	München West	NS	P	Auster	Aurich
BY	P	Isolde	Bayreuth	NS	P	Auster	Emden
BY	P	Isolde	Kulmbach	NS	P	Auster	Ostfriesland
HE	P	Frank	Frankfurt Mitte	NS	P	Genius	Wittmund
HH	P	Michel 2	Hamburg West	NW	P	Düssel	Düsseldorf
MV	P	Nander 10	Neubrandenburg	NW	P	Moritz	Münster
NW	P	Eule	Euskirchen	RP	P	Laura 10	Landau/Pfalz
NW	P	Gruga	Essen	RP	P	Laura 10	Südliche Weinstraße
NW	P	Hermann	Lippe/Detmold	RP	P	Laura 50	Germersheim
RP	P	Birke	Birkenfeld	RP	P	Piermin	Pirmasens
SA	P	Magda	Magdeburg	RP	P	Piermin	Pirmasens Kreis
SN	P	Carola 2	Chemnitz	RP	P	Piermin 30	Zweibrücken
SN	P	Carola 3	Mittweida	SA	P	Spiegel	Wernigerode
				SH	AP	Nordland 5	Ostholstein
428			**85.635 MHz**	SH	P	Freischütz	Ostholstein
BL	P	Berolina	Berlin Nordost 2	SH	P	Friesland	Nordfriesland
BW	P	Dora 3	Esslingen	SN	P	Löwe	Döbeln
BY	P	Isolde	Bayreuth	SN	P	Löwe	Leipziger-Land
BY	P	Martin	Dingolfing	SN	P	Löwe	Muldentalkreis
BY	P	Martin	Kelheim				
BY	P	Traube	Main-Spessart	**431**			**85.695 MHz**
HE	P	Gisela	Lahn-Dill	BW	P	Dora 8	Rems-Murr
NS	P	Gerhard	Northeim	BY	P	Jura	Nürnberger Land
NW	P	Herta	Bottrop	BY	P	Mangfall 13	Rosenheim
NW	P	Herta	Recklinghausen	BY	P	Mangfall 15	Miesbach
NW	P	Olga	Oberhausen	NS	P	Gerhard	Göttingen
NW	P	Uni	Bonn	NS	P	Gerhard	Göttingen Kreis
NW	P	Werre	Herford	NS	P	Gerhard	Northeim
RP	P	Pfalzgraf	Kaiserslautern	NS	P	Wieland	Diepholz
RP	P	Pfalzgraf	Kaiserslautern Kreis	NS	P	Wieland	Nienburg/Weser
SH	P	Förde	Flensburg	NS	P	Wolf	Wolfsburg
SN	P	Drossel	Ndrschl. Oberlausitzkreis	NW	P	Alex 11	Wuppertal
SN	P	Drossel	Sächsische Oberlausitz	NW	P	Alex 15	Remscheid
SN	P	Löwe	Leipzig	NW	P	Alex 16	Solingen
				SH	AP	Nordland 4	Pinneberg
429			**85.655 MHz**	SH	P	Rose	Pinneberg
BW	P	Dora 10	Ostalbkreis	SL	P	Mario 10	Neunkirchen/Saar
BW	P	Dora 4	Heidenheim	SL	P	Mario 30 40	Saarpfalz
BW	P	Friedrich 5	Villingen-Schwenning	SL	P	Mario 50	St.Wendel
BY	P	Vils	Amberg	SN	P	Drossel	Dresden
BY	P	Vils	Amberg/Oberpfalz				
BY	P	Vils 16	Schwandorf	**432**			**85.715 MHz**
NS	L	Leitstelle	Stade	BL	P	Berolina	Berlin West 1
NW	P	Arnold	Köln	BW	P	Dora 1	Stuttgart
SA	P	Mulde 10	Dessau	BY	P	Iller	Lindau
SH	P	Möwe	Kiel	BY	P	Traube 14	Kitzingen
SH	W		Kiel	NS	P	Zeder	Celle
SL	P	Anton	Saarbrücken	NS	P	Zeder	Soltau-Fallingbostel
SN	P	Drossel	Meißen-Dresden	NW	P	Börde	Soest
SN	P	Drossel	Riesa-Großenhain	NW	P	Heino	Heinsberg
				RP	P	Lux	Frankenthal Pfalz
430			**85.675 MHz**	RP	P	Lux	Ludwigshafen Kreis
BL	P	Berolina	Berlin Südost 2	RP	P	Lux 50	Speyer
BW	P	Friedrich 8	Waldshut	RP	P	Nette 10	Mayen-Koblenz
BY	P	Martin	Landshut	RP	P	Weinbiet 30	Bad Dürkheim
BY	P	Regina 18	Neumarkt	SH	P	Förde	Flensburg
BY	P	Saale 14	Wunsiedel	SH	P	Möwe	Kiel
BY	P	Saale 2	Hof				
BY	P	Traube 11	Würzburg	**433**			**85.735 MHz**
MV	P	Nander 10	Neubrandenburg	BY	P	Kordon 14	Freising

NW	P	Bodo	Mettmann		BW	F	Florian	Rottweil
NW	P	Börde	Soest		BW	L	Leitstelle	Zollernalbkreis
SH	P	Deichgraf	Dithmarschen		BW	P	Berta 8	Baden-Baden
SL	P	Simon 50	Merzig-Wadern		BY	P	Jura	Roth
TH	P	Schmücke 13	Schmalkalden-Meiningen		BY	P	Jura	Schwabach
TH	P	Schmücke 15	Sonneberg		BY	P	Jura	Weißenburg
TH	P	Schmücke 16	Suhl		HB	W	Wesura	Bremen
					HB	W	Wesura	Bremerhaven
434			**85.755 MHz**		HE	P	Gisela	Gießen
BL	P	Berolina	Berlin Nord		HH	P	Michel 3	Hamburg Ost
BW	P	Uran	Stuttgart		NW	P	Erna	Gelsenkirchen
BY	P	Herzog	Lichtenfels		NW	P	Irma	Bochum
BY	P	Herzog 12	Kronach		NW	P	Irma	Herne
BY	P	Iller	Kaufbeuren		NW	P	Karol	Düren
BY	P	Iller	Ostallgäu		NW	P	Osning	Bielefeld
BY	P	Kurfürst 11	Aschaffenburg Kreis		SN	P	Drossel	Bautzen
BY	P	Regina 19	Cham		SN	P	Drossel	Dresden
MV	P	Schwan	Schwerin		SN	P	Drossel	Hoyerswerda
MV	P	Schwan	Wismar		SN	P	Drossel	Westlausitzkreis
MV	P	Strela 60	Nordvorpommern		SN	P	Löwe	Delitzsch
NS	P	Delme 10	Wesermarsch		TH	P	Zeisig	Erfurt
NS	P	Delme 26	Delmenhorst		TH	P	Zeisig 22	Jena
NS	P	Delme 26	Lüchow-Dannenberg					
NS	P	Orion 56	Cloppenburg		**438**			**85.835 MHz**
NW	P	Lenne	Olpe		BW	P	Uhland 1	Reutlingen
SA	P	Salze	Schönebeck		BY	P	Kugel 11	Schweinfurt
					BY	P	Kugel 14	Haßberge
435			**85.775 MHz**		BY	P	Traun	Bad Reichenhall
BL	P	Berolina	Berlin LKA/VB/ÖS		BY	P	Traun	Mühldorf
BL	W	Nixe	Berlin		BY	P	Traun	Traunstein
BW	P	Dora 1	Stuttgart		HH	P	Michel 1	Hamburg Mitte
BW	P	Dora 10	Ostalbkreis		NS	P	Gerhard	Göttingen
BW	P	Friedrich 1	Breisgau-H.		NS	P	Gerhard	Göttingen Kreis
BW	P	Friedrich 1	Freiburg		NS	P	Orion	Oldenburg Kreis
BW	P	Friedrich 8	Waldshut		NS	P	Orion 11	Oldenburg
BY	P	Vils	Amberg		NS	P	Orion 26	Vechta
BY	P	Vils	Amberg/Oberpfalz		NS	P	Orion 56	Cloppenburg
BY	P	Vils 16	Schwandorf		NW	P	Hermes	Hagen
HH	P	Michel 1	Hamburg Mitte		NW	P	Ottokar	Mönchengladbach
MV	P	Strela 50	Stralsund		RP	P	Birke 10	Bad Kreuznach
MV	P	Strela 50	Uecker-Randow		RP	P	Merkur 10	Mainz
MV	P	Strela 60	Nordvorpommern		SN	P	Carola 1	Annaberg
SA	P	Salze	Schönebeck		SN	P	Carola 1	Westerzgebirgskreis
SL	P	Mario 30 40	Saarpfalz		SN	P	Carola 5	Stollberg
SN	P	Löwe	Leipzig		SN	P	Carola 9	Chemnitzer Land
SN	P	Löwe	Torgau-Oschatz					
					439			**85.855 MHz**
436			**85.795 MHz**		BL	P	City	Berlin D3
NW	P	Hermann	Lippe/Detmold		BW	P	Peter	Mannheim
NW	P	Uni	Bonn		BY	P	Max 15	Tirschenreuth
RP	P	Hagen 20	Alzey-Worms		BY	P	Ries	Donau-Ries
RP	P	Hagen 30	Donnersbergkreis		BY	P	Traube 14	Kitzingen
RP	P	Lutra	Kusel		BY	P	Wolf	Rottal-Inn
SH	AP	Nordland 7	Neumünster		HH	P	Michel 3	Hamburg Ost
SH	P	Erika	Neumünster		HH	P	Michel 4	Hamburg Süd
SH	P	Steinburg	Steinburg		NS	P	Bremse	Braunschweig
					NS	P	Orion 41	Ammerland
437			**85.815 MHz**		NS	P	Orion 56	Cloppenburg
BL	P	Süd	Berlin D5 MHz		NW	P	Egge	Höxter
BW	F	Florian	Freudenstadt		NW	P	Gruga	Essen

NW	P	Uni	Bonn
SA	P	Witta	Bitterfeld
SN	P	Carola 4	Elstertalkeis
SN	P	Carola 4	Göltzschtalkreis
440			**85.875 MHz**
BW	F	Florian	Bodenseekreis
BY	P	Amper 11	Dachau
BY	P	Amper 13	Fürstenfeldbruck
BY	P	Amper 20	Starnberg
BY	P	Kordon 13	Erding
BY	P	Kordon 17	Ebersberg
BY	P	Kurfürst 11	Aschaffenburg Kreis
BY	P	Kurfürst 15	Miltenberg
BY	P	Pegnitz	Nürnberg
NW	P	Christa	Krefeld
RP	P	Laura 10	Landau/Pfalz
RP	P	Merkur 10	Mainz
RP	P	Weinbiet	Neustadt/Weinstraße
SA	P	Mulde 10	Dessau
441			**85.895 MHz**
BL	P	Berolina	Berlin Nordost 1
BW	P	Berta	Neckar-Odenwald
BW	P	Friedrich 10	Tuttlingen
BY	P	Mangfall 13	Rosenheim
BY	P	Mangfall 15	Miesbach
BY	P	Stephan	Bamberg
NS	P	Sole	Harburg
NS	P	Sole	Lüneburg
NS	P	Sole	Uelzen
NW	P	Bastau	Minden-Lübbecke
NW	P	Gregor	Neuss
RP	P	Köppel 20	Rhein-Lahn
RP	P	Mosel	Koblenz
442			**85.915 MHz**
BL	P	Berolina	Berlin Südost 1
BW	P	Friedrich 4	Offenburg
BY	P	Kordon 13	Erding
BY	P	Kordon 14	Freising
BY	P	Kordon 17	Ebersberg
BY	P	Stephan	Bamberg
NS	P	Ems	Emsland
NS	P	Ems	Grafschaft Bentheim
NS	P	Gitter	Peine
NS	P	Gitter	Salzgitter
NS	P	Gitter	Wolfenbüttel
NW	F	Florian	Bonn
NW	P	Atlas	Paderborn
NW	P	Klette	Kleve
RP	P	Nette 10	Mayen-Koblenz
RP	P	Nette 40	Cochem-Zell
SH	P	Landeskanal	Lauenburg
SH	P	Landeskanal	Ostholstein
SH	P	Landeskanal	Stormarn
SH	P	Südwind	Lübeck LPD Süd
443			**85.935 MHz**
BY	P	Schutter	Ingolstadt

BY	P	Schutter 11	Neuburg
BY	P	Schutter 13	Pfaffenhofen
HE	P	Odin	Odenwaldkreis
HE	P	Schwalm	Schwalm-Eder
HE	P	Siegfried	Bergstraße
NS	P	Hanno	Hannover
NS	P	Schwinge	Cuxhaven
NS	P	Schwinge	Stade
NS	P	Sole	Harburg
NS	P	Sole	Lüneburg
NS	P	Sole	Uelzen
NS	P	Wieland	Nienburg/Weser
NW	P	Bastau	Minden-Lübbecke
NW	P	Düssel	Düsseldorf
NW	P	Gregor	Neuss
NW	P	Tilly	Borken
SH	W		Kiel
SN	P	Carola 4	Elstertalkeis
SN	P	Carola 4	Göltzschtalkreis
SN	P	Drossel	Dresden
SN	P	Drossel	Sächsische Schweiz
SN	P	Drossel	Weißeritzkreis
444			**85.955 MHz**
BL	P	Varus	Berlin
DL	P	Anrufkanal bundesweit	
445			**85.975 MHz**
BL	Z	Zoll	Berlin
SH	BGS	Albatros	Ostholstein
SH	Z	Eisvogel	Kiel
SH	Z	Lotte	Steinburg
446			**85.995 MHz**
BL	Z	Zoll	Berlin
HH	Z	Hansa	Hamburg
447			**86.015 MHz**
BL	P	Berolina	Berlin West 2
BW	P	Uran	Stuttgart
HB	P	Neptun	Bremerhaven
NS	P	Gitter	Peine
NS	P	Gitter	Salzgitter
NS	P	Gitter	Wolfenbüttel
NW	P	Banjo	Steinfurt
NW	P	Bigge	Märkischer Kreis
NW	P	Eule	Euskirchen
NW	P	Viktor	Viersen
SN	P	Carola 1	Annaberg
SN	P	Carola 1	Westerzgebirgskreis
SN	P	Carola 5	Stollberg
448			**86.035 MHz**
BW	P	Uhland	Sigmaringen
BW	P	Uhland 4	Alb-Donau
BW	P	Uhland 4	Ulm
BY	P	Onoldia	Ansbach
BY	P	Onoldia	Neustadt/Aisch
BY	P	Saale 14	Wunsiedel
BY	P	Wolf	Rottal-Inn
HB	P	Roland	Bremen

HE	P	Nero	Rheingau-Taunus		TH	P	Wipper	Unstrut-Hainich
MV	L	Leitstelle	Rügen		TH	P	Wipper 14	Nordhausen
NS	P	Bremse	Braunschweig		**452**			**86.115 MHz**
NW	P	Arnold	Köln		BL	P	Südwest	Berlin D4
NW	P	Pony	Warendorf		BW	P	Dora 2	Böblingen
NW	P	Tilly	Borken		BW	P	Friedrich 1	Breisgau-H.
RP	P	Ruwer	Trier-Saarburg		BW	P	Friedrich 1	Freiburg
SN	P	Löwe	Delitzsch		BY	P	Herzog 15	Coburg
SN	P	Löwe	Torgau-Oschatz		BY	P	Lech 18	Aichach-Friedberg
449			**86.055 MHz**		BY	P	Martin	Dingolfing
BL	P	Nordost	Berlin D7		MV	P	Peene 30	Greifswald
BW	P	Uhland 6	Bodenseekreis		MV	P	Schwan	Nordwest-Mecklenburg
BY	P	Kleeblatt	Fürth		NS	P	Brücke	Osnabrück
NS	P	Deister	Hannover Kreis		NS	P	Brücke	Osnabrück Kreis
NS	P	Schwinge	Cuxhaven		NS	P	Orion 26	Vechta
NW	P	Ludger	Coesfeld		NS	P	Wolf	Gifhorn
NW	P	Ville	Erftkreis		NS	P	Wolf	Helmstedt
RP	P	Lux 10	Ludwigshafen		NS	P	Wolf	Wolfsburg
SN	P	Carola 1	Mittlerer Erzgebirgskreis		RP	P	Mosel	Koblenz
SN	P	Carola 3	Freiberg		RP	P	Wied 10	Neuwied/Rhein
450			**86.075 MHz**		SH	AP	Nordland 8	Schleswig-Flensburg
BL	P	Varus	Berlin		SH	P	Rose	Pinneberg
BW	P	Berta 8	Baden-Baden		SH	P	Schlei	Schleswig-Flensburg
BW	P	Berta 8	Rastatt		SN	P	Löwe	Döbeln
BW	P	Dora 7	Hohenlohekreis		SN	P	Löwe	Leipziger-Land
BW	P	Dora 7	Schwäbisch Hall		SN	P	Löwe	Muldentalkreis
BY	P	Agnes	Straubing		**453**			**86.135 MHz**
BY	P	Isar	München Nord		BW	P	Uhland	Biberach
MV	L	Leitstelle	Rostock		BW	P	Uhland 2	Ravensburg
MV	L	Leitstelle	Wismar		HE	P	Gerau	Groß-Gerau
NS	P	Ems	Emsland		NS	P	Brücke	Osnabrück
NS	P	Ems	Grafschaft Bentheim		NS	P	Brücke	Osnabrück Kreis
NS	P	Zeder	Celle		NS	P	Hanno	Hannover
NS	P	Zeder	Soltau-Fallingbostel		NS	P	Schwinge	Cuxhaven
NW	P	Agger	Oberbergischer Kreis		NS	P	Schwinge	Stade
NW	P	Paulus	Hamm		NW	P	Arnold	Köln
SH	P	Landeskanal	Nordfriesland		NW	P	Ennepe	Ennepe-Ruhr
SH	P	Landeskanal	Schleswig-Flensburg		**454**			**86.155 MHz**
SH	P	Nordwind	Flensburg LPD Nord		BW	F	Florian	Calw
SL	P	Simon 20 30	Saarlouis		BW	F	Florian	Schwäbisch Hall
SN	F	Florian	Ndrschl. Oberlausitzkreis		BW	P	Friedrich 5	Villingen-Schwenning
451			**86.095 MHz**		BY	P	Isar	München Süd
BL	P	Südost	Berlin D6		HE	P	Limes	Hochtaunuskreis
BW	P	Dora 6	Ludwigsburg		NS	Z	Jade	Wilhelmshaven
NS	P	Süntel	Hameln		NW	P	Pony	Warendorf
NS	P	Süntel	Hameln-Pyrmont		NW	P	Sigurd	Rhein-Sieg
NS	P	Süntel	Schaumburg		NW	P	Wespe	Wesel
NW	P	Banjo	Steinfurt		SH	AP	Nordland 7	Neumünster
NW	P	Egon	Duisburg		SL	P	Anton	Saarbrücken
NW	P	Leo	Leverkusen		SN	L	Leitstelle	Leipziger-Land
NW	P	Paulus	Hamm		**455**			**86.175 MHz**
NW	P	Wieland	Siegen-Wittgenstein		BR	F	Florian	Oberhavel
RP	P	Eifel 10	Daun		BW	L	Leitstelle	Baden-Baden
SH	P	Landeskanal	Dithmarschen		BW	L	Leitstelle	Heidelberg
SH	P	Landeskanal	Pinneberg		BW	L	Leitstelle	Rastatt
SH	P	Westwind	Steinburg LPD West		BW	L	Leitstelle	Rhein-Neckar
TH	P	Wipper	Eichsfeld					

269

BW	P	Friedrich 8	Waldshut
BY	P	Iller	Kempten
BY	P	Iller	Oberallgäu
BY	P	Schutter 12	Eichstätt
MV	L	Leitstelle	Bad Doberan
NS	P	Orion	Oldenburg Kreis
NS	P	Orion 11	Oldenburg
NS	P	Orion 26	Vechta
NS	P	Orion 41	Ammerland
NW	P	Agger	Oberbergischer Kreis
NW	P	Alex 11	Wuppertal
NW	P	Alex 15	Remscheid
NW	P	Alex 16	Solingen
NW	P	Union	Dortmund
NW	P	Wieland	Siegen-Wittgenstein
RP	P	Eifel	Bernkastel-Wittlich
RP	P	Eifel 10	Bitburg-Prüm
SA	L	Leitstelle	Weißenfels
SH	Z	Eisvogel	Kiel
SH	Z	Harald	Flensburg
SL	L	Leitstelle	Saarbrücken
SN	L	Leitstelle	Torgau-Oschatz
TH	L	Leitstelle	Schwarza-Kreis

456   **86.195 MHz**

BR	F	Florian	Ostprignitz-Ruppin
BW	F	Florian	Mannheim
BW	P	Uhland 1	Reutlingen
BY	L	Leitstelle	Aschaffenburg
BY	L	Leitstelle	Aschaffenburg Kreis
BY	L	Leitstelle	Eichstätt
BY	L	Leitstelle	Ingolstadt
BY	L	Leitstelle	Kaufbeuren
BY	L	Leitstelle	Lindau
BY	L	Leitstelle	Miltenberg
BY	L	Leitstelle	Neuburg
BY	L	Leitstelle	Oberallgäu
BY	L	Leitstelle	Ostallgäu
BY	L	Leitstelle	Pfaffenhofen
BY	L	Leitstelle	Roth
NS	F	Florian	Braunschweig
NS	F	Florian	Schaumburg
NS	P	Brücke	Osnabrück
NS	P	Brücke	Osnabrück Kreis
NW	L	Leitstelle	Köln
RP	F	Florian	Bad Kreuznach
SH	AP	Nordland 6	Stormarn
SH	P	Friesland	Nordfriesland
SH	P	Storman	Stormarn
SN	L	Leitstelle	Mittweida
TH	F	Florian	Saale-Orla

457   **86.215 MHz**

BW	P	Friedrich 6	Emmendingen
BY	L	Leitstelle	Bad Tölz
BY	L	Leitstelle	Bayreuth
BY	L	Leitstelle	Cham
BY	L	Leitstelle	Neumarkt
BY	L	Leitstelle	Regensburg
BY	L	Leitstelle	Regensburg Kreis

HE	P	Wetter	Wetteraukreis
NS	F	Florian	Celle
NS	P	Delme 10	Wesermarsch
NS	P	Delme 26	Delmenhorst
NS	P	Delme 26	Lüchow-Dannenberg
NW	P	Banjo	Steinfurt
NW	P	Rhena	Rheinisch-Bergischer
RP	F	Florian	Ludwigshafen Kreis
SH	L	Leitstelle	Rendsburg-Eckernförde
SN	L	Leitstelle	Stollberg
SN	L	Leitstelle	Westlausitzkreis
TH	F	Florian	Wartburgkreis

458   **86.235 MHz**

BW	F	Florian	Lörrach
BW	F	Florian	Sigmaringen
BY	L	Leitstelle	Dingolfing
BY	L	Leitstelle	Garmisch-Partenkirchen
BY	L	Leitstelle	Kelheim
BY	L	Leitstelle	Landshut
BY	L	Leitstelle	München
BY	L	Leitstelle	Roth
BY	L	Leitstelle	Schwabach
BY	L	Leitstelle	Weilheim
BY	L	Leitstelle	Weißenburg
NS	L	Leitstelle	Rotenburg/Wümme
NW	F	Florian	Lippe/Detmold
NW	F	Florian	Wuppertal
RP	F	Florian	Daun
RP	P	Hagen 20	Alzey-Worms
SH	F	Florian	Stormarn
SN	L	Leitstelle	Hoyerswerda
TH	P	Schmücke 13	Schmalkalden-Meiningen
TH	P	Schmücke 15	Sonneberg
TH	P	Schmücke 16	Suhl

459   **86.255 MHz**

BY	P	Isar	München Ost
BY	P	Kosmos	Erlangen
BY	P	Kosmos	Erlangen-Höchstadt
HE	P	Heiner	Darmstadt
NS	P	Bremse	Braunschweig
NS	P	Genius	Friesland
NS	P	Genius	Wilhelmshaven
NS	P	Genius	Wittmund
NS	P	Hanno	Hannover
NS	W	Pamir	Wittmund
NW	P	Ennepe	Ennepe-Ruhr
NW	P	Karol	Düren

460   **86.275 MHz**

BL	P	Berolina	Berlin Südwest 2
BW	P	Uhland 2	Ravensburg
BY	P	Agnes	Deggendorf
BY	P	Agnes 14	Regen
BY	P	Günz	Memmingen
BY	P	Günz	Unterallgäu
BY	P	Iller	Kaufbeuren
BY	P	Iller	Kempten
BY	P	Iller	Lindau

BY	P	Iller	Oberallgäu		MV	L	Leitstelle	Uecker-Randow
BY	P	Iller	Ostallgäu		MV	L	Leitstelle	Wismar
HE	P	Nero	Wiesbaden		NS	F	Florian	Goslar
NS	P	Auster	Aurich		NS	F	Florian	Uelzen
NS	P	Wolf	Gifhorn		NS	F	Florian	Wilhelmshaven
NS	P	Wolf	Helmstedt		NW	F	Florian	Borken
NS	P	Wolf	Wolfsburg		NW	F	Florian	Gütersloh
NW	F	Florian	Leverkusen		NW	F	Florian	Hamm
NW	P	Dalke	Gütersloh		NW	F	Florian	Mettmann
NW	P	Eule	Euskirchen		NW	F	Florian	Oberbergischer Kreis
NW	P	Olga	Oberhausen		RP	F	Florian	Kaiserslautern Kreis
SH	AP	Nordland 8	Schleswig-Flensburg		RP	F	Florian	Mainz
SH	AP	Nordland 9	Lauenburg		RP	F	Florian	Trier-Saarburg
SH	P	Iltis	Lauenburg		SH	F	Florian	Nordfriesland
SH	P	Schlei	Schleswig-Flensburg		SH	L	Leitstelle	Dithmarschen
SN	P	Löwe	Leipzig		SN	F	Florian	Weißeritzkreis
TH	P	Schmücke 13	Schmalkalden-Meiningen		TH	L	Leitstelle	Gera
TH	P	Schmücke 15	Sonneberg					
TH	P	Schmücke 16	Suhl		**463**			**86.335 MHz**
					BR	F	Florian	Elbe-Elster
461			**86.295 MHz**		BR	F	Florian	Oder-Spree
BW	P	Dora 7	Hohenlohekreis		BR	L	Leitstelle	Brandenburg
BW	P	Dora 7	Schwäbisch Hall		BR	L	Leitstelle	Potsdam-Mittelmark
BY	P	Amper 13	Fürstenfeldbruck		BW	F	Florian	Böblingen
BY	P	Amper 18	Landsberg		BW	F	Florian	Konstanz
BY	P	Amper 20	Starnberg		BW	F	Florian	Sigmaringen
HE	P	Frank	Frankfurt West		BW	F	Florian	Stuttgart
HE	P	Frank	Main-Taunus		BW	L	Leitstelle	Hohenlohekreis
HH	P	Castor	Hamburg SEK/MEK		BY	F	Florian	Augsburg
NS	P	Delme 26	Delmenhorst		BY	F	Florian	Ebersberg
NS	P	Delme 26	Lüchow-Dannenberg		BY	F	Florian	Erlangen
NS	P	Wieland	Diepholz		BY	F	Florian	Erlangen-Höchstadt
NS	P	Wieland	Nienburg/Weser		BY	F	Florian	Kaufbeuren
NW	P	Atlas	Paderborn		BY	F	Florian	Ostallgäu
NW	P	Bodo	Mettmann		BY	F	Florian	Passau
NW	P	Erna	Gelsenkirchen		BY	F	Florian	Passau
NW	P	Wespe	Wesel		BY	F	Florian	Regensburg Kreis
					HB	L	Leitstelle	Bremen
462			**86.315 MHz**		HE	L	Leitstelle	Groß-Gerau
BL	L	Florian	Berlin		MV	L	Leitstelle	Ostvorpommern
BR	F	Florian	Spree-Neiße		NS	F	Florian	Cuxhaven
BR	F	Florian	Uckermark		NS	F	Florian	Vechta
BW	F	Florian	Baden-Baden		NS	F	Florian	Wolfsburg
BW	F	Florian	Heidelberg		NS	L	Leitstelle	Oldenburg
BW	F	Florian	Main-Tauber		NS	L	Leitstelle	Osnabrück
BW	F	Florian	Rastatt		NW	F	Florian	Düren
BW	F	Florian	Rhein-Neckar		NW	F	Florian	Höxter
BW	P	Friedrich 4	Offenburg		NW	F	Florian	Kleve
BY	F	Florian	Ansbach		NW	F	Florian	Remscheid
BY	F	Florian	Cham		NW	F	Florian	Unna
BY	F	Florian	Forchheim		RP	F	Florian	Bernkastel-Wittlich
BY	F	Florian	Freyung		RP	F	Florian	Kaiserslautern
BY	F	Florian	Günzburg		SA	L	Leitstelle	Naumburg
BY	F	Florian	Hof		SA	L	Leitstelle	Weißenfels
BY	F	Florian	München		SH	F	Florian	Ostholstein
HB	F	Florian	Bremen		SH	F	Florian	Schleswig-Flensburg
HE	L	Leitstelle	Lahn-Dill		SH	F	Florian	Steinburg
HH	F	Florian	Hamburg		SL	F	Florian	Saarlouis
MV	L	Leitstelle	Ostvorpommern		SN	F	Florian	Stollberg
MV	L	Leitstelle	Stralsund		TH	L	Leitstelle	Schmalkalden-Meiningen

TH	L	Leitstelle	Sömmerda	HE	F	Florian	Frankfurt/Main
				MV	L	Leitstelle	Nordvorpommern
464			**86.355 MHz**	NS	F	Florian	Ammerland
BR	F	Florian	Uckermark	NS	F	Florian	Emden
BW	F	Florian	Baden-Baden	NS	F	Florian	Göttingen
BW	F	Florian	Bodenseekreis	NS	F	Florian	Grafschaft Bentheim
BW	F	Florian	Esslingen	NS	F	Florian	Hildesheim
BY	F	Florian	Erding	NS	F	Florian	Soltau-Fallingbostel
BY	F	Florian	Freising	NS	F	Florian	Wolfenbüttel
BY	F	Florian	Kelheim	NW	F	Florian	Bottrop
BY	F	Florian	Landsberg	NW	F	Florian	Ennepe-Ruhr
BY	F	Florian	Neustadt/Aisch	NW	F	Florian	Euskirchen
BY	F	Florian	Nürnberger Land	NW	F	Florian	Herford
BY	F	Florian	Regen	NW	F	Florian	Leverkusen
BY	F	Florian	Tirschenreuth	NW	F	Florian	Siegen-Wittgenstein
BY	F	Florian	Traunstein	NW	F	Florian	Viersen
HE	F	Florian	Wiesbaden	RP	F	Florian	Cochem-Zell
HH	L	Leitstelle	Hamburg	RP	F	Florian	Kusel
NS	F	Florian	Diepholz	SA	F	Florian	Halle
NS	F	Florian	Gifhorn	SH	F	Florian	Flensburg
NS	F	Florian	Göttingen	SH	F	Florian	Segeberg
NS	F	Florian	Göttingen Kreis	SN	F	Florian	Annaberg
NS	F	Florian	Hameln-Pyrmont	SN	F	Florian	Ndrschl. Oberlausitzkreis
NS	F	Florian	Wesermarsch	TH	L	Leitstelle	Weimar
NW	F	Florian	Coesfeld				
NW	F	Florian	Mönchengladbach	**466**			**86.395 MHz**
NW	F	Florian	Mülheim/Ruhr	BL	L	HiOrg	Berlin
NW	F	Florian	Rhein-Sieg	BW	F	Florian	Bodenseekreis
NW	F	Florian	Soest	BW	F	Florian	Ravensburg
RP	F	Florian	Koblenz	BW	F	Florian	Rems-Murr
RP	F	Florian	Ludwigshafen	BW	F	Florian	Rottweil
RP	F	Florian	Trier	BY	F	Florian	Dillingen
SA	L	Leitstelle	Eisleben	BY	F	Florian	Garmisch-Partenkirchen
SH	F	Florian	Flensburg	BY	F	Florian	Ingolstadt
SH	F	Florian	Nordfriesland	BY	F	Florian	Kulmbach
SH	L	Leitstelle	Kiel	BY	F	Florian	Miesbach
SL	F	Florian	Neunkirchen/Saar	BY	F	Florian	Miltenberg
SN	F	Florian	Chemnitz	BY	F	Florian	Neustadt a.d.W.
SN	F	Florian	Chemnitzer Land	BY	F	Florian	Nürnberg
SN	F	Florian	Mittweida	BY	F	Florian	Straubing
SN	F	Florian	Sächsische Schweiz	BY	F	Florian	Weiden/Oberpfalz
SN	F	Florian	Torgau-Oschatz	HB	F	Florian	Bremerhaven
TH	F	Florian	Jena	HH	F	Florian	Hamburg
				MV	L	Leitstelle	Uecker-Randow
465			**86.375 MHz**	NS	F	Florian	Cloppenburg
BR	F	Florian	Barnim	NS	F	Florian	Hannover Kreis
BR	L	Leitstelle	Barnim	NS	F	Florian	Harburg
BW	F	Florian	Karlsruhe	NS	F	Florian	Lüchow-Dannenberg
BW	F	Florian	Konstanz	NS	F	Florian	Osnabrück
BW	F	Florian	Tuttlingen	NS	F	Florian	Osterode/Harz
BW	F	Florian	Waldshut	NS	F	Florian	Verden
BW	F	Florian	Zollernalbkreis	NS	L	Leitstelle	Delmenhorst
BY	F	Florian	Amberg	NW	F	Florian	Hochsauerlandkreis
BY	F	Florian	Amberg/Oberpfalz	NW	F	Florian	Minden-Lübbecke
BY	F	Florian	München	NW	F	Florian	Neuss
BY	F	Florian	Roth	NW	F	Florian	Recklinghausen
BY	F	Florian	Rottal-Inn	RP	F	Florian	Landau/Pfalz
BY	F	Florian	Schwabach	RP	F	Florian	Mayen-Koblenz
BY	F	Florian	Schweinfurt	SL	F	Florian	Merzig-Wadern
HB	F	Florian	Bremen	RP	F	Florian	Neustadt/Weinstraße

RP	F	Florian	Südliche Weinstraße
SA	L	Leitstelle	Weißenfels
SH	F	Florian	Plön
SH	L	Leitstelle	Plön
SL	L	Leitstelle	Merzig-Wadern
TH	L	Leitstelle	Suhl
467			**86.415 MHz**
BR	F	Florian	Dahme-Spreewald
BW	F	Florian	Karlsruhe
BW	F	Florian	Neckar-Odenwald
BW	F	Florian	Reutlingen
BY	F	Florian	Bayreuth
BY	F	Florian	Kempten
BY	F	Florian	Main-Spessart
BY	F	Florian	Mühldorf
BY	F	Florian	München
BY	F	Florian	Oberallgäu
BY	F	Florian	Regensburg
BY	F	Florian	Wunsiedel
HE	L	Leitstelle	Marburg-Biedenkopf
NS	F	Florian	Emsland
NS	F	Florian	Helmstedt
NS	F	Florian	Lüchow-Dannenberg
NS	F	Florian	Oldenburg
NW	F	Florian	Bielefeld
NW	F	Florian	Dortmund
NW	F	Florian	Duisburg
NW	F	Florian	Heinsberg
NW	F	Florian	Solingen
RP	F	Florian	Donnersbergkreis
SA	F	Florian	Magdeburg
SA	L	Leitstelle	Köthen
SH	F	Florian	Pinneberg
SL	F	Florian	Saarbrücken
SN	F	Florian	Bautzen
SN	F	Florian	Muldentalkreis
TH	F	Florian	Erfurt
468			**86.435 MHz**
BL	L	Florian	Berlin
BW	F	Florian	Emmendingen
BW	F	Florian	Göppingen
BW	F	Florian	Rhein-Neckar
BY	F	Florian	Bad Reichenhall
BY	F	Florian	Dingolfing
BY	F	Florian	Kronach
BY	F	Florian	Nürnberg
BY	F	Florian	Pfaffenhofen
BY	F	Florian	Starnberg
HE	L	Leitstelle	Main-Kinzig
MV	L	Leitstelle	Demmin
MV	L	Leitstelle	Neubrandenburg
NS	F	Florian	Aurich
NS	F	Florian	Diepholz
NS	F	Florian	Friesland
NS	F	Florian	Göttingen Kreis
NS	F	Florian	Hameln
NS	F	Florian	Holzminden
NS	F	Florian	Lüneburg
NS	F	Florian	Rotenburg/Wümme
NS	F	Florian	Salzgitter
NS	F	Florian	Stade
NW	F	Florian	Aachen Kreis
NW	F	Florian	Bochum
NW	F	Florian	Krefeld
NW	F	Florian	Olpe
NW	F	Florian	Paderborn
NW	F	Florian	Steinfurt
SA	L	Leitstelle	Bernburg
SA	L	Leitstelle	Köthen
SA	L	Leitstelle	Naumburg
SH	F	Florian	Lauenburg
SH	F	Florian	Rendsburg-Eckernförde
SH	L	Leitstelle	Rendsburg-Eckernförde
SN	F	Florian	Meißen-Dresden
SN	F	Florian	Riesa-Großenhain
469			**86.455 MHz**
BL	L	HiOrg	Berlin
BW	F	Florian	Enzkreis
BY	F	Florian	Coburg
BY	F	Florian	Donau-Ries
BY	F	Florian	Fürth
BY	F	Florian	Kempten
BY	F	Florian	Landshut
BY	F	Florian	Lichtenfels
BY	F	Florian	München
BY	F	Florian	Neu-Ulm
BY	F	Florian	Oberallgäu
BY	F	Florian	Schwandorf
BY	F	Florian	Würzburg
HB	F	Florian	Bremen
HE	L	Leitstelle	Hersfeld-Rotenburg
MV	L	Leitstelle	Mecklenburg-Strelitz
NS	F	Florian	Celle
NS	F	Florian	Friesland
NS	F	Florian	Hameln
NS	F	Florian	Hameln-Pyrmont
NS	F	Florian	Rotenburg/Wümme
NS	L	Leitstelle	Salzgitter
NW	F	Florian	Essen
NW	F	Florian	Hagen
NW	F	Florian	Köln
NW	F	Florian	Warendorf
RP	F	Florian	Westerwaldkreis
SA	L	Leitstelle	Wernigerode
SH	F	Florian	Dithmarschen
SH	F	Florian	Kiel
SH	F	Florian	Lübeck
SL	F	Florian	Saarpfalz
SN	F	Florian	Leipzig
SN	F	Florian	Leipziger-Land
SN	F	Florian	Ndschl. Oberlausitzkreis
SN	F	Florian	Sächsische Oberlausitz
470			**86.475 MHz**
BL	P	Berolina	Berlin Süd 1
BR	F	Florian	Cottbus
BR	F	Florian	Spree-Neiße

BR	F	Florian	Uckermark		NW	F	Florian	Münster
BW	F	Florian	Breisgau-H.		NW	F	Florian	Oberhausen
BW	F	Florian	Freiburg		NW	F	Florian	Rheinisch-Bergischer
BW	F	Florian	Freudenstadt		RP	F	Florian	Bernkastel-Wittlich
BW	F	Florian	Stuttgart		RP	F	Florian	Kaiserslautern Kreis
BY	F	Florian	Altötting		RP	F	Florian	Neuwied/Rhein
BY	F	Florian	Augsburg		SA	L	Leitstelle	Eisleben
BY	F	Florian	Bad Tölz		SA	L	Leitstelle	Zerbst
BY	F	Florian	Deggendorf		SH	F	Florian	Neumünster
BY	F	Florian	Haßberge		SH	F	Florian	Nordfriesland
BY	F	Florian	Lindau		SH	F	Florian	Ostholstein
BY	F	Florian	Neumarkt		SL	F	Florian	St.Wendel
BY	F	Florian	Würzburg		SN	F	Florian	Mittlerer Erzgebirgskreis
HE	L	Leitstelle	Vogelsbergkreis		TH	L	Leitstelle	Saale-Orla
HH	F	Florian	Hamburg					
MV	L	Leitstelle	Nordvorpommern		**472**			**86.515 MHz**
NS	F	Florian	Hannover		NW	P	Robert	Aachen
NS	F	Florian	Northeim		SH	BGS	Brama	Segeberg
NS	F	Florian	Osnabrück Kreis		**473**			**86.535 MHz**
NS	F	Florian	Osterholz-Scharmbeck		BW	L	Leitstelle	Lörrach
NS	F	Florian	Ostfriesland		NW	F	Florian	Wesel
NW	F	Florian	Aachen		RP	F	Florian	Pirmasens
NW	F	Florian	Düsseldorf		RP	F	Florian	Westerwaldkreis
NW	F	Florian	Gelsenkirchen		**474**			**86.555 MHz**
NW	F	Florian	Krefeld		BL	P	Berolina	Berlin Südwest 1
NW	F	Florian	Märkischer Kreis		BW	P	Friedrich 2	Konstanz
RP	F	Florian	Ludwigshafen Kreis		HB	BGS	Hantel	Bremen
RP	F	Florian	Pirmasens Kreis		NW	P	Uni	Bonn
RP	F	Florian	Rhein-Hunsrück		RP	F	Florian	Bad Dürkheim
RP	F	Florian	Zweibrücken		RP	F	Florian	Frankenthal Pfalz
SA	F	Florian	Wittenberg		RP	F	Florian	Neustadt/Weinstraße
SH	F	Florian	Schleswig-Flensburg		RP	F	Florian	Speyer
SL	F	Florian	Saarbrücken					
SN	F	Florian	Dresden		**475**			**86.575 MHz**
SN	F	Florian	Meißen-Dresden		BL	P	Berolina	Berlin Süd 2
TH	L	Leitstelle	Schwarza-Kreis		BW	F	Florian	Enzkreis
					BW	L	Leitstelle	Biberach
471			**86.495 MHz**		BW	L	Leitstelle	Enzkreis
BR	F	Florian	Dahme-Spreewald		BW	L	Leitstelle	Offenburg
BR	F	Florian	Elbe-Elster		BW	L	Leitstelle	Pforzheim
BR	F	Florian	Prignitz		BW	L	Leitstelle	Ravensburg
BW	F	Florian	Ludwigsburg		BW	L	Leitstelle	Rottweil
BW	F	Florian	Offenburg		BW	L	Leitstelle	Waldshut
BY	F	Florian	Dachau		SH	BGS	Florett	Flensburg
BY	F	Florian	Fürstenfeldbruck		SL	L	Leitstelle	Neunkirchen/Saar
BY	F	Florian	Kitzingen		SL	L	Leitstelle	Saarlouis
BY	F	Florian	Memmingen		SL	L	Leitstelle	St.Wendel
BY	F	Florian	Rosenheim					
BY	F	Florian	Unterallgäu		**476**			**86.595 MHz**
BY	F	Florian	Weißenburg		BY	L	Leitstelle	Kempten
HB	F	Florian	Bremerhaven		BY	L	Leitstelle	Oberallgäu
HE	L	Leitstelle	Fulda		RP	F	Florian	Bad Neuenahr-Ahrweiler
HE	L	Leitstelle	Wiesbaden		RP	F	Florian	Birkenfeld
MV	L	Leitstelle	Mecklenburg-Strelitz		RP	F	Florian	Frankenthal Pfalz
NS	F	Florian	Cuxhaven		RP	F	Florian	Mainz-Bingen
NS	F	Florian	Hildesheim					
NS	F	Florian	Lüneburg					
NS	F	Florian	Nienburg/Weser					
NS	F	Florian	Oldenburg Kreis					
NS	L	Leitstelle	Hildesheim					

477			86.615 MHz
BL	P	Berolina	Berlin City
BW	P	Neckar	Rhein-Neckar
SH	BGS	Brama	Segeberg

478			86.635 MHz
BW	P	Peter	Mannheim
HH	BGS	Hafen	Hamburg
SA	L	Leitstelle	Naumburg
SH	P	Parnas	Plön

479			86.655 MHz
SH	BGS	Albatros	Ostholstein
SH	BGS	Brama	Segeberg

480			86.675 MHz
BW	L	Leitstelle	Böblingen
BW	L	Leitstelle	Heilbronn
BW	L	Leitstelle	Hohenlohekreis
BW	L	Leitstelle	Ludwigsburg
BW	L	Leitstelle	Rhein-Neckar
HE	P	Frank	Frankfurt Bereich 1
SH	BGS	Brama	Segeberg
SL	L	Leitstelle	Merzig-Wadern
SL	L	Leitstelle	Saarpfalz

482			86.715 MHz
NS	P	Süntel	Hameln
NS	P	Süntel	Hameln-Pyrmont
NS	P	Süntel	Schaumburg
NS	Z	Nordsee	Cuxhaven
SH	Z	Eisvogel	Kiel

483			86.735 MHz
BW	F	Florian	Biberach
BY	F	Florian	Ansbach

484			86.755 MHz
BR	F	Florian	Dahme-Spreewald
BR	L	Leitstelle	Dahme-Spreewald
BY	F	Florian	Aichach-Friedberg.
NS	F	Florian	Oldenburg Kreis
NS	P	Hilde	Hildesheim
NS	P	Hilde	Holzminden
NW	L	Leitstelle	Duisburg
NW	L	Leitstelle	Ennepe-Ruhr
NW	L	Leitstelle	Oberhausen
NW	L	Leitstelle	Steinfurt
RP	F	Florian	Trier-Saarburg
SH	Z	Eisvogel	Kiel
SN	L	Leitstelle	Meißen-Dresden
SN	L	Leitstelle	Riesa-Großenhain

486			86.795 MHz
BW	F	Florian	Ulm
HE	L	Leitstelle	Frankfurt/Main
NW	K	Kater/Heros	Warendorf
NW	L	Leitstelle	Essen
NW	L	Leitstelle	Hamm
SA	F	Florian	Bernburg

487			86.815 MHz
BR	F	Florian	Teltow-Fläming
BW	F	Florian	Waldshut
BW	P	Berta 7	Enzkreis
BW	P	Berta 7	Pforzheim
BY	F	Florian	Rosenheim
BY	L	Leitstelle	Hof
BY	L	Leitstelle	Wunsiedel
HE	L	Leitstelle	Limburg-Weilburg
NS	F	Florian	Peine
NW	F	Florian	Hamm
NW	F	Florian	Minden-Lübbecke
NW	L	Leitstelle	Rheinisch-Bergischer Kr.
SH	P	Kalkberg	Segeberg
TH	L	Leitstelle	Gera

488			86.835 MHz
BR	L	Leitstelle	Ostprignitz-Ruppin
BW	L	Leitstelle	Mannheim
BW	L	Leitstelle	Neckar-Odenwald
BY	L	Leitstelle	Freyung
BY	L	Leitstelle	Passau
BY	L	Leitstelle	Passau
BY	L	Leitstelle	Rottal-Inn
HE	F	Florian	Gießen
NW	F	Florian	Unna
RP	F	Florian	Mainz-Bingen
SH	F	Florian	Ostholstein
TH	F	Florian	Erfurt

489			86.855 MHz
BR	L	Leitstelle	Oberhavel
BW	F	Florian	Biberach
HE	L	Leitstelle	Werra-Meißner
NS	P	Aller	Osterholz-Scharmbeck
NS	P	Aller	Rotenburg/Wümme
NS	P	Aller	Verden
NW	L	Leitstelle	Bielefeld
NW	L	Leitstelle	Bochum
NW	L	Leitstelle	Bottrop
NW	L	Leitstelle	Gelsenkirchen
NW	L	Leitstelle	Gütersloh
NW	L	Leitstelle	Herne
SA	F	Florian	Köthen
SA	F	Florian	Naumburg

490			86.875 MHz
BR	L	Leitstelle	Märkisch-Oderland
BY	F	Florian	Miltenberg
MV	F	Florian	Schwerin
RP	F	Florian	Altenkirchen
RP	F	Florian	Bad Kreuznach
RP	F	Florian	Landau/Pfalz
SL	L	Leitstelle	Saarbrücken
SN	F	Florian	Zwickau
SN	F	Florian	Zwickauer Land

491			86.895 MHz
BR	L	Leitstelle	Oberspreewald-Lausitz
BR	L	Leitstelle	Teltow-Fläming

BY	L	Leitstelle	Regensburg Kreis
HE	L	Leitstelle	Offenbach/Main
MV	P	Peene 10	Ostvorpommern
NW	F	Florian	Dortmund
NW	F	Florian	Ennepe-Ruhr
NW	F	Florian	Olpe
NW	L	Leitstelle	Solingen
RP	F	Florian	Alzey-Worms
RP	F	Florian	Rhein-Hunsrück
RP	F	Florian	Worms
SH	F	Florian	Rendsburg-Eckernförde
SH	L	Leitstelle	Pinneberg
SH	P	Lotse	Rendsburg-Eckernförde
TH	L	Leitstelle	Eichsfeld

492 — 86.915 MHz

BW	L	Leitstelle	Ostalbkreis
HB	P	Roland	Bremen Hafen
HE	L	Leitstelle	Bergstraße
MV	L	Leitstelle	Greifswald
NW	F	Florian	Siegen-Wittgenstein
RP	F	Florian	Birkenfeld
SH	P	Kalkberg	Segeberg
SN	F	Florian	Annaberg
TH	L	Leitstelle	Sonneberg

493 — 86.935 MHz

BR	L	Leitstelle	Potsdam
BY	L	Leitstelle	Augsburg
BY	L	Leitstelle	Bayreuth
HE	L	Leitstelle	Odenwaldkreis
HH	L	Leitstelle	Hamburg
NW	L	Leitstelle	Minden-Lübbecke
RP	F	Florian	Kaiserslautern Kreis
RP	F	Florian	Trier-Saarburg

494 — 86.955 MHz

BW	F	Florian	Heilbronn
BW	F	Florian	Hohenlohekreis
BW	F	Florian	Konstanz
HE	L	Leitstelle	Darmstadt-Dieburg
HE	L	Leitstelle	Waldeck-Frankenberg
NW	L	Leitstelle	Bielefeld
RP	F	Florian	Neuwied/Rhein
SH	F	Florian	Plön
SH	L	Leitstelle	Plön

495 — 86.975 MHz

BY	F	Florian	Aschaffenburg
BY	F	Florian	Aschaffenburg Kreis
BY	L	Leitstelle	Ansbach
BY	L	Leitstelle	Dingolfing
BY	L	Leitstelle	Günzburg
BY	L	Leitstelle	Kelheim
BY	L	Leitstelle	Landshut
BY	L	Leitstelle	Memmingen
BY	L	Leitstelle	Neu-Ulm
BY	L	Leitstelle	Neustadt a.d.W.
BY	L	Leitstelle	Tirschenreuth
BY	L	Leitstelle	Unterallgäu

BY	L	Leitstelle	Weiden/Oberpfalz
BY	P	Onoldia	Ansbach
NW	P	Sorpe	Hochsauerlandkreis
SA	L	Leitstelle	Sangershausen
SN	F	Florian	Freiberg
SN	F	Florian	Leipziger-Land

496 — 86.995 MHz

BW	F	Florian	Alb-Donau
BW	F	Florian	Ulm
BW	L	Leitstelle	Karlsruhe
BY	F	Florian	Mühldorf
BY	L	Leitstelle	Landshut
NW	F	Florian	Duisburg
NW	P	Sorpe	Hochsauerlandkreis
SH	P	Kilian	Kiel LKA

497 — 87.015 MHz

BW	F	Florian	Villingen-Schwenning
BW	L	Leitstelle	Reutlingen
HE	L	Leitstelle	Offenbach Kreis
HE	L	Leitstelle	Offenbach/Main
NW	K	Kater/Heros	Steinfurt
NW	L	Leitstelle	Heinsberg
RP	F	Florian	Bitburg-Prüm
RP	F	Florian	Neustadt/Weinstraße
RP	F	Florian	Rhein-Lahn
SA	F	Florian	Zerbst
SH	F	Florian	Dithmarschen
SH	F	Florian	Stormarn
SH	L	Leitstelle	Stormarn

498 — 87.035 MHz

BY	F	Florian	Erding
BY	F	Florian	Freising
HE	F	Florian	Kassel
HE	L	Leitstelle	Rheingau-Taunus
NW	K	Kater/Heros	Münster
NW	L	Leitstelle	Köln
SA	F	Florian	Eisleben

499 — 87.055 MHz

BW	F	Florian	Tuttlingen
BY	L	Leitstelle	Regensburg Kreis
HE	L	Leitstelle	Hochtaunuskreis
NW	F	Florian	Erftkreis
NW	F	Florian	Herne

500 — 87.075 MHz

BW	F	Florian	Pforzheim
HE	L	Leitstelle	Gießen
NW	K	Kater/Heros	Coesfeld
NW	L	Leitstelle	Wuppertal
RP	F	Florian	Alzey-Worms
RP	F	Florian	Bad Neuenahr-Ahrweiler
RP	F	Florian	Daun
SA	F	Florian	Naumburg
SA	F	Florian	Weißenfels
SH	L	Leitstelle	Schleswig-Flensburg

501			87.095 MHz
BR	L	Leitstelle	Teltow-Fläming
BW	L	Leitstelle	Breisgau-H.
BW	L	Leitstelle	Freiburg
BW	L	Leitstelle	Pforzheim
BW	L	Leitstelle	Reutlingen
BW	L	Leitstelle	Tuttlingen
BY	L	Leitstelle	Amberg
BY	L	Leitstelle	Amberg/Oberpfalz
BY	L	Leitstelle	Neustadt a.d.W.
BY	L	Leitstelle	Schwandorf
BY	L	Leitstelle	Tirschenreuth
BY	L	Leitstelle	Weiden/Oberpfalz
HE	F	Florian	Offenbach/Main
HE	L	Leitstelle	Kassel
RP	F	Florian	Alzey-Worms
RP	L	Leitstelle	Donnersbergkreis
SH	F	Florian	Plön

502			87.115 MHz
BW	F	Florian	Bodenseekreis
HE	F	Florian	Darmstadt
HE	L	Leitstelle	Waldeck-Frankenberg
NW	F	Florian	Rheinisch-Bergischer
NW	K	Kater/Heros	Recklinghausen
RP	F	Florian	Cochem-Zell
SA	F	Florian	Sangershausen
SA	L	Leitstelle	Dessau
SA	L	Leitstelle	Naumburg
SN	F	Florian	Westerzgebirgskreis

503			87.135 MHz
BR	F	Florian	Brandenburg
BR	L	Leitstelle	Barnim
BW	L	Leitstelle	Konstanz
BW	L	Leitstelle	Stuttgart
HE	L	Leitstelle	Kassel Kreis
SN	F	Florian	Elstertalkeis
SN	F	Florian	Göltzschtalkreis

504			87.155 MHz
BR	F	Florian	Potsdam-Mittelmark
BW	F	Florian	Heidenheim
HE	L	Leitstelle	Bergstraße
RP	L	Leitstelle	Bad Dürkheim
SA	L	Leitstelle	Merseburg
SH	P	Lotse	Rendsburg-Eckernförde

505			87.175 MHz
BR	F	Florian	Ostprignitz-Ruppin
BR	F	Florian	Potsdam-Mittelmark
BW	L	Leitstelle	Alb-Donau
BW	L	Leitstelle	Breisgau-H.
BW	L	Leitstelle	Freiburg
BW	L	Leitstelle	Lörrach
BW	L	Leitstelle	Rems-Murr
BW	L	Leitstelle	Ulm
BW	L	Leitstelle	Villingen-Schwenning
BY	F	Florian	Bad Kissingen
BY	F	Florian	Rhön-Grabfeld

NS	L	Leitstelle	Osterholz-Scharmbeck
RP	F	Florian	Bernkastel-Wittlich
RP	F	Florian	Ludwigshafen Kreis
RP	F	Florian	Mainz-Bingen
RP	F	Florian	Neustadt/Weinstraße
RP	F	Florian	Pirmasens Kreis
RP	F	Florian	Rhein-Hunsrück
RP	L	Leitstelle	Neustadt/Weinstraße
SN	F	Florian	Hoyerswerda

506			87.195 MHz
BR	F	Florian	Havelland
BW	F	Florian	Pforzheim
BY	L	Leitstelle	Würzburg
SA	F	Florian	Weißenfels
SH	F	Florian	Steinburg
SN	F	Florian	Delitzsch
SN	F	Florian	Westlausitzkreis

507			87.215 MHz
BL	K	Heros	Berlin
BW	L	Leitstelle	Villingen-Schwenning
BY	F	Florian	Eichstätt
BY	L	Leitstelle	Kaufbeuren
BY	L	Leitstelle	Ostallgäu
NS	F	Florian	Peine
NS	F	Florian	Wittmund
NW	F	Florian	Märkischer Kreis
RP	F	Florian	Bad Dürkheim
RP	F	Florian	Frankenthal Pfalz
RP	F	Florian	Ludwigshafen Kreis
SA	L	Leitstelle	Schönebeck
SH	Z	Eisvogel	Kiel
SN	F	Florian	Döbeln
SN	F	Florian	Torgau-Oschatz
SN	L	Leitstelle	Riesa-Großenhain
TH	L	Leitstelle	Nordhausen

508			87.235 MHz
BW	F	Florian	Breisgau-H.
BW	F	Florian	Freiburg
BW	F	Florian	Heilbronn
BW	F	Florian	Ostalbkreis
BW	F	Florian	Schwäbisch Hall
BY	F	Florian	Bamberg
BY	F	Florian	Bamberg
BY	F	Florian	Neuburg
BY	F	Florian	Weilheim
HE	F	Florian	Main-Kinzig
HE	L	Leitstelle	Wetteraukreis
NS	Z	Nordsee	Cuxhaven
RP	P	Pfalzgraf	Kaiserslautern Kreis
SN	L	Leitstelle	Chemnitz
SN	L	Leitstelle	Chemnitzer Land

509			87.255 MHz
BW	P	Uhland 2	Ravensburg
SH	BGS	Albatros	Ostholstein
SH	BGS	Brama	Segeberg

17 Quellen und Literatur

Geisel, Heinz-Otto: »Feuerwehr-Sprechfunk«, 5. Auflage 1992, Verlag W. Kohlhammer, ISBN 3-17-011645-2

Giese, Werner: »Funksprechen - Möglichkeiten und Anwendungen - Land- und Seefunk«, 2. Auflage 1971, Verlag Berliner Union, ISBN 3-408-53517-5

Hesse, Wilhelm: »Fernmelde-Richtlinien für den Brand- und Katastrophenschutz sowie Rettungsdienst einschließlich Krankentransport im Lande Hessen«, 2. Auflage 1976, Deutscher Gemeindeverlag, ISBN 3-555-40041-X

Hügle, Theo und **Lehmann**, Rolf: »Digitale Alarmierung für den BOS-Bereich«, 2. Auflage 1993, Swissphone GmbH, Freiburg-Gundelfingen

Prestele, P.J.: »Funk, wie funktioniert das?«, AEG in Theorie und Praxis, 2. Auflage 1991, AEG Mobile Communication, Ulm

Vogt, Gottfried: »Gleichwellenfunk«, AEG Mobile Communication Ulm, 1992, AMC 5/137/6001

»Ausbildung der Freiwilligen Feuerwehren - Ausbildung zum Sprechfunker«, Lehrstoffblätter für die Ausbildung nach Ziffer 4.3 der Feuerwehr-Dienstvorschrift 2/1 und 2/2, Herausgegeben vom Innenministerium des Landes Baden-Württemberg

»Einführung in den UKW-Sprechfunk«, herausgegeben vom Landkreis Marburg-Biedenkopf, Brandschutzamt, Fachgebietsleiter Funk

»Kursbuch Deutschland - Daten, Fakten, Informationen, Adressen«, Wilhelm Goldmann Verlag München, ISBN 3-442-10085-2

»Sprechfunkdienst - Dienstvorschrift für die Abwicklung des Sprechfunkverkehrs und die Sprechfunkausbildung im Bereich des nichtöffentlichen beweglichen Landfunkdienstes der Behörden und Organisationen mit Sicherheitsaufgaben (BOS)«, Ausgabe März 1977

»Merkheft Brand- und Katastrophenschutz Rettungsdienst Krankentransport«, herausgegeben von AEG-Telefunken, Geschäftsbereich Hochfrequenztechnik, Fachbereich Sprach- und Datenfunk, Ulm

»Vorschriften für das Erteilen von Genehmigungen zum Errichten und Betreiben von Funkanlagen nichtöffentlicher Funkanwendungen (VornöFa), Band 1, Ausgabe 1991, Herausgegeben vom Bundesministerium für Post und Telekommunikation, Bonn

18 Abkürzungen

AA	Auswärtiges Amt	BR	Brandenburg
ADAC	Allgemeiner Deutscher Automobil-Club	BSST	Bereichssuchstelle
		BVA	Bundesverwaltungsamt
AG	Amtsgericht	BVG	Bundesverfassungsgericht
AGW	Arztgruppenwagen	BW	Baden-Württemberg
ALA	Ausländeramt	BY	Bayer
AM	Autobahnmeisterei	BZR	Bundeszentralregister
AP	Autobahnpolizei	CHBK	Chef des Bundeskanzler-
APS	Autobahnpolizeistation		amtes
ASB	Arbeiter Samariter Bund	cm	Zentimeter
AZR	Ausländerzentralregister	DL	Deutschland
BAPT	Bundesamt für Post- und Telekommunikation	DL	Drehleiter
		DRF	Deutsche Rettungsflug-
BefKW	Befehlskraftwagen		wacht
BePo	Bereitschaftspolizei	DV	Dienstvorschrift
BFV	Bundesamt für Verfas- sungsschutz	DV	Endvermittlungsstelle
		ED	Erkennungsdienst
BGH	Bundesgerichtshof	ELW	Einsatzleitwagen
BGS	Bundesgrenzschutz	FAE	Funkalarmempfänger
BKA	Bundeskriminalamt	F	Feuerwehr (allgem.)
BL	Berlin	FF	Freiwillige Feuerwehr
BM	Brandmeister	FKW	Feuerwehrkranwagen
BMF	Bundesminister der Fi- nanzen	FLS	Funkleitstelle
		FM	Frequenzmodulation
BMI	Bundesinnenministerium	FMD	Fernmeldedienst
BMJ	Bundesminister der Justiz	FMS	Funkmeldesystem
BMPT	Bundesminister für Post- und Telekommunikation	FsKW	Fernsprechkraftwagen
		FSST	Fernschreibstelle
BMV	Bundesminister für Verkehr	FuG	Funkgerät
		FuKW	Funkkraftwagen
BMVG	Bundesminister der Verteidigung	FuST	Funkstelle
		FWK	Feuerwehrkran
BND	Bundesnachrichtendienst	GKTW	Großraum-Krankentrans- portwagen
BP	Bereitschaftspolizei	
BPA	Bereitschaftspolizei- abteilung	GM	Gelenkmast
		GP	Grenzpolizei
BPD	Bereitschaftspolizei- direktion	GP	Grenzschutzpräsidium
		GPM	GP Mitte

GPN	GP Nord	LBA	Luftfahrtbundesamt
GPO	GP Ost	LF	Löschgruppenfahrzeug
GPS	GPSüd	LFV	Landesamt für Verfas-
GPW	GP West		sungsschutz
GSA	Grenzschutzabteilung	LG	Landgericht
GSAM	Grenzschutzamt	LiMaKW	Lichtmastkraftwagen
GSD	Grenzschutzdirektion	LKA	Landeskriminalamt
GSG	Grenzschutzgruppe	LKW	Lastkraftwagen
GSP	Grenzschutzpräsidium	LMST	Landesmeldestelle
GSS	Grenzschutzschule	LP	Landespolizei
GSST	Grenzschutzstelle	LuB	Luftbeobachter
GVD	Gemeindevollzugsdienst	LZ	Lagezentrum
HB	Bremen	m	Meter
HE	Hessen	MEK	Mobiles Einsatzkom-
HF	Hauptfunkstelle		mando
HH	Hamburg	MHz	Megahertz
HKTW	Hilfskrankentransport-	mm	Millimeter
	wagen	ms	Millisekunden
HV	Hauptvermittlungsstelle	MTF	Mannschaftstransport-
IM	Innenminister		fahrzeug
INPOL	Informationssystem der	MV	Mecklenburg-Vorpommern
	Polizei	MZB	Mehrzweckboot
JM	Justizminister	MZF	Mehrzweckfahrzeug
JUH	Johanniter-Unfall-Hilfe	NAW	Notarztwagen
JVA	Justizvollzugsanstalt	NEF	Notarzteinsatzfahrzeug
KA	Kriminalabteilung	NS	Niedersachsen
KAT	Katastrophenschutz	NW	Nordrhein-Westfalen
KBA	Kraftfahrtbundesamt	OeEL	Örtliche Einsatzleitung
KBI	Kreisbrandinspektor	OLG	Oberlandesgericht
KBM	Kreisbrandmeister	P	Polizei (allgem.)
KF	Knotenfunkstelle	PAD	Personenauskunftsdatei
KatS	Katastrophenschutz	PAS	Polizeiautobahnstation
khz	Kilohertz	PB	Polizeibehörde
KK	Kriminalkommissariat	PD	Polizeidirektion
KP	Kriminalpolizei	PDST	Polizeidienststelle
KPI	Kriminalpolizeiinspektion	PDV	Polizei-Dienstvorschrift
KR	Krad	PFA	Polizeiführungsakademie
KTW	Krankentransportwagen	PHS	Polizeihubschrauber
KV	Knotenvermittlungsstelle	PP	Polizeipräsidium
L	Leitstelle	PREV	Polizeirevier
LB	Leiterbühne	PS	Polizeischule
LB	Löschboot	PST	Polizeistation

R	Rettungsdienst		TH	Thüringen
RP	Regierungspräsident		THW	Technisches Hilfswerk
RP	Rheinland-Pfalz		TLF	Tanklöschfahrzeug
RTB	Rettungsboot		TM	Teleskopmast
RTH	Rettungshubschrauber		TSF	Tragkraftspritzenfahrzeug
RTW	Rettungswagen		TW	Tankwagen/Tankzug
RW	Rüstwagen		V	Volt
s	Sekunden		VM	Verkehrsminister
SA	Sachsen-Anhalt		VP	Verkehrspolizei
SAR	Rettungshubschrauber der Bundeswehr		VRW	Vorausrüstwagen
			VST	Vermittlungsstelle
SBI	Stadtbrandinspektor		VU	Verkehrsunfall
SBM	Stadtbrandmeister		W	Watt
SEK	Sondereinsatzkommando		WLF	Wechselladerfahrzeug
SL	Saarland		WSP	Wasserschutzpolizei
SL	Sonderleiter		WSPS	Wasserschutzpolizeischule
SLF	Sondermittellöschfahrzeug		Z	Zoll (allgem.)
SN	Sachsen		ZAP	Zivile Alarmplanung
SP	Schutzpolizei		ZEVIS	Zentrales Verkehrsinfor-mationssystem beim KBA
SPI	Schutzpolizeiinsprektion			
STA	Staatsanwaltschaft		ZFA	Zollfahndungsamt
SVA	Straßenverkehrsamt		ZKI	Zollkriminalamt
SW	Schlauchwagen		ZLF	Zumischer-Löschfahrzeug
TEL	Technische Einsatzleitung			

Verbesserungsvorschläge und Korrekturen/Aktualisierungen:

Für Hinweise auf Fehler und für aktuelle Informationen sind Verlag und Autor stets dankbar. Solche Hinweise können dann in einer künftigen Auflage des Buches berücksichtigt werden. Zuschriften werden selbstverständlich vertraulich behandelt.

Bitte schreiben Sie an folgende Adresse:

Siebel Verlag
Redaktion »BOS-Funk«
Auf dem Steinbüchel 6
53340 Meckenheim
Telefax: 0 22 25 / 33 78

Leserservice

Der Siebel Verlag ist der Spezialist für Sendertabellen und Funk-Hobbybücher. Ausführliche Informationen enthält der Funk-Buch-Katalog, den wir auf Anfrage gern kostenlos und unverbindlich verschicken.

Nachfolgend eine Übersicht über die zur Zeit aktuellsten und wichtigsten Bücher. Zur Bestellung genügt eine Postkarte oder ein Anruf. Wir liefern sofort!

Weltempfänger-Testbuch Nr. 8

AOR
Drake
Grundig
Icom
JRC
Kenwood
Liniplex
Lowe
Nordmende
Pan
Panasonic
Philips
Rohde &
Schwarz
Selena
Siemens
Sony
Yaesu
u. a.

Nils Schiffhauer

Weltempfänger Testbuch Nr. 8

Wer sich einen neuen Kurzwellenempfänger kaufen will, hat die Qual der Wahl. Das neue Testbuch Nr. 8 sagt Ihnen klipp und klar, welche Empfänger etwas taugen – und welche nicht!

Alle auf dem Markt befindlichen Kurzwellenempfänger, z.B. von AOR, Drake, Grundig, ICOM, JRC, Kenwood, Liniplex, Lowe, Panasonic, Rohde & Schwarz, Siemens, Sony, Yaesu u.a., werden ausführlich vorgestellt und beurteilt.

Einige „Highlights":

Grundig Yacht Boy 400: Kompaktes Einsteigerradio nicht nur für Seeleute. ● Grundig Satellit 700: Das Flaggschiff im Rampenlicht. Mit allen Service-Informationen. ● Lowe HF-150 und HF-225: Weniger ist mehr?! Die hochinteressanten Empfänger-Alternativen aus England. ● Siemens RK 765/770: Weltempfänger ohne oder mit Cassettenteil? ● Sony ICF-SW55 und SW77: Trendsetter und Spitzenmodell. ● Sony ICF-SW100E: Mini-Weltempfänger mit Maxi-Leistung. ● Watkins-Johnson HF-1000: Kann ein Super-Empfänger süchtig machen? ● Yaesu FRG-100: Leistungsstark und individuell optimierbar. ● Wer ist „besser"? Grundig Satellit 700 kontra Sony ICF-SW77.

Außerdem finden Sie in diesem Buch viele leichtverständliche Erläuterungen zur Empfängertechnik. Damit ist dieses aktuelle Testbuch ein äußerst hilfreicher Ratgeber beim Empfängerkauf!

Aktuelle 8. Ausgabe 1994, 192 Seiten im Großformat mit vielen Fotos, Preis: DM 26,80

„Ein sehr empfehlenswertes Buch." (beam)

„Auf jeder Seite des Buches merkt man die langjährige Erfahrung des Autors auf dem Gebiet des KW-Empfangs." (Funk-Technik)

„Wer die Anschaffung eines Weltempfängers plant, kommt an diesem Buch nicht vorbei. Es kann dem Leser wärmstens empfohlen werden." (ADDX-Kurier)

FUNK LEXIKON für Kurzwellenhörer

Begriffe aus der Funktechnik leichtverständlich erklärt

von Gerd Klawitter

Funk-Lexikon für KW-Körer

Begriffe aus der Funktechnik leichtverständlich erklärt

Verstehen Sie oft nur „Bahnhof" beim Lesen von Hobbyzeitschriften, Büchern, Bedienungsanleitungen und ähnlichem? Jetzt ist mit unserem neuen Buch schnelle Hilfe zur Stelle für alle, die mit immer mehr Begriffen, Abkürzungen und Floskeln aus dem Bereich der Funktechnik nicht zurechtkommen!

Das neue Funk-Lexikon speziell für Kurzwellenhörer enthält mehr als 800 leichtverständlich erklärte Begriffe, Namen und Abkürzungen. Damit haben Sie jetzt keine Schwierigkeiten mehr beim Verstehen von funktechnischen Bezeichnungen, Kürzeln und Zusammenhängen.

128 Seiten, viele Abbildungen, Neuerscheinung 1993, Preis: DM 19,80

Wolf Siebel
Günter Lorenz

103
103
104
102
100
98
96
94
92
90
88

MHz

Rundfunk auf UKW

Rundfunkanstalten und Privatradios –
Sendertabellen – komplette UKW-Frequenzliste –
Technik-Tips für besseren Empfang

Rundfunk auf UKW

Völlig neubearbeitet und auf den neuesten Stand (1993) gebracht ist dieses Nachschlagewerk über unseren heimischen Rundfunk. Es gibt einen kompletten und detaillierten Überblick über alle Rundfunkanstalten und Privatradios.

Sie finden in diesem Buch ausführliche Sendertabellen, viele andere wichtige Informationen, alle Adressen und eine komplette UKW-Frequenzliste (BRD und angrenzendes Ausland).

Ein Extra-Kapitel befaßt sich mit Technik-Tips für besseren UKW-Empfang. Dieses Buch ist eine große Hilfe für jeden Rundfunkhörer.

4., völlig neubearbeitete Auflage 1993, 184 Seiten, Preis: DM 19,80

Wichtiger Hinweis:
Die völlig neubearbeitete 5. Ausgabe 1995 erscheint im Januar 1995. Umfang: ca. 200 Seiten, Preis: DM 19,80.

Ab Januar 1995 liefern wir automatisch diese neue Ausgabe. Vorher merken wir Sie gern dafür vor, wenn Sie ausdrücklich die Ausgabe 1995 bestellen!

Empfangen Sie Sender aus aller Welt!

Auf Kurzwelle können Sie Sender aus fast jedem Land der Welt empfangen, viele davon senden sogar in Deutsch. Zahlreiche interessante Sendungen kommen von allen Erdteilen zu Ihnen ins Haus: Nachrichten aus Montreal, südamerikanische Folklore, chinesische Kochrezepte, Kommentare und Berichte von überall, Wunschkonzerte, Sport und Kultur.

Das „Gewußt wie" des weltweiten Empfangs vermittelt Ihnen das Buch

Weltweit Radio hören

Die Anleitung zum Kurzwellenempfang

Dieses erfolgreiche Buch zum Hobby Weltempfang wendet sich an alle Anfänger. Es enthält alle Informationen zum Kurzwellenhören, viele praktische Tips zum weltweiten Empfang, Vorstellungen der wichtigsten Sender, Hinweise auf Sendezeiten und Frequenzen, Empfänger, Antennen und viele nützliche Informationen.

Inhalt: Weltweiter Rundfunk / Wellenbereiche / So gelingt der KW-Empfang / Ihr Einstieg ins KW-Hören / Hörerbriefe – Kontakt mit den Sendern / Der Empfangsbericht / QSL-Karte / SINPO-Code / Vorstellung der wichtigsten deutschsprachigen und englischsprachigen Auslandsdienste mit Programmhinweisen, Sendezeiten und Frequenzangaben / KW-Ausbreitung / Braucht

Die Anleitung zum Kurzwellenempfang

man eine Antenne? / Auswahl geeigneter Weltempfänger / Vereine für KW-Hörer / Funk-Zeitschriften / Leserservice.

128 Seiten mit zahlreichen Fotografien und Abbildungen, 9., aktualisierte Auflage 1994, Preis: DM 14,60

> *„Eine Broschüre für den, der erst einmal wissen will, was Kurzwelle eigentlich ist."* (funk)
>
> *„... die ideale Einführung in die faszinierende Welt des Kurzwellenradios."* (ELO)

Sender & Frequenzen 1995

Jahrbuch für weltweiten Rundfunk-Empfang

Sender & Klaus Bergmann
Wolf Siebel

Frequenzen 1995

Jahrbuch für weltweiten Rundfunk-Empfang

Dieses Jahrbuch der Welthörer ist das einzige aktuelle, deutschsprachige Handbuch für weltweiten Rundfunk-Empfang, das sich speziell am Informationsbedürfnis der Hörer im deutschsprachigen Raum Europas orientiert. Es erscheint jährlich völlig aktualisiert und wird zusätzlich durch Nachtragshefte dreimal im Jahr ergänzt.

Alle wichtigen Informationen über die Sender aus 193 Ländern der Erde

Sie finden in diesem Jahrbuch alle wichtigen Informationen über sämtliche hörbaren Rundfunksender aus 193 Ländern der Erde: Sendefrequenzen und -zeiten, Sendepläne (Deutsch, Englisch, Französisch u.a.), Adressen, Hinweise auf QSL-Bestätigung und weitere interessante Angaben.

Hinweise auf die besten Empfangschancen

Zu jedem Sender geben wir Hinweise auf die besten Empfangschancen – eine wertvolle Hilfe für Wellenjäger bei der Suche nach neuen Sendern!

Hörfahrpläne – eine praktische Hilfe

Weiterhin enthält das Buch die kompletten Hörfahrpläne der Sendungen in Deutsch, Englisch, Französisch und Spanisch, geordnet nach Sendezeiten.

Komplette Frequenzliste 150 kHz – 30 MHz

Das Jahrbuch enthält außerdem die komplette Frequenzliste der Rundfunksender auf Langwelle/Mittelwelle/Tropenband/ Kurzwelle im Bereich von 150 kHz bis 30 MHz. Alle Angaben orientieren sich an

den tatsächlichen Empfangsmöglichkeiten.

Die Frequenzliste nennt zu jeder Frequenz alle Stationen, die dort senden und wirklich gehört werden können und gibt außerdem Auskunft über Empfangsstärke und Empfangschancen.

Praxis des erfolgreichen Weltempfangs

Der aktuelle und mit größter Sorgfalt recherchierte Datenteil wird ergänzt durch verschiedene Kapitel, in denen Sie alle Grundlagen und wichtigen Informationen über die Praxis des erfolgreichen Weltempfangs finden: Weltweiter Rundfunk – Begriffe – Frequenzbereiche – Praxisnahe Tips: So gelingt Ihnen der weltweite Empfang – Alles über das Schreiben von Empfangsberichten – So bekommen Sie QSL-Karten – SINPO-Code zur Empfangsbeurteilung – Kurzvorstellung empfehlenswerter Weltempfänger – u.v.a.

Das ist Service: Drei Nachtragshefte bekommen Sie kostenlos nachgeliefert!

Im Verkaufspreis ist die Lieferung von drei Nachträgen enthalten!

Sie erhalten kostenlos im Februar, Juni und Oktober jeweils ein 48(!)-seitiges Nachtragsheft „Sender & Frequenzen – aktuell", mit allen up-to-date-Informationen über die Sender aus aller Welt, mit den neuesten Hörfahrplänen, mit Testberichten neuer Geräte und vielen nützlichen Informationen und Anregungen rund um das Hobby Weltempfang!

Umfang des Jahrbuches 496 Seiten, Handbuchformat DIN A5. Viele Abbildungen und Fotos, zahlreiche Tabellen.

Preis des Jahrbuches: DM 44,80 (inklusive kostenlose Nachlieferung von 3 Nachtragsheften!)

Hinweis:

Die neue Ausgabe erscheint jeweils Mitte November des Jahres.

Bestellungen werden jederzeit entgegengenommen.

„Praxisgerecht, übersichtlich, aktuell und preisgünstig – ein wertvolles Nachschlagewerk."
(Weltweit Hören)

„Kann uneingeschränkt sowohl dem Hobbyneuling wie auch dem schon erfahrenen Kurzwellenhörer empfohlen werden."
(ADDX-Kurier)

„Ein nützliches und praktisches Buch für Wellenjäger. Nicht mehr wegzudenken von der KW-Szene."
(Kurzwelle aktuell)

„Sehr empfehlenswert."
(funk)

284

Spezial-Frequenzliste
Ausgabe 1994/95

SSB • CW • FAX • RTTY   9 kHz – 30 MHz

See- und Flugfunk, Wetterfunk, Presseagenturen, Zeitzeichen und „spezielle" Funkdienste, ...

Wolf Siebel

Spezial-Frequenzliste

9 kHz - 30 MHz

Ausgabe 1994/95

SSB·CW·FAX·RTTY
See- u. Flugfunk, Wetterfunk,
Presseagenturen, Zeitzeichen
und »spezielle« Funkdienste,...

Der überwiegende Teil des Kurzwellenspektrums wird nicht von Rundfunksendern, sondern von den „anderen" Funkdiensten benutzt. Bisher war der Empfang generell verboten, jetzt ist das Hören außerhalb der Rundfunkbänder teilweise erlaubt!

Lesen Sie in der „Spezial-Frequenzliste":

● Funkdienst-Empfang für Einsteiger: Was kann man (leicht) hören?

● Was ist erlaubt, was ist verboten?

● Empfangsausrüstung: Welche Geräte braucht man zum Funkdienst-Empfang? Welche Zusatzgeräte sind nützlich?

In den einführenden Kapiteln erfahren Sie alles Wichtige über die verschiedenen Funkdienste:

Feste Funkdienste (Point-to-Point), Utility, Flugfunk (Aero), Seefunk (Maritime), Wetterfunk (Meteo), Zeitzeichen.

Im Hauptteil enthält die „Spezial-Frequenzliste" weit über 12.000 Sendernennungen über sämtliche Funkdienste (ausgenommen Rundfunk) im Bereich von 9 kHz bis 30 MHz mit Angabe von Frequenz, Sender, Rufzeichen, Betriebsart/ Modulationsart und ergänzende Hinweise.

Im Stationsindex-Kapitel werden Land für Land alle Funkdienste mit den wichtigsten Frequenzen aufgelistet. Wer jetzt einen Funkdienst aus einem bestimmten Land sucht, findet hier auf Anhieb alle wichtigen Angaben und natürlich auch die Adressen. Und eine ausführliche Rufzeichenliste (mit allen neuen Rufzeichen und ITU-Landeskennern) hilft bei der Identifizierung unbekannter Stationen.

Außerdem bieten wir Ihnen in dieser neuen Ausgabe zwei interessante Extra-Kapitel:

● Presseagenturen: Brandaktuelle Nachrichten aus aller Welt! Welche Presseagenturen kann man heute auf KW noch hören?

● Katastrophenfunk: Welche Frequenzen werden in Notfällen benutzt? (Internationale Hilfseinsätze, Notrufe, Rettungseinsätze auf See, ...). Wer darf hören, wer darf helfen?

Im Unterschied zu anderen Publikationen veröffentlichen wir ausschließlich tatsächlich reproduzierbare Angaben, basierend auf hiesige Empfangsverhältnisse – erstellt aus dem in vielen Jahren gewonnenen und ständig aktualisierten Erfahrungsschatz unserer Funk-Profis!

Die „Spezial-Frequenzliste" ist das unentbehrliche Nachschlagewerk für jeden KW-Funk-Spezialisten. Viele Tausend KW-Amateure, Funkprofis und DXer arbeiten sehr erfolgreich mit diesem Buch.

Völlig neubearbeitete, top-aktuelle Ausgabe 1994/95 (8. Auflage), 352 Seiten, Preis: DM 34,80

„... überzeugt durch Präzision. Eine schier unerschöpfliche Informationsquelle für den anspruchsvollen Anwender." (RadioWelt)

„Eine wirklich gut recherchierte Zusammenstellung." (Funkschau)

„Es ist die beste, aktuellste und preiswerteste Frequenzliste ihrer Art." (funk)

Scanner

UKW-Sprechfunk-Empfänger
Informationen – Testberichte

Dieses brandaktuelle Buch erläutert auf seriöse Weise, was es mit den bis vor kurzem „verbotenen" Geräten auf sich hat und welche Funkdienste man damit empfangen kann.

Im Hauptteil des Buches werden alle aktuellen Geräte, vom Handscanner bis hin zum professionellen Überwachungsempfänger, ausführlich vorgestellt und beurteilt. Kauftips helfen Ihnen bei der Entscheidung für das richtige Gerät. Ein weiteres Kapitel befaßt sich mit den dazugehörigen Antennen. Dieses Buch gibt viele nützliche Tips für alle, die sich für dieses reizvolle Thema interessieren.

2., völlig neubearbeitete Auflage 1993, 144 Seiten mit vielen Abbildungen, Preis: DM 24,80

> „Scanner ist ein empfehlenswertes Testbuch für alle Interessenten mit (wenigen) technischen Vorkenntnissen." Radio-Skala
>
> „Anschaulich und verständlich." fliegermagazin

UKW-Sprechfunk-Handbuch

VHF/UHF-Frequenzliste 30 MHz – 400 GHz

Dieses völlig neubearbeitete Buch informiert Sie ebenso gründlich wie umfassend über alle Sprechfunkdienste im gesamten UKW-Bereich (VHF/UHF) oberhalb 30 MHz. Einige Stichworte aus dem Inhalt:

Grundlagen: Sprechfunk auf UKW ● Kurzüberblick VHF/UHF-Funkdienste 30 MHz – 1,3 GHz ● Frequenzpläne für das 8-m-, 4-m-, 2-m- und 70-cm-Sprechfunk-Band ● Mobiltelefon (B-, C-, D-Netz) ● Schnurlose Telefone ● Betriebsfunk ● Bündelfunk (Chekker) ● Zugfunk ● Funkdienste der Behörden, Polizei, Feuerwehr etc. ● Seefunk ● Rheinfunk – Sprechfunk für Binnengewässer ● Flugfunk ● UKW-Amateurfunk (mit Übersicht über das Relaisstationen-Netz) ● ITU-Frequenzzuweisungsplan. Wer sich für den

Sprechfunk in allen Varianten interessiert, kommt an diesem einzigartigen Handbuch nicht vorbei!

5., völlig neubearb. Ausgabe 1994, 224 Seiten, Preis: DM 24,80

Presseagenturen

Porträts – Sendepläne – RTTY-Frequenzen

Die Presseagenturen in aller Welt versorgen ihre Kunden – hauptsächlich Zeitungsredaktionen, Rundfunk- und Fernsehanstalten, Regierungsstellen und Privatkunden – mit aktuellen Nachrichten und vielen anderen Informationen. In diesem Buch finden Sie neben den Vorstellungen der Agenturen auch die kompletten Sendepläne (mit Sendezeiten und Sendefrequenzen) sowie detaillierte Angaben zum Empfang dieser Funkfernschreib (RTTY)-Sendungen auf Kurzwelle und Langwelle. Im Anhang findet sich eine Frequenzliste über sämtliche Presseagenturen. Interessenten erfahren zudem

die Voraussetzungen zum autorisierten Empfang der Presseagenturen. 3., völlig neubearbeitete und erweiterte Ausgabe 1992. 128 Seiten, Preis: DM 21,80

Computer & Radio

Alles über den Computereinsatz beim Funk- und Radio-Empfang.
Mit aktueller Software-Übersicht.

Sind Sie Kurzwellenhörer oder Funkamateur und wollen Sie endlich Ihren Computer für Ihr Hobby nutzen? Oder sind Sie Computer-Freak und wollen ein neues, faszinierendes Anwendungsgebiet kennenlernen? Dieses Buch zeigt Ihnen nicht nur, wie Sie Ihren Weltempfänger mit Computerunterstützung um äußerst komfortable Bedienmöglichkeiten erweitern können, sondern auch, wie Sie in die weltweite Funkkommunikation eindringen können!

Von preiswerter Shareware bis zu sündhaft teurer, kommerzieller Software: hier stehen alle interessanten Programme auf dem Prüfstand. Lesen Sie, welche Programme tatsächlich etwas taugen – egal, ob sie fast nichts oder viel Geld kosten.

Sie finden im umfangreichen Hauptteil die Vorstellungen und Beurteilungen von über 50 gängigen Softwaretiteln aus aller Welt. Ob Sie sich für Empfängersteuerungen, Dekodierprogramme, Datenbanken, Logbücher oder Empfangsvorhersagen interessieren, hier werden Sie sicher fündig.

Doch damit sind die Informationen dieses Buches noch längst nicht erschöpft. Lesen Sie, wie leistungsfähig die PC-Schnittstellen der Empfänger von Drake, Icom, Kenwood, Lowe, JRC, Watkins-Johnson und Yaesu sind. Erfahren Sie, wie ein Konverter dafür sorgt, daß aus dem NF-Signal eines Empfängers ein Bild im Computer entsteht. Entdecken Sie die Möglichkeiten, die in Mailboxnetzen, Datex-J, Videotext und Videodat schlummern!

Ein leidiges Problem sind die vielen Störungen, die ein Computer verursachen kann. Im Extremfall ist kaum noch Empfang möglich, wenn ein Computer in der Nähe eines Empfängers steht. Auch hier erteilt das Buch Auskunft über die Ursachen und gibt wirkungsvolle Hinweise zur Störungsbekämpfung!

Die große Software-Übersicht im Anhang, nach Anwendungsgebieten geordnet, rundet dieses Buch ab.

Erschließen Sie sich die neue Dimension Ihres Hobbys und verbinden Sie Ihren Empfänger mit dem Computer! Das Buch „Computer & Radio" zeigt Ihnen leichtverständlich und praxisorientiert, wie's funktioniert und was Sie in der Welt der Bit's und Bytes erwartet.

Neuerscheinung 1994, 304 Seiten mit vielen Abb. und Bildschirmfotos, Preis: DM 29,80

Flugfunk

Der moderne Luftverkehr wäre ohne die Funktechnik undenkbar. Dieses völlig neubearbeitete Buch gibt einen kompletten Überblick über die vielfältigen Seiten des Flugfunks:

Regionaler Flugfunk auf UKW: Einführung, Geräte, Funkbetrieb, Rufzeichen, Praxisbeispiele. Frequenzliste: UKW-Flugfunk (VHF/UHF), Flughäfen und Kontrollzentren.

Weltweiter Flugfunk auf KW: Einführung, Technik, Funkbetrieb. Frequenzliste: Flugfunk auf KW, Stationsliste, Betriebsfrequenzen der Fluggesellschaften. Wetterfunk (VOLMET) mit ausführlichen Erläuterungen.

Fester Flugfunkdienst auf KW: Beispiele und Hilfen zur Entschlüsse-lung von Flugfunkmeldungen (AFTN, NOTAM, TAF, METAR), Frequenzliste. Navigationsfunkdienste: Funkfeuer (NDB), andere Navigationsverfahren (z.B. VOR, ILS).

Ergänzt wird das Buch durch umfangreiche Abkürzungs- und ICAO-Code-Verzeichnisse.

2., völlig neubearbeitete und erweiterte Auflage 1990. 176 Seiten mit vielen Fotografien und Abbildungen. Preis: DM 26,80

Technik,
Tips & Tricks

rund um den Empfänger

Das Beste aus 25 Jahren ADDX-Kurier

Sie finden in diesem Buch wirklich alles, was Sie schon immer über den Empfänger und die Empfangstechnik wissen wollten. Und wir erklären Ihnen, wie Sie die moderne Empfangstechnik nutzen können!

Was Sie rund um den Empfänger tun können, um den Empfang zu verbessern oder um Ihre Empfangsmöglichkeiten zu erweitern, lesen Sie im Hauptteil. Von einfachen Tips, die jeder nachvollziehen kann, bis hin zu Bauanleitungen, für die man schon etwas bastlerisches Geschick braucht, finden Sie alles in diesem Buch, was man sich nur zum Thema Funkempfang vorstellen kann!

Rundfunk in AM – leicht erklärt

● Mit einfachen Worten werden die Grundbegriffe der Rundfunkübertragung und Radio-Empfangstechnik erläutert.

● Was ist SSB? Wie wendet man diese Betriebsart an?

Empfangsverbesserung: Welche Möglichkeiten gibt es?

● AM-Rundfunksendung in SSB empfangen. ● Moderne Empfangstechnik anwenden: Synchrondetektor (SYNCH) und ECSS. ● Auf die richtige Bandbreite kommt's an!

Tips zur Empfangspraxis:

● Automatik-DX – personenloser Weltempfang. ● Tips für erfolgreiche Empfangsberichte.

Im und ums Haus – nichts als Störungen?

● DXer als Bauherr – Was ist zu beachten? ● Wenn's knackt und knistert ... Was ist zu tun? ● Störungen vom Computer.

Technische Tips und Bauanleitungen:

● Pi-Filter, Preselectoren & Co. ● Der Kurzwellen-Booster, oder: Wie man den KW-Empfang entscheidend verbessern kann. ● Wenn's dem Empfänger zuviel wird: Antennen-Abschwächer. ● Langdrahtantenne – optimal angeschlossen mit Balun. ● Der Mittelwellen-Booster: Eine einfache, aber wirkungsvolle MW-Rahmenantenne. ● Handliche, hochselektive Rahmenantennen für Kurzwelle. ● Praktisch: die zerleg-

bare Kurzwellen-Rahmenantenne. ● HF-Verstärker – noch verbessert. ● Eine leistungsfähige und vielseitige Aktivantenne – selbstgebaut! ● Die „Hochfrequenznase" für Funk-Schnüffler. ● Alles über das Löten, über Stecker und Kabelverbindungen, über Batterien und Akkus.

„Technik, Tips & Tricks" ist ein wertvolles Buch für jeden Radiofreund!

144 Seiten mit vielen Fotografien und Abbildungen. Neuerscheinung 1994. Preis: DM 24,80
